全国高等职业教育机电类"十二五"规划教材

机械设计基础

主编　高清冉　杜新锋
主审　赵　军

黄河水利出版社
·郑州·

内 容 提 要

本书根据课程综合化教学改革的需要,对知识结构进行了适当调整,理论内容以"够用为度、必需为先"为原则,更侧重于培养解决实际问题的能力。本书共分为四篇:工程力学基础(主要介绍构件静力学、运动学、构件承载能力的基础知识)、常用机构及其设计(主要介绍平面机构的结构分析,常用机构的组成、工作原理、运动特性以及机构设计)、常用机械零部件设计(主要介绍通用零部件的结构特点、工作原理、材料选择和设计计算)、常用机械传动设计(主要介绍常用机械传动的工作原理、运动特性、设计方法及安装维护等)。

本书可作为高职高专学校机械类、近机械类专业和其他相关专业的教材,也可作为其他层次教育、培训、自学的教材和参考书。

图书在版编目(CIP)数据

机械设计基础/高清冉,杜新锋主编. – 郑州:黄河水利
出版社,2011.8
全国高等职业教育机电类"十二五"规划教材
ISBN 978 – 7 – 5509 – 0038 – 7

Ⅰ.①机… Ⅱ.①高… ②杜… Ⅲ.①机械设计 – 高
等职业教育 – 教材 Ⅳ.①TH122

中国版本图书馆 CIP 数据核字(2011)第 162288 号

出 版 社:黄河水利出版社
　　　　地址:河南省郑州市顺河路黄委会综合楼14层　　　　邮政编码:450003
发行单位:黄河水利出版社
　　　　发行部电话:0371 –66026940、66020550、66028024、66022620(传真)
　　　　E-mail: hhslcbs@126.com
承印单位:河南地质彩色印刷厂
开本:787 mm×1092 mm　1/16
印张:22.25
字数:548 千字　　　　　　　　　　　　　　　印数:1—4 100
版次:2011 年 8 月第 1 版　　　　　　　　　　印次:2011 年 8 月第 1 次印刷
定价:39.00 元

前　言

本书是根据教育部制定的《高职高专教育机械设计基础课程教学基本要求》，结合多所院校多年的教学经验编写而成的，主要适用于机电类、机械类、近机械类各专业的教学，参考学时数为 110～140 个。

本书主要特色如下：

(1)教材体系新颖。本书除绪论外共分四篇十九章：第一篇为工程力学基础，包括静力学基础、构件的受力分析、平面构件的运动分析、构件承载能力分析等内容，是机械设计必备的力学基础知识，理论性较强，涵盖了理论力学和材料力学的相关内容；第二篇为常用机构及设计，包括平面机构的结构分析、平面连杆机构、凸轮机构、间歇运动机构等内容，介绍了常用机构的组成、工作原理、应用特点和设计方法，实践性较强；第三篇为常用机械零部件设计，包括常用零部件设计概述、轴的设计、键连接和销连接、螺纹连接和螺旋传动、轴承、联轴器和离合器等内容，介绍了工程实际中各种典型零部件的设计计算与设计选用，紧密联系生产实际；第四篇为常用机械传动设计，包括带传动、链传动、齿轮传动、蜗杆传动、轮系等内容，介绍了各种常用机械传动的基本知识及设计，具有很强的实践性。这种既考虑知识层次的衔接，又兼顾内容自身特点的教材体系比较新颖。

(2)内容整合力度大。本教材涵盖高职高专使用的工程力学和机械设计基础两门课程。例如，本书将原理论力学中静力学、运动学，材料力学中的构件承载能力按照由浅入深的顺序整合成一篇，给教师的"教"、学生的"学"都带来了极大的方便。

(3)实践性较强。对基本理论，本书遵循"必需、够用为度"和"掌握概念、强化应用"的原则，对各种公式不作详细推导，例题和习题的编写突出理论的应用性。

参加本书编写的有：济源职业技术学院高清冉(绪论、第一至第四章)、孙海燕(第五至第八章)、刘红艳(第十三至第十六章)，郑州职业技术学院张延萍(第九至第十二章)、杜新锋(第十七至第十九章)。全书由高清冉、杜新锋任主编，由刘红艳、孙海燕、张延萍任副主编。

本书由赵军教授审阅，他仔细审阅了全部书稿，提出了许多宝贵意见和建议，对提高本书的质量帮助很大，在此表示衷心的感谢。

由于本书是一部教改力度比较大的教材，加之编者水平有限，书中疏漏和不妥之处在所难免，恳请广大读者批评指正。

编　者
2011 年 6 月

目 录

第一篇　工程力学基础

第二篇　常用机构及设计

第三篇　常用机械零部件设计

第四篇　常用机械传动设计

绪　论

一、本课程的主要内容和研究对象

（一）本课程的主要内容

机械在经济发展和日常生活中起着非常重要的作用，而且随着现代化的推进，应用机械进行生产已经是最为主要的生产方式。从杠杆、斜面、滑轮等简单机械到现在的起重机、汽车、内燃机、洗衣机、机器人等，机械的发展标志着人类物质文明的进步。因此，对现代工程技术人员来说，学习和掌握一定的机械设计基础知识是极为必要的。

本课程主要讲述各种机械中的常用机构和通用零件，共包括四篇内容：

第一篇为工程力学基础。主要介绍静力学基础、构件的受力分析、平面构件的运动分析、构件承载能力分析等内容。

第二篇为常用机构及设计。主要介绍平面机构的结构分析、平面连杆机构、凸轮机构、间歇运动机构等内容。

第三篇为常用机械零部件设计。主要介绍常用零部件设计概述、轴的设计、键连接和销连接、螺纹连接和螺旋传动、轴承、联轴器和离合器等内容。

第四篇为常用机械传动设计。主要介绍带传动、链传动、齿轮传动、蜗杆传动、轮系等内容。

（二）本课程的研究对象

本课程以各种机械中的常用机构及通用零部件为研究对象。那么，什么是机械？什么是机器？机器的组成是什么？下面举例说明。

任何一种机器都是为实现某种功能而设计制造的。如图 0-1 所示的单缸四冲程内燃机，活塞 1、连杆 2、曲轴 3 和气缸体（连同机架）8 组成主体部分，缸内燃烧的气体膨胀，推动活塞下行，通过连杆使曲轴转动；凸轮 6 及进、排气门推杆 7 和机架组成进、排气的控制部分，凸轮转动，推动进、排气门按时启闭，分别控制进气和排气；曲轴齿轮 4、凸轮轴齿轮 5 和机架组成传动部分，通过齿轮间的啮合，将曲轴的运动传给凸轮轴。上述三个部分共同保证内燃机协调地工作，将燃气的热能转换成曲轴转动的机械能。

又如，全自动洗衣机主要是由电动机、机体、叶轮和控制电路组成的。当接通电源后，操作控制按钮，驱动电动机，经带传动使叶轮回转，搅动洗涤液实现洗涤。一旦设置好程序，全自动洗衣机就会自动完成洗涤、清洗、甩干等洗衣的全过程。

另外，其他机器，如电动机、发电机用来变换能量，起重运输机用来传递物料，车床、铣床、冲床等用来变换物料的状态，计算机、录音机用来变换信息等。

尽管机器的种类繁多，其功能、结构、工作原理也各不相同，但从结构和功能上看，机器具有下列共同特征：

（1）机器是人造的实体组合；

（2）各实体间具有确定的相对运动关系；

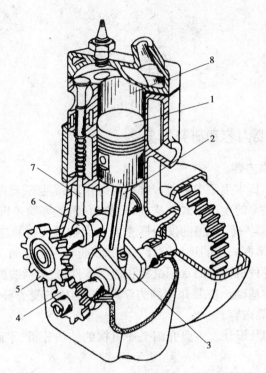

1—活塞;2—连杆;3—曲轴;4—曲轴齿轮;5—凸轮轴齿轮;

6—凸轮;7—进、排气门推杆;8—机架

图 0-1 单缸四冲程内燃机

(3)机器能代替或减轻人们的劳动,去完成有用的机械功,变换或传递能量、物料和信息。

机构是专门用来实现某一种运动的传递或运动形式转换的特定机件组合体,即机构是机器中执行某种特定机械运动的装置。如图 0-1 所示内燃机中,曲柄滑块机构实现由活塞的往复直线运动到曲轴整周转动的运动形式变换;凸轮机构实现由凸轮转动到推杆按一定规律直线移动的运动转换;齿轮机构则实现回转运动的传递。因此,从运动的观点来看,机器是由机构组成的,但机构不具备变换或传递能量、物料和信息的功能。从研究角度来看,机器种类繁多,但机构的种类有限,常用机构(如齿轮机构、凸轮机构和连杆机构等)在各种机器中经常出现。研究机构是研究机器的前提。

机器和机构统称为机械。

构件是指机器和机构中独立运动的单元体。如图 0-1 中的连杆、活塞、曲轴等,这些独立运动的单元体都是构件。

机械零件是指组成机器的不可拆卸的基本单元,简称零件,它是机器中最小的独立制造单元,如曲轴、飞轮、凸轮、齿轮等。

构件可以是单独的零件,如曲轴、齿轮、凸轮(见图 0-1),也可以由多个零件刚性联结组成,如活塞、连杆(见图 0-2)。

部件是指由一组协同工作的零件组成的独立制造或独立装配的组合体,如车床的床头箱、进给箱、各种机器的减速箱、离合器等。

零部件是零件与部件的总称(但在有些场合,零件即指零部件)。

零部件分为两类：一类是各种机器中经常用到的零部件，称为通用零部件，如螺钉、齿轮、带轮等零件，离合器、减速器、滚动轴承等部件；另一类是特定类型机器中才能用到的零部件，称为专用零部件，如内燃机中的曲轴、连杆（部件），船舶的螺旋桨，纺织机中的织梭、纺锭，离心分离机中的转鼓（部件）等。本课程研究的机械零部件是指在普通条件下工作的一般尺寸与参数的通用零部件。

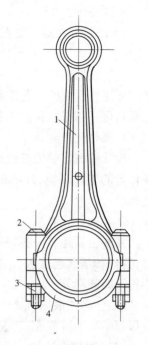

1—连杆体；2—螺栓；3—螺母；
4—连杆盖
图0-2 内燃机连杆

二、本课程的地位和任务

（一）本课程的地位

本课程是一门研究常用机构、通用零部件以及一般机器的基本设计理论和方法的课程，是机械工程类各专业中具有承上启下作用的、介于基础课程与专业课程之间的主干课程，是一门重要的技术基础课程。本课程为今后学习有关专业课程和掌握新的机械科学技术成就奠定了必要的基础。

（二）本课程的任务

本课程的任务是使学生掌握常用机构和通用零部件的基本理论和基本知识，初步具有这方面的分析、设计能力，并获得必要的基本技能训练，同时，培养学生正确的设计思想和严谨的工作作风。通过本课程的学习，应使学生达到下列基本要求：

（1）熟悉常用机构的工作原理、组成及其特点，掌握通用机构的分析和设计的基本方法。

（2）熟悉通用机械零件的工作原理、结构及其特点，掌握通用机械零件的选用和设计的基本方法。

（3）具有对机构分析设计和零件计算的能力，并具有运用机械设计手册、图册及标准等有关技术资料的能力。

（4）具有综合运用所学知识和实践的技能，设计简单机械和简单传动装置的能力。

三、机械设计的基本要求及一般程序

（一）机械设计的基本要求

机械设计的类型很多，但基本要求大致相同，主要有以下几个方面。

1. 预定功能要求

一般机器的预定功能要求包括运动性能、动力性能、基本技术指标及外形结构等方面。设计机器的基本出发点是实现预定功能的要求。为此，必须正确选择机器的工作原理、机构的类型和机械传动方案。

2. 安全可靠及强度、寿命要求

设计的机器必须保证在预定的工作期限内能够可靠地工作，防止个别零件的破坏或失效而影响正常运行。为此，应使所设计的机器零件结构合理并满足强度、刚度、耐磨性、振动稳定性及其寿命等方面的要求。

3.经济性要求

设计机器时,应考虑在实现预定功能和保证安全可靠的前提下,尽可能做到经济合理,力求投入的费用少、工作效率高且维修简便等。

由于机器的经济性是一个综合指标,它与设计、制造和使用等各方面有关。为此,设计者需要注意良好的工艺性和合理的选材,并尽可能实现三化(零件标准化、部件通用化、产品系列化),以最大限度地提高经济效益。

4.操作使用要求

设计的机器要力求操作方便,最大限度地减少工人操作时的体力消耗和脑力消耗,改善操作者的工作环境,降低机器噪声,净化废气、废液及灰尘,使其对环境的污染和公害尽可能小。

5.其他特殊要求

某些机器还有一些特殊要求,例如,机床应能在规定的使用期限内保持精度,经常搬动的机器(如塔式起重机、钻探机等)要求便于安装、拆卸和运输,食品、药品、纺织等机械要求不得污染产品等。

总之,必须根据所要设计的机器的实际情况,分清应满足的各项要求的主次程度,且尽量做到结构上可靠、工艺上可能、经济上合理,切忌简单照搬或乱提要求。

(二)机械设计的一般程序

1.提出和制定产品设计任务书

首先应根据用户的需要与要求,确定所要设计机器的功能和有关指标,研究分析其实现的可能性,然后确定设计课题,制定产品设计任务书。

2.总体设计

根据设计任务书,进行调查研究,了解国内外有关的技术经济信息。分析有关产品,参阅有关技术资料,并充分了解用户的意见和制造厂的技术设备及工艺能力等。在此基础上确定实现预定功能的机器工作原理,拟定出总体设计方案,进行运动和动力分析,从工作原理上论证设计任务的可行性,必要时对某些技术经济指标作适当修改,然后绘制机构简图。同时,可进行液压、电器控制系统的方案设计。

3.技术设计

在总体设计的基础上,确定机器各部分的结构和尺寸,绘制总装配图、部件装配图和零件图。为此,必须对所有零件(标准件除外)进行结构设计,并对主要零件的工作能力进行计算,完成机械零件设计。

机械零件设计是本课程研究的主要内容之一,其设计步骤如下:

(1)根据机械零件的使用要求,选择零件的类型与结构。

(2)根据机械的工作要求,分析零件的工作情况,确定作用在零件上的荷载。

(3)根据零件的工作条件,考虑材料的性能、供应情况、经济因素等,合理选择零件的材料。

(4)根据零件可能出现的失效形式,确定计算准则,并通过计算确定零件的主要尺寸。

(5)根据零件的主要尺寸和工艺性、标准化等要求进行零件的结构设计。

(6)绘制零件工作图,制定技术要求。

以上这些内容可在绘制总装配图、部件装配图及零件图的过程中交错、反复进行,同时,进行润滑设计。然后编写设计说明书、有关的技术文件和外购件的明细表等。

4. 样机的试制和鉴定

设计的机器是否能满足预定功能要求,需要进行样机的试制和鉴定。样机制成后,可通过生产运行,进行性能测试,然后便可组织鉴定,进行全面的技术评价。

5. 产品的正式投产

在样机的试制与鉴定通过的基础上,才可以进行产品的正式投产。

将机器的全套设计图纸(总装配图、部件装配图、零件图、电气原理图、液压传动系统图、安装地基图、备件图等)和全套技术文件(设计任务书、设计计算说明书、试验鉴定报告、零件明细表、产品质量标准、产品检验规范、包装运输技术条件等)提交产品定型鉴定会评审。在评审通过后,才能由有关部门下达任务,进行批量生产。

思考题与习题

0-1 本课程的研究对象是什么?主要内容是什么?

0-2 本课程的地位和任务是什么?

0-3 解释下列名词:机器与机构,构件与零件。

0-4 在日常生活中,使用的自行车、计算机、缝纫机、电视机、电动自行车等是机器还是机构?为什么?

0-5 简述机械设计的一般程序。

第一篇　工程力学基础

本篇中前三章所讲的构件是指受力后不变形的物体,即在力的作用下不发生变形的物体,研究的只是其运动情况和作为机构或工程结构整体中某个部分的受力情况。

研究构件处于平衡状态的普遍规律的科学称为静力学,对构件保持平衡状态所进行的分析称为静力分析;从几何角度研究构件运动变化规律的科学称为运动学,对构件的运动变化规律所进行的分析称为运动分析。

本篇中第四章研究构件在基本变形,如在拉伸(压缩)变形、扭转变形、弯曲变形条件下,内力和强度的计算,以及在典型荷载作用下的构件的承载能力分析。

第一章　静力学基础

静力学研究的是刚体在力系作用下的平衡问题。它包括确定研究对象,进行受力分析,简化力系,建立平衡条件并求解未知量。所谓刚体,是指形状和大小不变,且内部各点的相对位置也不改变的物体。绝对的刚体实际上是不存在的。在力的作用下,任何物体都会发生变形,只是变形量的大小不同而已。因此,刚体只是一种理想化模型。对于变形很小的固体,在暂时不研究物体变形的时候,这一理想化模型为作用于物体上力系的研究提供了很大的方便。

所谓平衡,是指物体相对于地面保持静止或作匀速直线运动的状态。作用于物体上的力系使物体处于平衡所应当满足的条件称为平衡条件。

作用于物体上的若干个力称为力系。如果两个力系分别作用在同一物体上,其作用效应相同,则该两个力系称为等效力系。如果一个力和一个力系等效,则这个力称为该力系的合力,而该力系中的每个力是这个合力的分力。如果一个力系作用于物体上而不改变其运动状态,则该力系称为平衡力系。对一个比较复杂的力系,求与它等效的简单力系的过程称为力的简化。

因此,刚体静力学研究的基本问题是作用于刚体上的力系的平衡问题,包括:

(1)受力分析——分析作用在物体上的各种力,弄清被研究对象的受力情况。

(2)平衡条件——建立物体处于平衡状态时,作用在其上的力系所应满足的条件。

(3)利用平衡条件解决工程中的各种问题。

本章讨论刚体静力学的基本概念和基本理论,即研究上述的第一个问题。如何利用静力平衡条件解决工程实际问题,则在后面的章节讨论。

第一节　力的概念及性质

一、力的概念

力是物体间的相互机械作用,这种作用使物体的运动状态发生变化或使物体发生变形。力对物体的作用有两种效应:一是有使物体的运动状态发生改变的趋势,称为外效应或运动效应;二是有使物体发生变形的趋势,称为内效应或变形效应。

实践证明,力对物体的作用效果取决于力的大小、方向和作用点,称为力的三要素。对于刚体而言,因为力可沿其作用线滑移而不改变对刚体的作用效果,故力的三要素为力的大小、方向和作用线。

使质量为 1 kg 的物体产生 1 m/s^2 加速度的力,在国际单位制中就定义为 1 N。力的常用单位为 N 或 kN。

力是一个不仅有大小而且有方向的量,所以是一个矢量。力可以用一条带箭头的线段来表示,如图 1-1 所示,线段的长度 AB 按一定的比例尺表示力的大小,箭头指向表示力的方向,线段的起点或终点表示力的作用点,与线段重合的直线称为力的作用线。具有确定作用点的矢量称为定位矢量,不涉及作用点的矢量称为自由矢量。力是定位矢量,只表示力的大小和方向的矢量称力矢。本书前三章,规定用黑体字母 **F** 表示力,用普通字母 F 表示力的大小。

如图 1-2 所示,设力 **F** 作用于刚体上的 A 点,在力作用的平面内建立坐标系 xOy,由力 **F** 的起点和终点分别向 x 轴作垂线,得垂足 a_1 和 b_1,则线段 a_1b_1 冠以相应的正负号称为力 **F** 在 x 轴上的投影,用 F_x 表示,即 $F_x = \pm a_1b_1$;同理,力 **F** 在 y 轴上的投影用 F_y 表示,即 $F_y = \pm a_2b_2$。

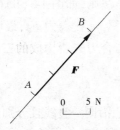

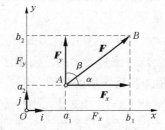

图 1-1　力的表示方法　　　　　图 1-2　力的投影

力在坐标轴上的投影是代数量,正负号规定:力的投影由始端到末端与坐标轴正向一致时其投影取正号,反之取负号。投影与力的大小及方向有关,即

$$\left.\begin{array}{l} F_x = \pm a_1b_1 = F\cos\alpha \\ F_y = \pm a_2b_2 = F\cos\beta \end{array}\right\} \tag{1-1}$$

式中　α、β——力 **F** 与 x 轴、y 轴正向所夹的锐角。

反之,若已知力 **F** 在坐标轴上的投影 F_x、F_y,则该力的大小及方向余弦为

$$F = \sqrt{F_x^2 + F_y^2} \atop \cos\alpha = \dfrac{F_x}{F_y} \Bigg\}$$

(1-2)

应当注意的是,力的投影和力的分量是两个不同的概念。投影是代数量,而分力是矢量;投影无所谓作用点,而分力的作用点必须在原力的作用点上。另外,在直角坐标系中,在坐标轴上的投影的绝对值和力沿该轴的分量的大小相等。

二、力的性质

力的基本性质是人们在长期的生活和生产实践中积累的关于物体间相互机械作用性质的经验总结,因正确性已被实践反复证明,为大家所公认,所以也称静力学公理。

性质1　力的平行四边形公理

作用于物体上同一点的两个力的合力也作用于该点,且合力的大小和方向可用以这两个力为邻边所作的平行四边形的对角线来确定。力的平行四边形公理是力系合成的基础。

如图1-3(a)所示,以 F_R 表示力 F_1 和力 F_2 的合力,则可以表示为

$$F_R = F_1 + F_2$$

即作用于物体上同一点的两个力的合力等于这两个力的矢量和。

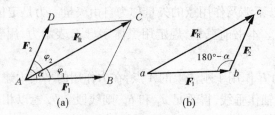

图1-3　力的矢量合成

在求共点两个力的合力时,我们常采用力的三角形法则,如图1-3(b)所示。从刚体外任选一点 a 作矢量 ab 代表力 F_1,然后从 b 的终点作矢量 bc 代表力 F_2,最后连接起点 a 与终点 c,得到矢量 ac,则 ac 就代表合力矢 F_R。分力矢与合力矢所构成的三角形 abc 称为力的三角形。这种合成方法称为力的三角形法则。

性质2　作用力与反作用力公理

两个物体间的相互作用力总是大小相等、方向相反、沿同一直线且分别作用于两个物体上。这一性质称为作用力与反作用力公理,揭示了物体间相互作用的关系。

性质3　二力平衡公理

要使两个力作用的刚体平衡,必须要使两个力的大小相等、方向相反且作用在同一直线上。这一性质称为二力平衡公理,它说明了作用在一个物体上的两个力的平衡条件。受两个力作用处于平衡的构件称为二力构件。工程上常遇到二力构件。根据性质3,二力构件上的两个力必须沿二力作用点的连线,且等值、反向。

性质4　加减平衡力系公理

作用于刚体上的任一已知力系中,增加或减去任一平衡力系,并不改变原力系对刚体的作用效应。这一性质称为加减平衡力系公理,它是力系等效代换的依据。

推论1 力的可传性

作用于刚体上某点的力,可以沿着它的作用线移到刚体上任一点,并不改变该力对刚体的作用效应,如图1-4所示。

推论2 三力平衡汇交定理

由力的性质1和性质3容易证明,当刚体在三个力作用下处于平衡时,若其中两个力的作用线汇交于一点,则第三个力的作用线必通过该点,且此三个力的作用线在同一平面内,如图1-5所示。

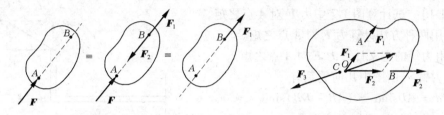

图1-4 力的可传性　　　　　　　　图1-5 三力平衡汇交定理

第二节 力对点之矩

一、力矩的概念

力不仅可以改变物体的移动状态,而且能改变物体的转动状态。力使物体绕某点转动的力学效应称为力对该点之矩,简称力矩。以扳手旋转螺母为例,如图1-6所示,设螺母能绕点 O 转动。由经验可知,螺母能否旋动,不仅取决于作用在扳手上的力 F 的大小,而且与点 O 到力 F 的作用线的垂直距离 d 有关。因此,用 F 与 d 的乘积作为力 F 使螺母绕点 O 转动效应的量度。其中,距离 d 称为力 F 对 O 点的力臂,点 O 称为矩心。由于转动有逆时针和顺时针两个转向,则力 F 对 O 点之矩定义为:力的大小 F 与力臂 d 的乘积冠以适当的正负号,以符号 $M_O(F)$ 表示,记为

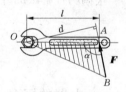

图1-6 扳手旋转螺母

$$M_O(F) = \pm Fd \tag{1-3}$$

通常规定:力使物体绕矩心逆时针方向转动时,力矩为正,反之为负。

由图1-6可见,力 F 对 O 点之矩的大小,也可以用三角形 OAB 的面积的2倍表示,即

$$M_O(F) = \pm 2A_{\triangle ABC} \tag{1-4}$$

力矩的单位是 N·m 或 kN·m。

由上述分析可得力矩的性质:

(1)力对点之矩,不仅取决于力的大小,还与矩心的位置有关。力矩随矩心的位置变化而变化。

(2)力对任一点之矩,不因该力的作用点沿其作用线移动而改变。

(3)力的大小等于零或其作用线通过矩心时,力矩等于零。

显然,互为平衡的两个力对同一点之矩的代数和等于零。

二、合力矩定理

若力 $\boldsymbol{F}_\mathrm{R}$ 是平面汇交力系 $\boldsymbol{F}_1,\boldsymbol{F}_2,\cdots,\boldsymbol{F}_n$ 的合力,由于力 $\boldsymbol{F}_\mathrm{R}$ 与力系等效,则合力对任一点 O 之矩等于所有各分力对同一点之矩的代数和,即

$$M_O(\boldsymbol{F}_\mathrm{R}) = M_O(\boldsymbol{F}_1) + M_O(\boldsymbol{F}_2) + \cdots + M_O(\boldsymbol{F}_n) = \sum M_O(\boldsymbol{F}_i) \tag{1-5}$$

式(1-5)称为合力矩定理。合力矩定理建立了合力对点之矩与分力对同一点之矩的关系。这个定理也适用于有合力的其他力系。

【例1-1】 试计算图1-7中力 $\boldsymbol{F}$ 对 A 点之矩。

解:用两种方法计算力 $\boldsymbol{F}$ 对 A 点之矩。

(1)由力矩的定义计算力 $\boldsymbol{F}$ 对 A 点之矩。

先求力臂 d,由图中几何关系有

$$\begin{aligned}
d &= AD\sin\alpha = (AB - DB)\sin\alpha \\
&= (AB - BC\cot\alpha)\sin\alpha \\
&= (a - b\cot\alpha)\sin\alpha = a\sin\alpha - b\cos\alpha
\end{aligned}$$

所以

$$M_A(\boldsymbol{F}) = Fd = F(a\sin\alpha - b\cos\alpha)$$

表示力 $\boldsymbol{F}$ 使物体绕 A 点逆时针转动。

(2)根据合力矩定理计算力 $\boldsymbol{F}$ 对 A 点之矩。

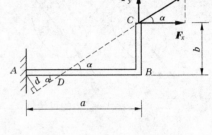

图1-7　力对 A 点之矩

将力 $\boldsymbol{F}$ 在 C 点分解为两个正交的分力,由合力矩定理可得

$$M_A(\boldsymbol{F}) = M_A(\boldsymbol{F}_x) + M_A(\boldsymbol{F}_y) = -F_x b + F_y a = -F(b\cos\alpha - a\sin\alpha) = F(a\sin\alpha - b\cos\alpha)$$

本例两种解法的计算结果是相同的,当力臂不易确定时,用第二种方法较为简便。

第三节　力　偶

一、力偶的概念

在日常生活和工程实际中经常见到物体受两个大小相等、方向相反,但不在同一直线上的两个平行力作用的情况。例如,司机转动驾驶汽车时两手作用在方向盘上的力(见图1-8(a)),工人用丝锥攻螺纹时两手加在扳手上的力(见图1-8(b)),以及用两个手指拧动水龙头所加的力(见图1-8(c))等。在力学中把这样一对等值、反向而不共线的平行力称为力偶,用符号 $(\boldsymbol{F},\boldsymbol{F}')$ 表示。两个力作用线之间的垂直距离称为力偶臂,两个力作用线所确定的平面称为力偶的作用面。

实践表明,力偶对物体只能产生转动效应,且当力愈大或力偶臂愈大时,力偶使刚体转动效应愈显著。因此,力偶对物体的转动效应取决于力偶中力的大小、力偶的转向以及力偶臂的大小,这三者称为力偶的三要素。在平面问题中,将力偶中的一个力的大小和力偶臂的乘积冠以正负号,作为力偶对物体转动效应的度量,称为力偶矩,用 M 或 $M(\boldsymbol{F},\boldsymbol{F}')$ 表示,即

$$M(\boldsymbol{F},\boldsymbol{F}') = \pm Fd \tag{1-6}$$

式中,符号"$\pm$"表示力偶的转向,通常规定:力偶使物体逆时针方向转动时,力偶矩为正,反

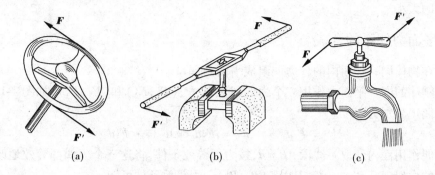

(a)　　　　　　　　(b)　　　　　　　　(c)

图 1-8　力偶

之为负。

在国际单位制中,力偶矩的单位是 N·m 或 kN·m。

二、力偶的性质

力和力偶是静力学中两个基本要素。力偶与力具有不同的性质:

(1)力偶对物体不产生移动效应,因此力偶没有合力。一个力偶既不能与一个力等效,也不能与一个力平衡,力偶只能与力偶平衡。

(2)力偶对其所在平面内任一点的矩恒等于力偶矩,与矩心位置无关。

如图 1-9 所示,力偶$(\boldsymbol{F}, \boldsymbol{F}')$的力偶矩 $M(\boldsymbol{F}, \boldsymbol{F}') = Fd$,在其作用面内任取一点 O 为矩心,因为力使物体的转动效应用力对点之矩量度,因此力偶的转动效应可用力偶中的两个力对其作用面内任何一点的矩的代数和来量度。设 O到力 $\boldsymbol{F}'$的垂直距离为 x,则力偶$(\boldsymbol{F}, \boldsymbol{F}')$对于点 O 的矩为

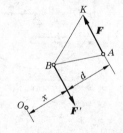

$$M_O(\boldsymbol{F}, \boldsymbol{F}') = M_O(\boldsymbol{F}) + M_O(\boldsymbol{F}') = F(x + d) - F'x = Fd$$

所得结果表明,不论点 O 选在何处,其结果都不会变,即力偶对其作用面内任一点的矩总等于力偶矩。所以,力

图 1-9　力偶对任意点 O 之矩

偶对物体的转动效应总取决于力偶矩(包括大小和转向),而与矩心位置无关。

由上述分析得到如下结论:

在同一平面内的两个力偶,只要两个力偶的力偶矩相等,则这两个力偶相等。这就是平面力偶的等效条件。

根据力偶的等效性,可得出下面两个推论:

推论 1　力偶可在其作用面内任意移动和转动,而不会改变它对物体的效应。

推论 2　只要保持力偶矩不变,可同时改变力偶中力的大小和力偶臂的长度,而不会改变它对物体的作用效应。

由力偶的等效性可知,力偶对物体的作用完全取决于力偶矩的大小和转向,因此力偶除用其力和力偶臂表示外(见图 1-10(a)),还可以用力偶矩来表示(见图 1-10(b)、(c)),其中箭头表示力偶的转向,M 表

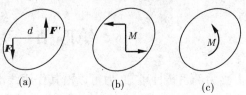

(a)　　　　　(b)　　　　　(c)

图 1-10　力偶的表示形式

示力偶矩的大小。

三、平面力偶系的合成

作用在物体同一平面内的各力偶组成平面力偶系。

设在刚体的同一平面内作用三个力偶(F_1，F_1')、(F_2，F_2')和(F_3，F_3')，如图 1-11(a)所示。各力偶矩分别为

$$M_1 = F_1 d_1 \qquad M_2 = F_2 d_2 \qquad M_3 = -F_3 d_3$$

在力偶作用面内任取一线段 $AB = d$，按力偶等效条件，将这三个力偶都等效地改为以 d 为力偶臂的力偶(P_1，P_1')、(P_2，P_2')和(P_3，P_3')。由等效条件可知

$$P_1 d = F_1 d_1 \qquad P_2 d = F_2 d_2 \qquad -P_3 d = -F_3 d_3$$

则等效变换后的三个力偶的力的大小就可以求出了。然后移转各力偶，使它们的力偶臂都与 AB 重合，则原平面力偶系变换为作用于点 A、B 的两个共线力系(见图 1-11(b))。将这两个共线力系分别合成，得

$$F_R = P_1 + P_2 - P_3$$
$$F_R' = P_1' + P_2' - P_3'$$

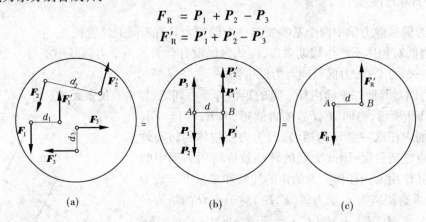

(a)   (b)   (c)

图 1-11　平面力偶的合成

可见，力 F_R 与 F_R' 等值、反向、作用线平行但不共线，构成一新的力偶(F_R，F_R')，如图 1-11(c)所示。力偶(F_R，F_R')称为原来的三个力偶的合力偶，用 M 表示此合力偶矩，则

$$M = F_R d = (P_1 + P_2 - P_3)d = P_1 d + P_2 d - P_3 d = F_1 d_1 + F_2 d_2 - F_3 d_3$$

所以有

$$M = M_1 + M_2 + M_3$$

若作用在同一平面内有 n 个力偶，则上式可以推广为

$$M = M_1 + M_2 + \cdots + M_n = \sum M_i$$

由此可得到如下结论：平面力偶系可以合成为一合力偶，此合力偶的力偶矩等于力偶系中各力偶的力偶矩的代数和。

第四节　力的平移定理

由力的可传性可知，力可以沿其作用线滑移到刚体上任一点，而不改变力对刚体的作用效应。但当力平行于原来的作用线移动到刚体上任一点时，力对刚体的作用效应便会改变，为了进行力系的简化，可以将力等效地平行移动，下面给出力的平移定理：作用于刚体上的

力可以平行移动到刚体上的任一指定点,但必须同时在该力与指定点所确定的平面内附加一力偶,其力偶矩等于原力对指定点之矩。

证明:设一力 F 作用于刚体上 A 点,如图 1-12(a) 所示。为将力 F 等效地平行移动到刚体上任意一点 B,根据加减平衡力系公理,在 B 点加上两个等值、反向的力 F' 和 F'',并使 $F' = F'' = F$,如图 1-12(b) 所示。显然,力 F、F' 和 F'' 组成的力系与原力 F 等效。由于在力系 F、F' 和 F'' 中,力 F 与力 F'' 等值、反向且作用线平行,它们组成力偶 (F, F'')。于是,作用在 B 点的力 F' 和力偶 (F, F'') 与原力 F 等效。即把作用于 A 点的力 F 平行移动到任一点 B,但同时附加了一个力偶,如图 1-12(c) 所示。由图 1-12(c) 可见,附加力偶的力偶矩为

$$M = Fd = M_B(F)$$

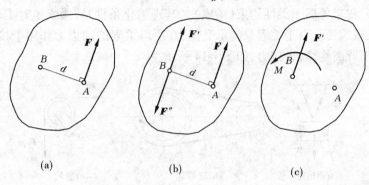

(a)　　　　　　(b)　　　　　　(c)

图 1-12　力的平移

力的平移定理表明,可以将一个力分解为一个力和一个力偶;反过来,也可以将同一平面内的一个力 F 和一个力偶 M 合成为一个力 F_R,$F_R = F$。力的平移定理只适用于刚体,不适用于变形体,并且只能在同一刚体上平行移动。

力的平移定理揭示了力对刚体产生移动和转动两种运动效应的实质,以削乒乓球为例(见图 1-13),当球拍击球的作用力没有通过球心时,按照力的平移定理,将力 F 平移至球心,平移力 F' 使球产生移动,附加力偶 M 使球产生绕球心的转动,于是形成旋转球。

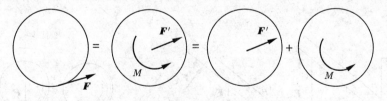

图 1-13　力的平移举例

第五节　约束与约束力

在空间可作任意运动的物体称为自由体,如飞机、火箭等。如果受到其他物体的限制,沿着某些方向不能运动的物体称为非自由体。如悬挂的重物,因为受到绳索的限制,使其在某些方向不能运动而成为非自由体,这种阻碍物体运动的限制称为约束。约束通常是通过物体间的直接接触形成的。

既然约束阻碍物体沿某些方向的运动,那么当物体沿着约束所阻碍的运动方向运动或有运动趋势时,约束对其必然有力的作用,以限制其运动,这种力称为约束力,又叫约束反力,简称反力。约束力的方向总是与约束所能阻碍的物体的运动或运动趋势的方向相反,它的作用点就在约束与被约束的物体的接触点,大小可以通过计算求得。

工程上通常把能使物体主动产生运动或运动趋势的力称为主动力或荷载,如重力、风力、水压力等。通常主动力是已知的,约束力是未知的,它不仅与主动力的情况有关,同时,也与约束的类型有关。下面介绍工程实际中常见的几种约束类型及其约束力的特性。

一、柔性约束

绳索、链条、皮带等属于柔性约束(柔索)。其理想化条件是:柔索绝对柔软,无重量,无粗细,不可伸长或缩短。由于柔索只能承受拉力,所以柔索的约束力作用于接触点,方向沿柔索的中心线而背离物体,为拉力,如图1-14所示。

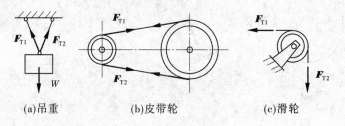

(a)吊重　　　　　　(b)皮带轮　　　　　　(c)滑轮

图1-14　柔性约束

二、光滑接触面约束

当物体接触面上的摩擦力可以忽略时,即可看做光滑接触面,这时两个物体可以脱离开,也可以沿光滑面相对滑动,但沿接触面法线且指向接触面的位移受到限制。所以,光滑接触面约束力作用于接触点,沿接触面的公法线且指向物体,为压力,如图1-15和图1-16所示。

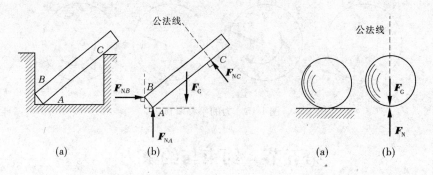

图1-15　杆件光滑接触面约束　　　图1-16　球光滑接触面约束

三、光滑铰链约束

工程上常用销钉来连接构件或零件,这类约束只能限制相对移动,不能限制转动,且忽略销钉与构件间的摩擦。若两个构件用销钉连接起来,这种约束称为铰链约束,简称铰链或中间铰,如图 1-17(a)所示,图 1-17(b)是它的简化表示。

当两个构件有沿销钉径向相对移动的趋势时,销钉与构件以光滑圆柱面接触,如图 1-17(c)所示,铰链约束的约束力作用在销钉与物体的接触点 D,沿接触面的公法线方向,使被约束物体受压力。但由于销钉与销钉孔壁接触点与被约束物体所受的主动力有关,一般不能预先确定,所以约束力 F_C 的方向也不能确定。因此,其约束力作用在垂直于销钉轴线的平面内,通过销钉中心,方向不定。为计算方便,铰链约束的约束力常用过铰链中心的两个大小未知的正交分力 F_{Cx}、F_{Cy} 来表示,如图 1-17(d)所示。两个分力的指向是假设的。

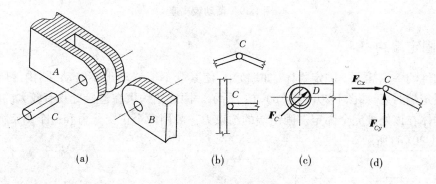

图 1-17　光滑铰链约束

四、固定铰支座

用铰链连接的两个构件中,如果其中一个构件固定在地面或机座上,则这种约束称为固定铰支座,简称铰支座,如图 1-18(a)所示。固定铰支座的约束与铰链约束完全相同。图 1-18(b)是它的几种简化表示。约束力常用过铰支座中心 A 的两个大小未知的正交分力 F_{Ax}、F_{Ay} 来表示,如图 1-18(c)所示,两个分力的指向是假设的。

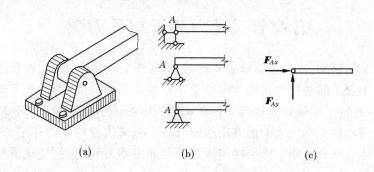

图 1-18　固定铰支座

五、活动铰支座

在固定铰支座和支承面间装上几个滚子,使支座可沿支承面移动,就构成了活动铰支座,又称辊轴支座,如图 1-19(a)所示。这种约束只能限制物体沿支承面法线方向运动,而不能限制物体沿支承面移动和相对于销钉轴线转动。所以,其约束力垂直于支承面,过销钉中心,指向可假设,如图 1-19(c)所示。图 1-19(b)是它的几种简化形式。

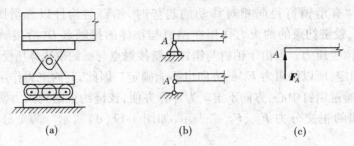

图 1-19　活动铰支座

六、固定端约束

将构件的一端插入一固定物体(如墙)中,使其既不能移动也不转动,则构件所受的约束称为固定端约束,如图 1-20(a)、(b)、(c)所示。固定端约束在连接处具有较大的刚性,被约束的物体在该处被完全固定。固定端的约束力一般用两个正交分力和一个约束力偶来代替,如图 1-20(d)所示。

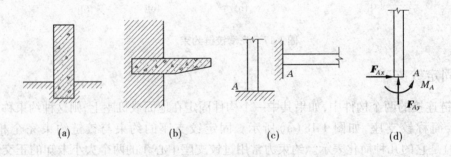

图 1-20　固定端约束

第六节　受力分析与受力图

解决静力学问题时,首先要明确研究对象,再考虑它的受力情况,然后用相应的平衡方程去计算。工程中的结构与机构大多是受一定约束的非自由刚体,为了清楚地表达出某个物体的受力情况,必须将它从与其相联系的周围物体中分离出来。分离的过程就是解除约束的过程。在解除约束的地方用相应的约束力来代替约束的作用,被解除约束后的物体叫分离体。在分离体上画出物体所受的全部主动力和约束力,此图称为研究对象的受力图。

一、画受力图的基本步骤

(一)确定研究对象,取分离体

按问题的条件和要求确定研究对象(它可以是一个物体,也可以是几个物体的组合或整个系统),解除与研究对象相连接的其他物体的约束,用简单几何图形表示出其形状特征。

（二）画主动力

在分离体上画出该物体所受到的全部主动力,如重力、风力、切削力、电磁力等。

（三）画约束力

在解除约束的位置,根据约束的不同类型,画出约束力。

（1）约束力的作用线与指向要根据约束的性质确定。

（2）若约束力的作用线可以确定,而指向不能确定,可沿作用线方向假设一个指向,这个假设是否正确,可计算时判定。

如研究对象是几个物体组成的物体系,还必须区分外力和内力。物体系内各物体间相互作用的力称为内力,物体与物体系外其他物体的相互作用力称为外力。随着所取系统的范围不同,某些内力和外力也会相互转化。画物体系受力图时,不画内力,因为内力总是成对出现的,它不影响物体总体的平衡。分别画出物体系中各个物体的受力图,且注意它们彼此相互作用的力必须相等、共线、反向。

受力图上所有力都应根据力的性质、约束的种类、作用点的位置标注相应的字母。对于作用力与反作用力,标注的字母应协调。

二、受力图的画法

【例1-2】 水平梁 AB 用斜杆 CD 支承,A、C、D 三处均为光滑铰链连接,如图 1-21（a）所示。梁上放置一重为 F_{G1} 的电动机。已知梁重为 F_{G2},不计杆 CD 自重,试分别画出杆 CD 和梁 AB 的受力图。

解 （1）取 CD 为研究对象。由于斜杆 CD 自重不计,只在杆的两端分别受到铰链的约束力 F_C 和 F_D 的作用,由此判断杆 CD 为二力杆。根据二力平衡公理,F_C 和 F_D 两力大小相等、沿铰链中心连线 CD 方向且指向相反。斜杆 CD 的受力图如图 1-21（b）所示。

（2）取梁 AB（包括电动机）为研究对象。它受 F_{G1}、F_{G2} 两个主动力的作用;梁在铰链 D 处受二力杆 CD 给它的约束力 F'_D 的作用,根据作用力与反作用力公理,$F'_D = -F_D$,梁在 A 处受固定铰支座的约束力,由于方向未知,可用两个大小未知的正交分力 F_{Ax} 和 F_{Ay} 表示。梁 AB 的受力图如图 1-21（c）所示。

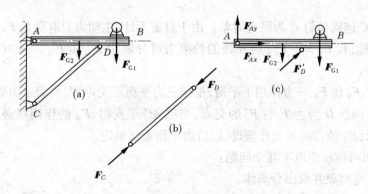

图 1-21　悬臂起重机

【例1-3】 简支梁两端分别为固定铰支座和活动铰支座,在 C 处作用一集中荷载 F（见图 1-22（a））,梁重不计,试画梁 AB 的受力图。

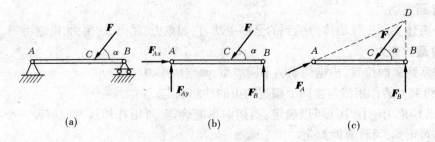

图 1-22 简支梁

解 取梁 AB 为研究对象。

方法一: 作用于梁上的力有集中荷载 F;活动铰支座 B 的反力 F_B,铅垂向上;固定铰支座 A 的反力用过点 A 的两个正交分力 F_{Ax} 和 F_{Ay} 表示。受力图如图 1-22(b)所示。

方法二: 由于梁受三个力作用而平衡,由三力汇交平衡定理可确定 F_A 的方向。用点 D 表示力 F 和 F_B 的作用线交点。F_A 的作用线必过交点 D,如图 1-22(c)所示。

【例1-4】 三铰拱桥由左右两拱铰接而成,如图 1-23(a)所示。设各拱自重不计,在拱 AC 上作用荷载 F。试分别画出拱 AC 和 CB 的受力图。

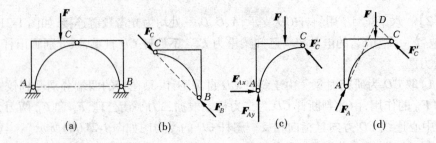

图 1-23 三铰拱桥

解 (1)取拱 CB 为研究对象。由于拱自重不计,且只在 B、C 处受到铰约束,因此拱 CB 为二力构件,在铰链中心 B、C 分别受到 F_B 和 F_C 的作用,且 $F_B = -F_C$。拱 CB 的受力图如图 1-23(b)所示。

(2)取拱 AC 连同销钉 C 为研究对象。由于自重不计,主动力只有荷载 F;点 C 受拱 CB 施加的约束力 F_C',且 $F_C' = -F_C$;点 A 处的约束力可分解为 F_{Ax} 和 F_{Ay}。拱 AC 的受力图如图 1-23(c)所示。

拱 AC 在 F、F_C' 和 F_A 三力作用下平衡,根据三力平衡汇交定理,可确定出铰链 A 处的约束力 F_A 的方向。点 D 为力 F 与 F_C' 的交点,当拱 AC 平衡时,F_A 的作用线必通过点 D,如图 1-23(d)所示,F_A 的指向可先作假设,以后由平衡条件确定。

在画受力图时应注意以下几个问题:

(1)明确研究对象并取出分离体。

(2)要先画出全部的主动力。

(3)明确约束力的个数。凡是研究对象与周围物体相接触的地方都一定有约束力,不可随意增加或减少。

(4)要根据约束的类型画约束力。即按约束的性质确定约束力的作用位置和方向,不能主观臆断。

（5）二力杆要优先分析。

（6）对物体系进行分析时应注意，同一力在不同受力图上的画法要完全一致；在分析两个相互作用的力时，应遵循作用力和反作用力关系，作用力方向一经确定，则反作用力必与之相反，不可再假设指向。

（7）内力不必画出。

思考题与习题

1-1 说明下列式子的意义和区别：

（1）$F_1 = F_2$ 和 $F_1 = F_2$；

（2）$F_R = F_1 + F_2$ 和 $F_R = F_1 + F_2$。

1-2 力的可传性原理的适用条件是什么？如图 1-24 所示，能否根据力的可传性原理，将作用于杆 AC 上的力 F 沿其作用线移至杆 BC 上而成力 F'？

1-3 作用于刚体上大小相等、方向相同的两个力对刚体的作用是否等效？

1-4 物体受汇交于 点的二个力作用而处于平衡，此二力是否 定共面？为什么？

1-5 如图 1-25 所示，力 F 作用在销钉 C 上，试问销钉 C 对 AC 的力与销钉 C 对 BC 的力是否等值、反向、共线？为什么？

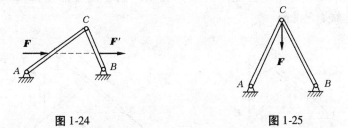

图 1-24   图 1-25

1-6 将图 1-26 所示 A 点上的力 F 沿作用线移至 B 点，是否改变该力对 O 点之矩？

1-7 一矩形钢板放在水平地面上，其边长 $a = 3$ m，$b = 2$ m，如图 1-27 所示。按图示方向加力，转动钢板需要 $F = F' = 250$ N。试问如何加力才能使转动钢板所用的力最小，并求这个最小力的大小。

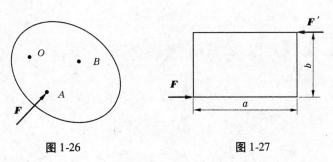

图 1-26   图 1-27

1-8 力偶不能与一力平衡，那么如何解释图 1-28 所示的平衡现象？

1-9 如图 1-29 所示，一力偶（F_1，F_1'）作用在 xOy 平面内，另一力偶（F_2，F_2'）作用在 yOz

平面内,力偶矩的绝对值相等,试问两力偶是否等效? 为什么?

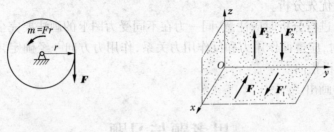

图 1-28　　　　　　　　　　　　图 1-29

1-10　图 1-30 所示各物体受力图是否正确? 若有错误试改正。

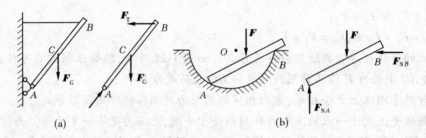

图 1-30

1-11　改正图 1-31 所示受力图中存在的错误。物体重量除图上已注明外,均略去不计。假设接触处都是光滑的。

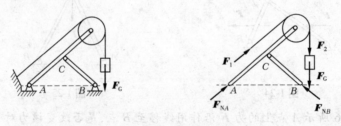

图 1-31

第二章 构件的受力分析

对构件保持平衡状态进行的分析称为构件的受力分析,受力分析包括画受力图和解平衡方程等。静力学研究的问题包括平面问题和空间问题。平面静力学问题不仅在实际中广泛存在,而且是空间静力学问题的基础。在工程上,只要作用于构件上的力主要分布在一个平面上,就可视为平面静力学问题。

第一节 平面力系

一、平面一般力系的简化

若作用于物体上所有的力(包括力偶)都在同一平面内,则该力系称为平面力系,如图 2-1(a)所示。若平面力系中各力的作用线相互平行,则称为平面平行力系,如图 2-1(b)所示。平面平行力系中可以包含力偶。因为对于刚体而言,力偶在平面内可任意转移,故总可将组成力偶的二力转动至与其他力相互平行的位置。

若平面力系中各力的作用线汇交于同一点,则称为平面汇交力系或平面共点力系,如图 2-1(c)所示。平面汇交力系中不能包含力偶,因为组成力偶的两个力不可能共点。

若平面力系中的各力的作用线既不相互平行,又不汇交于一点,则为平面一般力系或平面任意力系,如图 2-1(a)所示。

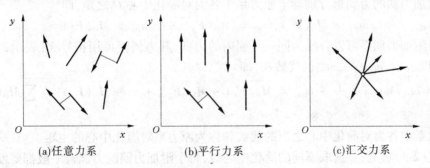

(a)任意力系　　　　(b)平行力系　　　　(c)汇交力系

图 2-1　平面力系

设刚体受到平面任意力系 $F_1, F_2, \cdots, F_n$ 的作用,如图 2-2(a)所示。在力系所在的平面内任取一点 O,称 O 点为简化中心。应用力的平移定理,将力系中的各力依次平移至 O 点,得到汇交于 O 点的平面汇交力系 $F_1', F_2', \cdots, F_n'$,此外还应附加相应的力偶,构成附加力偶系 $m_{O1}, m_{O2}, \cdots, m_{On}$,如图 2-1(b)所示。

平面汇交力系中各力的大小和方向分别与原力系中对应的各力相同,即

$$F_1' = F_1, F_2' = F_2, \cdots, F_n' = F_n$$

所得平面汇交力系可以合成为一个力,也作用于点 O,其力矢 F_R' 等于各力矢 F_1', $F_2', \cdots, F_n'$ 的矢量和,即

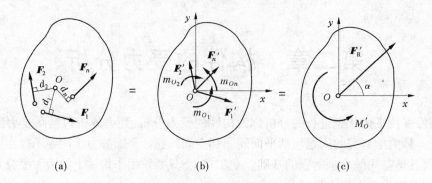

$$(a) \qquad\qquad (b) \qquad\qquad (c)$$

图 2-2　平面力系的简化

$$\boldsymbol{F}'_R = \boldsymbol{F}'_1 + \boldsymbol{F}'_2 + \cdots + \boldsymbol{F}'_n = \boldsymbol{F}_1 + \boldsymbol{F}_2 + \cdots + \boldsymbol{F}_n = \sum \boldsymbol{F}_i \qquad (2\text{-}1)$$

$\boldsymbol{F}'_R$ 称为该力系的主矢,它等于原力系各力的矢量和,与简化中心的位置无关。

主矢 $\boldsymbol{F}'_R$ 的大小与方向可用解析法求得。按图 2-2(b)所选定的坐标系 xOy,有

$$F'_{Rx} = F_{1x} + F_{2x} + \cdots + F_{nx} = \sum F_{ix}$$

$$F'_{Ry} = F_{1y} + F_{2y} + \cdots + F_{ny} = \sum F_{iy}$$

主矢 $\boldsymbol{F}'_R$ 的大小及方向分别由式(2-2)确定

$$\left.\begin{array}{l} \boldsymbol{F}'_R = \sqrt{(F'_{Rx})^2 + (F'_{Ry})^2} = \sqrt{\left(\sum F_{ix}\right)^2 + \left(\sum F_{iy}\right)^2} \\[3mm] \alpha = \arctan\left|\dfrac{F'_{Ry}}{F'_{Rx}}\right| = \arctan\left|\dfrac{\sum F_{iy}}{\sum F_{ix}}\right| \end{array}\right\} \qquad (2\text{-}2)$$

其中 α 为主矢 $\boldsymbol{F}'_R$ 与 x 轴正向间所夹的锐角。

各附加力偶的力偶矩分别等于原力系中各力对简化中心 O 之矩,即

$$m_{O1} = M_O(\boldsymbol{F}_1), m_{O2} = M_O(\boldsymbol{F}_2), \cdots, m_{On} = M_O(\boldsymbol{F}_n)$$

所得附加力偶系可以合成为同一平面内的力偶,其力偶矩可用符号 M'_O 表示,它等于各附加力偶矩 $m_{O1}, m_{O2}, \cdots, m_{On}$ 的代数和,即

$$M'_O = m_{O1} + m_{O2} + \cdots + m_{On} = M_O(\boldsymbol{F}_1) + M_O(\boldsymbol{F}_2) + \cdots + M_O(\boldsymbol{F}_n) = \sum M_O(\boldsymbol{F}_i)$$

$$(2\text{-}3)$$

原力系中各力对简化中心之矩的代数和称为原力系对简化中心的主矩。

由式(2-3)可见,在选取不同的简化中心时,每个附加力偶的力偶臂一般都要发生变化,所以主矩一般都与简化中心的位置有关。

由上述分析我们得到如下结论:平面任意力系向作用面内任意一点简化,可得一个力和一个力偶,如图 2-2(c)所示。这个力的作用线过简化中心,其力矢等于原力系的主矢;这个力偶的矩等于原力系对简化中心的主矩。

二、平面任意力系简化的最终结果讨论

平面任意力系向简化中心 O 点简化,得到了主矢 $\boldsymbol{F}'_R$ 和主矩 M'_O,如图 2-2(c)所示。若主矢 $\boldsymbol{F}'_R$ 和主矩 M'_O 都不等于零,则可逆向利用力的平移定理,将二者进一步合成为一个力。假定最后的合力为 $\boldsymbol{F}_R$,则 $\boldsymbol{F}_R$ 移回 O 点后得到的力和力矩应分别为 $\boldsymbol{F}'_R$ 和 M'_O。因此,由力的

平移定理可知，合力 $\boldsymbol{F}_R$ 的大小应为 $F_R = F_R'$，合力 $\boldsymbol{F}_R$ 的作用线到 O 点的距离应为 $h = |M_O'| / F_R'$；作用线在 O 点的哪一边，则由 M_O' 的符号决定，如图 2-3 所示。

表 2-1 分四种情况讨论了平面任意力系简化的最终结果。

由表 2-1 可见，平面任意力系简化的最终结果，只有三种可能：**图 2-3 主矢和主矩简化**
① 合成为一个力；② 合成为一个力偶；③ 为平衡力系。

表 2-1　平面任意力系简化的最终结果

主矢 $\boldsymbol{F}_R'$	主矩 M_O'	简化结果	意义
$F_R' \neq 0$	$M_O' \neq 0$	合力 $\boldsymbol{F}_R$	$F_R = F_R'$，$\boldsymbol{F}_R$ 的作用线到简化中心 O 点的距离为 $h = |M_O'| / F_R'$。$\boldsymbol{F}_R$ 作用在 O 点的哪一边，由 M_O' 的符号决定
	$M_O' = 0$	合力 $\boldsymbol{F}_R$	$F_R = F_R'$，$\boldsymbol{F}_R$ 的作用线通过简化中心 O 点
$F_R' = 0$	$M_O' \neq 0$	合力偶 M_O	$M_O' = \sum M_O(\boldsymbol{F}_i)$，主矩 M_O' 与简化中心 O 位置无关
	$M_O' = 0$	力系平衡	平面任意力系平衡的必要和充分条件为 $F_R' = 0, M_O' = 0$

利用力系简化的方法，可以求得平面任意力系的合力。

【**例 2-1**】　如图 2-4 所示的平面力系中，$F_1 = 1$ kN，$F_2 = F_3 = F_4 = 5$ kN，$M = 3$ kN·m，试求力系的合力。

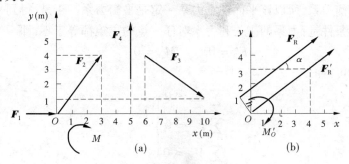

图 2-4　平面力系

解　将各力向 O 点简化，可得

$$F_{Rx}' = \sum F_{ix} = F_1 + \frac{3}{5}F_2 + \frac{4}{5}F_3$$

$$= 1 + \frac{3}{5} \times 5 + \frac{4}{5} \times 5 = 8(\text{kN})$$

$$F_{Ry}' = \sum F_{iy} = \frac{4}{5}F_2 - \frac{3}{5}F_3 + F_4$$

$$= \frac{4}{5} \times 5 - \frac{3}{5} \times 5 + 5 = 6(\text{kN})$$

得到力系的主矢 $\boldsymbol{F}_R'$ 的大小为

$$F_R' = \sqrt{(F_{Rx}')^2 + (F_{Ry}')^2} = \sqrt{8^2 + 6^2} = 10(\text{kN})$$

主矢 $\boldsymbol{F}'_\mathrm{R}$ 与 x 轴的夹角 α 为

$$\tan\alpha = \left| \frac{F'_{\mathrm{R}y}}{F'_{\mathrm{R}x}} \right| = \frac{3}{4}$$

因为 $F'_{\mathrm{R}x} > 0, F'_{\mathrm{R}y} > 0$，故 α 在第一象限。

主矩为

$$M'_O = \sum M_O(\boldsymbol{F}_i) = -4F_{3x} - 6F_{3y} + 5F_4 - M$$
$$= -4 \times 4 - 6 \times 3 + 5 \times 5 - 3 = -12(\mathrm{kN \cdot m})$$

因为 $F'_\mathrm{R} \neq 0, M'_O \neq 0$，故力系可合成为一个合力，且有

$$F_\mathrm{R} = F'_\mathrm{R} = 10 \text{ kN}$$

作用线距简化中心 O 点的距离为

$$h = \frac{|M'_O|}{F'_\mathrm{R}} = \frac{12}{10} = 1.2(\mathrm{m})$$

由于 M'_O 为负，故合力 $\boldsymbol{F}_\mathrm{R}$ 的作用位置如图 2-4(b) 所示。

第二节　平衡方程及其应用

一、平面任意力系的平衡方程

当平面任意力系的主矢和主矩都等于零时，作用在简化中心的汇交力系是平衡力系，附加的力偶系也是平衡力系，所以该平面任意力系一定是平衡力系。于是，得到平面任意力系平衡的充分与必要条件是：力系的主矢和力系对任一点的主矩都等于零，即

$$F'_\mathrm{R} = 0 \qquad M'_O = 0 \tag{2-4}$$

用解析式表示可得

$$\left. \begin{array}{l} \sum F_x = 0 \\ \sum F_y = 0 \\ \sum M'_O = 0 \end{array} \right\} \tag{2-5}$$

式(2-5)为平面任意力系的平衡方程。其中，前两式称为投影方程，它表示力系中各力在其作用面内两坐标轴上的投影的代数和分别等于零；后一式称为力矩方程，它表示力系中各力对其作用面内任一点之矩的代数和等于零。

平面任意力系的平衡方程除由简化结果直接得出的基本式(2-5)外，还有二矩式和三矩式。

二矩式平衡方程形式为

$$\left. \begin{array}{l} \sum F_x = 0 \\ \sum M_A = 0 \\ \sum M_B = 0 \end{array} \right\} \tag{2-6}$$

其中，矩心 A、B 两点的连线不能与 x 轴垂直。

三矩式平衡方程形式为

$$\left. \begin{array}{l} \sum M_A = 0 \\ \sum M_B = 0 \\ \sum M_C = 0 \end{array} \right\} \tag{2-7}$$

其中,A、B、C 三点不能共线。

对于二矩式、三矩式的附加条件,可自行证明。

平面任意力系有三种不同形式的平衡方程组,每种形式都只含有三个独立的方程式,都只能求解三个未知量。应用时可根据问题的具体情况,选择适当形式的平衡方程。

二、解题步骤与方法

(一)确定研究对象,画出受力图

将已知力和未知力共同作用的物体作为研究对象,取出分离体画受力图。

(二)选取投影坐标轴和矩心,列平衡方程

列平衡方程前应先确定力的投影坐标轴和矩心的位置,然后列方程。若受力图上有两个未知力相互平行,可选垂直于这两个未知力的直线为投影坐标轴;若无两个未知力相互平行,则选两个未知力的交点为矩心;若有两个正交未知力,则分别选取两个未知力所在直线为投影坐标轴,选两个未知力的交点为矩心。恰当选取坐标轴和矩心,可使单个平衡方程中未知量的个数减少,便于求解。

(三)求解未知量,讨论结果

将已知条件代入平衡方程式中,联立方程求解未知量。必要时,可对影响求解结果的因素进行讨论;还可以另选一不独立的平衡方程,对某一解答进行验算。

【例 2-2】 如图 2-5(a)所示为一悬臂式起重机,A、B、C 都是铰链连接。梁 AB 自重 $F_G = 1 \text{ kN}$,作用在梁的中点,提升重量 $F_P = 8 \text{ kN}$,杆 BC 自重不计。试求支座 A 的反力和杆 BC 所受的力。

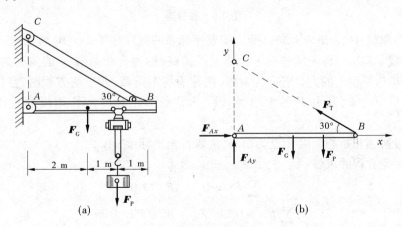

(a)　　　　　　　　　　　　　(b)

图 2-5　悬臂式起重机

解 (1)取梁 AB 为研究对象,受力图如图 2-5(b)所示。A 处为固定铰支座,其反力用两个分力表示,杆 BC 为二力杆,它的约束力沿 BC 轴线,并假设为拉力。

(2)取投影轴和矩心。为使每个方程中未知量尽可能少,以 A 点为矩心,选取直角坐标

系 xAy。

（3）列平衡方程并求解。梁 AB 所受各力构成平面任意力系，下面用三矩式求解。

由 $$\sum M_A = 0 \qquad -F_G \times 2 - F_P \times 3 + F_T \sin 30° \times 4 = 0$$

解得 $$F_T = \frac{2F_G + 3F_P}{4 \times \sin 30°} = \frac{2 \times 1 + 3 \times 8}{4 \times 0.5} = 13(\text{kN})$$

由 $$\sum M_B = 0 \qquad -F_{Ay} \times 4 + F_G \times 2 + F_P \times 1 = 0$$

解得 $$F_{Ay} = \frac{2F_G + F_P}{4} = \frac{2 \times 1 + 1 \times 8}{4} = 2.5(\text{kN})$$

由 $$\sum M_C = 0 \qquad F_{Ax} \times 4 \times \tan 30° - F_G \times 2 - F_P \times 3 = 0$$

解得 $$F_{Ax} = \frac{2F_G + 3F_P}{4 \times \tan 30°} = \frac{2 \times 1 + 3 \times 8}{4 \times 0.577} = 11.26(\text{kN})$$

（4）校核。

$$\sum F_x = F_{Ax} - F_T \times \cos 30° = 11.26 - 13 \times 0.866 = 0$$

$$\sum F_y = F_{Ay} - F_G - F_P + F_T \times \sin 30° = 2.5 - 1 - 8 + 13 \times 0.5 = 0$$

可见，计算无误。

【例 2-3】 一端固定的悬臂梁如图 2-6(a)所示。梁上作用均布荷载，荷载集度为 q，在梁的自由端还受一集中力 P 和一力偶矩为 m 的力偶的作用。试求固定端 A 处的约束力。

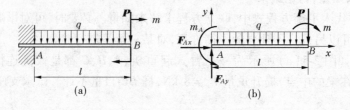

(a) (b)

图 2-6 悬臂梁

解 （1）取梁 AB 为研究对象。受力图及坐标系的选取如图 2-6(b)所示。

图中荷载 q 表示一种连续分布于物体上的荷载，称为分布荷载，q 的值称为荷载集度，表示荷载在单位长度上的力。若 q 为常数，则称为均布荷载，列平衡方程时，常将均布荷载简化为一个集中力 F，其中 F 的大小为 ql（l 为荷载作用长度），作用线通过作用长度的中点。

（2）取投影轴和矩心。以 A 点为矩心，选取直角坐标系 xAy。

（3）列平衡方程并求解。

由 $$\sum F_x = 0 \qquad F_{Ax} = 0$$

$$\sum F_y = 0 \qquad F_{Ay} - ql - P = 0$$

解得 $$F_{Ay} = ql + P$$

由 $$\sum M_A = 0 \qquad m_A - \frac{ql^2}{2} - Pl - m = 0$$

解得 $$m_A = \frac{ql^2}{2} + Pl + m$$

(4)校核。

略。

三、平面特殊力系的平衡方程

(一)平面汇交力系

平面汇交力系平衡的必要与充分条件是其合力等于零,即 $F_R = 0$。要使 $F_R = 0$,必须有

$$\left.\begin{array}{l} \sum F_x = 0 \\ \sum F_y = 0 \end{array}\right\} \tag{2-8}$$

式(2-8)表明,平面汇交力系平衡的必要与充分条件是:力系中各力在力系所在平面内两个相交轴上投影的代数和同时为零。式(2-8)称为平面汇交力系的平衡方程。

式(2-8)是由两个独立的平衡方程组成的,故用平面汇交力系的平衡方程只能求解两个未知量。

【例 2-4】 重量为 F_G 的重物,放置在倾角为 α 的光滑斜面上,如图 2-7(a)所示。试求保持重物平衡时需沿斜面方向施加的力 F 和重物对斜面的压力 F'_N。

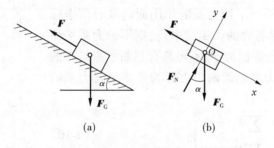

(a)　　　　　(b)

图 2-7　斜面和重物

解 (1)以重物为研究对象。重物受到重力 F_G、拉力 F 和斜面对重物的作用力 F_N,其受力图如图 2-7(b)所示。

(2)取坐标系 xOy,列平衡方程如下

$$\sum F_x = 0 \qquad F_G \sin\alpha - F = 0$$

$$\sum F_y = 0 \qquad -F_G \cos\alpha + F_N = 0$$

解得 $\qquad\qquad\qquad F = F_G \sin\alpha \qquad F_N = F_G \cos\alpha$

则重物对斜面的压力 $F'_N = F_G \cos\alpha$,指向和 F_N 相反。

通过以上分析和求解过程可以看出,在求解平衡问题时,要恰当地选取分离体,恰当地选取坐标轴,以最简捷、合理的途径完成求解工作。尽量避免求解联立方程,以提高计算的工作效率。

(二)平面力偶系

平面力偶系可以用它的合力偶等效代替,因此若合力偶矩等于零,则原力偶系必定平衡;反之若原力偶系平衡,则合力偶矩必等于零。由此可得到,平面力偶系平衡的必要与充分条件为:平面力偶系中所有力偶的力偶矩的代数和等于零,即

$$\sum M = 0 \tag{2-9}$$

平面力偶系有一个平衡方程,可以求解一个未知量。

【例2-5】 如图2-8所示,电动机输出轴通过联轴器与工作轴相连,联轴器上4个螺栓 A、B、C、D 的孔心均匀地分布在同一圆周上,此圆的直径 $d = 150$ mm,电动机轴传给联轴器的力偶矩 $m = 2.5$ kN·m。试求每个螺栓所受的力。

解 取联轴器为研究对象,作用于联轴器上的力有电动机传给联轴器的力偶和每个螺栓的反力,受力图如图2-8所示。设4个螺栓的受力均匀,即 $F_A = F_B = F_C = F_D = F$,则组成两个力偶与电动机传给联轴器的力偶平衡。

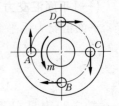

图2-8 联轴器

由 $$\sum M = 0 \quad m - F \times AC - F \times BD = 0$$

解得 $$F = \frac{m}{2d} = \frac{2.5}{2 \times 0.15} = 8.33(\text{kN})$$

(三)平面平行力系

平面平行力系是平面任意力系的一种特殊情况。当力系中各力的作用线在同一平面内且相互平行,这样的力系称为平面平行力系。其平衡方程可由平面任意力系的平衡方程导出。

如图2-9所示,在平面平行力系的作用面内取直角坐标系 xOy,令 y 轴与该力系各力的作用线平行,则不论力系平衡与否,各力在 x 轴上的投影恒为零,不再具有判断平衡与否的功能。于是,平面任意力系的后两个方程为平面平行力系的平衡方程,即

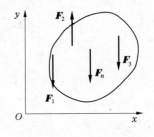

图2-9 平面平行力系

$$\left.\begin{aligned} \sum F_y = 0 \\ \sum M_O = 0 \end{aligned}\right\} \tag{2-10}$$

由式(2-7) 得

$$\left.\begin{aligned} \sum M_A = 0 \\ \sum M_B = 0 \end{aligned}\right\} \tag{2-11}$$

其中,两个矩心 A、B 的连线不能与各力作用线平行。

平面平行力系有两个独立的平衡方程,可以求解两个未知量。

【例2-6】 塔式起重机如图2-10(a)所示。机身重 $F_G = 220$ kN,作用线过塔架的中心。已知最大起吊重量 $P = 50$ kN,起重悬臂长12 m,轨道 A、B 的间距为4 m,平衡锤重 Q 至机身中心线的距离为6 m。试求:

(1)确保起重机不至翻倒的平衡锤重 Q 的大小;

(2)当 $Q = 30$ kN,而起重机满载时,轨道对机轮的约束力。

解 取起重机整体为研究对象。其正常工作时受力如图2-10(b)所示。

(1)求确保起重机不至翻倒的平衡锤重 Q 的大小。

起重机满载时,若平衡锤过轻,则会使机身绕点 B 向右翻倒。临界状态时,点 A 悬空,$F_{NA} = 0$,平衡锤重应为 Q_{min}。于是有方程

$$\sum M_B = 0 \quad Q_{min}(6 + 2) + 2F_G - P(12 - 2) = 0$$

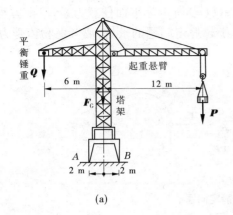
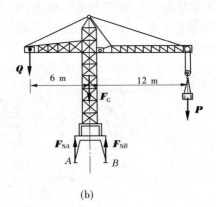

(a)   (b)

图 2-10 塔式起重机

解得
$$Q_{min} = \frac{10 \times 50 - 2 \times 220}{8} = 7.5 (kN)$$

起重机空载时,在平衡锤的作用下,机身有绕点 A 向左翻倒的可能。临界状态时,点 B 悬空,$F_{NB} = 0$,要保证机身空载时平衡而不翻倒,则必须满足下列条件

$$\sum M_A = 0 \qquad Q_{max}(6 - 2) - 2F_G = 0$$

解得
$$Q_{max} = \frac{2F_G}{6 - 2} = \frac{2 \times 220}{4} = 110 (kN)$$

因此,平衡锤重 Q 的大小应满足

$$7.5 \ kN \leqslant Q \leqslant 110 \ kN$$

(2)当 $Q = 30 \ kN$,起重机满载时列平衡方程如下。

由
$$\sum M_B = 0 \qquad Q(6 + 2) + 2F_G - 4F_{NA} - P(12 - 2) = 0$$

解得
$$F_{NA} = \frac{30 \times 8 + 2 \times 220 - 50 \times (12 - 2)}{4} = 45 (kN)$$

由
$$\sum M_A = 0 \qquad Q(6 - 2) - 2F_G + 4F_{NB} - P(12 + 2) = 0$$

解得
$$F_{NB} = \frac{-30 \times 4 + 2 \times 220 + 50 \times 14}{4} = 255 (kN)$$

采用投影方程验算如下

$$\sum F_y = F_{NA} + F_{NB} - Q - P - F_G = 45 + 255 - 30 - 50 - 220 = 0$$

验算结果显示,以上计算正确。

四、静定与超静定问题

从前面的讨论已经知道,对于每一种力系来说,独立平衡方程的数目是一定的,能求解的未知量的数目也是一定的。对于一个平衡物体,若独立平衡方程的数目与未知量的数目恰好相等,则全部未知量可由平衡方程求出,这样的问题称为静定问题。我们前面所讨论的都属于这类问题。但工程上有时为了增加结构的刚度或坚固性,常设置多余的约束,而使未知量的数目多于独立方程的数目,未知量不能由平衡方程全部求出,这样的问题称为静不定问题或超静定问题。如图 2-11(a)、(b)所示分别为平面汇交力系和平行力系,平衡方程是

2个,而未知量是3个,属于超静定问题;如图2-11(c)所示为平面任意力系,平衡方程是3个,而未知量是4个,因而也是超静定问题。对于超静定问题的求解,要考虑物体受力后的变形,列出补充方程可以解决。

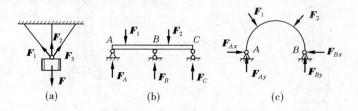

图 2-11　超静定问题

工程中的结构一般是由几个构件通过一定的约束联系在一起的,称为物体系统,简称物系。在物系的平衡问题中,首先需要判断系统是否静定。判断的方法是先计算系统的独立平衡方程的数目。当系统平衡时,组成该系统的每个物体也都处于平衡状态。若系统由 n 个物体组成,每个平面力系作用的物体,最多列出三个独立的平衡方程,而整个系统共有不超过 $3n$ 个独立的平衡方程。若系统中未知量的数目等于或小于能列出的独立的平衡方程的数目,该系统就是静定的;否则,就是超静定的。

物体系统平衡是静定问题时才能应用平衡方程求解。

【例2-7】　如图2-12(a)所示的人字形折梯放在光滑地面上。重 $F = 800$ N 的人站在梯子 AC 边的中点 H,C 是铰链,已知 $AC = BC = 2$ m,$AD = EB = 0.5$ m,梯子的自重不计。求地面 A、B 两处的约束力和绳 DE 的拉力。

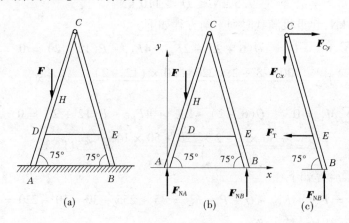

图 2-12　人字梯

解　先取梯子整体为研究对象。受力图及坐标系如图2-12(b)所示。

由　　　　　$\sum M_A = 0$　　　$F_{NB}(AC + BC)\cos75° - F \times AC\cos75°/2 = 0$

解得　　　　　　　$F_{NB} = \dfrac{800 \times 2\cos75°}{2 \times (2 + 2)\cos75°} = 200(\text{N})$

由　　　　　　　$\sum F_y = 0$　　　$F_{NA} + F_{NB} - F = 0$

解得　　　　　　　$F_{NA} = 800 - 200 = 600(\text{N})$

为求绳子的拉力,取其所作用的杆 BC 为研究对象。受力图如图2-12(c)所示。

由 $$\sum M_C = 0 \qquad F_{NB} \times BC\cos75° - F_T \times EC\sin75° = 0$$

解得 $$F_T = \frac{200 \times 2\cos75°}{(2-0.5)\sin75°} = 71.5(\text{N})$$

【例 2-8】 组合梁由梁 AB 和梁 BC 用中间铰 B 连接而成,支承与荷载情况如图 2-13(a)所示。已知 $F = 20$ kN$,q = 5$ kN/m$,\alpha = 45°$。求支座 A、C 的约束力及铰 B 处的压力。

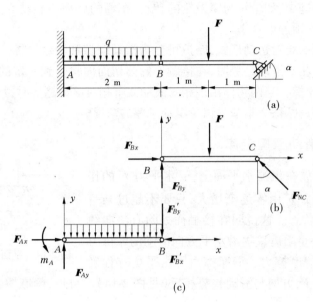

图 2-13 组合梁

解 (1)先取梁 BC 为研究对象。受力图及坐标系如图 2-13(b)所示。

由 $$\sum M_C = 0 \qquad 1 \times F - 2F_{By} = 0$$

解得 $$F_{By} = 0.5F = 0.5 \times 20 = 10(\text{kN})$$

由 $$\sum F_y = 0 \qquad F_{By} - F + F_{NC}\cos\alpha = 0$$

解得 $$F_{NC} = \frac{20-10}{\cos45°} = 14.14(\text{kN})$$

由 $$\sum F_x = 0 \qquad F_{Bx} - F_{NC}\sin\alpha = 0$$

解得 $$F_{Bx} = 14.14\sin45° = 10(\text{kN})$$

(2)再取梁 AB 为研究对象,受力图及坐标系如图 2-13(c)所示。

由 $$\sum F_x = 0 \qquad F_{Ax} - F'_{Bx} = 0$$

解得 $$F_{Ax} = F'_{Bx} = 10 \text{ kN}$$

由 $$\sum F_y = 0 \qquad F_{Ay} - 2q - F'_{By} = 0$$

解得 $$F_{Ay} = 2q + F'_{By} = 2 \times 5 + 10 = 20(\text{kN})$$

由 $$\sum M_A = 0 \qquad m_A - \frac{1}{2}q \times 2^2 - 2F'_{By} = 0$$

解得
$$m_A = \frac{1}{2} \times 5 \times 2^2 + 2 \times 10 = 30(\text{kN} \cdot \text{m})$$

第三节　考虑摩擦时物体的平衡

前面讨论物体平衡问题时,物体间的接触面都假设是绝对光滑的。事实上,这种情况是不存在的,两物体之间一般都有摩擦存在。只是有些问题中,摩擦不是主要因素,可以忽略不计。但在另外一些问题中,如带轮与摩擦轮的转动、车辆的启动与制动等,摩擦是重要的甚至是决定性的因素,必须加以考虑。

按照接触物体之间的相对运动形式,摩擦可分为滑动摩擦和滚动摩擦。当物体接触面之间出现相对滑动或有相对滑动趋势时,在接触处的公切面内将受到一定的阻力阻碍其滑动,这种现象称为滑动摩擦。当两物体出现相对滚动或有相对滚动趋势时,物体间产生的对滚动摩擦的阻碍称为滚动摩擦。本节只讨论滑动摩擦的情况。

一、滑动摩擦与滑动摩擦定律

一重为 F_G 的物体放在粗糙水平面上,受水平力 F 的作用,如图 2-14 所示。推力 F 由零逐渐增大,只要不超过某一定值,物体仍处于平衡状态。这说明在接触面处除有法向约束力 F_N 外,必定还有一个阻碍重物沿水平方向滑动的摩擦力 F_f,这时的摩擦力称为静摩擦力。静摩擦力可由平衡方程确定,$F_f - F = 0$,解得 $F_f = F$,方向与滑动趋势相反(见图 2-14)。可见,静摩擦力 F_f 随主动力 F 的变化而变化。

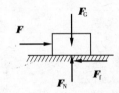

图 2-14　平面上物体的受力

但是,静摩擦力 F_f 并不是随主动力的增大而无限制地增大的,当水平力达到一定限度时,如果再继续增大,物体的平衡状态将被破坏而产生滑动。我们将物体即将滑动而未滑动的平衡状态称为临界平衡状态。在临界平衡状态下,静摩擦力达到最大值,称为最大静摩擦力,用 F_{fm} 表示。所以,静摩擦力的大小只能在零与最大静摩擦力 F_{fm} 之间取值,即

$$0 \leqslant F_f \leqslant F_{fm}$$

最大静摩擦力与许多因素有关。大量试验表明,最大静摩擦力的大小与接触面之间的正压力 F_N(法向反力)成正比,即

$$F_{fm} = f_s F_N \tag{2-12}$$

这就是静滑动摩擦定律,简称静摩擦定律。式中,f_s 是无量纲的比例系数,称为静摩擦系数。其大小与接触体的材料以及接触面状况(如粗糙度、湿度、温度等)有关,一般可在一些工程手册中查到。式(2-12)表示的关系只是近似的,对于一般的工程问题来说能够满足要求,但对于一些重要的工程,如采用式(2-12)必须通过现场测量与试验,精确地测定静摩擦系数的值,方可作为设计计算的依据。

在图 2-14 中,当作用于物体上的主动力 F 大于最大静摩擦力 F_{fm} 时,物体将滑动。滑动时,接触面间将产生阻碍滑动的力,这种阻力称为动滑动摩擦力,简称动摩擦力,用 F_f' 表示。试验表明,动摩擦力 F_f' 的方向与接触物体间的相对运动方向相反,大小与两物体间的正压力(法向反力)成正比,即

$$F'_f = fF_N \tag{2-13}$$

这就是动滑动摩擦定律。式中无量纲的系数 f 称为动摩擦系数。它的大小除与接触面的材料性质和物理状态等有关外,还与两物体的相对滑动速度有关。但由于它们关系复杂,通常在一定的速度范围内可以不考虑这些变化,而认为只与接触的材料及接触面状况有关。一般地,$f_s > f$,这说明推动物体从静止开始滑动比较费力,一旦物体滑动起来后,要维持物体继续滑动就省力了。当精度要求不高时,可视为 $f_s \approx f$,部分常用材料的 f_s 及 f 参考值如表 2-2 所示。

表 2-2　常用材料的摩擦系数参考值

材料名称	摩擦系数			
	静摩擦系数(f_s)		动摩擦系数(f)	
	无润滑剂	有润滑剂	无润滑剂	有润滑剂
钢—钢	0.15	0.1 ~ 0.12	0.15	0.05 ~ 0.1
钢—铸铁	0.30		0.18	0.05 ~ 0.15
钢—青铜	0.15	0.1 ~ 0.15	0.15	0.1 ~ 0.15
钢—橡胶	0.9		0.6 ~ 0.8	
铸铁—铸铁		0.18	0.15	0.07 ~ 0.12
铸铁—青铜			0.15 ~ 0.2	
铸铁—皮革	0.3 ~ 0.5	0.15	0.6	0.15
铸铁—橡胶			0.8	0.5
木材—木材	0.4 ~ 0.6	0.1	0.2 ~ 0.5	0.07 ~ 0.15

注:此表摘自《机械设计手册》(化学工业出版社,表 1-9,1979 年,第二版)。

二、摩擦角与自锁现象

如图 2-15(a)所示,一重为 F_G 的物体置于平面上,受到重力 F_G 与法向反力 F_N 作用而平衡,无滑动趋势。此时,物体与平面间不产生摩擦,摩擦力为零。

当在物体上施加一水平推力 F_1 时,如图 2-15(b)所示,物体与水平面间有相对运动的趋势,便产生摩擦,摩擦力的大小随物体状态而变化。此时,物体受到接触面的总约束力为法向约束力 F_N 与切向约束力(摩擦力 F_f)的合力,称为全约束力。当物体处于临界状态时,摩擦力为 F_{fm},则全约束力为

$$F_R = F_N + F_{fm} \tag{2-14}$$

全约束力 F_R 与接触面公法线间的夹角称为摩擦角,用 φ_f 表示,如图 2-15(c)所示,则有

$$\tan\varphi_f = \frac{F_{fm}}{F_N} = \frac{f_s F_N}{F_N} = f_s \tag{2-15}$$

式(2-15)说明,摩擦角也是表示材料摩擦性质的物理量。它表示全约束力 F_R 能够偏离接触面法线方向的范围,若物体与支承面的摩擦系数在各个方向都相同,则这个范围在空间就形成一个锥体,称为摩擦锥,如图 2-15(d)所示。全约束力 F_R 的作用线不会超出摩擦

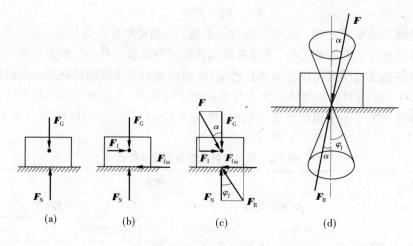

图 2-15　摩擦角与自锁

锥的范围。

将重力 F_G 与水平推力 F_1 合成为主动力 F，主动力 F 与接触面公法线的夹角为 α。由图 2-15(c)、(d)可见，主动力 F 的值无论怎样增大，只要 $\alpha \leqslant \varphi_f$，即 F 的作用线在摩擦锥范围内，约束面必产生一个与之等值、共线、反向的全约束力 F_R 与之相平衡，而全约束力 F_R 的切向分量静滑动摩擦力永远小于或等于最大静摩擦力 F_{fm}，物体处于静止状态，这种现象称为自锁。因此，物体的自锁条件为

$$\alpha \leqslant \varphi_f \tag{2-16}$$

自锁被广泛地应用在工程上，如保证螺旋千斤顶在被升起的重物重力作用下不会自动下降，则千斤顶的螺旋升角 α 必须小于摩擦角 φ_f，如图 2-16 所示。

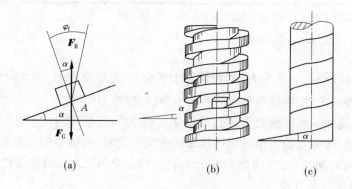

图 2-16　螺旋千斤顶的自锁

三、考虑摩擦时的平衡问题

考虑摩擦时物体的平衡问题时，分析方法与不考虑摩擦时的平衡问题基本相同。所不同的是：画受力图时，要考虑物体接触面上的静摩擦力，在列出物体的力系平衡方程后，应再附加静摩擦力的求解条件作为补充方程，而且由于静摩擦力 F_f 有一个变化范围，故问题的解答也是一个范围值，称为平衡范围。

如果用全约束力表示临界静止状态下接触面的约束力，则在受力图上不再画最大静摩

擦力,问题的解法与一般平衡问题相同。

【例2-9】 物体重 $F_G = 980$ N,放在一倾角 $\alpha = 30°$ 的斜面上。已知接触面间的静摩擦系数为 $f_s = 0.20$。有一大小为 $F = 588$ N 的力沿斜面推物体,如图2-17(a)所示,问物体在斜面上处于静止状态还是处于滑动状态？若静止,此时摩擦力多大？

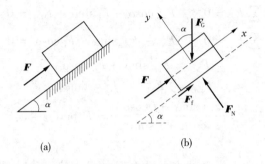

(a)　　　(b)

图2-17　斜面上的物体摩擦力计算

解 可先假设物体处于静止状态,然后由平衡方程求出物体处于静止状态时所需的静摩擦力 F_f,并计算出可能产生的最大静摩擦力 F_{fm},将两者进行比较,确定静摩擦力 F_f 是否满足 $F_f \leqslant F_{fm}$,从而断定物体是静止的还是滑动的。

设物体沿斜面有下滑的趋势,受力图及坐标系如图2-17(b)所示。

由
$$\sum F_x = 0 \qquad F - F_G\sin\alpha + F_f = 0$$

解得
$$F_f = F_G\sin\alpha - F = 980\sin30° - 588 = -98(\text{N})$$

由
$$\sum F_y = 0 \qquad F_N - F_G\cos\alpha = 0$$

解得
$$F_N = F_G\cos\alpha = 980\cos30° = 848.7(\text{N})$$

根据静摩擦定律,可能产生的最大静摩擦力为
$$F_{fm} = f_s F_N = 0.20 \times 848.7 = 169.7(\text{N})$$
$$|F_f| = 98 \text{ N} < 169.7 \text{ N} = F_{fm}$$

结果说明物体在斜面上保持静止。而静摩擦力 F_f 为 -98 N,负号说明实际方向与假设方向相反,故物体沿斜面有上滑的趋势。

【例2-10】 重 F_G 的物体放在倾角 $\alpha > \varphi_f$ 的斜面上,如图2-18(a)所示。求维持物体在斜面上静止时的水平推力 F 的大小。

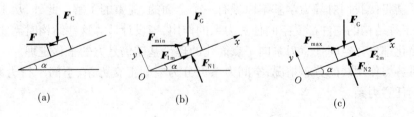

(a)　　　(b)　　　(c)

图2-18　斜面物体水平推力计算

解 因为斜面倾角 $\alpha > \varphi_f$,物体处于非自锁状态,当物体上没有其他力作用时,物体将沿斜面下滑。当作用在物体上的水平推力 F 过小时,将使物体下滑;当作用在物体上的水平推力 F 过大时,又将使物体上滑。因此,欲使物体静止,力 F 的大小必在某一范围内,即

$$F_{\min} \leqslant F \leqslant F_{\max}$$

（1）求 $F_{\min}$。

先求刚好维持物体不至于下滑所需水平推力 F 的最小值 $F_{\min}$。此时，物体处于下滑的临界状态，其受力图及坐标系如图 2-18（b）所示。

由 $\qquad \sum F_x = 0 \qquad F_{\min}\cos\alpha - F_G\sin\alpha + F_{1m} = 0$

$\qquad\qquad \sum F_y = 0 \qquad F_{N1} - F_{\min}\sin\alpha - F_G\cos\alpha = 0$

则有 $\qquad\qquad\qquad F_{N1} = F_{\min}\sin\alpha + F_G\cos\alpha$

列补充方程 $\qquad\qquad F_{1m} = f_s F_{N1} \qquad f_s = \tan\varphi_f$

解得 $\qquad F_{\min} = \dfrac{F_G(\sin\alpha - f_s\cos\alpha)}{\cos\alpha + f_s\sin\alpha} = F_G\tan(\alpha - \varphi_f)$

（2）求 $F_{\max}$。

$F_{\max}$ 为使物体不至于向上滑动的水平推力 F 的最大值。此时，物体处于上滑的临界平衡状态，其受力图及坐标系如图 2-18（c）所示。

由 $\qquad \sum F_x = 0 \qquad F_{\max}\cos\alpha - F_{2m} - F_G\sin\alpha = 0$

$\qquad\qquad \sum F_y = 0 \qquad F_{N2} - F_{\max}\sin\alpha - F_G\cos\alpha = 0$

则有 $\qquad\qquad\qquad F_{N2} = F_{\max}\sin\alpha + F_G\cos\alpha$

列补充方程 $\qquad\qquad F_{2m} = f_s F_{N2} \qquad f_s = \tan\varphi_f$

解得

$$F_{\max} = \frac{F_G(\sin\alpha + f_s\cos\alpha)}{\cos\alpha - f_s\sin\alpha} = F_G\tan(\alpha + \varphi_f)$$

可见，要使物体在斜面上保持静止，水平推力 F 必须满足下列条件

$$F_G\tan(\alpha - \varphi_f) \leqslant F \leqslant F_G\tan(\alpha + \varphi_f)$$

本题也可用全约束力来表示斜面的约束力 F_R，同样可得到上述结果。

第四节 空间力系的平衡

力系中各力的作用线不在同一平面内，该力系被称为空间力系。空间任意力系是力系中最普通的情形，其他各种力系都是它的特殊情形。因此，从理论上说，研究空间任意力系的简化和平衡将使我们对静力学基本原理有一个全面的、完整的了解。此外，从工程实际上来说，许多工程结构的构件都受空间任意力系的作用，当设计计算这些结构时需要用空间任意力系的简化理论。空间任意力系向一点简化的理论基础仍是力的平移定理。

按力系各力作用线的分布情况，空间力系可分为空间汇交力系、空间平行力系、空间力偶系和空间任意力系。

一、力在空间轴上的投影

按照矢量的运算规则，可将一个力分解成两个以上的分力。最常用的是，将一个力分解成为沿直角坐标轴 x、y、z 的分力。设有力 F，根据矢量分解公式有

$$F = F_x i + F_y j + F_z k \qquad\qquad (2\text{-}17)$$

其中，i、j、k 是沿轴正向的单位矢量，如图 2-19 所示，F_x、F_y、F_z 分别是力 F 在 x、y、z 轴上的投影。

（一）一次投影法

若已知力 F 与 x、y、z 轴正向夹角 α、β、γ，则力 F 在三个坐标轴上的投影分别为

$$
\left.
\begin{aligned}
F_x &= F\cos\alpha \\
F_y &= F\cos\beta \\
F_z &= F\cos\gamma
\end{aligned}
\right\}
\tag{2-18}
$$

（二）二次投影法

若已知角 γ 和 θ（见图 2-20），则可先将力 F 投影到坐标平面上，得到 F'，再将 F' 投影到 x 轴和 y 轴上。于是，力 F 在三个坐标轴上的投影可写为

$$
\left.
\begin{aligned}
F_x &= F'\cos\theta = F\sin\gamma\cos\theta \\
F_y &= F'\sin\theta = F\sin\gamma\sin\theta \\
F_z &= F\cos\gamma
\end{aligned}
\right\}
\tag{2-19}
$$

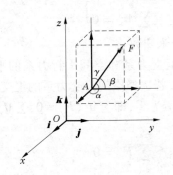

图 2-19　一次投影法

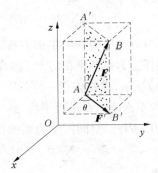

图 2-20　二次投影法

应当指出，力在轴上的投影是代数量，而力在平面上的投影是矢量。这是因为力在平面上的投影有方向问题，故需用矢量来表示。

二、力对轴之矩

（一）力对轴之矩的概念

力对点之矩和力对轴之矩都是度量物体转动效应的物理量，二者既有联系，又有区别。在空间问题中，力对点之矩是矢量，而力对轴之矩是代数量。

一个力对某轴之矩等于这个力在垂直于该轴的平面上的投影对该轴与该平面的交点之矩。例如，在图 2-21 中，有一力 $F = AB$ 及一轴 z。任取一平面 N 垂直于 z 轴，z 轴与平面 N 的交点为 O。将力 F 投影到平面 N 上，得 $F' = A'B'$。以 d 表示点 O 到 F' 的垂直距离，则力 F 对 z 轴的矩等于 F' 对 O 点之矩。如令 $M_z(F)$（也可写作 M_z）代表力 F 对 z 轴的矩，则有

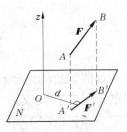

图 2-21　力对轴之矩

$$
M_z(F) = M_O(F') = \pm F'd
\tag{2-20}
$$

z 轴常称为矩轴,式中的正负号表示力 F 使物体绕 z 轴的转动方向。按右手螺旋法则确定,即以四指表示力矩转向,如大拇指所指方向与 z 轴正向一致则取正号,反之取负号。

(二)合力矩定理

空间力系的合力对某一轴之矩等于力系中各分力对同一轴之矩的代数和,即

$$M_z(F_R) = M_z(F_1) + M_z(F_2) + \cdots + M_z(F_n) = \sum M_z(F_i) \tag{2-21}$$

这就是空间力系的合力矩定理。力对轴之矩除利用定义进行计算外,还常利用合力矩定理进行计算。

三、平衡方程及其应用

类似于平面力系,将空间力系向一点简化,并对简化结果进行分析后,可以得到空间力系平衡的必要和充分条件:各力在三个坐标轴上投影的代数和以及各力对此三轴之矩的代数和分别等于零。平衡方程为

$$\left.\begin{array}{ccc} \sum F_x = 0 & \sum F_y = 0 & \sum F_z = 0 \\ \sum M_x = 0 & \sum M_y = 0 & \sum M_z = 0 \end{array}\right\} \tag{2-22}$$

式(2-22)有六个独立的平衡方程,可以求解六个未知数。

从空间任意力系的平衡方程,很容易导出空间汇交力系和空间平行力系的平衡方程。如图 2-22(a)所示,设物体受一空间汇交力系的作用,若选择空间汇交力系的汇交点为坐标系的原点,则不论此力系是否平衡,各力对三轴之矩恒为零,即 $\sum M_x(F) \equiv 0$,$\sum M_y(F) \equiv 0$,$\sum M_z(F) \equiv 0$。因此,空间汇交力系的平衡方程为

$$\sum F_x = 0 \qquad \sum F_y = 0 \qquad \sum F_z = 0 \tag{2-23}$$

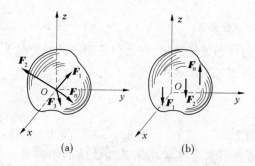

图 2-22 空间汇交力系和平行力系

如图 2-22(b)所示,设物体受一空间平行力系的作用。z 轴与这些力平行,则各力对于 z 轴的矩恒等于零;又由于 x 轴和 y 轴都与这些力垂直,所以各力在这两个轴上的投影也恒等于零。即 $\sum M_z(F) \equiv 0$,$\sum F_x \equiv 0$,$\sum F_y \equiv 0$。因此,空间平行力系的平衡方程为

$$\sum F_z = 0 \qquad \sum M_x(F) = 0 \qquad \sum M_y(F) = 0 \tag{2-24}$$

空间汇交力系和空间平行力系分别只有三个独立的平衡方程,因此只能求解三个未知数。

求解空间力系平衡问题的步骤与平面力系相同,即选取研究对象、画受力图、列平衡方程和解平衡方程等四步。

【例2-11】 用三角架 *ABCD* 和绞车提升一重物,如图 2-23(a)所示。设 *ABC* 为一等边三角形,各杆及绳索均与水平面成60°的角。已知重物 $F_G = 30$ kN,各杆均为二力杆,滑轮大小不计。试求重物匀速吊起时各杆所受的力。

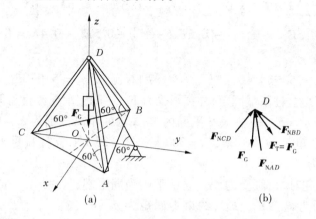

图 2-23　三角架

解　取铰 *D* 为分离体,画受力图如图 2-23(b)所示,各力形成空间汇交力系。

由　　　　$\sum F_x = 0$　　　$-F_{NAD}\cos60°\sin60° + F_{NBD}\cos60°\sin60° = 0$

可得　　　　　　　　　　　　　$F_{NAD} = F_{NBD}$　　　　　　　　　　　　　　(a)

由 $\sum F_y = 0$　　　$F_T\cos60° + F_{NCD}\cos60° - F_{NAD}\cos60°\cos60° - F_{NBD}\cos60°\cos60° = 0$

可得　　　　　　　$F_T + F_{NCD} - 0.5F_{NAD} - 0.5F_{NBD} = 0$　　　　　　(b)

由 $\sum F_z = 0$　　　$F_{NAD}\sin60° + F_{NBD}\sin60° + F_{NCD}\sin60° - F_T\sin60° - F_G = 0$

可得　　　　$\dfrac{\sqrt{3}}{2}(F_{NAD} + F_{NBD} + F_{NCD}) - (\dfrac{\sqrt{3}}{2} + 1)F_G = 0$　　　(c)

联立式(a)、式(b)、式(c) 解得

　　　　$F_{NAD} = F_{NBD} = 31.55$ kN　　　$F_{NCD} = 1.55$ kN

【例2-12】 一辆三轮货车自重 $F_G = 5$ kN,载重 $F = 10$ kN,作用点位置如图 2-24 所示。求静止时地面对轮子的反力。

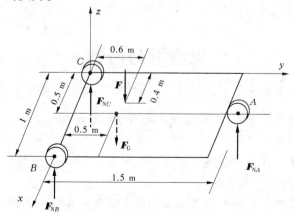

图 2-24　三轮货车

解 自重 F_G、载重 F 及地面对轮子的反力组成空间平行力系。列平衡方程得

$$\sum F_x = 0 \qquad F_{NA} + F_{NB} + F_{NC} - F_G - F = 0$$

$$\sum M_x(F) = 0 \qquad 1.5F_{NA} - 0.5F_G - 0.6F = 0$$

$$\sum M_y(F) = 0 \qquad -0.5F_{NA} - F_{NB} + 0.5F_G + 0.4F = 0$$

联立以上方程得

$$F_{NA} = 5.67 \text{ kN} \qquad F_{NB} = 3.67 \text{ kN} \qquad F_{NC} = 5.66 \text{ kN}$$

【例2-13】 某厂房立柱下端固定,柱顶承受力 F_1,牛腿上承受铅直力 F_2 及水平力 F_3,取坐标系如图2-25所示。F_1、F_2 在 yOz 平面内,与 z 轴的距离分别为 $e_1 = 0.1$ m,$e_2 = 0.34$ m;F_3 平行于 x 轴。已知 $F_1 = 120$ kN,$F_2 = 300$ kN,$F_3 = 25$ kN,立柱自重 $F_G = 40$ kN,$h = 6$ m。试求基础的约束力。

解 取立柱为研究对象,画受力图。立柱下端为固定端,基础对立柱的约束力为 F_{Ox}、F_{Oy}、F_{Oz},约束力偶矩为 m_x、m_y、m_z,约束力和约束力偶矩均设为正向,如图2-25所示,这些力与立柱上各荷载形成空间任意力系。列平衡方程如下

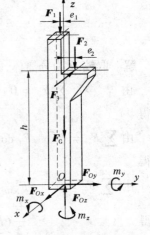

$$\sum F_x = 0 \qquad F_{Ox} - F_3 = 0$$

$$\sum F_y = 0 \qquad F_{Oy} = 0$$

$$\sum F_z = 0 \qquad F_{Oz} - F_1 - F_2 - F_G = 0$$

$$\sum M_x = 0 \qquad m_x + F_1 e_1 - F_2 e_2 = 0$$

$$\sum M_y = 0 \qquad m_y - F_3 h = 0$$

$$\sum M_z = 0 \qquad m_z + F_3 e_2 = 0$$

将已知数值代入以上方程并求得柱子的力为

图2-25 厂房立柱

$$F_{Ox} = 25 \text{ kN} \qquad F_{Oy} = 0 \qquad F_{Oz} = 460 \text{ kN}$$

$$m_x = 90 \text{ kN} \cdot \text{m} \qquad m_y = 150 \text{ kN} \cdot \text{m} \qquad m_z = -8.5 \text{ kN} \cdot \text{m}$$

正号表示约束力、约束力偶矩的假设方向与实际方向一致,负号表示约束力、约束力偶矩的假设方向与实际方向相反。

思考题与习题

2-1 力系的合力与主矢有何区别?

2-2 力系平衡时合力为零,非平衡力系是否一定有合力?

2-3 主矩与力偶矩有何不同?

2-4 某平面力系向 A、B 两点简化的主矩皆为零,此力系简化的最终结果可能是一个力吗? 可能是一个力偶吗? 可能平衡吗?

2-5 同一个力在两个互相平行的轴上的投影有何关系? 如果两个力在同一轴上的投影相等,问这两个力的大小是否一定相等?

2-6 平面汇交力系在任意两轴上的投影的代数和分别等于零,则力系必平衡,对吗?

为什么?

2-7　如图 2-26 所示,若选择同一平面内的三个轴 x、y 和 z,其中 x 轴垂直于 y 轴,而 z 轴是任意的,若作用在物体上的平面汇交力系满足:$\sum F_x = 0$,$\sum F_y = 0$。能否说明该力系一定满足 $\sum F_z = 0$,并说明理由。

2-8　试举例说明静定和超静定的区别。

2-9　滑动摩擦力(含静摩擦力和动摩擦力)的方向如何确定? 试分析卡车在开动及刹车时,置于卡车上的重物所受到的摩擦力的方向。

2-10　一般卡车的后轮是主动轮,前轮是从动轮。试分析作用在卡车前、后轮上摩擦力的方向。

2-11　静摩擦力等于法向反力与静摩擦系数的乘积,对吗? 置于非光滑斜面上,处于静止状态的物块,受到静摩擦力的大小等于非光滑面对物块的法向反力的大小与静摩擦系数的乘积,对吗?

2-12　平皮带与三角带在张紧力作用下,使皮带以相同的压力作用在皮带轮上,如图 2-27 所示。试问哪种皮带轮的摩擦力大? 为什么? 设两种皮带和轮子间的摩擦系数相同。

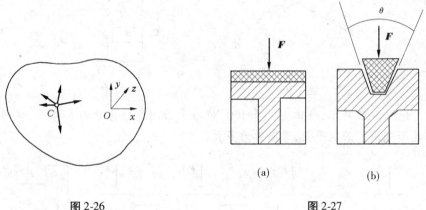

图 2-26　　　　　　　　　　　　　　　　图 2-27

2-13　静摩擦系数和摩擦角有何关系?

2-14　螺旋的自锁条件是什么?

2-15　空间任意力系的平衡方程除包括三个投影方程和三个力矩方程外,是否还有其他形式?

2-16　如图 2-28 所示,一钢结构节点,在沿 OA、OB、OC 的方向受到三个力的作用。已知 $F_1 = 1$ kN,$F_2 = 1.41$ kN,$F_3 = 2$ kN。试求这三个力的合力。

2-17　如图 2-29 所示,已知挡土墙自重 $F_G = 400$ kN,土压力 $F = 320$ kN,水压力 $F_1 = 176$ kN,求这些力向底部中心 O 简化的结果;如简化为一合力,试求出合力作用线的位置。

2-18　如图 2-30 所示,电动机重 $F_G = 1\,500$ kN,放在水平梁 AB 的中间,梁 AB 长为 l,梁的 A 端以铰链固定,C 端用杆 BC 支承,BC 与梁的交角为 30°,若忽略梁和杆的重量,求杆 BC 的受力。

2-19　压榨机由杆 AB、AC 及 C 块组成,尺寸如图 2-31 所示。B 点固定,且 $AB = AC$,在 A 处的水平力 F 的作用下 C 块压紧物块 D,如不计压榨机本身的重量,各接触面视为光滑,试求物块 D 所受的压力 **S**。

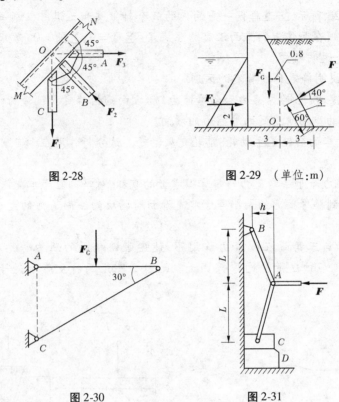

图 2-28

图 2-29 (单位:m)

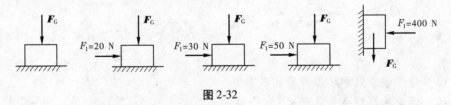

图 2-30

图 2-31

2-20　如图 2-32 所示,物体重 $F_G = 100$ N,与平面间摩擦系数为 $f = 0.3$,试问在下列情况下物体能否平衡? 若能平衡,摩擦力为多大?

图 2-32

2-21　重物 F_G 置于水平面上,受力如图 2-33 所示,是拉还是推省力? 若 $\alpha = 30°$,设摩擦系数为 $f = 0.25$,试求在物体将要滑动的临界状态下,F_1 与 F_2 的大小相差多少?

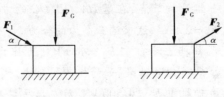

图 2-33

2-22　空间平行力系由五个力组成,力的大小和作用的位置如图 2-34 所示,图中坐标单位为 cm,求此平行力系的合力。

2-23　如图 2-35 所示,五铧犁沟轮受地面反力作用,其大小为 $F_N = 3.5$ kN,试用简化方

法求出曲轴 $OABC$ 在轴承 O 处的受力情况。设 AB 段与 yOz 坐标面平行,且其在 y 轴方向的投影长为 $64\ \text{cm}$,BC 段与 x 轴平行,长 $28\ \text{cm}$。

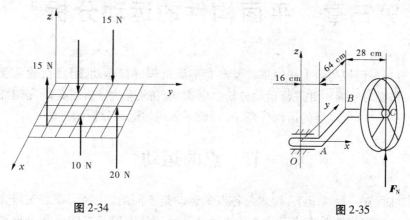

图 2-34   图 2-35

2-24 如图 2-36 所示,在简易汽车变速箱的第二轴上安装了一个斜齿轮。已知其螺旋角为 β,啮合角为 α,节圆半径为 r,传递的扭矩为 T。试求此斜齿轮所受的圆周力 F_t,轴向力 F_a,径向力 F_r 与总法向啮合力 F_n 的大小。

2-25 圆锥直齿轮传动时受力情况如图 2-37 所示,已知其传递的扭矩为 T,节锥角为 δ,法向压力角为 α,其平均节圆半径为 r,试求此圆锥直齿轮所受的圆周力 F_t,轴向力 F_a,径向力 F_r 与总法向啮合力 F_n 的大小。

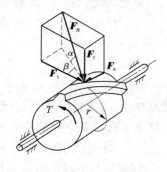   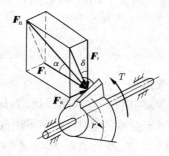

图 2-36   图 2-37

第三章　平面构件的运动分析

在研究和分析平面机构的工作原理以及在对平面机构进行运动设计时,通常要了解构件的运动情况,需要对平面构件进行运动分析。平面构件的运动分析就是研究构件的位置随时间变化的规律。本章以点的运动为理论,讨论平面构件运动分析的方法。

第一节　点的运动

当物体运动时,在一般情况下,物体内各点的运动是不同的。因此,我们先研究几何点的运动,再转到构件和构件系统的运动。点的运动是运动学中最基本的问题是描述点在某参考系中位置随时间变化的规律,这种点的运动规律的数学表达式称为点的运动方程,确定了点在参考系中的运动方程后,就能求出点在空间运动所行经的路线——点的运动轨迹、点在空间位置的变化——位移、点运动时位移变化的快慢——速度、点速度变化的快慢——加速度等。

因此,对于点的运动,本节主要研究四个问题:点的运动方程、点的运动轨迹、点的速度、点的加速度。对于上述主要问题,可以有多种描述方法,本章将讨论矢量法、直角坐标法、自然法(弧坐标法)等基本方法。

一、点的运动方程及点的轨迹

(一)矢量法

设动点 M 作任一空间曲线运动,任意一个瞬时 t,动点在 M 点,如图 3-1 所示,选取任意一个空间固定点 O 为参考点,则可用矢径 r 来表示动点 M 在 t 瞬时在空间的位置。随着 M 点在空间的运动,表示动点 M 位置的矢径 r 也在变化,有一个时刻,就会有一个对应的矢径,矢径的大小和方向都随时间而改变。因此,我们可以得到时间与矢径的对应方程是时间 t 的单值连续函数,即

$$r = r(t) \tag{3-1}$$

式(3-1)称为以矢量表示的动点 M 的运动方程。它表示动点 M 在空间的位置随时间的变化规律,也叫运动规律。函数确定后,即可确定动点 M 在任一瞬时的位置,随着动点的运动,矢径的端点将能连成一条曲线,称为矢端曲线,矢端曲线即称为动点的运动轨迹。

(二)直角坐标法

以空间任一固定点 O 为原点,建立空间直角坐标系 $xOyz$,如图 3-2 所示,当动点 M 作空间任意曲线运动时,任一瞬时 t,M 点的位置可用直角坐标 (x,y,z) 唯一地确定,有一个时刻 t,就有一组空间直角坐标与之对应,可得到直角坐标与时间的一一对应关系。

$$\left. \begin{array}{l} X = X(t) \\ Y = Y(t) \\ Z = Z(t) \end{array} \right\} \tag{3-2}$$

式(3-2)是一组时间的单值连续函数,称为动点的直角坐标形式的运动方程,它准确描述了动点任意时刻在空间的位置。

在这组方程中,消去时间参数 t,则得只含 x,y,z 的曲线方程,这就是动点在空间直角坐标系下的运动轨迹方程。

若从直角坐标系原点 O 向动点 M 引矢径,则能得到矢径 r 在直角坐标系下的解析表达式

$$r = xi + yj + zk \tag{3-3}$$

其中 i,j,k 分别是坐标系的 x 轴、y 轴、z 轴的正向单位矢量,式(3-3)表明了矢量法表示的运动方程与直角坐标法表示的运动方程之间的关系。

【例 3-1】 曲柄滑块机构如图 3-3 所示。曲柄 OA 按规律绕 O 点转动,并通过连杆带动滑块 B 在水平槽内滑动。设 $OA = AB = l,\varphi = \omega t$。求连杆 AB 上 M 点($AM = h$)的运动方程和轨迹方程。

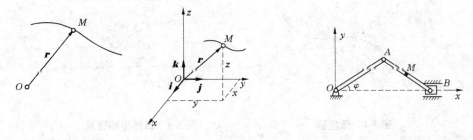

图 3-1 矢量法   图 3-2 直角坐标法   图 3-3 曲柄滑块机构

解 本题是在未知动点轨迹的情况下,求点的运动,故应使用直角坐标法。选取坐标系如图 3-3 所示,则 M 点的运动方程为

$$\left. \begin{array}{l} x = OA\cos\varphi + AM\cos\varphi = (l+h)\cos\omega t \\ y = MB\sin\varphi = (l-h)\sin\omega t \end{array} \right\}$$

从运动方程中消去时间 t,得点 M 的轨迹方程

$$\frac{x^2}{(l+h)^2} + \frac{y^2}{(l-h)^2} = 1$$

上式表明,其轨迹是一个椭圆。

(三)自然法(弧坐标法)

1. 弧坐标

在工程实际中,有些动点的运动轨迹往往是已知的,那么就可以采用一种与点的运动轨迹结合最密切的办法来描述点的运动。

设动点 M 沿已知曲线轨迹运动,把此轨迹曲线看做是一条弧形曲线形式的坐标轴,简称弧坐标轴,如图 3-4 所示,在轨迹上任取一点(固定点)O 作为原点,规定轨迹的一端为运动的正方向,另一端为运动的负方向,动点 M 在某瞬时位置由从原点 O 到 M 点的那段弧长 s 来表示。当 $s > 0$ 时,表示 M 点在轨迹的正的一边;当 $s < 0$ 时,表示 M 点在轨迹的负的一边。像这样带有正、负号的弧长 s,称为点的弧坐标,由此可知,弧坐标是一代数量,用弧坐标来确定动点在任意瞬时的位置的方法称为弧坐标法,也叫自然法。

当 M 点运动时,其弧坐标是时间 t 的单值连续函数,即

$$s = s(t) \tag{3-4}$$

方程(3-4)唯一地确定了任意瞬时点的位置,建立了点在空间的位置和时间的一一对应关系,表达了动点的运动规律,称为用弧坐标表示的点的运动方程。

2. 自然轴系

用弧坐标法分析点在曲线上的运动时,为了使点的速度和加速度方向与点的轨迹特性能更密切地结合,除用弧坐标外,还要用到自然轴系。为此,先来介绍自然轴系的概念。

如图 3-5 所示,动点 M 沿已知平面轨迹 AB 运动。在轨迹上与动点 M 相重合的一个点处建立一个坐标系:取切向轴 τ 沿轨迹在该点的切线,它的正向指向轨迹的正向;取法向轴 n 沿轨迹在该点的法线,它的正向指向轨迹的曲率中心。这样建立的正交坐标系称为自然坐标轴系,简称自然轴系。显而易见,如切向轴和法向轴的单位矢量分别用 e_τ 和 e_n 表示,与直角坐标系中 i, j, k 不同,e_τ 和 e_n 的方向随动点 M 在轨迹上的位置的变化而变化,是变矢量。动点的速度、加速度在自然轴系上的投影称为自然坐标。

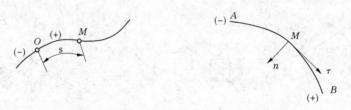

图 3-4 弧坐标   图 3-5 自然坐标轴系

【例 3-2】 如图 3-6(a)所示,导杆机构由摇杆 BC、滑动块 A、曲柄 OA 组成,$OB = 100$ mm,BC 绕 B 轴转动,并通过滑块 A 在 BC 上滑动而带动 OA 杆绕轴 O 转动。角度 φ 与时间 t 的关系是 $\varphi = 2t^3(\text{rad})$。试求 OA 杆上 A 点的运动方程。

解 由图 3-6 可以看出,A 点的运动轨迹是以 OA 为半径的圆,宜用自然法确定其位置,建立运动方程。

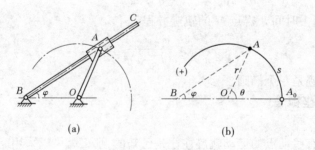

(a)   (b)

图 3-6 摇杆机构

设 OA 与水平线的夹角为 θ,当 $t = 0$ 时,$\varphi = 0$,$\theta = 0$,A 点在 A_0 处,如图 3-6(b)所示。选取 A_0 为弧坐标的原点,由 A_0 点向上定为弧坐标的正方向。在任意瞬时 t,BC 转过的角度为 φ,动点由 A_0 运动到 A,弧坐标为

$$s = + A_0A = OA\theta$$

由于是等腰三角形,所以

$$\theta = 2\varphi = 2 \times 2t^3 = 4t^3$$

则有

$$OA\theta = 0.1 \times 4t^3 = 0.4t^3$$

$$s = 0.4t^3(\text{m})$$

上式就是以自然法表示的 A 点的运动方程。

二、点的速度和加速度

(一)矢量法

1.速度

速度是表示点运动的快慢和方向的物理量。设瞬时 t,动点在 M 处,其矢径为 $\boldsymbol{r}(t)$,经过 Δt 时间后,动点运动到 M' 处,其矢径为 $\boldsymbol{r}(t+\Delta t)$,如图 3-7 所示。动点在 Δt 时间内的位移为

$$\boldsymbol{MM'} = \Delta \boldsymbol{r} = \boldsymbol{r}(t+\Delta t) - \boldsymbol{r}(t)$$

由此可得动点在 Δt 时间内的平均速度为

$$\boldsymbol{v}^* = \frac{\boldsymbol{MM'}}{\Delta t} = \frac{\Delta \boldsymbol{r}}{\Delta t}$$

当 Δt 趋于零时,可得动点在瞬时的瞬时速度(简称速度)为

$$\boldsymbol{v} = \lim_{\Delta t \to 0} \frac{\Delta \boldsymbol{r}}{\Delta t} = \frac{\mathrm{d}\boldsymbol{r}}{\mathrm{d}t} \tag{3-5}$$

即动点的速度矢量等于动点的矢径对时间的一阶导数。

动点的速度是矢量,动点速度的方向由位移的极限方向所确定,即沿轨迹在 M 点的切线方向,并指向动点的运动方向。

在国际单位制中,速度的单位为米/秒(m/s)。

2.加速度

加速度是表示点的速度对时间变化率的物理量。设在某瞬时 t,动点在位置 M,速度为 $\boldsymbol{v}$,经过时间间隔 Δt,点运动到 M' 处,速度为 $\boldsymbol{v}'$,如图 3-7 所示。在 Δt 内,动点速度的改变量为

$$\Delta \boldsymbol{v} = \boldsymbol{v}' - \boldsymbol{v}$$

$\Delta \boldsymbol{v}$ 与对应时间间隔 Δt 的比值 $\dfrac{\Delta \boldsymbol{v}}{\Delta t}$ 表示点在 Δt 内速度的平均变化率,称为平均加速度,即

$$\boldsymbol{a}^* = \frac{\Delta \boldsymbol{v}}{\Delta t}$$

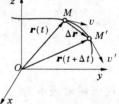

图 3-7 矢量法表示点的速度和加速度

当时间间隔 $\Delta t \to 0$ 时,平均加速度 $\boldsymbol{a}^*$ 趋向一极限矢量,称为点在瞬时的加速度,简称为点的加速度。

$$\boldsymbol{a} = \lim_{\Delta t \to 0} \frac{\Delta \boldsymbol{v}}{\Delta t} = \frac{\mathrm{d}\boldsymbol{v}}{\mathrm{d}t}$$

由于 $\boldsymbol{v} = \dfrac{\mathrm{d}\boldsymbol{r}}{\mathrm{d}t}$,因此上式可写成

$$\boldsymbol{a} = \frac{\mathrm{d}\boldsymbol{v}}{\mathrm{d}t} = \frac{\mathrm{d}^2\boldsymbol{r}}{\mathrm{d}t^2} \tag{3-6}$$

由式(3-6)可见,动点的加速度等于它的速度对时间的一阶导数,等于它的矢径对时间的二阶导数,加速度也是一个矢量。加速度的国际单位为米/秒²(m/s²)。

因此,用矢量法描述点的运动,只需选择一个参考点就可以了,不需要建立参考系,运算简捷,把矢量的大小和方向统一起来了,便于理论推导。这种方法经常在矢量的公式推导中使用。

(二)直角坐标法

在工程实际中,广泛应用直角坐标法描述点的运动。

1.速度

将式(3-3)代入式(3-5),注意到 i,j,k 为不随时间变化的常矢量,得

$$\boldsymbol{v} = \frac{\mathrm{d}\boldsymbol{r}}{\mathrm{d}t} = \frac{\mathrm{d}}{\mathrm{d}t}(x\boldsymbol{i} + y\boldsymbol{j} + z\boldsymbol{k}) = \frac{\mathrm{d}x}{\mathrm{d}t}\boldsymbol{i} + \frac{\mathrm{d}y}{\mathrm{d}t}\boldsymbol{j} + \frac{\mathrm{d}z}{\mathrm{d}t}\boldsymbol{k} \tag{3-7}$$

速度在坐标轴上的投影表达式可写成

$$\boldsymbol{v} = v_x\boldsymbol{i} + v_y\boldsymbol{j} + v_z\boldsymbol{k} \tag{3-8}$$

比较式(3-7)和式(3-8),得

$$v_x = \frac{\mathrm{d}x}{\mathrm{d}t} \qquad v_y = \frac{\mathrm{d}y}{\mathrm{d}t} \qquad v_z = \frac{\mathrm{d}z}{\mathrm{d}t} \tag{3-9}$$

式(3-9)表明,动点速度在各坐标轴的投影分别等于对应的位置坐标对时间的一阶导数。速度的大小及方向余弦为

$$v = \sqrt{v_x^2 + v_y^2 + v_z^2} = \sqrt{\left(\frac{\mathrm{d}x}{\mathrm{d}t}\right)^2 + \left(\frac{\mathrm{d}y}{\mathrm{d}t}\right)^2 + \left(\frac{\mathrm{d}z}{\mathrm{d}t}\right)^2}$$

$$\cos(\boldsymbol{v},\boldsymbol{i}) = \frac{v_x}{v} \qquad \cos(\boldsymbol{v},\boldsymbol{j}) = \frac{v_y}{v} \qquad \cos(\boldsymbol{v},\boldsymbol{k}) = \frac{v_z}{v} \tag{3-10}$$

2.加速度

把式(3-8)代入式(3-6),就得到加速度的表达式

$$\begin{aligned}
\boldsymbol{a} &= \frac{\mathrm{d}\boldsymbol{v}}{\mathrm{d}t} = \frac{\mathrm{d}}{\mathrm{d}t}(v_x\boldsymbol{i} + v_y\boldsymbol{j} + v_z\boldsymbol{k}) \\
&= \frac{\mathrm{d}v_x}{\mathrm{d}t}\boldsymbol{i} + \frac{\mathrm{d}v_y}{\mathrm{d}t}\boldsymbol{j} + \frac{\mathrm{d}v_z}{\mathrm{d}t}\boldsymbol{k} \\
&= \frac{\mathrm{d}^2x}{\mathrm{d}t^2}\boldsymbol{i} + \frac{\mathrm{d}^2y}{\mathrm{d}t^2}\boldsymbol{j} + \frac{\mathrm{d}^2z}{\mathrm{d}t^2}\boldsymbol{k}
\end{aligned} \tag{3-11}$$

加速度矢量可表示为

$$\boldsymbol{a} = a_x\boldsymbol{i} + a_y\boldsymbol{j} + a_z\boldsymbol{k}$$

由此可得

$$a_x = \frac{\mathrm{d}v_x}{\mathrm{d}t} = \frac{\mathrm{d}^2x}{\mathrm{d}t^2} \qquad a_y = \frac{\mathrm{d}v_y}{\mathrm{d}t} = \frac{\mathrm{d}^2y}{\mathrm{d}t^2} \qquad a_z = \frac{\mathrm{d}v_z}{\mathrm{d}t} = \frac{\mathrm{d}^2z}{\mathrm{d}t^2} \tag{3-12}$$

式(3-12)表明,动点的加速度在各坐标轴上的投影分别等于对应的速度投影对时间的一阶导数,或等于对应位置坐标对时间的二阶导数。

加速度的大小及方向余弦为

$$\left.\begin{aligned}
a &= \sqrt{a_x^2 + a_y^2 + a_z^2} = \sqrt{\left(\frac{\mathrm{d}^2x}{\mathrm{d}t^2}\right)^2 + \left(\frac{\mathrm{d}^2y}{\mathrm{d}t^2}\right)^2 + \left(\frac{\mathrm{d}^2z}{\mathrm{d}t^2}\right)^2} \\
\cos(\boldsymbol{a},\boldsymbol{i}) &= \frac{a_x}{a} \qquad \cos(\boldsymbol{a},\boldsymbol{j}) = \frac{a_y}{a} \qquad \cos(\boldsymbol{a},\boldsymbol{k}) = \frac{a_z}{a}
\end{aligned}\right\} \tag{3-13}$$

当点作平面曲线运动时,运动方程中 $z = z(t) = 0$,上述各速度、加速度公式仍然适用。

【例 3-3】 求例 3-1 中连杆 AB 上 M 点的速度和加速度(见图 3-3)。

解 利用计算速度和加速度的公式,可得

$$v_x = \frac{\mathrm{d}x}{\mathrm{d}t} = -(l + h)\omega\sin\omega t$$

$$v_y = \frac{\mathrm{d}y}{\mathrm{d}t} = (l - h)\omega\cos\omega t$$

$$v = \sqrt{v_x{}^2 + v_y{}^2} = \omega\sqrt{(l + h)^2\sin^2\omega t + (l - h)^2\cos^2\omega t}$$

其方向沿椭圆的切线方向。

$$a_x = \frac{\mathrm{d}^2 x}{\mathrm{d}t^2} = -(l + h)\omega^2\cos\omega t = -\omega^2 x$$

$$a_y = \frac{\mathrm{d}^2 y}{\mathrm{d}t^2} = -(l - h)\omega^2\sin\omega t = -\omega^2 y$$

$$a = \sqrt{a_x{}^2 + a_y{}^2} = \omega^2\sqrt{x^2 + y^2} = \omega^2 r$$

$$\cos(\boldsymbol{a}, \boldsymbol{i}) = \frac{a_x}{a} = -\frac{x}{r} \qquad \cos(\boldsymbol{a}, \boldsymbol{j}) = \frac{a_y}{a} = -\frac{y}{r}$$

由上式可见,加速度的方向余弦与矢径的方向余弦等值反向,因此加速度的方向始终指向原点 O。

(三)自然法

1. 速度

如图 3-8 所示,动点 M 的矢径为 $\boldsymbol{r}(t)$,经过 Δt 时间间隔,动点 M 沿已知轨迹运动到点 M',其矢径为 $\boldsymbol{r}(t + \Delta t)$。矢径的增量称位移,点 M' 的位移 $\Delta\boldsymbol{r}$ 与弧坐标增量 Δs 相对应。

由式(3-5)知,点的速度 $\boldsymbol{v} = \lim(\Delta\boldsymbol{r}/\Delta t)$,分子、分母同时乘以 Δs,可得

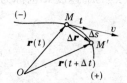

图 3-8 用自然法表示点的速度

$$\boldsymbol{v} = \lim_{\Delta t \to 0}\left(\frac{\Delta\boldsymbol{r}}{\Delta s}\frac{\Delta s}{\Delta t}\right) = \lim_{\Delta t \to 0}\frac{\Delta\boldsymbol{r}}{\Delta s}\lim_{\Delta t \to 0}\frac{\Delta s}{\Delta t}$$

当 $\Delta t \to 0$ 时,$\Delta\boldsymbol{r}/\Delta s$ 的大小趋于 1,方向趋近于轨迹的切向,并指向弧坐标的正向,故 $\lim\limits_{\Delta t \to 0}\dfrac{\Delta\boldsymbol{r}}{\Delta s} = \boldsymbol{e}_\tau$,而 $\lim\limits_{\Delta t \to 0}\dfrac{\Delta s}{\Delta t} = \dfrac{\mathrm{d}s}{\mathrm{d}t}$,故

$$\boldsymbol{v} = v\boldsymbol{e}_\tau = \frac{\mathrm{d}s}{\mathrm{d}t}\boldsymbol{e}_\tau \tag{3-14}$$

式(3-14)表明,速度在法向轴上的投影为零,在切向轴上的投影即速度的大小,等于点的弧坐标对时间的一阶导数,即

$$v = \frac{\mathrm{d}s}{\mathrm{d}t} \tag{3-15}$$

当 $\dfrac{\mathrm{d}s}{\mathrm{d}t} > 0$ 时,速度 $\boldsymbol{v}$ 与 $\boldsymbol{e}_\tau$ 同向;当 $\dfrac{\mathrm{d}s}{\mathrm{d}t} < 0$ 时,速度与 $\boldsymbol{v}$ 与 $\boldsymbol{e}_\tau$ 反向。当用弧坐标表示的点的运动方程式(3-4)为已知时,利用式(3-15)可直接求出点的速度大小并判断其方向。

2. 加速度

将点的速度 $v = v\boldsymbol{e}_\tau$ 代入式(3-6),得

$$\boldsymbol{a} = \frac{\mathrm{d}\boldsymbol{v}}{\mathrm{d}t} = \frac{\mathrm{d}}{\mathrm{d}t}(v\boldsymbol{e}_\tau) = \frac{\mathrm{d}v}{\mathrm{d}t}\boldsymbol{e}_\tau + v\frac{\mathrm{d}\boldsymbol{e}_\tau}{\mathrm{d}t} \tag{3-16}$$

在自然轴系中,加速度 $\boldsymbol{a}$ 可表示为

$$\boldsymbol{a} = \boldsymbol{a}_\tau + \boldsymbol{a}_n = a_\tau\boldsymbol{e}_\tau + a_n\boldsymbol{e}_n \tag{3-17}$$

式中,$\boldsymbol{a}_\tau$ 和 $\boldsymbol{a}_n$ 分别称为点的切向加速度和法向加速度。a_τ 和 a_n 分别为点的加速度在切向轴和法向轴上的投影。

$$\boldsymbol{a}_\tau = a_\tau\boldsymbol{e}_\tau = \frac{\mathrm{d}v}{\mathrm{d}t}\boldsymbol{e}_\tau = \frac{\mathrm{d}^2 s}{\mathrm{d}t^2}\boldsymbol{e}_\tau$$

故有

$$a_\tau = \frac{\mathrm{d}v}{\mathrm{d}t} = \frac{\mathrm{d}^2 s}{\mathrm{d}t^2} \tag{3-18}$$

式(3-18)表明,点的切向加速度的大小 a_τ 等于点的速度大小 v 对时间的一阶导数,也等于点的弧坐标 s 对时间的二阶导数。

$$a_n = a_n\boldsymbol{e}_n = \frac{v^2}{\rho}\boldsymbol{e}_n \qquad a_n = \frac{v^2}{\rho} \tag{3-19}$$

式中,$\boldsymbol{e}_n$ 为轨迹在 M 点的法线并指向曲率中心的单位矢量,ρ 为 M 点的曲率半径。

动点的加速度 $\boldsymbol{a}$ 也称为全加速度。由式(3-17)~式(3-19)可得,加速度的大小和方向为

$$\left.\begin{array}{l} a = \sqrt{a_\tau^2 + a_n^2} = \sqrt{\left(\dfrac{\mathrm{d}v}{\mathrm{d}t}\right)^2 + \left(\dfrac{v^2}{\rho}\right)^2} \\[3mm] \tan\theta = \dfrac{|a_\tau|}{a_n} \end{array}\right\} \tag{3-20}$$

式(3-20)中,θ 为全加速度 $\boldsymbol{a}$ 与法向轴正向 n 所夹的锐角,$\boldsymbol{a}$ 在 n 的哪一侧,由 a_τ 的正负决定。

第二节 构件的基本运动

在工程实际中,构件的运动有两种最常见的基本运动形式:平动和转动。构件的一些较为复杂的运动可以归结为这两种基本运动的组合。因此,平动和转动这两种基本运动形式是分析一般构件运动的基础。

一、构件的平动

构件运动时,其上任一直线始终保持与原来位置相平行,则构件的这种运动称为平动,或称移动。如图 3-9 所示为沿直线轨道行驶的车厢,车厢内一直线 AB 始终保持与其原来位置相平行,所以车厢作平动。又如图 3-10 所示的振动筛,由于 $O_1A = O_2B$,且 $AB = O_1O_2$,则当机构运动时,O_1ABO_2 将始终保持为平行四边形,AB 始终保持水平位置,即与原来位置平行。因此,振动筛的运动为平动。

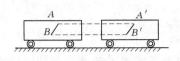

图 3-9　车厢平动

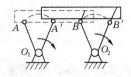

图 3-10　振动筛平动

应该指出,构件平动时,体内各点的轨迹可以是直线也可以是曲线。若各点的轨迹为直线,则构件的运动称为直线运动;若各点的轨迹为曲线,则构件的运动称为曲线运动。例如,图 3-9 中车厢的运动为直线运动,而图 3-10 中振动筛 AB 的运动就是曲线运动。

根据构件平动的特点,可得如下定理:构件平动时,体内各点的轨迹形状相同;在同一瞬时,各点具有相同的速度和加速度。

根据上述结论,只需确定作平动的构件上一点的运动,则整个构件的运动就确定了,所以构件内任一点(如重心)的运动可以代表整个构件的运动。构件的平动问题可归纳为点的问题来处理。

二、转动

构件运动时,体内或其扩大部分有一直线始终固定不动,则这种运动称为构件的定轴转动,简称转动。这条固定不动的直线称为转轴。

定轴转动在工程中应用极为广泛,如电动机的转子、机床的转轴和齿轮、收割机的脱粒滚筒等的运动都是转动。

(一)转动方程、角速度和角加速度

如图 3-11 所示是一个绕固定轴 z 转动的构件,为确定其任意瞬时的位置,可通过转轴 z 作两个平面,平面 A 固定不动,平面 B 固结在构件上随构件一起转动,则构件在任一瞬时的位置可用两平面的夹角 φ 来表示。角 φ 称为构件的转角或角位移,单位以 rad(弧度)计,它是一个代数量,其正负号按右手规则确定,即从 z 轴的正端往负端看,逆时针转动时角 φ 为正,反之为负。当构件转动时,角 φ 是时间 t 的单值连续函数,即

$$\varphi = \varphi(t) \qquad (3\text{-}21)$$

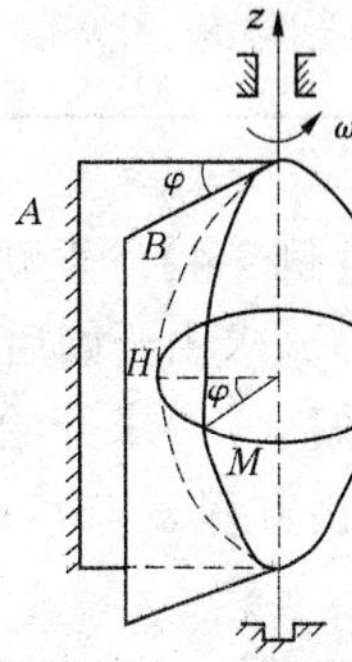

式(3-21)称为构件的转动方程。

图 3-11　构件转动

转角 φ 对时间 t 的一阶导数,称为构件的角速度,用 ω 表示,即

$$\omega = \lim_{\Delta t \to 0} \frac{\Delta\varphi}{\Delta t} = \frac{\mathrm{d}\varphi}{\mathrm{d}t} \qquad (3\text{-}22)$$

角速度也是代数量,它的大小表示某瞬时构件转动的快慢,它的正负号表示某瞬时构件的转向。当 $\omega > 0$ 时,构件逆时针转动;当 $\omega < 0$ 时,构件顺时针转动。

角速度的单位为弧度/秒(rad/s)。工程上习惯用转速 n 即每分钟的转数来表示构件转动的快慢,其单位为 r/min,角速度 ω 与转速 n 之间的关系是

$$\omega = \frac{2\pi n}{60} = \frac{\pi n}{30} \qquad (3\text{-}23)$$

角速度 ω 对时间 t 的一阶导数,或转角 φ 对时间 t 的二阶导数,称为构件的角加速度,

用 ε 表示,即

$$\varepsilon = \lim_{\Delta t \to 0} \frac{\Delta \omega}{\Delta t} = \frac{d\omega}{dt} = \frac{d^2\varphi}{dt^2} \tag{3-24}$$

角加速度的单位为 rad/s^2(弧度/秒^2)。角加速度描述了角速度变化的快慢,它也是代数量,其正负号的判定同角速度正负号的判定。

若 ε 与 ω 同号,则 ω 的绝对值增大,构件作加速转动;若 ε 与 ω 异号,则构件作减速转动。

当构件转动时,若角速度 ω 为常量,则称为匀速转动;当角加速度 ε 为常量时,则称为匀变速转动。这是构件转动的两种特殊情况。

点的曲线运动与构件定轴转动之间存在的对应关系见表 3-1。

表 3-1　点的曲线运动与构件定轴转动的对应关系

点的曲线运动		刚体定轴转动	
弧坐标	$s = s(t)$	转角	$\varphi = \varphi(t)$
速度	$v = \dfrac{ds}{dt}$	角速度	$\omega = \dfrac{d\varphi}{dt}$
切向加速度	$a_\tau = \dfrac{dv}{dt} = \dfrac{d^2 s}{dt^2}$	角加速度	$\varepsilon = \dfrac{d\omega}{dt} = \dfrac{d^2\varphi}{dt^2}$
匀速运动	$s = s_0 + vt$	匀速转动	$\varphi = \varphi_0 + \omega t$
匀变速运动	$v = v_0 + a_\tau t$	匀变速转动	$\omega = \omega_0 + \varepsilon t$
	$s = s_0 + v_0 t + \dfrac{1}{2} a_\tau t^2$		$\varphi = \varphi_0 + \omega t + \dfrac{1}{2} \varepsilon t^2$

【例 3-4】　发动机主轴在启动过程中的转动方程为 $\varphi = 3t^3 + 2t$(式中 φ 以 rad 计,t 以 s 计)。试求由开始后 4 s 末主轴转过的圈数及该瞬时的角速度和角加速度。

解　(1)求开始后 4 s 末主轴转过的圈数。

由方程 $\varphi = 3t^3 + 2t$ 可知,当 $t = 0$ 时,$\varphi_0 = 0$;当 $t = 4$ s 时,主轴转过的角度为

$$\varphi - \varphi_0 = 3t^3 + 2t = 3 \times 4^3 + 2 \times 4 = 200(rad)$$

则主轴转过的圈数为

$$n = \frac{\varphi}{2\pi} = \frac{200}{2\pi} = 31.8(圈)$$

(2)求该瞬时的角速度和角加速度。

将转动方程对时间 t 求导数,可得角速度及角加速度为

$$\omega = \frac{d\varphi}{dt} = \frac{d}{dt}(3t^3 + 2t) = 9t^2 + 2$$

$$\varepsilon = \frac{d\omega}{dt} = \frac{d}{dt}(9t^2 + 2) = 18t$$

当 $t = 4$ s 时,其角速度和角加速度分别为

$$\omega = 9t^2 + 2 = 9 \times 4^2 + 2 = 146(rad/s)$$

$$\varepsilon = 18t = 18 \times 4 = 72(rad/s^2)$$

(二)转动构件上各点的速度和加速度

前面研究了定轴转动构件整体的运动规律,而工程实际中还需要了解转动构件上某些点的运动情况。现在来求定轴转动构件上各点的速度和加速度。

构件作定轴转动时,转轴上的点固定不动,不在转轴上的各点都在垂直于转轴的平面内作圆周运动,圆心是此平面与转轴的交点,圆的半径为该点到转轴的距离。

现在转动构件上任取一点 M,设它到转轴的距离为 R,如图 3-12 所示,则点 M 的轨迹为以 O 为圆心、以 R 为半径的圆,故用自然法研究。

取当构件转角 $\varphi = 0$ 时点 M 的位置 M_0 为弧坐标原点,以角 φ 增大方向为弧坐标 s 的正向,则点 M 的运动方程为

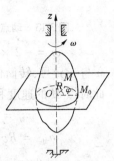

$$s = R\varphi \tag{3-25}$$

式中,$\varphi = \varphi(t)$ 是定轴转动构件的转动方程。

点 M 的速度为

$$v = \frac{\mathrm{d}s}{\mathrm{d}t} = \frac{\mathrm{d}}{\mathrm{d}t}(R\varphi) = R\frac{\mathrm{d}\varphi}{\mathrm{d}t} = R\omega \tag{3-26}$$

即转动构件上任一点速度的大小等于该点到转轴的距离与构件的角速度的乘积,方向沿圆周的切线,指向与角速度的转向一致,如图 3-13 所示。

图 3-12 构件转动

由于定轴转动构件上各点均作圆周运动,故点 M 的切向加速度的大小为

$$a_\tau = \frac{\mathrm{d}v}{\mathrm{d}t} = \frac{\mathrm{d}}{\mathrm{d}t}(R\omega) = R\frac{\mathrm{d}\omega}{\mathrm{d}t} = R\varepsilon \tag{3-27}$$

点 M 的法向加速度的大小为

$$a_n = \frac{v^2}{\rho} = \frac{(R\omega)^2}{R} = R\omega^2 \tag{3-28}$$

即转动构件内任一点法向加速度的大小等于该点到转轴的距离和构件角速度平方的乘积,方向沿该点的法线,指向转轴(见图 3-13)。

点 M 的加速度的大小和方向分别为

$$\left. \begin{array}{l} a = \sqrt{a_\tau^2 + a_n^2} = \sqrt{(R\varepsilon)^2 + (R\omega^2)^2} = R\sqrt{\varepsilon^2 + \omega^4} \\[2mm] \tan\theta = \frac{|a_\tau|}{a_n} = \frac{|R\varepsilon|}{R\omega^2} = \frac{|\varepsilon|}{\omega^2} \end{array} \right\} \tag{3-29}$$

由式(3-29)可知,在同一瞬时,定轴转动构件上各点的速度、加速度的大小都与该点到转轴的距离成正比,速度的方向都垂直于转动半径,加速度的方向与转动半径的夹角 θ 都相同。速度、加速度的分布规律如图 3-14(a)、(b)所示。

【例 3-5】 图 3-15 所示为卷扬机转筒,半径 $R = 0.2$ m,在制动的 2 s 内,鼓轮的转动方程为 $\varphi = -t^2 + 4t$。求 $t = 1$ s 时,轮缘上任一点 M 及物体 A 的速度和加速度。

解 转轴在转动过程中的角速度为

$$\omega = \frac{\mathrm{d}\varphi}{\mathrm{d}t} = -2t + 4$$

角加速度

$$\varepsilon = \frac{\mathrm{d}\omega}{\mathrm{d}t} = -2$$

当 $t = 1$ s 时,有

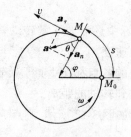

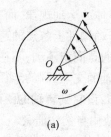

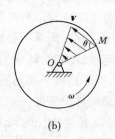

图 3-13　动点的速度和加速度　　　　图 3-14　速度、加速度分布规律

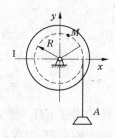

$$\omega = -2 \times 1 + 4 = 2(\text{rad/s}), \varepsilon = -2 \text{ rad/s}$$

ω 与 ε 异号,转筒作匀减速运动。

此时点 M 的速度和加速度为

$$v_M = R\omega = 0.2 \times 2 = 0.4(\text{m/s})$$

$$a_{M\tau} = R\varepsilon = 0.2 \times (-2) = -0.4(\text{m/s}^2)$$

$$a_{Mn} = R\omega^2 = 0.2 \times 2^2 = 0.8(\text{m/s}^2)$$

则点 M 的全加速度为

图 3-15　卷扬机转筒

$$a_M = \sqrt{a_{M\tau}^2 + a_{Mn}^2} = \sqrt{(-0.4)^2 + 0.8^2} = 0.894(\text{m/s}^2)$$

$$\tan\theta = \frac{|\varepsilon|}{\omega^2} = \frac{2}{4} = 0.5 \qquad \theta = 26.57°$$

物体 A 的速度 v_A 与加速度 a_A 分别等于点 M 的速度 v_M 与切向加速度 $a_{M\tau}$,即

$$v_A = 0.4 \text{ m/s} \qquad a_A = -0.4 \text{ m/s}^2$$

第三节　构件上点的合成运动

一、点的合成运动的概念

同一物体的运动,相对不同的参考系而言,其运动是不同的。例如,观察沿直线轨道前进的火车轮上一点 M 的运动。如以地面为参考系,则该点轨迹为旋轮线,但以车厢为参考系,则该点轨迹是一个圆。因此,在研究一个物体的运动时,必须指明是相对于哪个物体而言的,即必须选定参考体或参考系。在工程中如没有特别的说明,都是以地面作为参考系。

在下面的讨论中,把固结于地面的参考系称为静参考系,简称静系;把相对于地面运动的参考系称为动参考系,简称动系。动点相对于静系的运动称为绝对运动,动点相对于动系的运动称为相对运动,动系相对于静系的运动称为牵连运动。

点 M 的旋轮线运动可以看成是由该点相对于车厢的运动和随同车厢的运动所组成的。点的这种由几个运动组合而成的运动称为点的合成运动。将动系固连在火车车厢上,则轮缘上动点 M 相对于地面的运动即旋轮线运动是绝对运动,动点 M 相对于车厢的圆周运动是相对运动。而车厢相对于地面的直线平动是牵连运动。由此可见,动点的绝对运动是它的相对运动和牵连运动的合成运动。动点的绝对运动和相对运动都是指点的运动,它可能是作直线运动或曲线运动,而牵连运动则是指动系所在构件的运动,它可能是平动、转动或其

他较复杂的运动。

二、点的速度合成定理

动点在绝对运动中的轨迹、速度和加速度,分别称为动点的绝对轨迹、绝对速度和绝对加速度。用 v_a 和 a_a 表示绝对速度和绝对加速度。

动点在相对运动中的轨迹、速度和加速度分别称为动点的相对轨迹、相对速度和相对加速度。用 v_r 和 a_r 表示相对速度和相对加速度。

因为牵连运动指的是动系相对于静系的运动,它可能作平动,也可能作定轴转动。转动时,其上各点的速度和加速度是不相同的。而对动点的运动有影响的是在某瞬时,动系上与动点相重合的那一点,该点称为牵连点。所以,动点的牵连速度和牵连加速度定义如下:在某瞬时,动系中与动点相重合的那一点(即牵连点)对静系的速度和加速度,分别称为动点在该瞬时的牵连速度和牵连加速度,用 v_e 和 a_e 表示。由上可知

$$v_a = v_e + v_r \tag{3-30}$$

即动点在任一瞬时的绝对速度等于其牵连速度与相对速度的矢量和。这一关系称为点的速度合成定理。

在应用速度合成定理解决具体问题时,首先要恰当地选取动点及动系,然后分析三种运动及三种速度。在式(3-30)中,三者的大小和方向共六个量,只要知道其中任意四个量就可求出其余两个未知量。

【例 3-6】 如图 3-16 所示汽阀中的凸轮机构,顶杆 AB 沿铅垂导向套筒运动,其端点 A 与凸轮表面接触,当凸轮绕 O 轴转动时,推动顶杆上下运动,已知凸轮的角速度为 ω,$OA = b$,该瞬时凸轮轮廓曲线在点 A 的法线 AN 同 AO 的夹角为 θ。求导杆 AB 在此瞬时的速度。

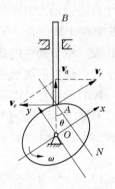

图 3-16　凸轮机构

解　(1)确定动点和动系。

传动是通过顶杆端点 A 来实现的,故取顶杆上的 A 点为动点。动系固连在凸轮上,定系固连在机架上。

(2)分析三种运动。

绝对运动:动点 A 作上下直线运动。

相对运动:动点 A 沿凸轮轮廓线的滑动。

牵连运动:凸轮绕 O 轴的转动。

(3)速度分析计算。根据速度合成定理有

$$v_a = v_e + v_r$$

式中:绝对速度 $v_a = v_A$,大小未知,方向沿铅垂线 AB;相对速度 v_r,大小未知,方向沿凸轮轮廓线在 A 点的切线;牵连速度 v_e 是凸轮上该瞬时与 A 相重合的点(即牵连点)的速度,大小 $v_e = b\omega$,方向垂直于 OA。

作出速度平行四边形(见图 3-16)。由直角三角形可得

$$v_a = v_e \cdot \tan\theta = b\omega\tan\theta$$

$$v_r = \frac{v_e}{\cos\theta} = \frac{b\omega}{\cos\theta}$$

因为顶杆作平动,故端点 A 的运动速度即为顶杆的运动速度。

第四节　构件的平面运动

一、构件平面运动的概念

构件运动时,构件内各点与某一固定平面的距离始终不变,也就是说,构件内各点都在与某一固定平面相平行的平面内运动,构件的这种运动称为平面运动。

机构中许多构件的运动都属于平面运动。例如,车轮沿直线轨道滚动,车轮上各点都在与轨道垂直的铅直平面内运动。若取通过车轮中心的 xOy 平面为固定平面,则车轮内各点都分别保持在与此固定平面相平行的平面内运动。所以,车轮的运动是平面运动。同样,图3-17所示的曲柄连杆机构中连杆 AB 的运动也是平面运动。

根据构件平面运动的特点,可以将整个构件的平面运动简化为一个平面图形在其自身平面内的运动。设构件相对于固定平面 I 作平面运动。用一个与平面 I 相平行的平面 II 截割构件,截出平面图形 S,如图3-18所示。由平面运动的特点知,在运动过程中平面图形 S 始终保持在平面 II 内运动。在构件上任取一与平面图形 S 相垂直的直线 A_1A_2,则其将始终平行于自身运动,即作平动。由平动的特点知,直线 A_1A_2 上各点的运动都可以用平面图形 S 与其交点 A 来代表。于是,构件内所有点的运动都可以用平面图形 S 内相应的各点的运动来代表。整个构件的运动可以简化为平面图形 S 在其自身平面内的运动。

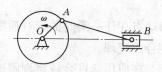

图 3-17　连杆 AB 的运动

下面讨论平面图形 S 的运动方程。设平面图形 S 在固定平面 xOy 内运动(见图3-19),其任一瞬时的位置可以用图形上任意线段 $O'P$ 的位置来确定。而 $O'P$ 的位置可以由线段上某点 O' 的坐标 (x'_O, y'_O) 和 $O'P$ 与 Ox 轴的夹角 φ 来确定。若将 O' 点称为基点,则当图形 S 运动时,基点的坐标 (x'_O, y'_O) 和角 φ 都是时间 t 的单值连续函数,可表示为

$$x'_O = f_1(t) \qquad y'_O = f_2(t) \qquad \varphi = f_3(t) \qquad (3\text{-}31)$$

式(3-31)称为平面图形 S 的运动方程,也就是构件平面运动的运动方程。

二、平面运动分解为平动和转动

取静系 xOy 固连于地面,在图形 S 内任取一点 O' 为基点,将动系 $x'O'y'$ 固连于 O',并随

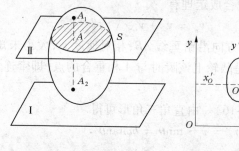

图 3-18　截平面 S　　　图 3-19　平面运动方程

O'点相对于静系 xOy 作平动(见图3-19)。根据合成运动的概念,图形 S 对静系的平面运动(绝对运动)可以看成是随同动系 $x'O'y'$ 的平动(牵连运动)和绕基点 O' 的转动(相对运动)的合成。即平面运动可看成是随基点 O' 的平动和绕基点 O' 的转动的合成。

例如,一车轮相对于地面作平面运动,在 Δt 时间内由位置Ⅰ运动到位置Ⅱ。车轮的位置可由它的某一半径 AB 的位置来表示,起始位置半径 A_1B_1 铅垂,经过 Δt 后,随车轮运动到 A_2B_2,如图3-20(a)所示。

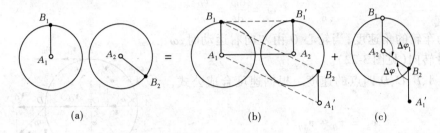

图3-20　运动分解

若选 A_1 为基点,则车轮的运动过程可看成随基点 A_1 平动到 A_2B_1',然后绕基点 A_1 转到 A_2B_2 位置。这就把车轮的平面运动看成是随基点 A_1 的平动与绕基点 A_1 的转动两种运动的合成,如图3-20(a)、(b)所示。必须指出,基点是可以任意选择的。不同的基点平动的速度或加速度一般不相同,但图形绕不同基点转动的角速度和角加速度却是相同的。

三、平面图形上各点的速度

既然平面图形的运动可以看做随同基点的平动(牵连运动)和绕基点的转动(相对运动)的合成,因而可应用点的速度合成定理来分析平面图形上的各点的速度。

设某瞬时平面图形上某一点 A 的速度为 v_A,图形的角速度为 ω(见图3-21),现要求图形上任一点 B 的速度 v_B。为此,取 A 点为基点,B 点的牵连速度等于基点 A 的速度 v_A,B 点的相对速度是 B 点绕基点 A 转动的速度,用 v_{BA} 表示,其大小 $v_{BA} = AB \times \omega$,方向与 AB 垂直,且与 ω 转向一致。应用点的速度合成定理,可得

$$v_B = v_A + v_{BA} \tag{3-32}$$

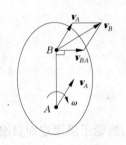

图3-21　点的速度合成

即平面图形上任一点的速度等于基点的速度与该点绕基点转动的速度矢量和。

在式(3-32)中,v_B、v_A、v_{BA} 三者的大小和方向共六个量,若知道其中四个量,可以通过作速度平行四边形求出其余两个未知量。这种求平面图形上点的速度的方法称为基点法。

【例3-7】　如图3-22所示,半径为 r 的车轮在水平轨道上作无滑动的滚动。已知轮心 O 的速度 v_O 为常矢量,求车轮的角速度和轮缘上 A、B、C、D 四点的速度。

解　因车轮作平面运动且轮心 O 的速度 v_O 已知,所以选 O 点为基点,求车轮的角速度和各点的速度。

(1)求车轮的角速度。因为车轮在水平轨道上作无滑动的滚动,所以在任一时间 t 内,轮子在轨道上滚过的弧长 $s(s = r\varphi,\varphi$ 为该弧长对应的中心角)应等于轮子在轨道上所滚过

的距离,即在同一时间 t 内轮心 O 所经过的距离 v_0t,故

$$r\varphi = v_0t$$

$$\varphi = \frac{v_0}{r}t$$

$$\frac{\mathrm{d}\varphi}{\mathrm{d}t} = \frac{v_0}{r}$$

$$\omega = \frac{\mathrm{d}\varphi}{\mathrm{d}t} = \frac{v_0}{r}$$

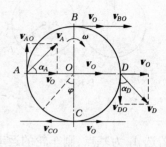

ω 即为车轮的角速度,当轮心 O 由左向右运动时,ω 应为顺时针转向(见图3-22)。

(2)求 A、B、C、D 四点的速度。根据速度合成公式,有

$$v_A = v_O + v_{AO}$$

$$v_B = v_O + v_{BO}$$

$$v_C = v_O + v_{CO}$$

$$v_D = v_O + v_{DO}$$

图 3-22　车轮

其中 v_{AO}、v_{BO}、v_{CO}、v_{DO} 大小相等,即

$$v_{AO} = v_{BO} = v_{CO} = v_{DO} = r\omega = v_0$$

方向分别垂直于各自的转动半径 OA、OB、OC、OD,指向与 ω 的转向一致,故

$$v_A = \sqrt{v_0^2 + v_{AO}^2} = \sqrt{2}\,v_0$$

方向

$$\tan\alpha_A = \frac{v_{AO}}{v_0} = 1 \qquad \alpha_A = 45°$$

同理

$$v_B = v_0 + v_{BO} = 2v_0 \qquad 方向水平$$

$$v_C = v_0 - v_{CO} = 0$$

$$v_D = \sqrt{v_0^2 + v_{DO}^2} = \sqrt{2}\,v_0$$

$$\tan\alpha_D = \frac{v_{DO}}{v_0} = 1 \qquad \alpha_D = 45°$$

注意:当轮子沿固定面只滚不滑时,它与地面的接触点 C 的瞬时速度为零。

思考题与习题

3-1　点作直线运动时,若其速度为零,加速度是否也一定为零?点作曲线运动时,其速度大小不变,加速度是否一定为零?

3-2　在计算点的速度和加速度时,v、v、v_x 有何不同?$\dfrac{\mathrm{d}\boldsymbol{v}}{\mathrm{d}t}$、$\dfrac{\mathrm{d}v}{\mathrm{d}t}$、$\dfrac{\mathrm{d}v_x}{\mathrm{d}t}$ 有何不同?

3-3　如图3-23所示,曲柄 OB 以匀角速度 $\omega = 2$ rad/s 绕 O 轴顺时针转动,并带动杆 AD 上 A 点在水平滑槽内运动,点 C 在铅直滑槽内运动。已知 $AB = OB = BC = CD = 12$ cm,求点 D 的运动方程和轨迹,以及 $\varphi = 45°$ 时点 D 的速度。

3-4 飞轮加速转动时轮缘上一点按 $s = 0.1t^3$ 规律运动（t 以 s 计，s 以 m 计）。飞轮半径 $r = 0.5$ m。求当此点的速度为 $v = 30$ m/s 时，其切向加速度与法向加速度的大小。

3-5 自行车直线行驶时，脚蹬板作什么运动？汽车在弯道行驶时，车厢是否作平动？

3-6 刚体作定轴转动时，角加速度为正，表示加速转动，角加速度为负，表示减速转动。这种说法对吗？为什么？

3-7 飞轮匀速转动，若半径增大 1 倍，边缘上点的速度和加速度是否增大 1 倍？若飞轮转速增大 1 倍，边缘上点的速度和加速度是否也增大 1 倍？

3-8 如图 3-24 所示，带轮轮缘上一点 A 的速度 $v_A = 500$ mm/s，与 A 在同一半径上的点 B 的速度 $v_B = 100$ mm/s，且 $AB = 200$ mm。试求带轮的角速度及其直径。

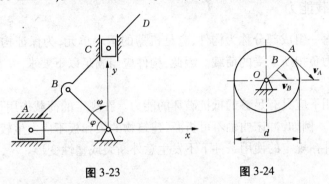

图 3-23　　　　　图 3-24

3-9 试用合成运动的概念分析图 3-25 所示指定点 M 的运动，先确定动系，并说明绝对运动、相对运动和牵连运动，画出动点在图示位置的绝对速度、相对速度和牵连速度。

3-10 图 3-26 所示塔式起重机的水平悬臂以匀角速度 ω 绕铅垂轴 OO_1 转动，同时，跑车 A 带着重物 B 沿悬臂运动。如 $\omega = 0.1$ rad/s，跑车的运动规律为 $x = 20 - 0.5t$，其中 x 以 m 计，t 以 s 计，并且悬挂重物的钢索 AB 始终保持铅垂。求 $t = 10$ s 时，重物 B 的绝对速度。

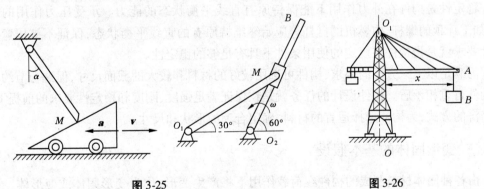

图 3-25　　　　　　　图 3-26

第四章 构件承载能力分析

第一节 概　述

一、构件的承载能力

机械或机器的每一组成部分称为构件,它是机器的运动单元,为保证构件正常工作,构件应具有足够的能力负担所承受的荷载。因此,构件应当满足以下要求。

(一)强度要求

构件在外力作用下应具有足够的抵抗破坏的能力。在规定的荷载作用下构件不应被破坏,具有足够的强度。例如,冲床曲轴不可折断,建筑物的梁和板不应发生较大的塑性变形。强度要求就是指构件在规定的使用条件下不发生意外断裂或塑性变形。

(二)刚度要求

构件在外力作用下应具有足够的抵抗变形的能力。在荷载作用下,构件即使有足够的强度,但若变形过大,仍不能正常工作。例如,机床主轴的变形过大,将影响加工精度;齿轮轴变形过大将造成齿轮和轴承的不均匀磨损,引起噪声。刚度要求就是指构件在规定的使用条件下不发生较大的变形。

(三)稳定性要求

稳定性是构件在外力作用下能保持原有直线平衡状态的能力。承受压力作用的细长杆,如千斤顶的螺杆、内燃机的挺杆等应始终维持原有的直线平衡状态,保证不被压弯。稳定性要求就是指构件在规定的使用条件下具有足够的稳定性。

为满足以上三方面的要求,构件可选用较好的材料和较大的截面尺寸,但这与节约和减轻构件自重相矛盾。构件设计的任务就是在保证满足强度、刚度和稳定性要求的前提下,以最经济的方式,为构件选择适宜的材料、确定合理的形状和尺寸。

二、变形固体的基本假设

由各种固体材料制成的构件在荷载作用下将产生变形,称为变形固体或变形体。为了便于理论分析和实际计算,对变形固体常采用以下几个基本假设。

(一)连续性假设

假设在固体所占有的空间内毫无空隙地充满了物质。实际上,组成固体的粒子之间存在空隙,但这种空隙极其微小,可以忽略不计。于是,可认为固体在其整个体积内是连续的。基于连续性假设,固体内的一些物理量可用连续函数表示。

(二)均匀性假设

均匀性假设是指材料的力学性能在各处都是相同的,与其在固体内的位置无关。

（三）各向同性假设

各向同性假设是认为材料沿各个方向的力学性质是相同的。具有这种属性的材料称为各向同性材料,如钢、铜、铸铁、玻璃等。而木材、竹和轧制过的钢材等,则为各向异性材料。但是,有些各向异性材料也可近似地看做是各向同性材料。这里只讨论各向同性材料。

（四）完全弹性假设

构件在外力作用下将发生变形,当外力不超过一定限度时,大多数构件在外力去掉后均能恢复原状。当外力超过某一限度时,在外力去掉后只能部分地复原而另一部分变形不能消失。外力去掉后能消失的变形称为弹性变形,不能消失而留下来的变形称为塑性变形。工程实际中多数构件在正常工作条件下只产生弹性变形,而且这些变形与构件原有尺寸相比通常很小,所以本教材只研究完全弹性的构件。

三、杆件变形的基本形式

在机器中,构件的形状是多种多样的。如果构件的纵向(长度方向)尺寸较横向(垂直于长度方向)尺寸大得多,这样的构件称为杆件。杆件是工程中最基本的构件。如机器中的传动轴、螺杆及房屋中的梁、柱等均属于杆件。某些构件,如齿轮的轮齿、曲轴的轴颈等,并不是典型的杆件,但在近似计算或定性分析中也简化为杆。

垂直于杆长的截面称为横截面,各横截面形心的连线称为轴线。轴线为直线,且各横截面相等的杆件称为等截面直杆,简称为等直杆。这里主要研究等直杆。

外力在杆件上的作用方式是多种多样的,当作用方式不同时,杆件产生的变形形式也不同。归纳起来,杆件变形的基本形式有如下四种。

（一）拉伸或压缩

如图 4-1 所示简易吊车,在荷载 *F* 作用下,*AC* 杆受到拉伸,而 *BC* 杆受到压缩。这类变形形式是由大小相等、方向相反、作用线与杆件轴线重合的一对力引起的,表现为杆件的长度发生伸长或缩短。起吊重物的钢索、桁架的杆件、液压油缸的活塞杆等的变形都属于拉伸或压缩变形。

（二）剪切

如图 4-2(a)所示为铆钉连接,在力 *F* 作用下,铆钉受到剪切。这类变形形式是由大小相等、方向相反、相互平行的力引起的,表现为受剪切杆件的两部分沿外力作用方向发生相对错动,如图 4-2(b)所示。机械中常用的连接件,如键、销钉、螺栓等,都产生剪切变形。

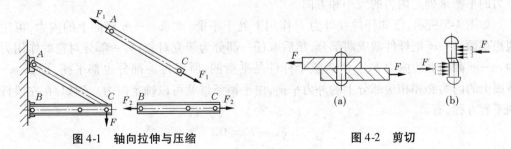

图 4-1　轴向拉伸与压缩　　　　　图 4-2　剪切

（三）扭转

如图 4-3 所示方向盘转轴 *AB*,在工作时发生扭转变形。这类变形形式是由大小相等、方向相反、作用面垂直于杆件轴线的两个力偶引起的,表现为杆件的任意两个横截面发生绕轴线的相对转动。汽车的传动轴、电机的主轴等,都是受扭杆件。

(四)弯曲

如图4-4所示梁的变形即为弯曲变形。这类变形是由垂直于杆件轴线的横向力,或由作用于包含杆轴的纵向平面内的一对大小相等、方向相反的力偶引起的。变形表现为杆件轴线由直线变为曲线。在工程中,受弯杆件是最常遇到的情况之一。桥式起重机的大梁、各种心轴以及车刀等的变形都属于弯曲变形。

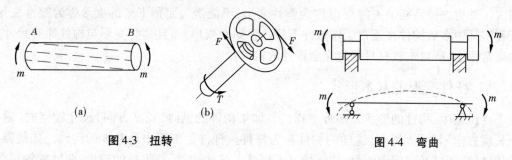

图4-3 扭转　　　　　　　　　　图4-4 弯曲

还有一些杆件的变形比较复杂,可能同时发生几种基本变形。例如,钻床立柱同时发生拉伸和弯曲两种基本变形,车床主轴工作时发生弯曲、扭转和压缩三种基本变形。几种基本变形的组合称为组合变形。

四、内力、截面法和应力的概念

(一)内力的概念

构件工作中受到其他物体对它的作用力,这些作用力称为外力。这些外力包括荷载、约束力、重力等。按照外力作用方式的不同,外力又可分为分布力和集中力。在外力作用下,构件发生变形时,构件的各质点间的相对位置改变而引起的附加内力,简称内力。内力随外力的改变而改变,但它的变化是有一定限度的,不能随外力的增加而无限地增加。当内力加大到一定限度时,构件就会破坏,所以计算内力是进行构件强度、刚度和稳定性计算的基础。

(二)截面法的概念

截面法是已知构件外力确定内力的基本方法,就是假想用一截面把构件截成两部分,取其中一部分为研究对象,并以内力代替另一部分对研究对象的作用。根据研究部分内力与外力的平衡来确定内力的大小和方向。

如图4-5所示,已知杆件在外力 F 作用下处于平衡,欲求 $m—m$ 截面上的内力,可用一假想截面 $m—m$ 把杆件截成两部分,然后取任一部分为研究对象,另一部分对它的作用力即为 $m—m$ 截面上的内力 F_N。因为整个杆件是平衡的,所以每一部分也都平衡,那么 $m—m$ 截面上的内力必和相应部分上的外力平衡,由平衡条件就可以确定内力。例如,在左段杆上列平衡方程,有

$$F_N - F = 0$$

可得

$$F_N = F$$

按照材料连续性假设,$m—m$ 截面上各处都有内力作用,所以截面上应是一个分布内力系,用截面法确定的内力是该分布内力系的合成结果。

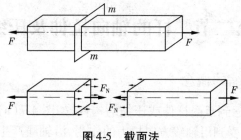

图 4-5 截面法

综上所述,截面法可归纳为以下三个步骤:

(1)假想截开。在需求内力的截面处,假想用一截面把构件截成两部分。

(2)任意留取。任取一部分为研究对象,将弃去部分对留下部分的作用以截面上的内力 F_N 来代替。

(3)平衡求力。对留下部分建立平衡方程,求解内力。

(三)应力的概念

在用截面法确定了拉(压)杆的内力以后,还不能判断杆件的强度是否足够。例如,有同样材料而截面面积大小不等的两根杆件,若它们所受的外力相同,那么横截面上的内力也是相同的。但是,由经验知道,当外力增大时,面积小的杆件一定先破坏。这说明杆件的强度不仅与内力有关,还与截面面积有关,即取决于内力在横截面上分布的密集程度,如图 4-6 所示。把内力在横截面上的密集程度称为应力。其中,垂直于截面的应力称为正应力,用 σ 表示;平行于截面的应力称为切应力,用 τ 表示。

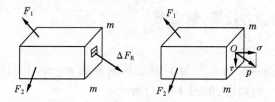

图 4-6 应力的概念

根据材料的均匀连续性假设可推知,横截面上各点处的变形相同,受力也相同,即轴力在横截面上是均匀分布的,且方向垂直于横截面,即杆件横截面存在有正应力 σ。其计算式为

$$\sigma = \frac{F_N}{A} \tag{4-1}$$

式中 F_N——杆件横截面上的内力(轴力);

A——横截面面积。

在国际单位制中,应力单位是帕斯卡,简称帕(Pa)。工程上常用兆帕(MPa),有时也用吉帕(GPa)。

第二节　杆的轴向拉伸及压缩

一、轴向拉伸和压缩的概念

在工程实际中,经常遇到承受拉伸或压缩的构件,如图 4-7(a)所示的起重装置中的压杆 BC 及拉杆 AB。杆 AB 受到沿轴线方向拉力的作用,沿轴线产生伸长变形;而杆 BC 则受到沿轴线方向压力的作用,沿轴线产生缩短变形。此外,内燃机中的连杆、建筑物桁架中的杆件均为拉杆或压杆。这些构件外形虽各有差异,加载方式也不尽相同,但它们共同的受力特点是:作用在直杆两端的两个合外力大小相等、方向相反且作用线与杆轴线相重合。在这种外力作用下,杆件的变形是沿轴线方向伸长或缩短。这种变形形式称为轴向拉伸或轴向压缩,这类杆件称为拉杆或压杆。

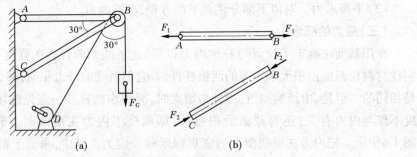

(a)   (b)

图 4-7　起重装置中的压杆和拉杆

二、拉(压)杆的轴力计算、轴力图

(一)轴力计算

设有一受拉杆如图 4-8 所示。为了确定其横截面 m—m 上的内力,可假想沿横截面 m—m 将一拉杆切为左、右两段,如图 4-8(a)所示。

以左段为研究对象,如图 4-8(b)所示,列平衡方程

$$\sum F_x = 0 \qquad F_N - F = 0$$

得
$$F_N = F$$

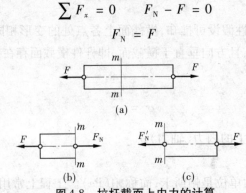

(a)

(b)   (c)

图 4-8　拉杆截面上内力的计算

如取右端研究,如图 4-8(c)所示,则可求得左段对右段的作用力 $F_N' = F$。F_N 与 F_N' 为左右两段相互作用的内力,它们必然大小相等、方向相反。因此,在求内力时,可取截面两侧

的任一段来研究。同时,不难看出,如改换横截面的位置,求得的结果相同。可见,此杆各横截面上的内力是相同的。因为外力沿轴线作用,故内力也必与轴线重合,因此又称内力为轴力。规定拉杆的轴力为正,压杆的轴力为负。通常,未知轴力均按正向假设。

【例4-1】 杆件在 A、B、C、D 各截面处作用有外力,如图 4-9(a) 所示,求 1—1、2—2、3—3 截面处的轴力。

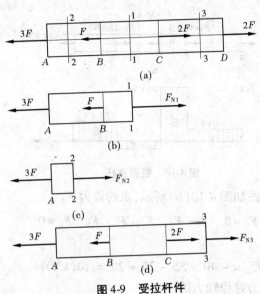

图 4-9　受拉杆件

解　由截面法沿各所求截面将杆件切开,以左段为研究对象,在相应截面处画出轴力 F_{N1}、F_{N2}、F_{N3}。

由图 4-9(b)知

$$\sum F_x = 0 \qquad F_{N1} - 3F - F = 0$$

$$F_{N1} = 3F + F = 4F$$

同理,由图 4-9(c)知

$$F_{N2} = 3F$$

由图 4-9(d)知

$$F_{N3} = 3F - 2F + F = 2F$$

由此,可得到以下结论:拉(压)杆各截面上的轴力在数值上等于该截面一侧各外力的代数和。外力离开该截面时取为正,指向该截面时取为负。

$$F_N = \sum_{i=1}^{n} F_i \tag{4-2}$$

求得轴力为正时,表示此段杆件受拉;求得轴力为负时,表示此段杆件受压。

(二)轴力图

工程实际中,杆件所受外力可能很复杂,这时杆件各段的轴力将各不相同,这时需分段用截面法计算轴力。为了直观地表达轴力随横截面位置的变化情况,用平行于杆件轴线的坐标表示各横截面的位置,以垂直于杆件轴线的坐标表示轴力的数值,所绘制的图形称为轴力图。

【例 4-2】 如图 4-10(a)所示为一等截面直杆,其受力情况如图所示。试作其轴力图。

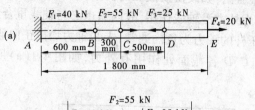

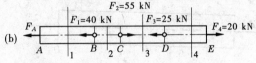

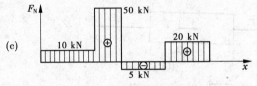

图 4-10　截面直杆

解 (1)作杆件的受力图如图 4-10(b)所示,求约束力 F_A。

由　　　　　　　$\sum F_x = 0$　　　　$-F_A - F_1 + F_2 - F_3 + F_4 = 0$

解得

$$F_A = -40 + 55 - 25 + 20 = 10(\text{kN})$$

(2)求各段截面上的轴力并作轴力图。

计算轴力可用截面法,也可直接应用式(4-2),因而不必再逐段截开作研究段的分离体图。在计算时,取截面左侧或右侧均可,一般取外力较少的杆段为好。

AB 段　　　　　　$F_{N1} = F_A = 10\ \text{kN}$　　　　　(考虑左侧)

BC 段　　　　　　$F_{N2} = F_A + F_1 = 50\ \text{kN}$　　　(考虑左侧)

DE 段　　　　　　$F_{N4} = F_4 = 20\ \text{kN}$　　　　　(考虑右侧)

CD 段　　　　　　$F_{N3} = F_4 - F_3 = -5\ \text{kN}$　　(考虑右侧)

由以上计算结果可知,杆件在 CD 段受压,其余各段均受拉。最大轴力 F_{Nmax} 在 BC 段,其轴力图如图 4-10(c)所示。

三、轴向拉伸和压缩时横截面上的正应力

如图 4-11 所示,取一等截面直杆,在杆上画上与杆轴线垂直的横线 ab 和 cd(图中虚线),当杆受到拉力 F 作用时,杆件产生拉伸变形。可以看到,直线 ab 和 cd 分别平移到实线 a_1b_1 和 c_1d_1 处,且仍保持为直线。

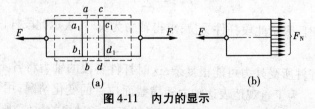

图 4-11　内力的显示

由变形现象可以推知:杆件的横截面在变形后仍保持为平面,且仍与杆件的轴线垂直。

这个假设称为平面假设。设想杆件由许多纵向纤维组成,任意两横截面间的纵向纤维伸长均相等,即变形相同。由材料的均匀连续性假设可以推断,每一根纤维所受内力相等,即同一横截面上的正应力处处相同。轴向拉压时横截面上的应力均匀分布,即横截面上各点处的应力大小相等,其方向与轴力一致,垂直于横截面,故为正应力。也就是说,杆件横截面上只有正应力,而无切应力。由于正应力在横截面上的分布是均匀的,因此其计算公式同式(4-1)。正应力的正负号与轴力的正负号相对应,即拉应力为正,压应力为负。

【例4-3】 一钢制阶梯杆件如图4-12所示。各段杆件的截面面积分别为:AB 段 $A_1 = 1\ 500\ mm^2$,BC 段 $A_2 = 500\ mm^2$,CD 段 $A_3 = 900\ mm^2$。试画出轴力图,并求出此杆件横截面上的最大应力。

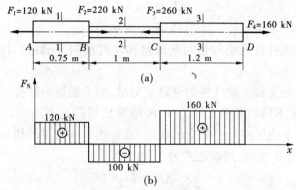

图4-12 截面直杆分析

解 (1)求各段轴力。

根据式(4-2),得

$$F_{N1} = F_1 = 120\ kN$$

$$F_{N2} = F_1 - F_2 = 120 - 220 = -100(kN)$$

$$F_{N3} = F_4 = 160\ kN$$

(2)作轴力图。

由各横截面上的轴力数值作轴力图,如图4-12(b)所示。

(3)求横截面上的最大正应力。

AB 段　　　$\sigma_1 = \dfrac{F_{N1}}{A_1} = \dfrac{120 \times 10^3}{1\ 500 \times 10^{-6}} = 8.0 \times 10^7 (Pa) = 80\ MPa$

BC 段　　　$\sigma_2 = \dfrac{F_{N2}}{A_2} = -\dfrac{100 \times 10^3}{500 \times 10^{-6}} = -2.0 \times 10^8 (Pa) = -200\ MPa$

CD 段　　　$\sigma_3 = \dfrac{F_{N3}}{A_3} = \dfrac{160 \times 10^3}{900 \times 10^{-6}} = 1.78 \times 10^8 (Pa) = 178\ MPa$

由计算可知,杆件横截面上的最大正应力在 BC 段内,其值为200 MPa,为压应力。由此可见,轴力最大处并非一定是应力最大的截面。

四、轴向拉伸或压缩时的变形及虎克定律

(一)变形和应变

如图4-13所示,杆件受轴向拉伸时产生变形,纵向尺寸增大,横向尺寸缩小。反之,杆

件受轴向压缩时,纵向尺寸缩小,横向尺寸增大。

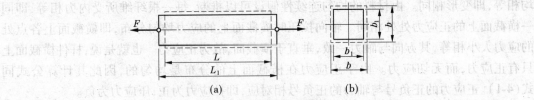

图 4-13　等截面直杆分析

设直杆变形前的长度分别为 L 和 b。变形后为 L_1 和 b_1,则杆件纵向变形和横向变形分别为

$$\Delta L = L_1 - L$$

$$\Delta b = b_1 - b$$

ΔL 和 Δb 分别称为杆件的绝对轴向变形量和绝对横向变形量。拉伸时 ΔL 为正,压缩时 ΔL 为负。

上述有关变形的定义只反映杆件的绝对变形量,而不能说明杆件的变形程度。例如,在相同拉力作用下,长度不同的两根直杆,它们的绝对变形量是不同的,长杆的绝对伸长量比短杆的肯定要大。为了能反映杆件的变形程度,通常用单位长度的相对变形来度量,称为线应变(正应变),用符号 ε 表示,其表达式为

$$\varepsilon = \frac{\Delta L}{L} = \frac{L_1 - L}{L} \tag{4-3}$$

同理,杆件的横向变形线应变用 ε' 表示,其表达式为

$$\varepsilon' = \frac{\Delta b}{b} = \frac{b_1 - b}{b} \tag{4-4}$$

ε 和 ε' 都是无量纲的量。

在拉伸时,纵向伸长,$\varepsilon > 0$;横向变细,$\varepsilon' < 0$。

在压缩时,纵向缩短,$\varepsilon < 0$;横向变粗,$\varepsilon' > 0$。

(二)泊松比

试验结果表明,当应力不超过某一限度时,某种材料横向线应变与纵向线应变的绝对值之比为一常数,这一常数称为泊松比,以 μ 表示,则有

$$\mu = \left| \frac{\varepsilon'}{\varepsilon} \right| \tag{4-5}$$

μ 是一个无量纲的量,其值随材料而异,由试验确定。考虑到 ε 和 ε' 的符号恒相反,故式(4-5)可写成

$$\varepsilon' = -\mu\varepsilon \tag{4-6}$$

(三)虎克定律

对于工程中常用的材料(如低碳钢、合金钢、铝及青铜等)制成的杆件,试验结果表明,若在弹性范围内加载(应力不超过某一极限值),其绝对变形量 ΔL 与轴力 F_N、杆件原长 L 成正比,与杆件横截面面积 A、弹性模量 E 成反比,即

$$\Delta L = \frac{F_N L}{EA} \tag{4-7}$$

式(4-7)称为虎克定律。式中的比例常数 E,称为材料的抗拉(压)弹性模量,其值随材料而异,可通过试验方法测定。E 的单位常用吉帕(GPa)。当其他条件不变时,E 值越大,绝对变形 ΔL 越小。因此,弹性模量 E 的大小表示材料抵抗弹性变形的能力。

长度及受力相同的杆件,EA 值越大,变形越小,EA 值越小,变形越大。EA 值反映了杆件抵抗拉伸(压缩)变形的能力,故称 EA 为杆件的抗拉(压)刚度。

将式(4-1)和式(4-3)代入式(4-7)可得虎克定律的另一种表示方法,即

$$\sigma = \varepsilon E \tag{4-8}$$

【例4-4】 如图4-14所示,阶梯轴 AC 在 A、B 两处分别受50 kN 和140 kN 的力的作用。试分别求 AB 与 BC 两段上的内力和应力,并求 AC 杆的总变形。已知材料的弹性模量 $E = 200$ GPa。

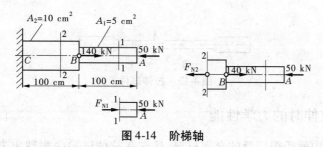

图 4-14 阶梯轴

解 (1)计算 AB 段的内力、应力和变形。

AB 段的内力为

$$F_{N1} = -50 \text{ kN} \quad (\text{压力})$$

AB 段的应力为

$$\sigma_1 = \frac{F_{N1}}{A_1} = -\frac{50 \times 10^3}{5 \times 100} = -100(\text{MPa}) \quad (\text{压应力})$$

AB 段的变形量为

$$\Delta L_1 = \frac{F_{N1}L_1}{EA_1} = \frac{-50 \times 10^3 \times 1\,000}{200 \times 10^3 \times 5 \times 100} = -0.5(\text{mm}) \quad (\text{缩短})$$

(2)计算 BC 段的内力、应力和变形。

BC 段的内力为

$$F_{N2} = 140 - 50 = 90(\text{kN}) \quad (\text{拉力})$$

BC 段的应力为

$$\sigma_2 = \frac{F_{N2}}{A_2} = \frac{90 \times 10^3}{10 \times 100} = 90(\text{MPa}) \quad (\text{拉应力})$$

BC 段的变形为

$$\Delta L_2 = \frac{F_{N2}L_2}{EA_2} = \frac{90 \times 10^3 \times 1\,000}{200 \times 10^3 \times 10 \times 100} = 0.45(\text{mm}) \quad (\text{伸长})$$

(3)计算总变形量。

轴的总变形量等于各段变形的代数和。求代数和时,伸长用正值代入,缩短用负值代入,则有

$$\Delta L = \Delta L_1 + \Delta L_2 = -0.5 + 0.45 = -0.05(\text{mm}) \quad (\text{缩短})$$

第三节　材料在拉压时的力学性能

实践表明，粗细相同的钢丝和铜丝受拉伸时，钢丝不易被拉断，而铜丝容易被拉断。这说明不同材料抵抗破坏的能力不同，构件的强度不仅与所受的应力有关，还与构件的力学性能有关。为了得到既安全又经济的构件，必须了解材料的力学性能。

材料的力学性能是材料的固有特性，可以通过试验来测定。拉伸试验是测定材料力学性能最基本的试验。为了便于比较不同材料的试验结果，试件应按国家标准（GB/T 228—1987）加工成标准试件。如图 4-15 所示，在试件的中间等直部分取长为 L_0 的一段作为试验段，L_0 称为原始标距。按规定，对于圆截面试件，其原始标距与直径之比为 $L_0/d_0 = 10$（或 5）。

图 4-15　拉伸试件

一、低碳钢拉伸时的力学性能

低碳钢是工程中使用很广泛的金属材料，且它在拉伸试验中表现出来的力学性能较全面。因此，本节以低碳钢为典型材料，研究材料拉伸时的力学性能。

拉伸试验在拉伸材料试验机或万能材料试验机上进行。试验时，将试样的两端装在试验机的夹头中，开动机器加载，使试样受到自零开始逐渐增加的拉力 F_s 的作用。荷载缓慢增加时，试件产生变形，直到拉断。在试验过程中，试验机上的绘图装置将自动绘制荷载 F 与标距伸长量 ΔL 关系曲线，称为拉伸图或 $F \sim \Delta L$ 曲线。为了消除试件尺寸的影响，将 $F \sim \Delta L$ 曲线的纵坐标 F 和横坐标 ΔL 分别除以试件的原始横截面面积 A_0 和原始标距 L_0 得到 $\sigma \sim \varepsilon$ 曲线，称为应力—应变曲线，如图 4-16 所示，它表明了低碳钢在拉伸时的力学性能。

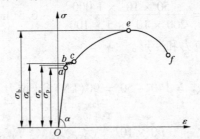

图 4-16　低碳钢拉伸时的应力—应变曲线

（一）拉伸过程的四个阶段

由低碳钢的 $\sigma \sim \varepsilon$ 曲线可以看出，其拉伸过程可以分为以下四个阶段。

1. 弹性阶段（Ob 段）

在拉伸的初始阶段（Oa 段），$\sigma \sim \varepsilon$ 曲线为一直线，直线段最高点所对应的应力称为比例极限，用 σ_p 表示。此阶段内，应力和应变成正比，即满足虎克定律

$$\sigma = E\varepsilon$$

弹性模量 E 是直线 Oa 的斜率，即

$$E = \frac{\sigma}{\varepsilon} = \tan\alpha$$

当应力超过比例极限 σ_p 后,从 a 点到 b 点 σ 与 ε 之间不再是线性关系。但卸载后,变形仍可完全消失,即材料的变形完全是弹性的。b 点所对应的应力 σ_e 是弹性阶段的最高限,称为弹性极限。在 $\sigma \sim \varepsilon$ 曲线上,由于 a、b 两点非常接近,所以工程上对弹性极限和比例极限并不严格区分。对于低碳钢,它们的数值一般为 $190 \sim 200$ MPa。一般来说,弹性范围内的应变是很小的,如低碳钢约为 0.1% 。

应力超过弹性极限后,若再卸载,则试件的变形中只有一部分能随之消失,此即上述的弹性变形,但还有一部分不能消失,此即塑性变形或残余变形。

2. 屈服阶段(bc 段)

当应力超过 b 点增加到某一数值时,在 $\sigma \sim \varepsilon$ 曲线上出现接近水平线的锯齿形曲线 bc,即应力几乎不变,而应变却显著增大,这时低碳钢似乎是失去了对变形的抵抗能力,这种现象称为屈服。屈服阶段的最低应力值 σ_s 称为材料的屈服点或屈服极限。由于材料在屈服阶段产生塑性变形,而工程实际中的受力构件都不发生过大的塑性变形,所以当其应力达到材料的屈服点时,便认为已丧失正常的工作能力。因此,屈服点是衡量材料强度的重要指标。

3. 强化阶段(ce 段)

超过屈服极限后,在 $\sigma \sim \varepsilon$ 曲线上形成上升的曲线 ce 段,表明材料又恢复了抵抗变形的能力。这时,为使应变继续增加必须增加应力,这种现象称为材料的强化,在强化阶段中,曲线最高点 e 所对应的应力是材料所能承受的最大应力,称为材料的强度极限或抗拉极限,用 σ_b 表示,它是材料的另一个重要指标。低碳钢的强度极限 $\sigma_b = 373 \sim 461$ MPa。

4. 颈缩阶段(ef 段)

应力达到强度极限后,在试件的某一局部范围内,截面突然急剧缩小,这种现象称为颈缩(见图4-17)。颈缩后,材料完全丧失承载能力,因而 $\sigma \sim \varepsilon$ 曲线急剧下降,到 f 点试件被拉断。

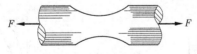

图 4-17　颈缩现象

(二)断后伸长率和断面收缩率

材料在外力作用下,产生塑性变形而不发生断裂的性能称为塑性。材料的塑性可用试件断裂后遗留下来的塑性变形来表示。一般有断后伸长率和断面收缩率两种表达方式。

1. 断后伸长率

$$\delta = \frac{L_1 - L_0}{L_0} \times 100\% \tag{4-9}$$

式中　L_0——试件的原始标距;

　　　L_1——试件的断后标距。

低碳钢的断后伸长率一般为 20% ~30% 。

2. 断面收缩率

$$\psi = \frac{A_0 - A_1}{A_0} \times 100\% \qquad (4\text{-}10)$$

式中 A_0——试件原始横截面面积；

　　　A_1——试件拉断后颈缩处最小横截面面积。

低碳钢的断面收缩率一般为 50% ~ 60%。

δ、ψ 大，说明材料断裂时产生的塑性变形大，塑性好。工程上规定：$\delta \geqslant 5\%$ 的材料为塑性材料，如低碳钢、硬铝、青铜等；$\delta < 5\%$ 为脆性材料，如铸铁、玻璃、陶瓷等。

二、金属材料压缩时的力学性能

金属材料压缩时的力学性能通过压缩试验确定。金属材料的压缩试件与拉伸试件不同，为了避免被压弯，通常采用短圆形试件，其高度为直径的 2.5 ~ 3.5 倍，即 $h = (2.5 ~ 3.5)d_0$。

如图 4-18 所示为低碳钢压缩时的 $\sigma \sim \varepsilon$ 曲线。由图可知，低碳钢压缩时弹性阶段和屈服阶段与拉伸时相同（图中虚线为拉伸曲线）。在进入强化阶段后，试件逐渐被压成鼓形，横截面面积越来越大。由于试件压缩时不发生断裂，因此不存在强度极限。根据上述情况，低碳钢在拉伸、压缩时的力学性能基本相同，所以像低碳钢一样塑性材料的力学性能通常均由拉伸试验确定。

如图 4-19 所示为铸铁压缩时的 $\sigma \sim \varepsilon$ 曲线。由图可知，铸铁压缩时的力学性能与拉伸时有显著差异（图中虚线为拉伸曲线）。压缩时的强度极限 σ_b 一般为拉伸时的 3 ~ 5 倍，且发生明显的塑性变形。铸铁压缩试件的断裂面与轴线大约成 45°角。

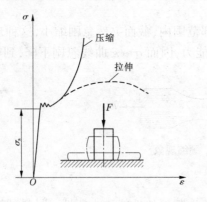

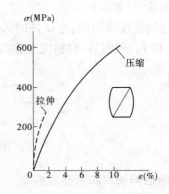

图 4-18 低碳钢压缩时的 $\sigma \sim \varepsilon$ 曲线　　图 4-19 铸铁压缩时的 $\sigma \sim \varepsilon$ 曲线

通过研究低碳钢、铸铁在拉伸与压缩时的力学性能，可以得出塑性材料和脆性材料力学性能的以下主要区别：

(1)塑性材料在断裂时有明显的塑性变形；而脆性材料在变形很小时突然断裂，无屈服现象。

(2)塑性材料在拉伸时的比例极限、屈服点和弹性模量与压缩时相同，说明它的抗拉强度与抗压强度相同；而脆性材料的抗拉强度远远小于抗压强度。因此，脆性材料通常用来制造受压构件，如建筑物基础、机器底座、机床身等。

表 4-1 给出了一些工程中常用金属材料在常温、静载下的主要力学性能。

表 4-1　工程中常用金属材料在常温、静载下的主要力学性能

材料名称	牌号	σ_s(MPa)	σ_b(MPa)	δ_5(%)
普通碳素钢	Q216	186 ~ 216	333 ~ 412	31
	Q235	216 ~ 235	373 ~ 461	25 ~ 27
	Q274	255 ~ 274	490 ~ 608	19 ~ 21
优质碳素结构钢	15	225	373	27
	40	333	569	19
	45	353	598	16
普通低合金结构钢	12Mn	274 ~ 294	432 ~ 441	19 ~ 21
	16Mn	274 ~ 343	471 ~ 510	19 ~ 21
	15MnV	333 ~ 412	490 ~ 549	17 ~ 19
	18MnMoNb	441 ~ 510	588 ~ 637	16 ~ 17
合金结构钢	40Cr	785	981	9
	50Mn2	785	932	9
碳素铸钢	ZG15	196	392	25
	ZG35	274	490	16
可锻铸钢	KTZ45 − 5	274	441	5
	KTZ70 − 2	539	687	2
球墨铸铁	QT40 − 10	294	392	10
	QT45 − 5	324	441	5
	QT60 − 2	412	588	2
灰铸铁	HT15 − 33		98 ~ 274(拉)	
	HT30 − 54		25 ~ 294(拉)	

注:表中所列 δ_5 为 $L_0 = 5d_0$ 的试件试验结果。

第四节　拉(压)杆的强度计算

一、许用应力的确定

由金属材料的拉(压)试验可知,杆件受到的应力如果超过材料的屈服极限 σ_s 及抗拉极限 σ_b,便会因产生过大的塑性变形或发生破坏等强度不足而丧失正常的工作能力,即失效。因此,工程中根据材料的屈服极限 σ_s 或抗拉极限 σ_b,考虑杆件的实际工作情况,规定了保证杆件具有足够的强度所允许承担的最大应力值,称为许用应力,常用符号 $[\sigma]$ 表示。显然,只有当杆件所受的应力小于或等于其许用应力时,杆件才具有足够的强度,不会发生失效。

从理论上讲,应取屈服极限 σ_s 或抗拉极限 σ_b 为许用应力 $[\sigma]$ 的值。但由于实际工作中有很多难以确定的因素,如荷载的变动、杆件材质的不均匀性和荷载计算的不准确性等,若取 σ_s 或 σ_b 为 $[\sigma]$,则很难保证杆件有足够的强度。因此,为了保证杆件的安全可靠,需要使其有一定的强度储备。为此,应将极限应力屈服极限 σ_s 或 σ_b 除以一个大于 1 的系数 S,并将结果作为许用应力 $[\sigma]$,即

$$[\sigma] = \frac{\sigma_s}{S}$$

脆性材料拉伸和压缩时的强度极限不一样,故许用应力分别为许用拉应力 $[\sigma_l]$ 和许用压应力 $[\sigma_y]$,分别表示为

$$[\sigma_l] = \frac{\sigma_{bl}}{S}$$

$$[\sigma_y] = \frac{\sigma_{by}}{S}$$

式中 σ_{bl}、σ_{by}——脆性材料的抗拉极限应力和抗压极限应力。

对于安全系数,必须根据杆件的实际情况进行综合分析。若安全系数偏大,则许用应力 $[\sigma]$ 低,构件偏安全,但用料过多,不经济;若安全系数偏小,则许用应力 $[\sigma]$ 高,用料虽少,但构件偏于危险。安全系数的确定通常从以下几个方面考虑:

(1)荷载估算的准确性;

(2)简化过程和计算方法的精确性;

(3)材料的均匀性和材料性能数据的可靠性;

(4)构件的重要性。

此外,还要考虑零件的工作条件,对自重的要求及其他意外因素等。在一般构件设计中,许用应力和安全系数的具体数值可查阅相关专业手册,在静荷载条件下,塑性材料的安全系数通常取 1.5 ~ 2.0,脆性材料的安全系数通常取 2.0 ~ 5.0。

随着科学技术的进步、计算方法的日益精确和经验的丰富积累,安全系数的取值范围有逐渐减少的趋势。

二、拉(压)杆的强度条件

为保证拉(压)杆的正常工作,必须使杆件的最大工作应力不超过材料在拉伸(压缩)时的许用应力,即拉(压)杆件的强度条件为

$$\sigma = \frac{F_N}{A} \leqslant [\sigma] \tag{4-11}$$

式(4-11)是对拉(压)杆进行强度分析和计算的依据,杆件的最大工作应力所在的截面称为危险截面,F_N 和 A 分别为危险截面的轴力和截面面积。等截面直杆的危险截面位于轴力最大处,而变截面杆的危险截面必须综合轴力和截面面积两方面来确定。

上述强度条件,可以解决以下三种类型的强度计算问题。

(一)校核杆件强度

若已知杆件尺寸、所受荷载和材料的许用应力,则由式(4-11)校核杆件是否满足强度条件,即 $\sigma_{max} \leqslant [\sigma]$。

（二）设计截面尺寸

若已知杆件所受的荷载和材料的许用应力,则由式(4-11)得

$$A \geqslant \frac{F_N}{[\sigma]}$$

由此先确定出面积,再根据截面形状求得相应的尺寸。

（三）确定许用荷载

若已知杆件尺寸和材料的许用应力,则由式(4-11)得

$$F_{Nmax} \leqslant [\sigma]A$$

由上式计算出杆件所能承受的最大轴力,从而确定杆件的许用荷载$[F]$。

注意:对受压直杆进行强度计算时,式(4-11)仅适用于粗短杆。对于细长的受压杆,应进行稳定性计算。

【例4-5】 如图4-20(a)所示,一刚性梁ACB由圆杆CD在C点悬挂连接,B端作用有集中荷载$F = 25$ kN,已知CD杆的直径$d = 20$ mm,许用应力$[\sigma] = 160$ MPa。试校核CD杆的强度,并求结构的许用荷载$[F]$;若$F = 50$ kN,试设计杆CD的直径d。

解 （1）校核杆CD强度。

作AB杆的受力图,如图4-20(b)所示。

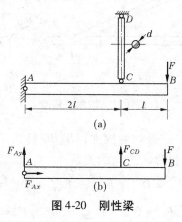

图4-20 刚性梁

由 $$\sum M_A = 0 \qquad 2F_{CD}l - 3Fl = 0$$

解得 $$F_{CD} = \frac{3}{2}F$$

则杆CD的轴力为 $$F_{NCD} = F_{CD}$$

杆CD的工作应力为

$$\sigma_{CD} = \frac{F_{NCD}}{A} = \frac{\frac{3}{2}F}{\frac{\pi d^2}{4}} = \frac{6F}{\pi d^2} = \frac{6 \times 25 \times 10^3}{\pi \times 20^2} = 119 \text{（MPa）} < [\sigma] = 160 \text{ MPa}$$

所以,CD杆安全。

（2）求结构许用荷载$[F]$。

由 $$\sigma_{CD} = \frac{F_{NCD}}{A} = \frac{6F}{\pi d^2} \leqslant [\sigma]$$

解得

$$F \leqslant \frac{\pi d^2 [\sigma]}{6} = \frac{\pi \times 20^2 \times 160}{6} = 33.5 \times 10^3 (\text{N}) = 33.5 \text{ kN}$$

由此可得结构的许用荷载 $[F] = 33.5 \text{ kN}$。

（3）若 $F = 50 \text{ kN}$，设计 CD 杆的直径 d。

由

$$\sigma_{CD} = \frac{F_{NCD}}{A} = \frac{6F}{\pi d^2} \leqslant [\sigma]$$

可得

$$d \geqslant \sqrt{\frac{6F}{\pi [\sigma]}} = \sqrt{\frac{6 \times 50 \times 10^3}{\pi \times 160}} = 24.4 (\text{mm})$$

取

$$d = 25 \text{ mm}$$

【例4-6】 如图4-21所示为一钢木结构。AB 为木杆，其截面面积 $A_{AB} = 10 \times 10^3 \text{ mm}^2$，许用应力 $[\sigma]_{AB} = 7 \text{ MPa}$；$BC$ 为钢杆，其截面面积 $A_{BC} = 600 \text{ mm}^2$，许用应力 $[\sigma]_{BC} = 160 \text{ MPa}$。试求 B 处可吊的最大许用荷载 $[F]$。

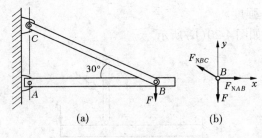

图4-21　钢木三角架

解 （1）受力分析。A、B、C 三处均为铰支，AB、BC 杆为二力杆，取 B 点进行受力分析。由平衡条件求得 F_{NBC} 和 F_{NAB} 与载荷 F 之间的关系。

由

$$\sum F_x = 0 \qquad F_{NAB} - F_{NBC} \cos 30° = 0$$

$$\sum F_y = 0 \qquad F_{NBC} \sin 30° - F = 0$$

联立解得

$$F_{NBC} = 2F \qquad F_{NAB} = \sqrt{3} F$$

（2）求最大许用荷载。

对于木杆 AB，由强度条件式（4-11）可得

$$F_{NAB} \leqslant A_{AB} [\sigma]_{AB}$$

即

$$\sqrt{3} F \leqslant 10 \times 10^3 \times 7 = 70 \times 10^3 (\text{N}) = 70 \text{ kN}$$

可得

$$F \leqslant 40.4 \text{ kN}$$

对于钢杆 BC，由强度条件式（4-11）可得

$$F_{NBC} \leqslant A_{BC} [\sigma]_{BC}$$

即

$$2F \leqslant 600 \times 160 = 96 \times 10^3 (\text{N}) = 96 \text{ kN}$$

$$F \leqslant 48 \text{ kN}$$

为了保证此结构安全，B 点处可吊的最大许用荷载为

$$[F] = 40.4 \text{ kN}$$

三、应力集中的概念

前面分析的等截面直杆在轴向拉伸(压缩)时,横截面上的正应力是均匀分布的。但工程上有一些构件,由于结构和工艺等方面的需求,构件上常常开有孔槽或留有凸肩、螺纹等,使截面尺寸往往发生急剧的改变,而且构件也往往在这些地方发生破坏。大量的研究表明,在构件截面突变处的局部区域内,应力急剧增加;而离开这些区域稍远处,应力又逐渐趋于缓和,这种现象称为应力集中。

如图 4-22 所示为开有圆孔的矩形截面杆在受到轴向拉伸时开孔和切口处截面的应力分布图,在靠近孔边的小范围内,应力很大,而离孔边稍远处的应力却很小,且趋于均匀分布。

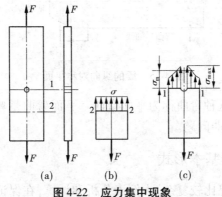

图 4-22 应力集中现象

试验结果表明:截面尺寸改变越急剧、角越尖、孔越小,应力集中的程度就越严重。因此,零件上应尽可能地避免带尖角的孔和槽,在阶梯轴的轴肩处要用圆弧过渡,而且应尽可能使圆弧半径大一些。由塑性材料制成的零件在静荷载的作用下,可以不考虑应力集中的影响。脆性材料因没有屈服极限,当荷载增加时,应力集中处的最大应力 σ_{max} 的数值一直领先,首先达到强度极限 σ_b,该处将首先产生裂纹。所以,对脆性材料制成的零件,应力集中的危害性显得尤为严重,即使在静荷载下,也应考虑应力集中对零件承载能力的削弱。

需要指出的是,当零件受交变应力或冲击荷载作用时,不论是塑性材料还是脆性材料,应力集中都会影响杆件的强度,往往是零件破坏的根源。

第五节 梁平面弯曲的概念和弯曲内力

一、弯曲的概念

在工程实际中,存在大量的受弯曲杆件,如火车轮轴、桥式起重机大梁等,如图 4-23、图 4-24 所示,这类杆件受力的共同特点是外力(横向力)与杆轴线相垂直,变形时杆轴线由直线变成曲线,这种变形称为弯曲变形。以弯曲变形为主的杆件称为梁。

工程中常见的梁,其横截面通常都有一个纵向对称轴,该对称轴与梁的轴线组成梁纵向对称平面,如图 4-25 所示。

如果梁上所有的外力都作用于梁的纵向对称平面内,则变形后的轴线将在纵向对称平

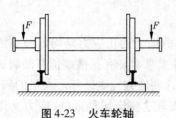

图 4-23　火车轮轴

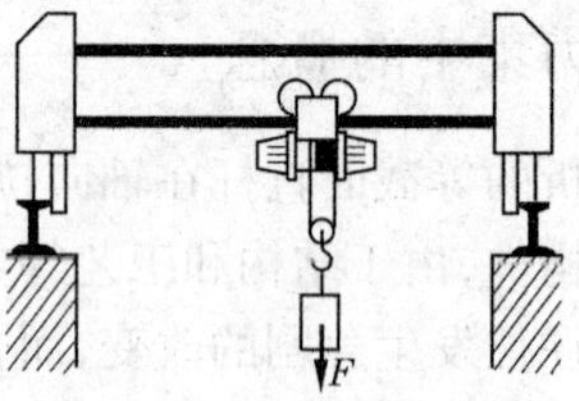

图 4-24　起重机大梁

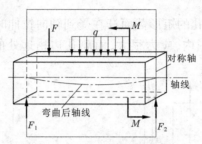

图 4-25　梁的纵向对称平面

面内变成一条平面曲线。这种弯曲称为平面弯曲。平面弯曲是弯曲问题中最基本、最常见的,所以这里只讨论平面弯曲问题。

二、梁的计算简图及基本形式

梁上的荷载和支承情况比较复杂,为便于分析和计算,在保证足够精度的前提下,需要对梁进行力学简化。为了绘图的方便,首先对梁本身进行简化,通常用梁的轴线来代替实际的梁。

(一)作用在梁上的荷载类型

作用在梁上的荷载通常可以简化为以下三种类型。

1. 集中荷载

当荷载的作用范围和梁的长度相比很小时,可以简化为作用于一点的力,称为集中荷载或集中力。如车刀所受的切削力便可视为集中力 F,如图 4-26(a)所示,其单位为牛(N)或千牛(kN)。

2. 集中力偶

当梁的某一小段内(其长度远远小于梁的长度)受到力偶的作用,可简化为作用在某一截面上的力偶,称为集中力偶,如图 4-26(b)所示。它的单位为牛·米(N·m)或千牛·米(kN·m)。

3. 均布荷载

沿梁的长度均匀分布的荷载,称为均布荷载。均布荷载的大小用荷载集度 q 表示,均布荷载集度 q 为常数,如图 4-26(c)所示。其单位为牛/米(N/m)或千牛/米(kN/m)。

(二)梁的基本形式

按照支座对梁的约束情况,通常将支座简化为以下三种形式:固定铰链支座、活动铰链支座和固定端支座。这三种支座的约束情况和支座反力已在静力学中讨论过,这里不再重复。根据梁的支承情况,一般可把梁简化为以下三种基本形式。

1. 简支梁

梁的一端为固定铰链支座,另一端为活动铰链支座的梁称为简支梁,如图 4-27(a)所示。

2. 外伸梁

外伸梁的支座与简支梁的支座一样,不同的是梁的一端或两端伸出支座以外,所以称为外伸梁,如图 4-27(b)所示。

3. 悬臂梁

一端固定,另一端自由的梁称为悬臂梁,如图 4-27(c)所示。

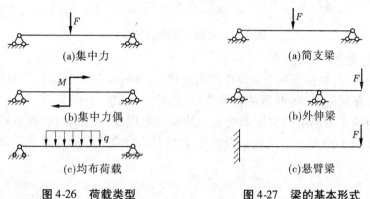

图 4-26 荷载类型   图 4-27 梁的基本形式

以上三种梁的未知约束力最多只有三个,应用静力平衡条件就可以确定这三种形式梁的内力。

三、梁弯曲时的内力计算

可作用于梁上的外力以及支座对梁的约束力都是梁的外荷载。支座对梁所产生的约束力一般都由静力平衡条件求得。在外荷载的作用下,梁要产生弯曲变形,梁的各横截面内就必定存在相应的内力。求解梁横截面上内力的方法是截面法。

如图 4-28 所示的简支梁,受集中力 F_1 和 F_2 作用。为了求出距 A 端支座为 x 处横截面 m—m 上的内力,首先按静力学中的平衡方程求出支座反力 F_A、F_B。然后用截面法沿截面 m—m 假想地把梁截开,并以左边部分为研究对象,如图 4-28(b)所示。因为原来梁处于平衡状态,故左段梁在外力及截面处内力的共同作用下也应保持平衡。截面 m—m 上必有一个与截面相切的内力 F_Q,来代替右边部分对左边部分沿截面切线方向移动趋势所起的约束作用;又因为 F_A 与 F_1 对截面形心的力矩一般不能相互抵消,为保持这部分不发生转动,在横截面 m—m 上必有一个位于荷载平面的内力偶,其力偶矩为 M,来代替右边部分对左边部分转动趋势所起的约束作用。由此可见,梁弯曲时,横截面上一般存在两个内力因素,其中 F_Q 称为剪力,M 称为弯矩。剪力和弯矩的大小可由左段梁的平衡方程确定。

由 $$\sum F_y = 0 \qquad F_A - F_1 - F_Q = 0$$

得 $$F_Q = F_A - F_1$$

由 $$\sum M_O = 0 \qquad M - F_A x + F_1(x - a) = 0$$

得 $$M = F_A x - F_1(x - a)$$

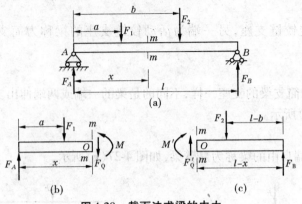

图 4-28　截面法求梁的内力

其中，O 为横截面的形心。

若取右段梁研究，根据作用力与反作用力定律，在 m—m 截面上也必然有剪力 F_Q' 和弯矩 M'，并且它们分别与 F_Q 和 M 数值相等、方向相反。

剪力和弯矩的正负按梁的变形来确定。凡使所取梁段具有顺时针转动趋势的剪力为正，反之为负，如图 4-29 所示。凡使梁段产生上凹下凸弯曲变形的弯矩为正，反之为负，如图 4-30 所示。

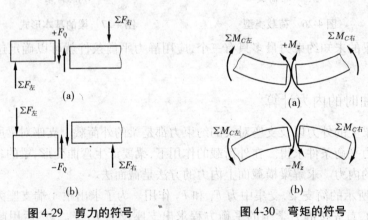

图 4-29　剪力的符号　　　　图 4-30　弯矩的符号

综上所述，可得求剪力、弯矩大小和方向的规则如下。

对于剪力：梁内任一横截面上的剪力等于该截面一侧梁上所有横向外力的代数和，正负号根据"外力左上右下，产生的剪力为正"或"绕实体顺时针为正"确定。

对于弯矩：梁内任一横截面上的弯矩等于该截面一侧梁上所有外力对截面形心力矩的代数和，正负号由"外力矩左顺右逆，产生的弯矩为正"确定。

利用上述规则，可以直接根据截面左侧或右侧梁上的外力求出指定截面的剪力和弯矩。

【例 4-7】　简支梁受集中力 $F = 1$ kN，力偶 $m = 1$ kN·m，均布载荷 $q = 4$ kN/m，如图 4-31 所示。试求截面 1—1 和 2—2 上的剪力和弯矩。

解　（1）求支座反力。

$$\sum M_B(F) = 0 \qquad F \times 0.75 - F_A \times 1 - m + q \times 0.5 \times 0.25 = 0$$

可得
$$F_A = 0.25 \text{ kN}$$

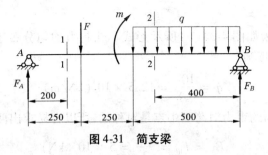

图 4-31　简支梁

由 $$\sum F_y = 0 \qquad F_A - F - q \times 0.5 + F_B = 0$$

可得 $$F_B = 2.75 \text{ kN}$$

(2)计算剪力和弯矩(应取简单的一侧为研究对象)。

对于 1—1 截面,有

$$F_{Q1} = F_A = 0.25 \text{ kN}$$
$$M_1 = 0.25 \times 0.2 = 0.05 (\text{kN} \cdot \text{m})$$

对于 2—2 截面,有

$$F_{Q2} = q \times 0.4 - F_B = 4 \times 0.4 - 2.75 = -1.5 (\text{kN})$$

$$M_2 = F_B \times 0.4 - q \times 0.4 \times 0.2 = 2.75 \times 0.4 - 4 \times 0.4 \times 0.2 = 0.78 (\text{kN} \cdot \text{m})$$

【例 4-8】　如图 4-32(a)所示为薄板轧机的示意图。下轧辊尺寸表示在图 4-32(b)中,轧制力约为 10^4 kN,并假定均匀分布在轧辊 CD 的范围内。试求轧辊中央截面上的弯矩及

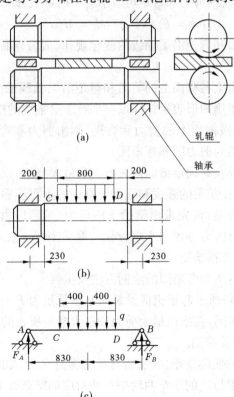

(a)

(b)

(c)

图 4-32　剪板机电轧辊

截面 C 的剪力。

解 轧辊可简化为如图 4-32(c)所示形式。轧制力均匀分布于长度为 0.8 m 的范围内,故轧制力的荷载集度为

$$q = \frac{10^4}{0.8} = 12.5 \times 10^3 (\text{kN/m})$$

由于梁上的荷载与约束力对跨度中点是对称的,所以容易求出两段的约束力为

$$F_A = F_B = \frac{10^4}{2} = 5 \times 10^3 (\text{kN})$$

以截面 C 左侧为研究对象,求得该截面上的剪力为

$$F_{QC} = F_A = 5 \times 10^3 \text{ kN}$$

在跨度中点截面左侧的外力为 F_A 和一部分均布荷载。以中点截面左侧为研究对象,求得弯矩为

$$M = F_A \times 0.83 - q \times 0.4 \times \frac{0.4}{2} = 5 \times 10^3 \times 0.83 - 12.5 \times 10^3 \times 0.4 \times 0.2$$

$$= 3\,150(\text{kN} \cdot \text{m})$$

四、剪力图和弯矩图

在一般情况下,剪力和弯矩是随着截面位置的不同而变化的。如果取梁的轴线为 x 轴,以坐标 x 表示横截面的位置,则剪力和弯矩可表示为 x 的函数,即

$$F_Q = F_Q(x) \qquad M = M(x)$$

上述两函数表达了剪力和弯矩沿梁轴线的变化规律,故分别称为梁的剪力方程和弯矩方程。

为了能一目了然地看出梁各截面上的剪力和弯矩沿梁轴线的变化情况,在设计计算中常把各截面上的剪力和弯矩用图形表示。即取一平行于梁轴线的横坐标 x 来表示横截面的位置,以纵坐标表示各对应横截面上的剪力和弯矩,画出剪力和弯矩与横坐标 x 的函数曲线。这样得出的图形叫做梁的剪力图和弯矩图。

利用剪力图和弯矩图很容易确定梁的最大剪力和最大弯矩,以及梁的危险截面的位置。所以,画剪力图和弯矩图往往是梁的强度和刚度计算中的重要步骤。

剪力图和弯矩图的画法是:首先求出梁的支座反力,然后以力和力偶的作用点为分界点,将梁分为几段,分段列出剪力方程和弯矩方程。取横坐标 x 表示截面的位置,纵坐标表示各截面的剪力和弯矩,按方程绘图。

下面通过例题说明剪力图和弯矩图的绘制方法及步骤。

【例 4-9】 如图 4-33(a)所示起重机横梁长 l,起吊重量为 F。不计梁的自重,试绘制图示位置横梁的剪力图和弯矩图,并指出最大剪力和最大弯矩所在的截面位置。

解 (1)绘制横梁的计算简图。

根据横梁两端 A、B 轮的实际支承情况,将其简化为简支梁,如图 4-33(a)所示。起吊重量 F 可简化为作用于沿横梁行走的小车两轮中点所对应的梁截面 C 处的集中力。

(2)计算 A、B 两端支座的约束力。

根据静力平衡方程得

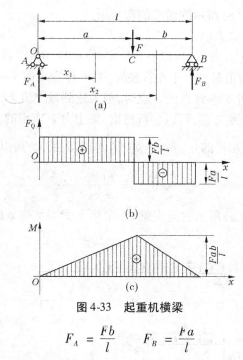

图 4-33　起重机横梁

$$F_A = \frac{Fb}{l} \qquad F_B = \frac{Fa}{l}$$

（3）建立剪力方程和弯矩方程。

由于截面 C 有集中力 F 作用,梁 AC 段和 BC 段上任意截面的平衡方程不同,故应分别建立两段的剪力方程和弯矩方程。设 AC 段和 BC 段的任一截面位置用 x 表示,如图 4-33（a）所示,并以左段为研究对象计算剪力和弯矩。

AC 段剪力方程和弯矩方程分别为

$$F_{Q1} = F_A = \frac{Fb}{l} \quad (0 \leqslant x_1 \leqslant a)$$

$$M_1 = F_A x = \frac{Fb x_1}{l} \quad (0 \leqslant x_1 \leqslant a)$$

BC 段剪力方程和弯矩方程分别为

$$F_{Q2} = -F_B = -\frac{Fa}{l} \quad (a < x_2 < l)$$

$$M_2 = F_B(l - x_2) = \frac{Fa(l - x_2)}{l} \quad (a \leqslant x_2 \leqslant l)$$

（4）绘制剪力图和弯矩图。

由 AC 段和 BC 段剪力方程可知,两段的剪力分别为一正、一负的常数,故剪力图是分别位于 x 轴上方和下方的两条平行线,如图 4-33（b）所示。

由两段的弯矩方程可知,弯矩图为两条斜直线,由边界条件可得出斜直线上两点的坐标值:

AC 段　　　　　　　　　　$x_1 = 0, M_1 = 0; x_1 = a, M_1 = \frac{Fab}{l}$

BC 段　　　　　　　　　　$x_2 = a, M_2 = \frac{Fab}{l}; x_2 = l, M_2 = 0$

于是,便得到如图 4-33(c)所示的横梁的弯矩图。

(5)确定剪力和弯矩的最大值。

由图 4-33(b)并结合剪力方程,可以看出,当 $a > b$ 时,BC 段各截面的剪力值最大;当 $a < b$ 时,AC 段各截面的剪力值最大。小车行驶时,力 F 作用点的坐标发生变化,最大剪力值也随之发生变化。小车接近支座 B 点或 A 点时,剪力达到最大值 $F_{Qmax} \rightarrow F$。

由图 4-33(c)并结合弯矩方程,可以分析得出,集中力 F 作用的 C 点所在截面处有最大弯矩。当小车位于梁的中点时,即 $a = b = \dfrac{l}{2}$ 处,因乘积 ab 最大,所以最大弯矩值也最大,为

$$M_{max} = \frac{Fl}{4}$$

【例 4-10】 如图 4-34(a)所示的简支梁,在全梁上受集度为 q 的均布荷载。试作此梁的剪力图和弯矩图。

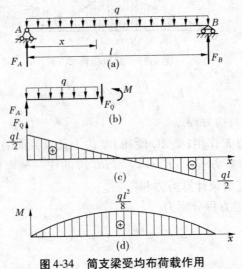

图 4-34 简支梁受均布荷载作用

解 (1)求支座反力。

根据静力平衡条件得

$$F_A = F_B = \frac{ql}{2}$$

(2)列剪力方程和弯矩方程。

取 A 为坐标轴原点,并在截面 x 处切开取左段为研究对象,如图 4-34(b)所示,则

$$F_Q = F_A - qx = \frac{ql}{2} - qx \quad (0 \leqslant x \leqslant l)$$

$$M = F_A x - \frac{qx^2}{2} = \frac{qlx}{2} - \frac{qx^2}{2} \quad (0 \leqslant x \leqslant l)$$

(3)画剪力图。

剪力 F_Q 是 x 的一次函数,所以剪力图是一条斜直线,由边界条件可得

$$x = 0, \ F_Q = \frac{ql}{2}; \ x = l, \ F_Q = -\frac{ql}{2}$$

(4)画弯矩图。

弯矩 M 是 x 的二次函数,弯矩图是一条抛物线。由方程

$$M(x) = \frac{qlx}{2} - \frac{qx^2}{2} = \frac{q}{2}(lx - x^2) = -\frac{q}{2}(x - \frac{l}{2})^2 + \frac{ql^2}{8}$$

即曲线顶点为 $(\frac{l}{2}, \frac{ql^2}{8})$,开口向下,可按表4-2对应值确定相应点。

表4-2　弯矩图相应点

x	0	$\dfrac{l}{4}$	$\dfrac{l}{2}$	$\dfrac{3l}{4}$	l
M	0	$\dfrac{3ql^2}{32}$	$\dfrac{ql^2}{8}$	$\dfrac{3ql^2}{32}$	0

剪力图与弯矩图分别如图4-34(c)、(d)所示。由图可知,剪力最大值在两支座 A、B 内侧的横截面上,$|F_{Qmax}| = \dfrac{ql}{2}$。弯矩的最大值在梁的中点,$M_{max} = \dfrac{ql^2}{8}$。

【例4-11】　如图4-35(a)所示简支梁,在 C 点处受集中力偶 m 作用。试作其剪力图和弯矩图。

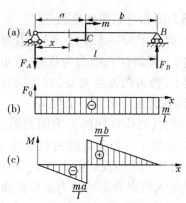

图4-35　简支梁受集中力偶作用

解　(1)求支座反力。

由　　　　　　　　　　　$\sum M_B = 0 \qquad F_A l - m = 0$

解得　　　　　　　　　　　　　$F_A = \dfrac{m}{l}$

由　　　　　　　　　　$\sum F_y = 0 \qquad F_B - F_A = 0$

解得　　　　　　　　　　　$F_B = F_A = \dfrac{m}{l}$

(2)列出剪力方程和弯矩方程。

$$F_Q(x) = -F_A = -\frac{m}{l} \qquad (0 < x < l)$$

因 C 点处有集中力偶,故弯矩需分段考虑。

AC 段

$$M(x) = -F_A x = -\frac{m}{l}x \qquad (0 \leqslant x < a)$$

BC 段

$$M(x) = F_B(l - x) = \frac{m}{l}(l - x) \quad (a < x \le l)$$

(3)画剪力图。

由剪力方程知,剪力为常数,故是一水平直线,如图 4-35(b)所示。

(4)画弯矩图。

由弯矩方程知,*C* 截面左右段均为斜直线。

AC 段

$$x = 0, M = 0; x = a, M = -\frac{ma}{l}$$

BC 段

$$x = a, M = \frac{mb}{l}; x = l, M = 0$$

弯矩图如图 4-35(c)所示。若 $b > a$,则最大弯矩发生在集中力偶作用处右侧横截面上, $M_{max} = \frac{mb}{l}$。

分析以上几例即可得出剪力图和弯矩图规律如下:

(1)梁上没有均布荷载时,剪力图为一水平线,弯矩图为一斜直线,斜率为对应的剪力图的值。剪力为正时,弯矩图向上倾斜(╱);剪力为负时,弯矩图向下倾斜(╲)。

(2)集中力 F 作用的截面上,剪力图发生突变,突变的方向与集中力的作用方向一致;突变幅度等于外力大小,弯矩图在此面上出现一个尖角。

(3)梁上有均布荷载作用时,其对应区间的剪力图为斜直线,均布荷载向下时,直线由左上向右下倾斜(╲),斜线的斜率等于均布荷载的荷载集度 q。对应的弯矩图为抛物线,剪力图下斜(╲),弯矩图上凸(⌒),反之则相反。剪力图 $F_Q = 0$ 的点其弯矩值最大,抛物线部分的最大值等于抛物线起点至最大值点对应的剪力图形的面积,如图 4-34(d)所示,$M_{max} = \frac{ql^2}{8} = \frac{ql}{2} \times \frac{l}{2} \times \frac{1}{2}$。

(4)集中力偶 m 作用的截面上,剪力图不变,弯矩图出现突变。m 逆时针时,弯矩图由上向下突变;m 顺时针时,弯矩图由下向上突变。

前面总结了集中力、集中力偶和均布荷载作用时,剪力图和弯矩图的作图规律,根据这些规律可以快速而准确地作出梁的剪力图和弯矩图。

【例 4-12】 简支梁受 $F_1 = 3$ kN,$F_2 = 1$ kN 的集中力作用,如图 4-36(a)所示。已知约束力,$F_A = 2.5$ kN,$F_B = 1.5$ kN,其他尺寸如图所示。试绘出该梁的剪力图和弯矩图。

解 (1)绘剪力图。剪力图从零开始,一般自左向右,逐段画出。根据规律可知,因 *A* 点有集中力 F_A,故在 *A* 点剪力图突变,由零向上突变 2.5 kN,从 *A* 点右侧到 *C* 点左侧,两点之间无力作用,故剪力图为平行与 *x* 轴的直线。因 *C* 点有集中力 F_1,故在 *C* 点剪力图由 2.5 kN 向下突变 3 kN,*C* 点左侧的剪力值为 2.5 kN,*C* 点右侧的剪力值为 − 0.5 kN。同样的道理,可依次完成其剪力图,如图 4-36(b)所示。需要说明的是,剪力图最后应回到零。图中虚线箭头只表示画图走向和突变方向。

(2)绘弯矩图。弯矩图也是从零开始,自左向右边,逐段画出。*A* 点因无力偶作用,故无

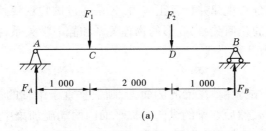

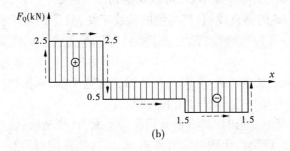

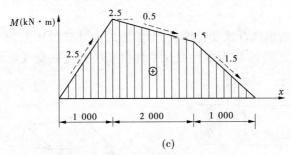

图 4-36 简支梁受集中力作用

突变。因 AC 段剪力图为 x 轴的上平行线,故其弯矩图为一条从零开始的上斜线,其斜率为 2.5,如图 4-36(c)中斜率仅为绘图方便而标注,C 点的弯矩值为 $2.5 \times 1 = 2.5(\text{kN} \cdot \text{m})$。 CD 段的弯矩图为一条从 2.5 kN·m 开始的下斜线,斜率为 0.5,故 D 点的弯矩值为 $2.5 - 0.5 \times 2 = 1.5(\text{kN} \cdot \text{m})$,同样的道理,可画出 DB 段的弯矩图,最后回到零,如图 4-36 (c)所示。

由上述各例可以看出,绘制剪力图和弯矩图的基本过程为:熟记规律,从左至右,从零开始,到点即停,标值判定(是否突变),最终回零。

第六节　梁的弯曲强度计算

一、纯弯曲时梁横截面上的正应力

前面对梁弯曲时横截面上的内力进行了分析讨论。为了进行梁的强度计算,还需要进一步研究横截面上的应力情况。通常,梁的横截面上既有弯矩又有剪力,这种弯曲称为剪切弯曲。若梁的横截面上只有弯矩而无剪力,则梁的横截面上仅有正应力而无切应力,这种弯曲称为纯弯曲。梁纯弯曲的强度主要取决于截面上的正应力,切应力居于次要地位。所以,这里只讨论梁在纯弯曲时横截面上的正应力。

要想分析正应力的分布规律并计算正应力,先是通过试验观察其变形,提出假设。在这个基础上综合应用变形的几何关系、变形的物理关系和静力学关系,找出变形及其应力的变化规律,从而推导出应力计算公式。

(一)试验观察

取一矩形截面直杆,试验前,在梁的侧面上,画上垂直于梁轴的横向线 ac 和 bd 及平行于梁轴的纵向线 ab 和 cd,然后在梁的纵向对称平面内两端施加集中力偶 M,使梁产生纯弯曲,如图 4-37 所示。梁发生弯曲变形后,可以观察到以下现象:

(1)横向线 ac 和 bd 仍是直线,且仍与梁的轴线正交,只是相互倾斜了一个角度。

(2)纵向线 ab 和 cd(包括轴线)都变成了弧线,且 ab 变成 $a'b'$ 后缩短了,cd 变成 $c'd'$ 后伸长了。

(3)梁横截面的宽度发生了微小变形,在压缩区变宽了些,在拉伸区则变窄了些。

根据上述现象,可对梁的变形提出如下假设。

(1)平面假设:梁弯曲变形时,其横截面仍保持平面,且绕某轴转过了一个微小的角度。

(2)单向受力假设:设梁由无数纵向纤维组成,则这些纵向纤维处于单向受拉或单向受压状态。

可以看出,梁下部的纵向纤维受拉伸长,上部的纵向纤维受压缩短,其间必有一层纤维既不伸长也不缩短,这层纤维称为中性层。中性层和横截面的交线称为中性轴,如图 4-38 所示。

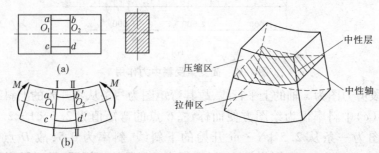

图 4-37　梁的弯曲试验图　　　　　　图 4-38　梁的中性层

(二)变形的几何关系

由于纯弯曲时,各层纵向纤维受到轴向拉伸和压缩的作用,因此材料的应力和应变关系应符合拉(压)虎克定律 $\sigma = E\varepsilon$。若要搞清应力分布规律,则必须搞清应变 ε 的变化规律。为此,从变形后的梁中取一微段 dx 来进行研究,如图 4-39 所示。两截面 Ⅰ—Ⅰ 和 Ⅱ—Ⅱ 原来是平行的,现在相互倾斜了一个微小角度 $d\theta$。图中 OO' 为中性层,设其曲率半径为 ρ,$c'd'$ 到中性层的距离为 y,变形后中性层纤维长度仍为 dx 且 $dx = \rho d\theta$。纵向线 cd 的线应变为

$$\varepsilon = \frac{\Delta cd}{cd} = \frac{c'd' - cd}{cd} = \frac{(\rho + y)d\theta - \rho d\theta}{\rho d\theta} = \frac{y d\theta}{\rho d\theta} = \frac{y}{\rho} \tag{4-12}$$

即梁内任一纵向纤维的线应变 ε 与它到中性层的距离 y 成正比。

(三)变形的物理关系

由单向受力假设,当正应力不超过材料的比例极限时,将虎克定律代入式(4-12),得

$$\sigma = E\varepsilon = E\frac{y}{\rho} \tag{4-13}$$

式(4-13)表明了横截面上正应力的分布规律,即横截面上任一点处的正应力与它到中性轴的距离成正比。与中性层距离相同的点,正应力相等;距离中性层越远,正应力越大;中性轴上各点的正应力为零。由此可得横截面上各点的正应力分布情况,如图4-40所示。为了准确计算正应力值,必须确定中性轴的位置与曲率半径 ρ 的大小,而这又需要通过应力与内力间的静力学关系来解决。

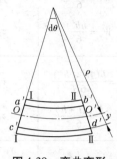

图4-39 弯曲变形

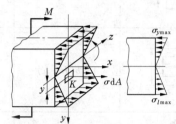

图4-40 弯曲正应力的分布规律

(四)静力学关系

梁发生纯弯曲时,横截面上只有弯矩而无剪力,且弯曲变形时横截面绕中性轴 z 转动。所以,横截面上所有内力合成的结果只有一个对中性轴 z 的弯矩 M,而沿梁轴线的分量和对横截面对称轴的弯矩均为零。

通过对静力学和截面形心进行分析可得如下结论:

(1)纯弯曲时,横截面的中性轴必须通过截面的形心。

(2)纯弯曲时,中性轴曲率的计算公式为

$$\frac{1}{\rho} = \frac{M}{EI_z} \tag{4-14}$$

EI_z 值越大,则梁弯曲的曲率半径 ρ 越大,中性轴的曲率就越小,也就是梁的弯曲变形越小;反之,EI_z 值越小,则梁的弯曲变形越大。因此,EI_z 值的大小反映了梁抵抗弯曲变形的能力,故 EI_z 称为梁的弯曲刚度。将式(4-14)带入式(4-13)中,得到纯弯曲梁横截面上任一点正应力的计算公式为

$$\sigma = \frac{My}{I_z} \tag{4-15}$$

式中　M——截面上的弯矩;

　　　y——截面上所求应力点到中性轴的距离;

　　　I_z——横截面对中性轴 z 的惯性矩。

I_z 是一个仅与横截面形状和尺寸有关的几何量,可以通过理论计算来求得。一般地,各种平面几何图形的 I_z 都求出并列表备用,使用时直接查表4-3即可。

式(4-15)是梁纯弯曲时横截面上任一点的正应力计算公式。应用时,M 及 y 均可用绝对值代入,至于所求点的正应力是拉应力还是压应力,可根据梁的变形情况,由纤维的伸缩来确定,即以中性轴为界,梁变形后靠凸的一侧受拉应力,靠凹的一侧受压应力。也可根据弯矩的正负来判断:当弯矩为正时,中性轴以下部分受拉应力,中性轴以上部分受压应力;当弯矩为负时,则相反。由式(4-15)可知,横截面上最大正应力发生在距中性轴最远的各点处,即

$$\sigma_{max} = \frac{M}{I_z} y_{max} \qquad (4\text{-}16)$$

表 4-3　常用截面的几何性质

截面图形	截面面积	惯性矩 I	抗弯截面系数	形心位置
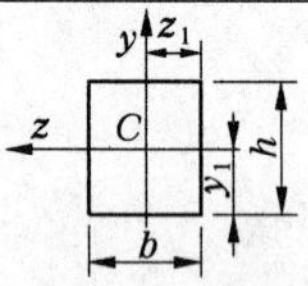	$A = bh$	$I_z = \dfrac{bh^3}{12}$ $I_y = \dfrac{hb^3}{12}$	$W_z = \dfrac{bh^2}{6}$ $W_y = \dfrac{hb^2}{6}$	$y_1 = \dfrac{h}{2}$ $z_1 = \dfrac{b}{2}$
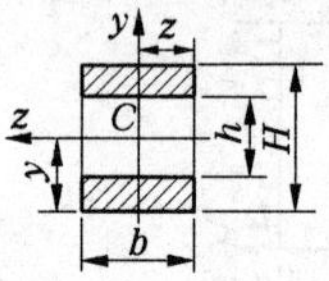	$A = b(H-h)$	$I_z = \dfrac{b(H^3-h^3)}{12}$ $I_y = \dfrac{b^3(H-h)}{12}$	$W_z = \dfrac{b(H^3-h^3)}{6H}$ $W_y = \dfrac{b^2(H-h)}{6}$	$y_1 = \dfrac{H}{2}$ $z_1 = \dfrac{b}{2}$
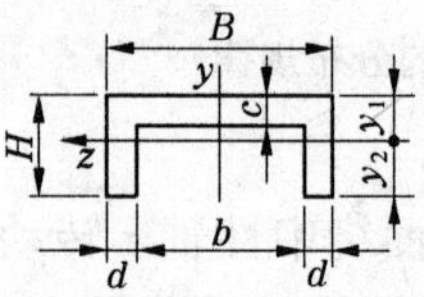	$A = BH - b(H-c)$	$I_z = \dfrac{1}{3}(2H^3 d + bc^3) - [HB - b(H-c)]y_1^2$	$W_{z1} = \dfrac{I_z}{y_1}$ $W_{z2} = \dfrac{I_z}{y_2}$	$y_1 = H - y_2$ $y_2 = \dfrac{1}{2} \times$ $\left[\dfrac{H^2B - b(H-c)^2}{HB - b(H-c)} \right]$
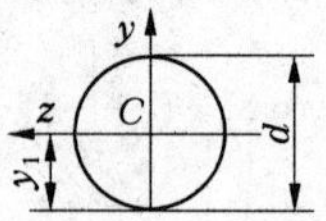	$A = \dfrac{\pi}{4}d^2$	$I_z = I_y = \dfrac{\pi d^4}{64}$	$W_z = W_y = \dfrac{\pi d^3}{32}$	$y_1 = \dfrac{d}{2}$
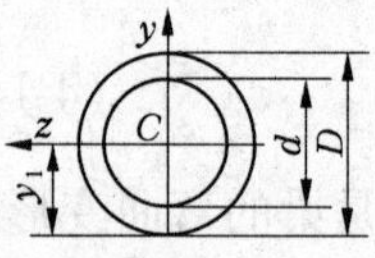	$A = \dfrac{\pi}{4}(D^2 - d^2)$	$I = \dfrac{\pi}{64}(D^4 - d^4)$ 对薄壁 $I \approx \dfrac{\pi}{8}d^3\delta$	$W = \dfrac{\pi(D^4 - d^4)}{32D}$ 对薄壁 $W \approx \dfrac{\pi}{4}d^2\delta$	$y_1 = \dfrac{D}{2}$

若令

$$W_z = \frac{I_z}{y_{max}}$$

则

$$\sigma_{max} = \frac{M}{W_z} \qquad (4\text{-}17)$$

式中，W_z 称为抗弯截面系数，也是衡量截面抗弯强度的一个几何量，其值与横截面的形状和尺寸有关。

式(4-16)和式(4-17)是纯弯曲梁的两个重要公式，用于计算梁横截面上的最大弯曲应力。

【例 4-13】　如图 4-41(a)所示矩形截面简支梁。已知 $F = 5$ kN，$a = 180$ mm，$b = 30$ mm，$h = 60$ mm。试分别求将截面竖放和横放时梁截面上的最大正应力。

解　(1)求支座反力。

根据外力平衡条件列平衡方程，可解得支座反力为

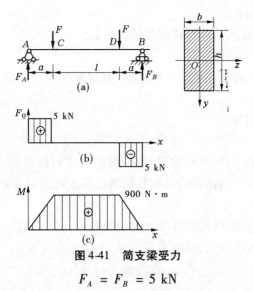

图 4-41　简支梁受力

$$F_A = F_B = 5 \text{ kN}$$

（2）画出剪力图和弯矩图。画出剪力图和弯矩图如图 4-41（b）、（c）所示。可见,在 *CD* 段横截面上剪力为零,故 *CD* 段为纯弯曲段,截面上弯矩值为

$$M_{max} = M_C = 900 \text{ N·m}$$

（3）求竖放时的最大正应力。

先由表 4-3 中查得矩形截面的抗弯截面系数 W_z 的计算公式,代入式（4-17）即可求出竖放时横截面上的最大正应力为

$$\sigma_{max} = \frac{M}{W_z} = \frac{M}{\dfrac{bh^2}{6}} = \frac{900}{\dfrac{0.03 \times 0.06^2}{6}} = 50 \times 10^6 (\text{Pa}) = 50 \text{ MPa}$$

（4）求横放时的最大正应力。

同理,可求得横放时横截面上的最大正应力为

$$\sigma_{max} = \frac{M}{W_y} = \frac{M}{\dfrac{hb^2}{6}} = \frac{900}{\dfrac{0.06 \times 0.03^2}{6}} = 100 \times 10^6 (\text{Pa}) = 100 \text{ MPa}$$

由例 4-13 可知:矩形截面梁的横截面放置方位不同,其最大正应力值也不同,即梁的弯曲强度不同,矩形截面梁的横截面竖放时比横放时强度高。

二、梁的弯曲强度计算

在进行梁的强度计算时,由于梁上的应力一般是随截面位置的不同而变化的,因此应首先找出最大应力所在截面,即危险截面,以及求出最大正应力 σ_{max}。一般情况下,对于等截面直梁,其危险点在弯矩最大的截面上的上下边缘处,即最大正应力所在处。

（一）强度条件

为了使梁安全可靠地工作,危险点的最大工作应力不能超过梁所用材料的许用应力,强度条件为

$$\sigma_{max} = \frac{M_{max}}{W_z} \leqslant [\sigma] \tag{4-18}$$

式中　σ_{max}——危险点的应力；

　　　M_{max}、W_z——危险截面的弯矩和抗弯截面系数；

　　　$[\sigma]$——梁材料的许用应力。

考虑到材料的力学性质和截面的几何性质，判定危险点的位置是建立强度条件的主要问题。

(二)关于危险点的讨论

1.对称截面

若截面对称于中性轴，则称为对称截面，否则称为非对称截面。对于塑性材料，其许用拉应力和许用压应力相同。塑性材料对称截面的危险点可以选择距中性轴最远端的任一点计算。

对于许用拉应力和许用压应力不同的脆性材料，由于其许用压应力大于许用拉应力，所以只需计算受拉边的最大应力值，即应满足

$$\sigma_{lmax} \leqslant [\sigma]$$

2.非对称截面

对于塑性材料，危险点一定出现在距中性轴最远处，所以这种情况下只需计算一个危险点，即

$$\sigma_{max} = \frac{M}{I_z}y_{max} \leqslant [\sigma]$$

对于脆性材料，需要结合弯矩的正负及截面形状分别计算。如果距中性轴最远处的是受拉边，则只需计算一个危险点；如果距中性轴最远处的是受压边，则需要计算两个危险点。其强度条件为

$$\sigma_{lmax} = \frac{M_{max}}{I_z}y_{lmax} \leqslant [\sigma_l]$$

$$\sigma_{ymax} = \frac{M_{max}}{I_z}y_{ymax} \leqslant [\sigma_y]$$

式中　σ_{lmax}、σ_{ymax}——最大拉应力和最大压应力；

　　　$[\sigma_l]$、$[\sigma_y]$——许用拉应力和许用压应力；

　　　y_{lmax}、y_{ymax}——拉应力和压应力一侧最远点到中性轴的距离。

(三)强度条件的三类问题

与拉压强度条件应用相似，弯曲强度条件同样可以用来解决以下三类问题。

1.强度校核

应用式(4-18)验算梁的强度是否满足强度条件，判断梁在工作时是否安全，即

$$\sigma_{max} = \frac{M}{W_z} \leqslant [\sigma]$$

2.截面设计

根据梁的最大荷载和材料的许用应力确定梁截面的尺寸和形状，或选用合适的标准型钢。

$$W_z \geqslant \frac{M}{[\sigma]}$$

3.确定许用荷载

根据梁截面的形状和尺寸及许用应力,确定梁可承受的最大弯矩,再由弯矩和荷载的关系确定梁的许用荷载。

$$M \leq W_z[\sigma]$$

对于非对称截面,需按下式计算

$$\sigma_{max} = \frac{M}{I_z}y_{max} \leq [\sigma]$$

【例 4-14】 如图 4-42(a)所示,托架为一 T 形截面的铸铁梁。已知截面对中性轴 z 的惯性矩 $I_z = 1.35 \times 10^7$ mm^4,$F = 4.5$ kN,铸铁的弯曲许用应力 $[\sigma_1] = 40$ MPa,$[\sigma_y] = 80$ MPa,若略去梁的自重影响,试校核梁的强度。

解 (1)画受力图。

画出梁的受力图如图 4-42(b)所示。

(2)画出剪力图。

画出剪力图如图 4-42(c)所示。

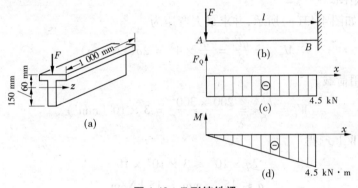

图 4-42 T 形铸铁梁

(3)画出弯矩图。

画出弯矩图如图 4-42(d)所示,并求最大弯矩值

$$M_{max} = Fl = 4.5 \times 1 = 4.5(\text{kN} \cdot \text{m})$$

(4)校核强度。

$$\sigma_{1max} = \frac{M_{max}}{I_z}y_{1max} = \frac{4.5 \times 10^6}{1.35 \times 10^7} \times 60 = 20(\text{MPa}) < [\sigma_1]$$

$$\sigma_{ymax} = \frac{M_{max}}{I_z}y_{ymax} = \frac{4.5 \times 10^6}{1.35 \times 10^7} \times 150 = 50(\text{MPa}) < [\sigma_y]$$

所以,此铸铁梁的强度足够。

【例 4-15】 一矩形截面简支梁如图 4-43(a)所示,$b = 200$ mm,$h = 300$ mm,$l = 4$ m,$[\sigma] = 10$ MPa。试求梁能承受的许用均布荷载 q。

解 (1)求支座反力。

由平衡条件可求得

$$F_A = F_B = \frac{ql}{2}$$

(2)画出剪力图。

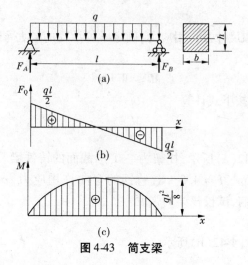

图 4-43 简支梁

画出剪力图如图 4-43(b)所示。

(3)画出弯矩图。

画出弯矩图如图 4-43(c)所示,并求最大弯矩为

$$M_{max} = \frac{ql^2}{8} = \frac{q}{8} \times 4^2 = 2q(\mathrm{kN \cdot m})$$

(4)确定许用荷载。

$$W_z = \frac{bh^2}{6} = \frac{200 \times 300^2}{6} = 3 \times 10^6 (\mathrm{mm}^3)$$

则由 $M_{max} \leqslant W_z[\sigma]$ 得

$$2q \times 10^6 \leqslant 3 \times 10^6 \times 10$$

$$q \leqslant 15 \ \mathrm{N/mm} = 15 \ \mathrm{kN/m}$$

【例 4-16】 简易吊车梁如图 4-44(a)所示,已知起吊最大重量 $F_G = 50$ kN,跨度 $l = 10$ m,若梁材料的许用应力 $[\sigma] = 180$ MPa,不计梁的自重。试求:

(1)选择工字钢的型号;

(2)若选用矩形截面,其高度比为 $h/b = 2$ 时,确定截面尺寸;

(3)比较两种梁的重量。

解 (1)选择工字钢的型号。

①绘制梁的受力图如图 4-44(b)所示,根据平衡方程可求得约束力为

$$F_A = F_B = \frac{F_G}{2} = \frac{1}{2} \times 50 = 25(\mathrm{kN})$$

②绘制梁的剪力图如图 4-44(c)所示。

③绘制梁的弯矩图如图 4-44(d)所示,并求得最大弯矩为

$$M_{max} = \frac{F_G l}{4} = \frac{50 \times 10}{4} = 125(\mathrm{kN \cdot m})$$

④计算工字钢抗弯截面模量。

$$W_z \geqslant \frac{M_{max}}{[\sigma]} = \frac{125 \times 10^6}{182} = 686\ 813(\mathrm{mm}^3) \approx 687\ \mathrm{cm}^3$$

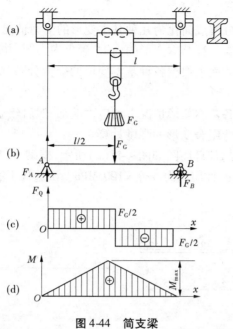

图 4-44 简支梁

查型钢表得 32a 工字钢 $W_z = 692.2\ \text{cm}^3 > 687\ \text{cm}^3$,故可选用 32a 工字钢,查得其截面面积为 67.156 cm^2。

(2)若采用矩形截面,确定截面尺寸。

由题意 $h/b = 2$ 可得

$$W_z = \frac{bh^2}{6} = \frac{2b^3}{3} = 687\ \text{cm}^3$$

则有

$$b = \sqrt[3]{\frac{687 \times 3}{2}} = 10(\text{cm})$$

$$h = 2b = 2 \times 10 = 20(\text{cm})$$

$$A = bh = 10 \times 20 = 200(\text{cm}^2)$$

(3)比较两梁的重量。

在材料和长度相同的条件下,梁的重量之比等于截面面积之比,$\dfrac{A_{矩}}{A_{工}} = \dfrac{200}{67.156} = 2.98$,即矩形截面梁的重量是工字钢截面梁的 2.98 倍。

第七节　拉伸(压缩)与弯曲组合的强度计算

在工程实际中,许多构件受到外力作用时,将同时产生两种或两种以上的基本变形,如建筑物的立柱、机械工程中的夹紧装置等。杆件在外力作用下同时产生两种或两种以上的基本变形称为组合变形。工程中许多受拉(压)构件同时发生弯曲变形,称为拉(压)弯组合变形。处理组合变形问题的基本方法是叠加法,先将组合变形分解为基本变形,再分别考虑在每一种基本变形情况下产生的应力和变形,最后叠加起来。组合变形强度计算的步骤一般如下所述。

（1）外力分析：将外力分解或简化为几种基本变形的受力情况。

（2）内力分析：分别计算每种基本变形的内力，画出内力图，并确定危险截面的位置。

（3）应力分析：在危险截面上根据各种基本变形的应力分布规律，确定出危险点的位置及其应力状态。

（4）建立强度条件：将各基本变形情况下的应力叠加，然后建立强度条件进行计算。

下面举例说明拉（压）弯组合变形的强度计算。

【例4-17】 悬臂吊车的计算简图如图4-45（a）所示，横梁 AC 用工字钢制成。已知最大吊重 $F = 15$ kN，$\alpha = 30°$，梁的许用应力 $[\sigma] = 100$ MPa。试选择工字钢型号。

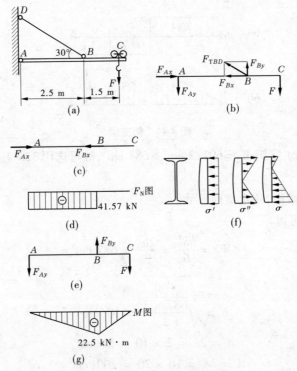

图4-45　横梁 AC 的内力及应用

解　（1）外力分析。

取横梁 AB 为研究对象，受力分析如图4-45（b）所示。当小车移到点 C 时，梁处于最不利的受力状态。

由
$$\sum M_A = 0 \qquad F_{TBD} l_{AB} \sin\alpha - F l_{AC} = 0$$

解得

$$F_{TBD} = \frac{F l_{AC}}{l_{AB} \sin\alpha} = \frac{15 \times 4}{2.5 \times \sin 30°} = 48 (\text{kN})$$

由
$$\sum F_x = 0 \qquad F_{Ax} - F_{Bx} = 0$$

$$\sum F_y = 0 \qquad -F_{Ay} + F_{By} - F = 0$$

解得
$$F_{Ax} = F_{Bx} = F_{TBD} \cos\alpha = 48\cos 30° = 41.57 (\text{kN})$$

$$F_{Ay} = F_{By} - F = F_{TBD}\sin\alpha - F = 48\sin 30° - 15 = 9(\text{kN})$$

将外力分解为两组,分别产生两种基本变形:一种是由 F_{Ax}、F_{Bx} 产生的压缩变形,如图 4-45(c)所示,另一种是由 F_{Ay}、F_{By}、F 产生的弯曲变形,如图 4-45(e)所示。

(2)内力分析。分别绘制轴力图和弯矩图,如图 4-45(d)、(g)所示。由内力图可知,B 截面为危险截面,其上的内力值绝对值分别为

$$|F_N| = 41.57 \text{ kN}$$

$$|M_{max}| = Fl_{BC} = 15 \times 1.5 = 22.5(\text{kN} \cdot \text{m})$$

(3)应力分析。

B 截面由轴向力产生的压应力 σ' 和由弯矩产生的正应力 σ'' 分布如图 4-45(f)所示,其中 σ 为叠加后的应力分布。可见,危险点在 B 截面的下边缘处,为压应力。最大压应力值为

$$\sigma_{max} = \sigma' + \sigma'' = \frac{F_N}{A} + \frac{M_{max}}{W_z} = \frac{41\ 570}{A} + \frac{22\ 500}{W_z} \quad (\text{Pa})$$

(4)选择工字钢型号。

因为上式中的横截面面积 A 和抗弯截面系数 W_z 均为未知数,一般情况下需先按弯曲正应力条件选择截面,再按组合变形进行校核。由弯曲条件得

$$W_z \geqslant \frac{M_{max}}{[\sigma]} = \frac{22.5 \times 10^3}{100 \times 10^6} = 225 \times 10^{-6}(\text{m}^3) = 225 \text{ cm}^3$$

查型钢表选取 20a 工字钢,其 $A = 35.5 \text{ cm}^2$,$W_z = 237 \text{ cm}^3$。按组合变形校核强度

$$\sigma_{max} = \frac{41\ 570}{35.5 \times 10^{-4}} + \frac{22\ 500}{237 \times 10^{-6}} = 106.6 \times 10^6(\text{Pa}) = 106.6 \text{ MPa} > [\sigma] = 100 \text{ MPa}$$

在工程中,如果 σ_{max} 不超过 $[\sigma]$ 的 5%,一般是允许的。这里 $\frac{\sigma_{max} - [\sigma]}{[\sigma]} = 6.6\%$,超过 5%。重新选取 20b 工字钢,其中 $A = 39.5 \text{ cm}^2$,$W_z = 250 \text{ cm}^3$,则

$$\sigma_{max} = \frac{41\ 570}{39.5 \times 10^{-4}} + \frac{22\ 500}{250 \times 10^{-6}} = 100.5 \times 10^6(\text{Pa}) = 100.5 \text{ MPa}$$

σ_{max} 只超过 $[\sigma]$ 的 0.5%,故选用 20b 号工字钢能满足梁的要求。

第八节　轴的扭转及其内力计算

一、圆轴扭转的概念

在日常生活及工程实际中,有很多承受扭转的构件。如汽车转向轴,当汽车转向时,驾驶员通过方向盘把力偶作用在转向轴的上端,在转向轴的下端则受到来自转向器的阻力偶作用,如图 4-46 所示。又如当钳工攻螺纹时,加在手柄上的两个等值反向的力组成力偶,作用于锥杆的上端,工件的反力偶作用在锥杆的下端。

上述杆件的受力情况,可以简化为如图 4-47 所示的计算简图。

由此可以看出,扭转构件的受力特点是:轴的两端受到一对大小相等、转向相反、作用面与轴线垂直的力偶作用。在这两个力偶作用下,轴各横截面都绕轴线发生相对转动,这种变

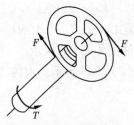

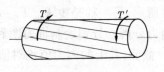

| 图 4-46 方向盘 | 图 4-47 简化转轴 |

形称为扭转变形。习惯把承受扭转变形的构件称为轴。

轴扭转后可能会影响到轴的正常工作,所以对轴进行强度和刚度分析是非常必要的。

二、圆轴扭转的内力

(一)外力偶矩

研究圆轴扭转的强度和刚度问题时,首先要知道作用在轴上的外力偶矩的大小。在工程实际中,作用在轴上的外力偶矩,通常并不直接给出,而是根据轴所传递的功率和轴的转速计算得出的。功率、转速和外力偶矩之间的关系为

$$m = 9\,550\,\frac{P}{n} \tag{4-19}$$

式中:m 的单位为 N·m,P 的单位为 kW,n 的单位为 r/min。

由式(4-19)可以看出,轴所承受的外力偶矩与所传递的功率成正比,因此在传递同样大的功率时,低速轴所受的外力偶矩比高速轴大。所以,在传动系统中,低速轴的直径要比高速轴的直径粗一些。

(二)扭矩

圆轴在外力偶矩作用下,横截面上将产生内力,用截面法来研究。如图 4-48(a)所示为一圆轴,在两端受一对大小相等、转向相反的外力偶矩 m 作用下产生扭转变形,并处于平衡状态。用一假想截面沿 n—n 处将轴假想切成两段,取其中任一段(如左段)为研究对象。因为原来的轴是处于平衡状态的,所以切开后的任一段也应处于平衡状态。在截面 n—n 上必然存在一个内力偶矩。这个内力偶矩称为扭矩,用符号 T 表示。

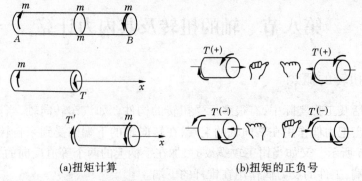

(a)扭矩计算　　　　　　　(b)扭矩的正负号

图 4-48　截面法求扭矩和扭矩的符号规定

取截面左段与取截面右段为研究对象所求得的扭矩数值相等而转向相反(作用力与反作用力)。为了使从左、右两段求得的同一截面上的扭矩正负号相同,通常对扭矩的正负号

作如下规定:按右手螺旋法则,以右手四指表示扭矩的转向,则大拇指指向离开截面时的扭矩为正,大拇指指向截面时的扭矩为负,如图4-48(b)所示。

(三)扭矩图

若圆轴上同时受几个外力偶作用,则各段轴截面上的扭矩就不完全相等,这时必须分段来求。为了确定最大扭矩及其所在截面的位置,通常把扭矩随截面位置变化的规律用图形表示出来,即以横坐标表示截面位置,以纵坐标表示扭矩,这样的图形称为扭矩图。根据扭矩图,可以清楚地看出轴上扭矩随截面的变化规律,便于分析轴上的危险截面,以便进行强度计算。

下面以实例来说明扭矩图的画法。

【例4-18】 已知传动轴 AB 如图4-49(a)所示。其上装有三个轮子,各轮分别作用有传动力偶矩 $m_1 = 3\,500$ N·m,阻力偶矩 $m_2 = 2\,300$ N·m、$m_3 = 1\,200$ N·m。试画出扭矩图并确定最大扭矩。

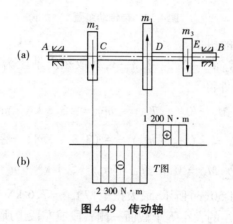

图 4-49　传动轴

解 (1)计算扭矩。

用截面法分别求得轴在 CD 段及 DE 段内任一截面上的扭矩为

$$T_1 = -m_2 = -2\,300 \text{ N·m}$$

$$T_2 = m_3 = 1\,200 \text{ N·m}$$

(2)画扭矩图,确定最大扭矩。

按适当比例画出传动轴的扭矩图,如图4-49(b)所示。从扭矩图上可看出危险截面在 CD 段,最大扭矩 $T_{max} = 2\,300$ N·m。

【例4-19】 如图4-50(a)所示为带传动装置的计算简图,已知轴的转速 $n = 300$ r/min,主动轮 A 的输入功率 $P_A = 400$ kW,3 个从动轮 B、C、D 的输出功率分别为 $P_B = 120$ kW、$P_C = 120$ kW、$P_D = 160$ kW。试求各段的扭矩图,确定最大扭矩 $|T|_{max}$。

解 (1)求出主、从动轮上所受的外力偶矩。

$$m_A = \frac{9\,550P_A}{n} = \frac{9\,550 \times 400}{300} = 1.27 \times 10^4 (\text{N·m}) = 12.7 \text{ kN·m}$$

$$m_B = m_C = \frac{9\,550P_C}{n} = \frac{9\,550 \times 120}{300} = 3.8 \times 10^3 (\text{N·m}) = 3.8 \text{ kN·m}$$

$$m_D = \frac{9\,550P_D}{n} = \frac{9\,550 \times 160}{300} = 5.1 \times 10^3 (\text{N·m}) = 5.1 \text{ kN·m}$$

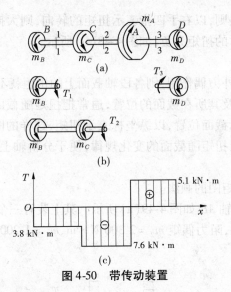

图 4-50　带传动装置

（2）用截面法求各段轴的扭矩。

在 BC、CA、AD 段任取截面 1—2、2—2、3—3，并取相应轴段为研究对象，画受力图，如图 4-50（b）所示。由平衡条件得

$$\sum M_1 = 0 \qquad T_1 = -m_B = -3.8 \text{ kN} \cdot \text{m}$$

$$\sum M_2 = 0 \qquad T_2 = -(m_B + m_C) = -(3.8 + 3.8) = -7.6 (\text{kN} \cdot \text{m})$$

$$\sum M_3 = 0 \qquad T_3 = m_D = 5.1 \text{ kN} \cdot \text{m}$$

（3）画出扭矩图，如图 4-50（c）所示，最大扭矩 $|T|_{max} = 7.6 \text{ kN} \cdot \text{m}$。

由此可知，横截面上扭矩的大小等于截面一侧右段或左段上所有外力偶矩的代数和，在计算外力偶矩的代数和时，以与所设扭矩同向的外力偶矩取为负，反之为正。求得各段扭矩后，以横坐标表示横截面的位置，相应横截面上扭矩为纵坐标，画出扭矩随截面变化的图线，即得扭矩图。

第九节　轴扭转时横截面上的切应力及扭转强度计算

进行圆轴扭转强度计算时，当求出横截面上的扭矩后，还应进一步研究横截面上的应力分布规律，以便求出最大应力。与弯曲正应力分析过程类似，也要从三方面考虑。首先，由杆件的变形找出应变的变化规律，也就是研究圆轴扭转的变形几何关系。其次，由应变规律找出应力的分布规律，也就是建立应力和应变间的物理关系。最后，根据扭矩和应力之间的静力学关系，导出应力的计算公式。

一、圆轴扭转时横截面上的应力

（一）扭转试验

为了观察圆轴的扭转变形，在圆轴表面上画出许多间距很小的纵向线和垂直于杆轴线的圆周线，如图 4-51 所示。在两端外力偶矩作用下，轴产生扭转变形。可以观察到下列现

象:

(1)各圆周线均绕轴线相对旋转过一个角度,形状、大小及相邻两圆周线之间的距离均无变化。

(2)所有纵向线仍保持为直线,都倾斜了一个微小角度,使圆轴表面的小矩形变为平行四边形。

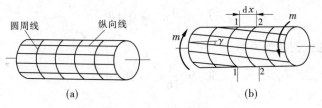

图 4-51　圆轴扭转试验

根据上述现象,可以得出以下结论:

(1)圆轴扭转变形后,轴的横截面仍保持为平面,形状和大小均不变,半径也保持为直线。这就是圆轴扭转时的平面假设。

(2)按照这一假设,在扭转变形中,相邻截面间距离不变,圆轴的横截面就像刚性平面一样,绕轴线旋转了一个角度。

(3)横截面上各点无轴向变形,故横截面上没有正应力,只存在剪应力,各横截面半径不变,所以切应力方向与截面径向垂直。纵向线倾斜的角度 γ 表达了轴变形的剧烈程度,即为轴的切应变。

(二)切应力分布规律

经推导,可得出圆轴扭转时横截面上切应力 τ 的分布规律为:横截面上任一点的切应力大小与该点到圆心的距离成正比,并垂直于半径方向呈线性分布,如图 4-52 所示。此规律可用下式表示为

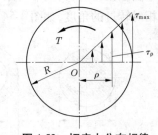

$$\tau_\rho = \frac{T}{I_p}\rho \qquad (4\text{-}20)$$

图 4-52　切应力分布规律

式中　ρ——截面上任一点到中心的距离;

　　　T——所求截面上的扭矩值;

　　　I_p——横截面对圆心的极惯性矩;

　　　τ_ρ——半径为 ρ 处的切应力。

因此,圆心处(即 $\rho=0$)切应力为零,圆轴表面处(即 $\rho=\rho_{max}=R$)切应力为最大。

圆轴扭转时横截面上最大切应力计算公式为

$$\tau_{max} = \frac{TR}{I_p} \qquad (4\text{-}21)$$

式中:R 和 I_p 均为与截面尺寸有关的几何量,可令 $W_p = I_p/R$,则有

$$\tau_{max} = \frac{T}{W_p} \qquad (4\text{-}22)$$

式中　W_p——抗扭截面系数,它与横截面对圆心 O 的极惯性矩 I_p 一样,也是一个只与截面几何尺寸有关的几何量。

（三）截面的极惯性矩和抗扭截面系数的计算

在工程中,轴的截面形状通常采用实心圆和空心圆两种,如图 4-53 所示,它们的 I_p、W_p 计算公式如下。

1. 实心圆截面

实心圆截面的极惯性矩为

$$I_\mathrm{p} = \frac{\pi}{32}d^4 \approx 0.1d^4$$

实心圆截面的抗扭截面系数为

$$W_\mathrm{p} = \frac{\pi}{16}d^3 \approx 0.2d^3$$

2. 空心圆截面

空心圆截面的极惯性矩为

$$I_\mathrm{p} = \frac{\pi}{32}(D^4 - d^4) = \frac{\pi}{32}D^4(1 - \alpha^4) \approx 0.1D^4(1 - \alpha^4)$$

空心圆截面的抗扭截面系数为

$$W_\mathrm{p} = \frac{I_\mathrm{p}}{\dfrac{D}{2}} = \frac{\pi}{16}D^3(1 - \alpha^4) \approx 0.2D^3(1 - \alpha^4)$$

二、圆轴扭转时的变形

圆轴扭转时,其变形可用扭转角 φ 来表示。所谓扭转角,是指变形时圆轴上任意两截面相对转过的角度,如图 4-54 所示,其单位是 rad。

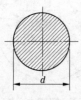

图 4-53　轴的截面形状

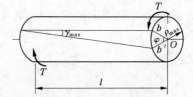

图 4-54　轴扭转时的变形

由理论分析可证明,扭转角 φ 与扭矩 T 以及两截面间的距离 l 成正比,而与材料的切变模量 G 及轴横截面的极惯性矩 I_p 成反比,即

$$\varphi = \frac{Tl}{GI_\mathrm{p}} \tag{4-23}$$

式中　G——材料的剪切模量;

　　　GI_p——抗扭刚度,反映了圆轴的材料和横截面尺寸两方面因素抵抗扭转变形的能力,GI_p 越大,圆轴抵抗扭转变形的能力就越强。

注意:两截面之间的扭矩、直径有变化时,需分段计算各段的扭转角,然后求其代数和。扭转角的正负号与扭矩相同。

从式(4-23)中可看出,扭转角 φ 的大小与距离 l 有关。为消除 l 的影响,工程上常用单位长度扭转角 θ 来表示其变形的程度,计算公式如下

$$\theta = \frac{\varphi}{l} = \frac{T}{GI_p} \tag{4-24}$$

θ 的单位为 rad/m,而工程中常用°/m 作为 θ 的单位。因此,θ 一般用下式来计算

$$\theta = \frac{T}{GI_p} \times \frac{180°}{\pi} \tag{4-25}$$

三、圆轴扭转时强度和刚度的计算

(一)扭转强度条件

圆轴扭转时,产生最大切应力的横截面称为危险截面。考虑到轴横截面上切应力的分布,可知危险截面上的应力大小和该点到圆心的距离成正比。所以,对于等截面直轴来说,最大切应力发生在最大扭矩所在截面的边缘处。为保证圆轴具有足够的扭转强度,轴的危险点的工作应力不超过材料的许用切应力,故圆轴扭转的强度条件为

$$\tau_{max} = \frac{T}{W_p} \leqslant [\tau] \tag{4-26}$$

式中　T——轴上危险截面的扭矩(绝对值);

　　　W_p——危险截面的抗扭截面系数;

　　　$[\tau]$——材料的许用切应力。

对于阶梯轴,危险截面应该是扭矩大而抗扭截面系数小的截面,需综合考虑 T 和 W_p 两个因素。许用切应力 $[\tau]$ 可通过 $[\sigma]$ 来近似确定。

对于塑性材料,有

$$[\tau] = (0.5 \sim 0.6)[\sigma]$$

对于脆性材料,有

$$[\tau] = (0.8 \sim 1.0)[\sigma]$$

在工程实际中,圆轴常受到变化扭矩的作用,其许用切应力要按照保证该轴不发生破坏来确定,一般比上述值低。

(二)刚度条件

圆轴在扭转时,除需满足强度条件外,还应该具有足够的刚度,以免产生过大的变形,影响机器的精度,尤其是对一些精密机械,刚度条件往往起主要作用。因此,对于圆轴扭转时的刚度条件往往要加以限制。通常要求单位长度扭转角 θ 不得超过许用的单位长度扭转角 $[\theta]$,即

$$\theta = \frac{T}{GI_p} \times \frac{180°}{\pi} \leqslant [\theta] \tag{4-27}$$

式中,$[\theta]$ 值根据轴的工作条件和机器运转的精度要求等因素确定,一般规定如下:

精密机械的轴　　　　　　　$[\theta] = (0.25 \sim 0.5)°/m$

一般传动轴　　　　　　　　$[\theta] = (0.1 \sim 1.0)°/m$

精度要求不高的轴　　　　　$[\theta] = (1.0 \sim 2.5)°/m$

具体数值可参考有关设计手册。

应用强度、刚度条件可解决三类问题:强度校核、截面设计和确定许用荷载。解决问题的基本思路是:先由扭矩图、截面尺寸确定危险点,然后考虑材料的力学性质应用强度、刚度条件进行计算。

【例4-20】 一传动轴如图4-55(a)所示,已知轴的直径 $d=4.5$ cm,转速 $n=300$ r/min。主动轮 A 输入的功率 $P_A=36.7$ kW,从动轮 B、C、D 输出的功率分别为 $P_B=14.7$ kW,$P_C=P_D=11$ kW。轴的材料为45钢,$G=8\times10^4$ MPa,$[\tau]=40$ MPa,$[\theta]=2°/$m。试校核轴的扭转强度和刚度。

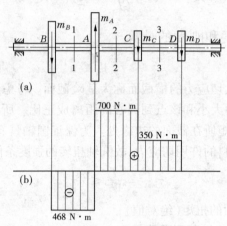

图4-55 传动轴

解 (1)计算外力偶矩。

$$m_A = 9\,550\,\frac{P_A}{n} = 9\,550\times\frac{36.7}{300} = 1\,168(\text{N}\cdot\text{m})$$

$$m_B = 9\,550\,\frac{P_B}{n} = 9\,550\times\frac{14.7}{300} = 468(\text{N}\cdot\text{m})$$

$$m_C = m_D = 9\,550\,\frac{P_D}{n} = 9\,550\times\frac{11}{300} = 350(\text{N}\cdot\text{m})$$

(2)画扭矩图,求最大扭矩。

先用截面法求 BA、AC、CD 各段任一截面上的扭矩,得

$$T_1 = -m_B = -468\ \text{N}\cdot\text{m}$$
$$T_2 = -m_B + m_A = -468 + 1\,168 = 700(\text{N}\cdot\text{m})$$
$$T_3 = m_D = 350\ \text{N}\cdot\text{m}$$

然后画扭矩图如图4-55(b)所示。由扭矩图可知,危险截面在 AC 段内,最大扭矩为

$$T_{\max} = 700\ \text{N}\cdot\text{m}$$

(3)校核强度。

由式(4-26)可得

$$\tau_{\max} = \frac{T_{\max}}{W_p} = \frac{700\times10^3}{0.2\times45^3} = 38.4(\text{MPa}) < [\tau] = 40\ \text{MPa}$$

所以,传动轴的扭转强度足够。

(4)校核刚度。

由式(4-27)可得

$$\theta_{\max} = \frac{180°}{\pi}\times\frac{700}{8\times10^4\times10^6\times0.1\times45^4\times10^{-12}} = 1.22(°/\text{m}) < [\theta] = 2\ °/\text{m}$$

所以,传动轴的扭转刚度也足够。

【例4-21】 一钢制传动轴,受到转矩 $m = 4\,000\ \text{N}\cdot\text{m}$ 的作用。已知轴的许用切应力 $[\tau] = 40\ \text{MPa}$,许用单位长度扭转角 $[\theta] = 0.25\ °/\text{m}$,剪切模量 $G = 8 \times 10^4\ \text{MPa}$。试确定该传动轴的直径 d。

解 (1)按强度条件设计直径 d。

由

$$\tau_{\max} = \frac{T_{\max}}{W_p} \leqslant [\tau]$$

即

$$\tau_{\max} = \frac{T_{\max}}{0.2d^3} \leqslant [\tau]$$

得

$$d \geqslant \sqrt[3]{\frac{T_{\max}}{0.2[\tau]}} = \sqrt[3]{\frac{m}{0.2[\tau]}} = \sqrt[3]{\frac{4\,000 \times 10^3}{0.2 \times 40}} = 79.4\,(\text{mm})$$

(2)按刚度条件设计直径 d。

由

$$\theta_{\max} = \frac{180°}{\pi} \times \frac{T_{\max}}{GI_p} \leqslant [\theta]$$

即

$$\theta_{\max} = \frac{180°}{\pi} \times \frac{T_{\max}}{G \times 0.1d^4} \leqslant [\theta]$$

得

$$d \geqslant \sqrt[4]{\frac{180°}{\pi} \times \frac{T_{\max}}{0.1G[\theta]}} = \sqrt[4]{\frac{180°}{\pi} \times \frac{4\,000 \times 10^3}{8 \times 10^4 \times 0.1 \times 0.25 \times 10^{-3}}} = 103\,(\text{mm})$$

取

$$d = 105\ \text{mm}$$

为了同时满足强度和刚度的要求,应取较大的一个直径值,故取 $d = 105\ \text{mm}$。

【例4-22】 如图4-56所示为汽车传动轴(图中 AB 轴),由45钢的无缝钢管制成,其外径 $D = 90\ \text{mm}$,内径 $d = 85\ \text{mm}$。轴传递的最大转矩 $m = 1\,500\ \text{N}\cdot\text{m}$。已知材料的许用切应力 $[\tau] = 60\ \text{MPa}$,许用单位长度扭转角 $[\theta] = 2°/\text{m}$,剪切模量 $G = 8 \times 10^4\ \text{MPa}$。试核算此轴的强度和刚度。如果采用实心轴,问是否经济?

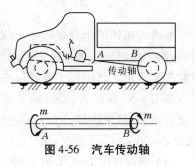

图4-56　汽车传动轴

解 (1)校核传动轴的强度。

$$\tau_{\max} = \frac{T_{\max}}{W_p} = \frac{m}{0.2D^3(1-\alpha^4)} = \frac{1\,500 \times 10^3}{0.2 \times 90^3 \times \left[1 - \left(\frac{85}{90}\right)^4\right]} = 50.3\,(\text{MPa}) < 60\ \text{MPa}$$

故该轴的扭转强度足够。

(2)校核传动轴的刚度。

$$\theta_{\max} = \frac{180°}{\pi} \times \frac{T_{\max}}{GI_p} = \frac{180°}{\pi} \times \frac{m}{G \times 0.1D^4(1-\alpha^4)}$$

$$= \frac{180°}{\pi} \times \frac{1\,500}{8 \times 10^4 \times 10^6 \times 0.1 \times 90^4 \times \left[1 - \left(\frac{85}{90}\right)^4\right] \times 10^{-12}}$$

$$= 0.801\,(°/\text{m}) < [\theta] = 2\ °/\text{m}$$

该轴的扭转刚度也足够。

(3)如采用实心轴,分别按强度及刚度条件确定其直径。

按强度条件可求得

$$d_1 \geqslant \sqrt[3]{\frac{T_{max}}{0.2[\tau]}} = \sqrt[3]{\frac{1\ 500 \times 10^3}{0.2 \times 60}} = 50(\text{mm})$$

按刚度条件可求得

$$d_2 \geqslant \sqrt[4]{\frac{180°}{\pi} \times \frac{T_{max}}{0.1G[\theta]}} = \sqrt[4]{\frac{180°}{\pi} \times \frac{1\ 500 \times 10^3}{8 \times 10^4 \times 0.1 \times 2 \times 10^{-3}}} = 48.1(\text{mm})$$

为了同时满足强度和刚度的要求,应取 $d = d_1 = 50$ mm。

在空心截面与实心截面轴长相等、材料相同的情况下,其重力之比应等于横截面面积之比,于是有

$$\frac{A_{实}}{A_{空}} = \frac{\dfrac{\pi d^2}{4}}{\dfrac{\pi}{4}(D^2 - d^2)} = \frac{50^2}{90^2 - 85^2} = 2.86$$

由此可见,在其他条件相同的情况下,实心轴重量是空心轴重量的 2.86 倍。因此,对于直径较大的轴采用空心轴比较经济,但空心轴的加工要比实心轴的加工难度高很多,这是一对矛盾。

第十节　弯扭组合变形的强度计算

弯曲与扭转的组合变形是工程中最常见的一种组合变形形式,简称弯扭组合变形。如转轴,在工作时要传递扭矩因而要产生扭转变形,同时还要支承轴上传动零件因而还要产生弯曲变形。由于转轴在工程实际中应用很广泛,因此分析这种组合变形问题十分必要。

如图 4-57 所示带轮轴,轴上带轮相对两端对称分布,轴的右端联轴器由电机驱动输入一定转矩 m,带紧边拉力为 F_1,松边拉力为 F_2,不计带轮自重。已知 $D = 500$ mm,$F_1 = 2F_2 = 8$ kN,$d = 90$ mm,$a = 500$ mm,$[\sigma] = 50$ MPa。试校核圆轴的强度。

(1)外力分析。将作用于带上的拉力向轴的轴线简化,得到一个力和一个力偶,如图 4-57(b)所示,其值分别为

$$F = F_1 + F_2 = 8 + 4 = 12(\text{kN})$$

$$M_1 = (F_1 - F_2)\frac{D}{2} = (8 - 4) \times \frac{0.5}{2} = 1(\text{kN} \cdot \text{m})$$

$F_1 + F_2$ 使轴在垂直平面内发生弯曲,力偶 M_1 和电机端产生的 M 使轴扭转,故轴产生弯曲和扭转组合变形。

(2)内力分析。

画出轴的扭矩图和弯矩图,如图 4-57(c)、(d)所示。由图可知,危险截面为轴上装带轮的位置 C 点截面,其扭矩和弯矩分别为

$$T = M_1 = 1 \text{ kN} \cdot \text{m}$$

$$M = F_A a = 6 \times 0.5 = 3(\text{kN} \cdot \text{m})$$

(3)应力分析。

由于在危险截面上同时作用有弯矩和扭矩,故该截面上必然同时存在弯曲正应力和扭

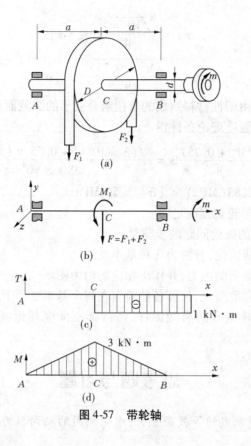

图 4-57 带轮轴

转切应力,分别为

$$\sigma = \frac{M}{W_z} \qquad \tau = \frac{T}{W_p}$$

(4)建立强度条件。

由于在承受弯扭的截面上除正应力 σ 外,还有切应力 τ,属于复杂应力状态。对于这类复杂应力状态下强度条件的建立,不能沿用前面介绍的拉(压)、扭转、弯曲等基本变形在单向应力状态时,建立在试验基础上的方法。因为复杂应力状态下应力的组合是多样化的,显然试验难以完整进行。但是,通过找出引起材料破坏的原因,可探索复杂应力状态下材料破坏的规律。对于机械制造中常用的金属材料等塑性材料,第三强度理论和第四强度理论与实际较吻合。下面仅介绍用得较多的第三强度理论和第四强度理论。

第三强度理论(最大切应力理论)认为:最大切应力是引起材料屈服破坏的主要因素,无论材料处于何种状态,只要材料内一点最大切应力 τ_{max} 达到材料的极限应力,即发生塑性屈服破坏。第三强度理论的强度条件表达式为

$$\sigma_{r3} = \sqrt{\sigma^2 + 4\tau^2} \leqslant [\sigma] \tag{4-28}$$

第四强度理论(形状改变比能理论)认为:形状改变比能是引起材料塑性屈服的主要因素,即只要危险点处的形状改变比能达到单向应力状态下的形状改变比能,材料即发生塑性屈服。第四强度理论的强度条件表达式为

$$\sigma_{r4} = \sqrt{\sigma^2 + 3\tau^2} \leqslant [\sigma] \tag{4-29}$$

对于圆轴,由于 $W_p = 2W_z$ 可得到按第三强度理论和第四强度理论建立的强度条件为

$$\sigma_{r3} = \frac{\sqrt{M^2 + T^2}}{W_z} \leqslant [\sigma] \tag{4-30}$$

$$\sigma_{r4} = \frac{\sqrt{M^2 + 0.75T^2}}{W_z} \leqslant [\sigma] \tag{4-31}$$

以上两式只适用于由塑性材料制成的弯扭组合变形的圆截面和空心截面杆。

该带轮轴根据第四强度理论条件得

$$\sigma_{r4} = \frac{\sqrt{M^2 + 0.75T^2}}{W_z} = \frac{\sqrt{(3 \times 10^6)^2 + 0.75 \times (1 \times 10^6)^2}}{0.1 \times 90^3}$$

$$= 42.83(\text{MPa}) < [\sigma] = 50 \text{ MPa}$$

所以,图 4-57 所示带轮轴强度足够。

处理组合变形构件的强度问题的步骤是:

(1)将外力向杆轴线简化,分解为几种基本变形。

(2)计算各基本变形下的内力,并作出相应的内力图。

(3)确定危险截面和危险点,计算各危险点在每个基本变形下产生的应力。

(4)对于弯曲和扭转组合的圆截面杆,需按第三强度理论或第四强度理论建立强度条件。

思考题与习题

4-1 两根不同材料制成的等截面直杆,承受相同的轴向拉力,它们的截面面积和长度都相等。试说明:

(1)横截面上的应力是否相等?

(2)强度是否相同?

(3)绝对变形是否相同?为什么?

4-2 说明下列概念的区别:

(1)内力与应力;

(2)变形与应变;

(3)极限应力与许用应力;

(4)正应力与切应力。

4-3 试求图 4-58 所示各杆截面 1—1、2—2、3—3 上的轴力,并画出轴力图。

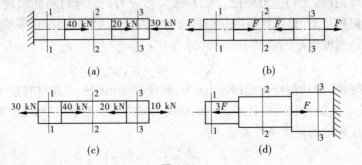

图 4-58

4-4 阶梯杆自重不计,受外力如图4-59所示,试求杆内的最大正应力。已知其横截面面积分别为 $A_{AB}=A_{BC}=500 \text{ mm}^2$,$A_{CD}=300 \text{ mm}^2$。

4-5 某冷凝机的曲柄滑块机构如图4-60所示,锻压工作时,连杆接近水平位置,锻压力 $F=3780 \text{ kN}$。连杆横截面为矩形,高与宽之比 $h/b=1.4$,材料的许用应力 $[\sigma]=90$ MPa。试设计截面尺寸 h 和 b。

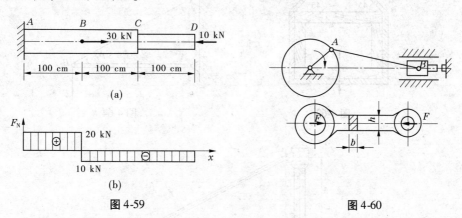

(a)

(b)

图 4-59　　　　　　　　　　　　图 4-60

4-6 等截面直杆的荷载及尺寸如图4-61所示。已知横截面面积 $A=10 \text{ cm}^2$,材料的弹性模量 $E=200$ GPa。试求:

(1)绘制轴力图;

(2)各段杆内的应力;

(3)杆的纵向变形 Δl。

4-7 一阶梯形钢杆受力如图4-62所示,弹性模量 $E=206$ GPa,$F_1=120$ kN,$F_2=80$ kN,$F_3=50$ kN,各段的截面面积为 $A_{AB}=A_{BC}=550 \text{ mm}^2$,$A_{CD}=350 \text{ mm}^2$,钢材的许用应力为 $[\sigma]=160$ MPa。试对钢杆进行强度校核。

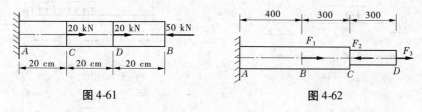

图 4-61　　　　　　　　　　　　图 4-62

4-8 用绳索起吊重 $F_G=10$ kN 的木箱,如图4-63所示,设绳索的直径 $d=25$ mm,许用应力 $[\sigma]=10$ MPa。试校核绳索的强度。如果强度不足,则绳索的直径应取多大才能安全工作?

4-9 一钢木结构吊架如图4-64所示。AB 为木杆,其截面面积 $A_{AB}=10\times10^3 \text{ mm}^2$,许用应力 $[\sigma]_{AB}=7$ MPa;BC 为钢杆,其截面面积 $A_{BC}=600 \text{ mm}^2$,许用应力 $[\sigma]_{BC}=160$ MPa。试求该结构在 B 处可吊的最大许用荷载 $[F]$。

4-10 自制悬臂吊车尺寸如图4-65所示。电动葫芦能沿横梁 AB 移动。已知电动葫芦自重 $F_G=5$ kN,起吊重物重 $W=15$ kN。拉杆 BC 为圆形截面,其材料采用 Q235A 钢,许用应力 $[\sigma]=120$ MPa。试确定拉杆 BC 的直径 d。

4-11 试求图4-66所示各梁截面1—1、2—2上的剪力和弯矩。

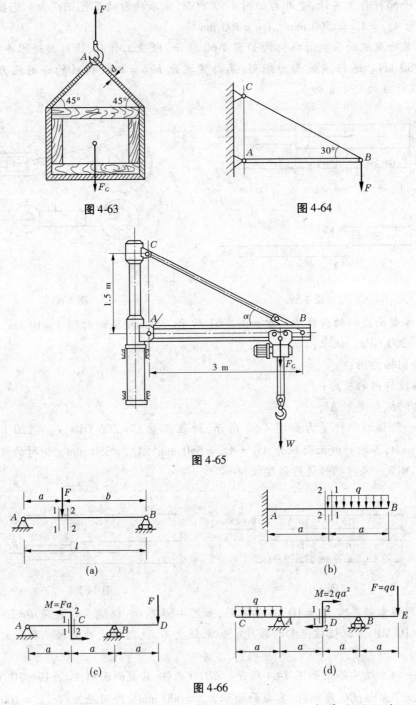

图 4-63

图 4-64

图 4-65

(a)

(b)

(c)

(d)

图 4-66

4-12 试列出图 4-67 所示梁的剪力方程和弯矩方程,画出剪力图和弯矩图,并求出 $|F_Q|_{max}$ 和 $|M_z|_{max}$。

4-13 试按图 4-68 所示已绘制的剪力图和弯矩图确定作用于梁上的全部外荷载的大小、方向及作用位置。

4-14 如图 4-69 所示梁 AC 采用 10 号工字钢,B 点用圆截面钢杆 BD 悬挂。已知 $d=20$

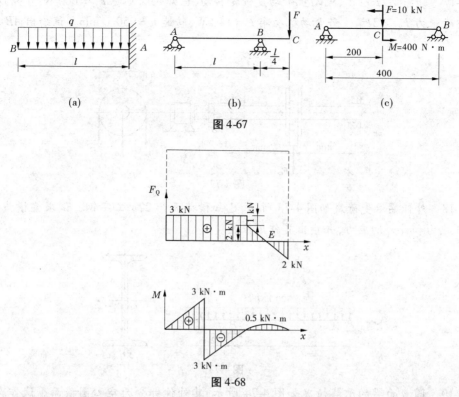

(a)　　　　　　　　　　(b)　　　　　　　　　(c)

图 4-67

图 4-68

mm,梁和杆的材料许用应力$[\sigma]=160$ MPa。试求许用均布荷载 q。

4-15　简支梁承受荷载如图 4-70 所示,材料为 28a 号工字钢,其材料许用应力$[\sigma]=$ 170 MPa。试校核此梁的强度。

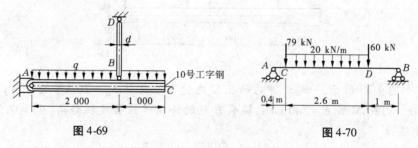

图 4-69　　　　　　　　　　　图 4-70

4-16　如图 4-71 所示起重构架,梁 ACD 由两根槽钢组成。已知 $a=3$ m,$b=1$ m,$F=30$ kN,梁材料的许用应力$[\sigma]=140$ MPa。试选择槽钢的型号。

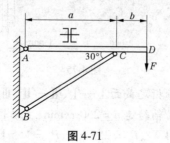

图 4-71

4-17 如图 4-72 所示,电动机带动皮带轮转动,已知轮的重量 $F_G = 600$ N,直径 $D = 200$ mm,皮带张力 $F_{T1} = 2F_{T2}$。若电动机功率 $P = 14$ kW,转速 $n = 950$ r/min。试绘出 AB 轴的内力图。

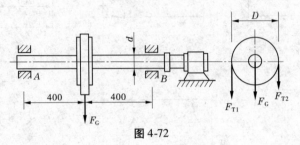

图 4-72

4-18 外伸梁承受荷载如图 4-73 所示,已知横截面为 22a 工字钢。试求梁横截面上的最大正应力和最大切应力,并指出其作用位置。

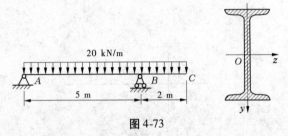

图 4-73

4-19 圆截面梁的承载情况如图 4-74 所示,其外伸部分为空心圆截面。试作弯矩图,并求该梁的最大正应力。

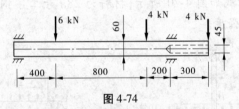

图 4-74

4-20 如图 4-75 所示,一端外伸的轴在 C 处受飞轮自重 $F_G = 20$ kN 的作用,轴材料的许用应力 $[\sigma] = 120$ MPa,$E = 200$ GPa,轴承 B 处的许用单位长度扭转角 $[\theta] = 0.5°/\text{m}$。试设计轴的直径。

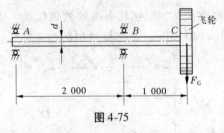

图 4-75

4-21 求图 4-76 所示,各轴指定截面 I—I、II—II、III—III 上的扭矩,并画出扭矩图。

4-22 如图 4-77 所示,传动轴转速 $n = 250$ r/min,主动轮 B 输入功率 $P_B = 7$ kW,从动轮 A、C、D 输出功率分别为 $P_A = 3$ kW,$P_C = 2.5$ kW,$P_D = 1.5$ kW。试画出该轴的扭矩图。

4-23 图 4-78 所示为某机器上的输入轴,由电动机带动皮带轮,其输入功率 $P = 6$ kW,

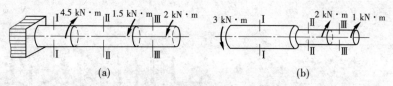

(a)　　　　　　　　　　(b)

图 4-76

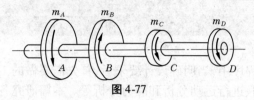

图 4-77

该轴转速 $n = 900$ r/min，已知材料的许用应力 $[\sigma] = 80$ MPa，剪切模量 $G = 80$ GPa，轴的直径 $d = 30$ mm，许用单位长度扭转角 $[\theta] = 0.8°/$m。试校核轴的强度和刚度。

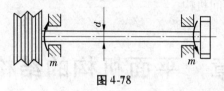

图 4-78

第二篇　常用机构及设计

在机械设计的一般程序中,当明确设计要求后,首先需要做的工作就是确定机械的工作原理、绘制机构运动简图、进行运动分析和静力分析等。本篇研究各种平面机构的组成和工作原理及其设计。

若一个机构中所有构件都在同一平面或在相互平行的平面内运动,则这样的机构就称为平面机构;否则就称为空间机构。

第五章　平面机构的结构分析

机构由构件组成,且各构件之间应具有完全确定的运动关系。然而,任意拼凑的构件组合就不一定能够运动,即使能够运动,也不一定具有确定的运动。如图5-1所示为一个三构件组合体,但各构件之间无法相对运动,所以它不是机构。又如图5-2所示为一个五构件组合体,当只给定构件1的运动时,其余构件的运动并不确定。为此,讨论构件应如何组合才能运动?在什么条件下才具有确定的相对运动?这对分析现有机构或设计新机构都十分重要。实际上,机械的外形和结构都很复杂,为了便于分析和研究机构,在工程中常用到机构运动简图。

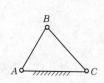

图5-1　三构件组合体

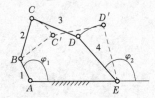

图5-2　五构件组合体

第一节　平面机构的基本组成

一、构件的自由度

构件是机构中最小的运动单元,所以它是组成机构的主要要素。

一个构件在平面内自由运动时,有三个独立的运动趋势。如图5-3所示,构件 AB 可以

在 xOy 平面绕任一点 A 转动,也可以沿 x 轴或 y 轴移动。构件具有的这种独立运动称为构件的自由度,构件的独立运动数目称为自由度数。显然,一个在平面内自由运动的构件有三个自由度。

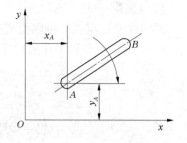

图 5-3　构件的自由度

二、运动副和约束

机构中的每一个构件都不是自由构件,而是以一定的方式与其他构件相连。这种使两构件直接接触并能产生一定相对运动的连接称为运动副。例如,内燃机中活塞与连杆、活塞与气缸体的连接都构成了运动副。组成运动副的两构件在相对运动中可能参加接触的点、线、面称为运动副元素。显然,运动副也是组成机构的主要要素。

两构件组成运动副后,就限制了两构件间的独立运动,自由度便随之减少,运动副限制构件独立运动的作用称为约束。运动副引入的约束数和构件失去的自由度数相等。

三、运动副的分类

若组成运动副的两构件之间的相对运动是平面运动,该运动副称为平面运动副,否则称为空间运动副。平面机构只可能由平面运动副组成。根据组成运动副的两构件间的接触情况,平面运动副又分为低副和高副。

(一)低副

两构件通过面接触组成的运动副称为低副。根据它们的相对运动情况,又可分为转动副和移动副。

1. 转动副

两个构件之间只能作相对转动的运动副称为转动副,又称为铰链。如图 5-4(a)所示的轴 1 和轴承 2 组成的转动副,其中一个构件是固定的,称为固定铰链。如图 5-4(b)所示构件 1 和构件 2 也组成转动副,两构件都是活动的,称为活动铰链。例如,内燃机的曲轴与机架组成的转动副是固定铰链,活塞与连杆、连杆与曲轴所组成的转动副是活动铰链。

2. 移动副

两个构件只能作相对直线移动的运动副称为移动副。图 5-5 中构件 1 和构件 2 组成的是移动副。组成移动副的两个构件可能都是活动的,也可能有一个是固定的。例如,内燃机中的活塞与气缸体所组成的移动副中,气缸体是固定的。

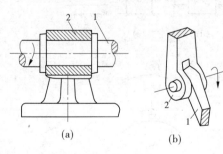

(a)　　　　(b)

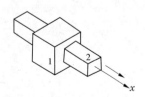

图 5-4　转动副　　　　图 5-5　移动副

(二)高副

两构件通过点或线接触组成的运动副称为高副。如图5-6(a)所示的车轮1和钢轨2,图5-6(b)所示的凸轮1和从动杆2,图5-6(c)所示的齿轮1和齿轮2等的连接都是高副。

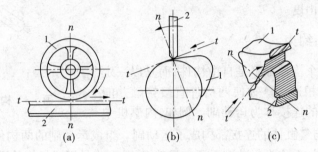

图5-6 高副

此外,常见的运动副还有如图5-7(a)所示的螺旋副和图5-7(b)所示的球面副,它们的运动情况都不能在一个平面内反映清楚,都属于空间运动副,即两构件间的相对运动为空间运动。本章不作讨论。

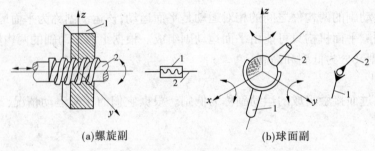

(a)螺旋副　　　　　　　　(b)球面副

图5-7 螺旋副和球面副

常用运动副的表示符号如下:由两个活动构件组成的转动副如图5-8(a)所示;两构件中一个构件是固定的转动副,如图5-8(b)、(c)所示;两构件组成移动副时其表示方法如图5-8(d)、(e)、(f)所示;图中画有斜线的构件代表机架;两构件组成高副时,应画出两构件

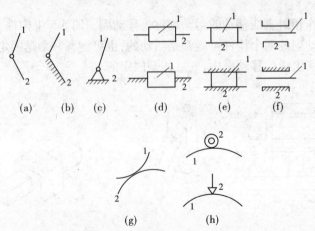

图5-8 常用运动副的表示符号

接触处的曲线轮廓,如图 5-8(g)、(h)所示。

四、机构的基本组成

(一)运动链的概念

用运动副的形式将两个以上的构件连接而成的系统称为运动链。运动链中各构件均在同一平面或平行平面内运动的称为平面运动链。运动链分为闭式运动链和开式运动链两种。如果运动链中的每个构件至少含有两个运动副元素,这种运动链就称为闭式运动链,如图 5-9(a)所示;如果运动链中至少有一个构件只包含一个运动副元素,如图 5-9(b)所示,便称为开式运动链。机器中应用的多属闭式运动链。

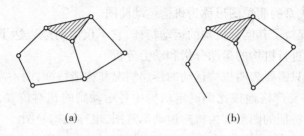

(a)　　　　　　　　(b)

图 5-9　运动链

若将闭式运动链的一个构件固定为机架,而另一个或几个构件相对于机架的运动规律给定,其余的构件便随之作确定的运动,这种运动链便称为机构。显然,不能运动或无规则乱动的运动链都不是机构。

(二)机构中构件的分类

在闭式运动链中,根据运动副的性质,构件可分为三类。

1. 固定件(机架)

固定件(机架)是用来支承活动构件的构件。图 0-1 中的气缸体就是固定构件,用它来支承活塞和曲轴等。研究机构中活动构件的运动时,常以固定件(机架)作为参考坐标系。

2. 主动件(原动件)

主动件(原动件)是运动规律已知的活动构件。它的运动是由外力驱动的,图 0-1 中的活塞,其运动是由燃油燃烧形成的高压气体驱动的。

3. 从动件

从动件是闭式运动链中随着主动件的运动而运动的其余活动构件。图 0-1 中的连杆、曲轴都是从动件。

(三)机构的基本组成及机构的划分

由以上分析可知,一般机构是由固定件、主动件和若干个从动件(除机架和主动件外的所有活动件)组成的。其中,固定件只可能有一个,主动件可以有一个或几个,从动件可以有若干个。特殊的机构可以没有从动件,但必须有固定件(机架)和主动件,如电动机和液压油缸等。

一台较复杂的机器,在进行机构的结构分析时,如何划分机构呢? 一般应从机器的主动件入手,支承主动件的一定是机架,随着主动件的运动而运动的构件是从动件,从动件又带动从动件,最终的从动件一定又是被机架所支承。机器中凡组成一个由"固定—主动—从动—固定"封闭的运动系统就是一个机构。机器中组成有几个这样的封闭运动系统就是有几个机构。如图 0-1 所示单缸内燃机就是由三个机构组成的,请同学们自行分析。

第二节　平面机构运动简图

一、平面机构运动简图和机构示意图

在研究机构运动时,为了使问题简化,可不考虑构件的复杂形状和结构,仅用简单线条表示构件和规定的运动副符号,并按一定的比例定出各运动副的相对位置。这种反映机构各构件间相对运动关系的简单图形称为机构运动简图。

机构运动简图保持了其实际机构的运动特征,它不仅简明地表达了实际机构的运动情况,还可以通过该图进行机构的运动分析和动力分析。

在工程中,有时只需要表明机构运动的传递情况和构造特征,而不需要表明机构的真实运动情况,因此不必要严格地按比例确定机构中各运动副的相对位置,这种不按比例绘制的、只反映机构运动特征的图形称为机构运动示意图,也称机构简图。

二、平面机构运动简图的绘制

在绘制机构运动简图时,首先必须分析机构的实际构造和运动情况,分清机构中的固定件、主动件和从动件,然后从主动件入手,顺着运动传递路线,仔细分析各构件之间的相对运动情况,从而确定出组成该机构的构件数、运动副数及性质。在此基础上,按比例确定出各运动副的位置;用运动副的规定代表符号和简单线条表示构件,正确绘制出机构运动简图。同时,应注意选择恰当的绘图平面。如果绘图平面选择不当,会造成图中构件相互重叠或交叉,以致不能清楚地表达各构件的相互关系。表5-1摘录了(GB 4460—1984)所规定的部分常用机构运动简图符号,供绘制机构运动简图时参考。

表 5-1　部分常用机构运动简图符号(GB 4460—1984)

名称	代表符号			名称	代表符号		
杆的固定链接				链传动			
零件与轴的固定							
向心轴承	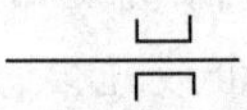 普通轴承 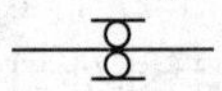	滚动轴承		外啮合圆柱齿轮机构			
向心轴承	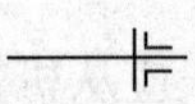 单向推力 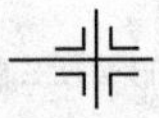	双向推力 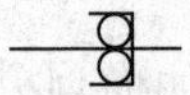	向心推力滚动轴承				

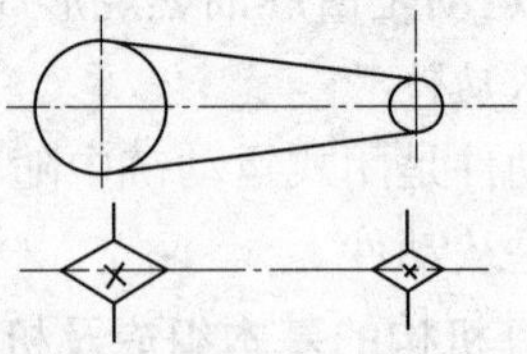

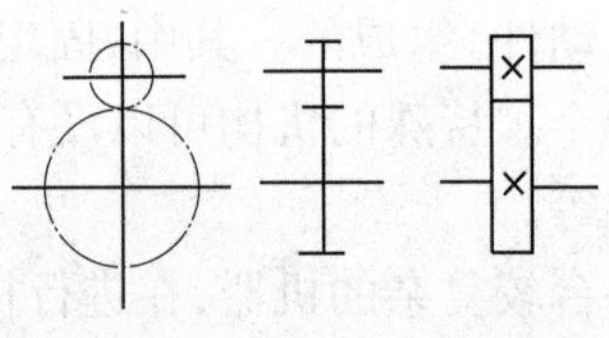

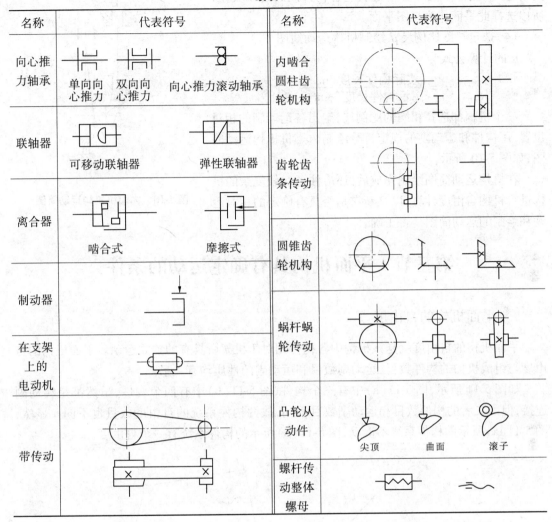

名称	代表符号	名称	代表符号
向心推力轴承	单向向心推力　双向向心推力　向心推力滚动轴承	内啮合圆柱齿轮机构	
联轴器	可移动联轴器　弹性联轴器	齿轮齿条传动	
离合器	啮合式　摩擦式	圆锥齿轮机构	
制动器		蜗杆蜗轮传动	
在支架上的电动机		凸轮从动件	尖顶　曲面　滚子
带传动		螺杆传动整体螺母	

【例 5-1】 绘制图 0-1 所示单缸内燃机的机构运动简图。

解 绘制机构运动简图的步骤如下。

(1)分析机构的结构,分清固定件、主动件和从动件。

内燃机是由连杆机构、齿轮机构和凸轮机构组成的。气缸体作为机架是固定件,活塞是主动件,其余构件都是从动件。

(2)分析机构的运动和运动副。

由主动件开始,按照运动传递顺序,分析各构件间的相对运动性质,确定各运动副的类型。活塞 1 与连杆 2、连杆 2 与曲轴 3、曲轴 3 与机架 8、凸轮 6 与机架 8 之间均为相对转动,构成转动副;活塞 1 与机架 8、气门推杆 7 与机架 8 之间为相对移动,构成移动副;齿轮 4 与齿轮 5、凸轮 6 与气门推杆 7 顶端为点线接触,构成高副。

(3)选择视图平面。

一般应选择多数构件所在的平面或其平行平面作为视图平面,以便清楚地表达各构件间的运动关系。图0-1已清楚表达各构件间的运动关系，所以选择此平面作为视图平面。

（4）选定长度比例尺μ绘制机构运动简图。

μ的计算公式为

$$\mu = \frac{实际构件长度(m)}{图示构件长度(mm)}$$

三个机构都选择相同的比例尺，定出各运动副的相对位置，用构件和运动副的规定符号绘制内燃机机构运动简图，如图5-10所示。

在机构运动简图绘制完成后，还应注意对较复杂的机构进行机构自由度计算，以判断它是否具有确定的相对运动和绘制的运动简图是否正确。

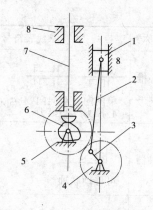

图5-10　内燃机机构运动简图

第三节　平面机构具有确定运动的条件

一、平面机构的自由度

平面机构的自由度就是该机构中各构件相对于机架所具有的独立运动。平面机构的自由度与组成机构的构件数目、运动副数目和运动副的性质均有关系。

如图5-11所示，图5-11（a）中有三个构件，图5-11（b）中有四个构件，虽然都是转动副连接，但因二者的构件数目和运动副数目不同，故两构件系统的自由度数目也不同。显然，图5-11（a）所示的构件系统不能动，图5-11（b）所示的构件系统有一个自由度。

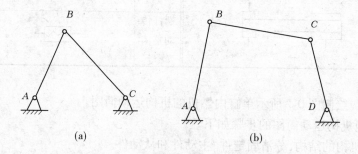

图5-11　构件数目对机构自由度的影响

又如图5-12所示，图5-12（a）、（b）都为三构件系统，但图5-12（a）中是三个转动副，实质上是不能动的，图5-12（b）中是两个转动副和一个高副，就有一个自由度。这是因为它们的运动副性质不同，对运动的约束数也就不相同。

由前述可知，在平面机构中，每一个活动构件在未组成运动副之前，都有三个自由度。当两个构件组成运动副之后，它们的相对运动就受到约束，相应的自由度数就减少了。转动副约束了两个移动的自由度，保留了一个转动的自由度；移动副则是保留了一个方向上的移动自由度，失去了两个自由度；高副则只约束了沿公法线方向的自由度，保留了两个自由度。即在平面机构中，每个低副引入两个约束，使构件失去两个自由度；每个高副引入一个约束，

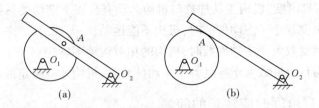

图 5-12 运动副性质对机构自由度的影响

使构件失去一个自由度。

若一个平面机构中共有 N 个构件,则机构中的活动构件数为 $n = N - 1$。未用运动副连接之前,这些活动构件的自由度总数为 $3n$。当用 P_L 个低副与 P_H 个高副连接成机构之后,全部运动副引入的约束总数是 $2P_L + P_H$。活动构件的自由度总数减去运动副引入的约束总数就是该机构的各个构件相对机架独立运动的数目,即为该机构的自由度数 F,可用式(5-1)表示

$$F = 3n - 2P_L - P_H \tag{5-1}$$

二、机构具有确定运动的条件

从式(5-1)可知,机构要能够运动,其自由度必须大于零。通常,机构中的每个主动件具有一个独立运动(如电机的转子具有一个独立转动,内燃机的活塞具有一个独立的移动)。当机构的自由度等于 1 时,需要有一个主动件;当机构的自由度等于 2 时,需要有两个主动件。机构的主动件数等于机构的自由度数,是机构具有确定运动的条件。

由于机构主动件数是给定的已知条件,所以只要计算出机构的自由度数,就可以判断它的运动是否确定。

【例 5-2】 在图 5-1 中,假定 AB 杆为主动件,试判定其是否具有确定运动。

解 在图 5-1 中,共有 2 个活动构件、3 个转动副,式(5-1)得

$$F = 3n - 2P_L - P_H = 3 \times 2 - 2 \times 3 - 0 = 0$$

此结果说明该三构件组合体实际上是不能动的。若在主动件硬性驱动下势必导致系统的破坏。

【例 5-3】 在图 5-2 中,假定 AB 杆为主动件,试判定其是否具有确定运动。

解 在图 5-2 中,共有 4 个活动构件、5 个转动副,由式(5-1)得

$$F = 3n - 2P_L - P_H = 3 \times 4 - 2 \times 5 - 0 = 2$$

计算出的机构自由度数大于给定的主动件数,该机构的各构件间不具有确定的相对运动关系。

【例 5-4】 在图 5-10 所示的内燃机机构运动简图中,活塞 1 为主动件,试判定其是否具有确定运动。

解 在图 5-10 中,曲轴 3 与齿轮 4 固联为同一构件,齿轮 5 和凸轮 6 也是同一构件。该机构共有 5 个活动构件、6 个低副(4 个转动副、2 个移动副)、2 个高副。由式(5-1)得

$$F = 3n - 2P_L - P_H = 3 \times 5 - 2 \times 6 - 2 = 1$$

计算出的机构自由度为 1,与机构给定的主动件数一致,所以机构的运动是完全确定的。

综上所述,机构自由度、机构主动件数与机构运动有着以下密切关系:

(1)当机构自由度数小于主动件数时,机构不能运动;

(2)当机构自由度数大于主动件数时,机构的相对运动不确定;

(3)只有当机构自由度数大于零且等于主动件数时,机构才有确定的相对运动。

三、计算机构自由度时应注意的问题

(一)复合铰链

由三个及以上的构件在同一处用转动副相连即构成复合铰链。如图 5-13(a)所示,三个构件在 A 处构成复合铰链。由其侧视图(见图 5-13(b))可知,这三个构件组成了两个共轴线的转动副。以此推得,当由 k 个构件组成复合铰链时,则应当构成 k−1 个转动副。

在计算机构自由度数时,应仔细观察机构是否有复合铰链存在,以免计算出错。

【例 5-5】 图 5-14 所示为一用于粮食清选的摆筛机的机构简图,试计算其机构自由度。

解 在该机构中,共有 5 个活动构件、7 个转动副(C 处为复合铰链),由式(5-1)得

$$F = 3n - 2P_L - P_H = 3 \times 5 - 2 \times 7 - 0 = 1$$

即该机构的自由度为 1,当其 AB 杆为主动件时,机构的各构件间具有完全确定的运动关系。

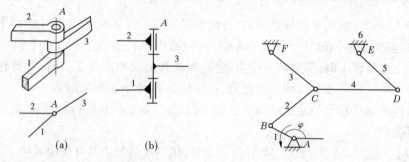

图 5-13　复合铰链　　　　图 5-14　摆筛机的机构简图

(二)局部自由度

机构中出现的一种与输入和输出运动无关的自由度称为局部自由度,在计算机构自由度时应预先排除。如图 5-15(a)所示平面凸轮机构中,凸轮 1 是主动件,通过滚子 3 驱动从动件 2,以一定的运动规律在机架 4 中往复移动。不难看出,在该机构中,无论滚子 3 绕其轴线 C 是否转动或转动快慢,都丝毫不影响凸轮 1 与从动件 2 间的相对运动。因此,滚子 3

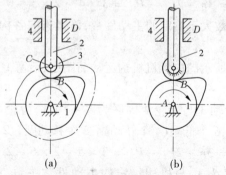

图 5-15　局部自由度

绕其中心的转动是一个局部自由度。在计算机构自由度时,可设想将滚子3与从动件2固连在一起作为一个构件考虑,即消除该局部自由度,成为图5-15(b)的形式。

【例5-6】 在计算图5-15所示带滚子从动件平面凸轮机构的自由度。

解 在该机构中,因 C 处存在局部自由度,将滚子3与从动件2视为同一构件,即先消除局部自由度。机构中共有2个活动构件、2个转动副、1个高副,由式(5-1)得

$$F = 3n - 2P_L - P_H = 3 \times 2 - 2 \times 2 - 1 = 1$$

即该机构自由度为1,与主动件数目相同,机构具有确定的运动关系。

(三)虚约束

在机构中与其他约束重复而不起新的限制运动作用的约束称为虚约束。虚约束在计算机构自由度时应除去不计。

平面机构的虚约束常出现在下述几种情况。

(1)轨迹重合:被连接件上点的轨迹与机构上连接点的轨迹重合时,这种连接将出现虚约束,如图5-16所示机车车轮的联动机构。

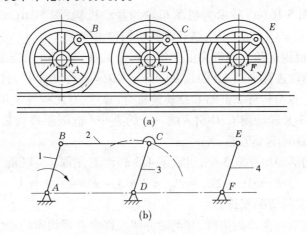

图5-16 轨迹重合的虚约束

(2)转动副轴线重合:两构件组成多个转动副且轴线重合,计算机构自由度数时只计算一个转动副,其余为虚约束。此种情况比较常见,因为轴类零件的支承一般都有两个轴承,如图5-17所示轴的支承。

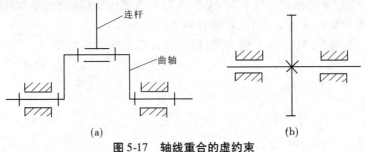

图5-17 轴线重合的虚约束

(3)移动副导路平行:两构件组成多个移动副,其导路均相互平行或重合时,则只有一个移动副起约束作用,其余为虚约束。如图5-18所示的缝纫机引线机构中,针杆3与机架4组成导路重合的2个移动副,计算其自由度时,只能算一个,另一个为虚约束。

（4）机构存在对运动没有影响的对称部分：机构只要存在有对运动不产生影响的对称部分，就一定存在虚约束。如图 5-19 所示的行星轮系中，当构件 1 为主动件时，只要有中心轮 1 和 3、行星轮 2 和行星架 H 存在，机构便有确定的运动关系。行星轮 2′ 和 2″ 的加入，对机构的运动不产生影响，使机构增加了虚约束，计算机构自由度数时应除去。

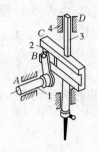 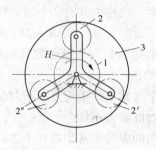

图 5-18　导路重合的虚约束　　　　图 5-19　对称结构的虚约束

【例 5-7】　如图 5-16（a）所示为机车车轮的联动机构，图 5-16（b）为其运动简图。其中，$AB = CD = EF$，$BC = AD$，$CE = DF$，试计算其机构自由度。

解　首先分析机构运动。该机构由于各杆长度关系的特殊性，当主动件 1 绕 A 点转动时，构件 2 上各点的轨迹都是以 AB 的长度（$AB = CD = EF$）为半径，且圆心都在 AF 线上的圆弧，构件 3 上的 C 点与构件 2 上的 C 点轨迹重合。显然，有无构件 3 并不影响机构的运动。即机构中加入构件 3 及转动副 C、D 引入的一个约束并不起限制机构运动的作用，故为虚约束。机构自由度计算时不予考虑。

所以，该机构的活动构件有 3 个，组成了 4 个转动副，由式（5-1）得

$$F = 3n - 2P_L - P_H = 3 \times 3 - 2 \times 4 - 0 = 1$$

此计算结果与实际情况相符。

由此可知，当机构存在虚约束时，其消除办法是将含有虚约束的构件及其组成的运动副去掉。

应当注意，对于虚约束，从机构运动的观点看是多余的，但从增强构件刚度（见图 5-17）、改善机构受力情况（见图 5-19）等方面却是必须的。在实际机械设备中，虚约束随处可见。

综上所述，在计算机构自由度数时，必须考虑是否存在复合铰链、局部自由度和虚约束，并将局部自由度和虚约束除去不计，才能得到正确的结果。

【例 5-8】　如图 5-20（a）所示的大筛机构，试计算机构的自由度。

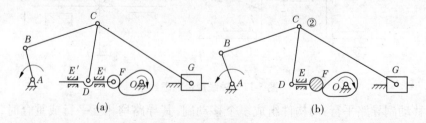

(a)　　　　　　　　　　　　　　(b)

图 5-20　大筛机构

解 首先分析机构运动。机构中的滚子处有一个局部自由度;推杆和机架在 E 和 E' 组成两个导路平行的移动副,其中之一为虚约束;C 处存在复合铰链。现设想将滚子与推杆焊接成一体,去掉移动副 E',并在 C 处注明有两个转动副,如图5-20(b)所示。

由图5-20(b)知,大筛机构应计算活动构件7个、低副9个(7个转动副和2个移动副)、高副1个。式(5-1)得

$$F = 3n - 2P_L - 2P_H = 3 \times 7 - 2 \times 9 - 1 = 2$$

此机构的自由度等于2,说明应有2个主动件。

四、计算机构自由度的实用意义

(一)判定机构运动设计方案是否合理

对于我们在机械创新设计中制定出的任何平面机构或其组合的运动方案设计,都可以根据式(5-1)计算所得的自由度来检验主动件的选择是否合理,主动件的数目是否正确,从而判断机构是否具有运动的确定性,进而得出其运动方案设计是否合理的结论。

(二)改进不合理的运动方案,使其具有确定的相对运动

(1)如图5-21(a)所示为一简易冲床设计方案简图,计算得机构的自由度 $F = 0$,设计不合理。这时,在冲头4与构件3连接处 C 增加一滑块及一移动副即可解决问题,如图5-21(b)所示。改进后的机构自由度 $F = 1$,其原因是机构增加一活动构件有三个自由度,但一个移动副只引入两个约束,机构实际上增加了一个自由度,从而改变了原来不能运动的状况,使设计方案合理。所以,当出现设计方案的机构自由度 $F = 0$,而设计要求机构具有一个自由度时,一般可在该机构的适当位置用增加一个活动构件和一个低副的办法来解决。

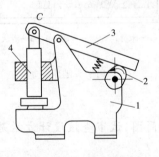
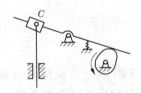

(a)改进前设计方案简图   (b)改进后设计方案简图

图5-21 简易冲床设计方案简图

(2)对于设计方案中运动不确定的构件系统,可采用增加约束或增加主动件的方法使其运动确定。如图5-2所示五构件系统,计算得 $F = 2$,当仅取构件1为主动件时,运动是不确定的。一般可在转动副 C 处增加一杆件构成复合铰链,其另一端与机架铰接,从而使机构具有确定的相对运动。也可以用增加主动件,将构件4也定为主动件,使机构的主动件数与机构的自由度数相等,同样可达到使机构具有确定运动的目的。

(三)判断测绘的机构运动简图是否正确

通过计算所测绘机构的自由度数,与实际机构主动件数是否相等,可判定其运动的确定性和测绘的机构运动简图的正确性。

思考题与习题

5-1 何谓运动副？何谓低副和高副？平面机构中的低副和高副各引入几个约束？

5-2 何谓机构运动简图？试绘制生活中接触的机械对象的机构运动简图。

5-3 机构的基本组成中有哪几种构件？

5-4 何谓机构自由度？如何计算？

5-5 平面机构具有确定运动的条件是什么？

5-6 举例说明何谓复合铰链、局部自由度和虚约束。

5-7 如图5-22(a)、(b)所示分别为颚式破碎机、牛头刨床的结构简图。试绘制各机构运动简图，并计算机构自由度(图中标箭头的构件为主动件)。

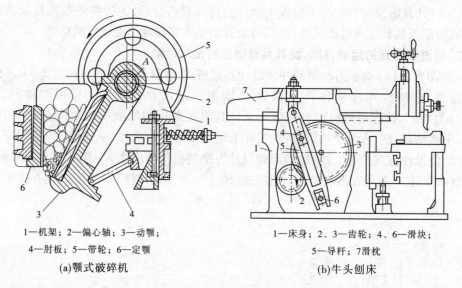

1—机架；2—偏心轴；3—动颚；
4—肘板；5—带轮；6—定颚

(a)颚式破碎机

1—床身；2、3—齿轮；4、6—滑块；
5—导杆；7滑枕

(b)牛头刨床

图 5-22

5-8 如图5-23所示为小型压力机的设计方案简图，试审查该设计方案是否合理？如不合理，试绘出合理的设计方案简图。

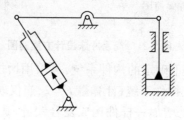

图 5-23

5-9 计算图5-24所示各机构的自由度，并判断机构的运动是否确定(图中标有箭头的构件为主动件)。

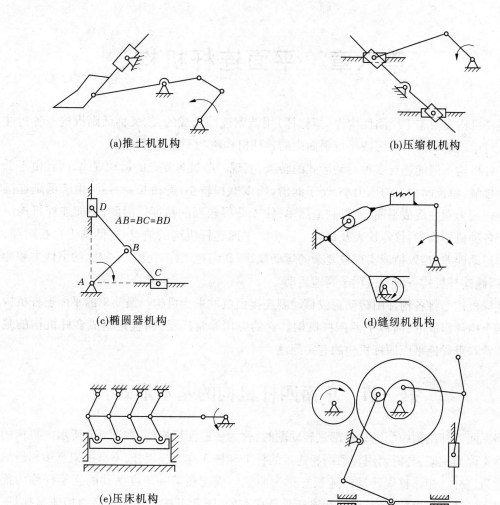

(a)推土机机构

(b)压缩机机构

(c)椭圆器机构

$AB=BC=BD$

(d)缝纫机机构

(e)压床机构

(f)冲压机构

图 5-24

第六章　平面连杆机构

连杆机构是由若干个刚性构件(简称杆)用低副连接而成的,故又称低副机构。各构件间的相对运动均在同一平面或平行平面内的连杆机构称为平面连杆机构。

连杆机构不但能进行多种运动形式的转换,实现一些较为复杂的运动规律,而且由于低副为面接触,单位面积上的压力小,便于润滑,所以磨损较小,寿命长。另外,由于低副连接的接触表面为圆柱面或平面,所以制造简单,便于获得较高的精度。因此,平面连杆机构广泛用于各种机器设备、仪器仪表及日常生活中。平面连杆机构的缺点是:低副中存在间隙,会引起运动误差,难以精确实现较复杂的运动规律;在高速工作时会产生较大的惯性力和冲击力,因此连杆机构一般不适用于高速运动。

连杆机构是将各构件用转动副或移动副连接而成的平面机构。最简单的平面连杆机构是由四个构件组成的,简称平面四杆机构。它的应用非常广泛,而且是组成多杆机构的基础。本章着重讨论平面四杆机构的有关问题。

第一节　平面四杆机构的基本形式

当平面四杆机构中的运动副都是转动副时,称为铰链四杆机构,如图 6-1 所示。机构的固定件 4 称为机架,与机架用转动副相连接的杆 1 和杆 3 称为连架杆,不与机架直接相连的杆 2 称为连杆。能作整周转动的连架杆称为曲柄。仅能在某一角度摆动的连架杆称为摇杆。对于铰链四杆机构来说,机架和连杆总是存在的,因此可按照连架杆是曲柄还是摇杆,将铰链四杆机构分为三种基本类型:曲柄摇杆机构、双曲柄机构和双摇杆机构。

一、曲柄摇杆机构

在铰链四杆机构中,如果有一个连架杆作整周运动而另一连架杆作摇动,则该机构称为曲柄摇杆机构。曲柄摇杆机构可以实现定轴转动与定轴摆动之间的运动及动力传递。

曲柄摇杆机构一般多以曲柄为主动件且作等速转动,摇杆为从动件作往复摆动。如图 6-2 所示为雷达天线调整机构

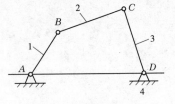

图 6-1　铰链四杆机构

原理图,机构由构件 AB、BC 和固连有天线的 CD 及机架 DA 组成,构件 AB 可作整圈的转动,为曲柄;天线 3 作为机构的另一连架杆可作一定范围的摆动,为摇杆;随着曲柄的缓缓转动,天线仰角得到改变。再如图 6-3 所示汽车刮雨器,随着电动机带着曲柄 AB 转动,刮雨胶与摇杆 CD 一起摆动,完成刮雨功能。图 6-4 所示搅拌器,随电动机带动曲柄 AB 转动,搅拌爪与连杆一起作往复摆动,实现搅拌功能。

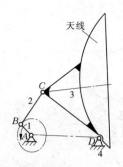

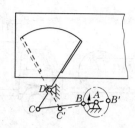

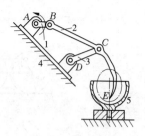

图 6-2　雷达天线调整机构　　　　图 6-3　汽车刮雨器　　　　图 6-4　搅拌器
　　　　　　原理图

二、双曲柄机构

在铰链四杆机构中,若两个连架杆均能作整周运动,则该机构称为双曲柄机构。双曲柄机构可以实现定轴转动与定轴转动之间的运动及动力传递。

在双曲柄机构中,若两曲柄的长度不等,如图 6-5 所示,就必然有主动曲柄 AB 等速回转一周,从动曲柄 CD 变速回转一周。使筛子 6 具有适当的加速度,从而利用被筛物料的惯性达到分筛的目的。

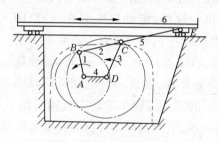

图 6-5　惯性筛工作机构

当两曲柄的长度相等且平行布置时,称为平行双曲柄机构,如图 6-6(a)所示,其特点是两曲柄转向相同,转速相等,且连杆始终作平动,因而应用广泛。火车驱动轮联动机构利用了同向等速的特点,路灯检修车的载人升斗利用了平动的特点,如图 6-7(a)、(b)所示。

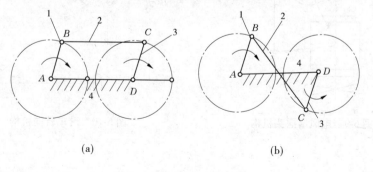

(a)　　　　　　　　　　　　　　(b)

图 6-6　平行双曲柄机构

对于两个曲柄长度相等、转向相反,且连杆与机架的长度也相等的双曲柄机构,称为反双曲柄机构。如图 6-6(b)所示的车门启闭机构,两曲柄 AB、CD 反向不等速,达到两车门同时开启和关闭的目的。

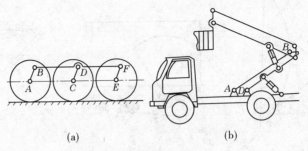

图 6-7 平行双曲柄机构的应用

三、双摇杆机构

两连架杆均只能作定轴摇动的铰链四杆机构称为双摇杆机构。如图 6-8 所示为港口用鹤式起重机。其中，ABCD 构成双摇杆机构，AD 为机架，在主动摇杆 AB 的驱动下，随着机构的运动，连杆 BC 的外伸端点 M 获得近似直线的水平运动，使吊重 Q 能作水平移动而大大节省了移动吊重所需要的功率。图 6-9 所示为电风扇摇头机构原理，电动机安装在摇杆 AB 上，蜗轮作为连杆 BC，构成双摇杆机构 ABCD。电动机转动时，其轴上的蜗杆带动蜗轮，迫使连杆 BC 绕 C 点转动，使摇杆 AB 带动电动机及扇叶一起摆动，实现一台电动机同时驱

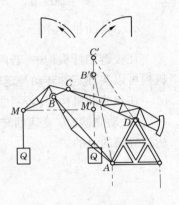

图 6-8 港口用鹤式起重机

动扇叶和摇头。图 6-10 所示的汽车偏转车轮转向机构采用了等腰梯形双摇杆机构。该机构的两根摇杆 AB、CD 是等长的，适当选择两摇杆的长度可以使汽车在转弯时两转向轮轴线近似相交于其他两轮轴线延长线某点 P，汽车整车绕瞬时中心 P 点转动，获得各轮子相对于地面作近似的纯滚动，以减少转弯时轮胎的磨损。

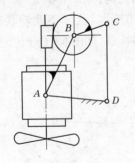

图 6-9 电风扇摇头机构

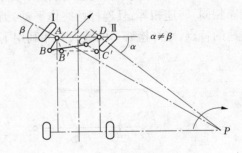

图 6-10 汽车转向机构

第二节 铰链四杆机构的演化

在实际机械中，平面连杆机构的类型是多种多样的，但其中绝大多数是在铰链四杆机构

的基础上发展和演化而成的。

一、曲柄滑块机构

如图6-11(a)所示的曲柄摇杆机构中,摇杆3上C点的轨迹是以D为圆心、摇杆3的长度L_3为半径的圆弧。如将转动副D扩大,使其半径等于L'_3,并在机架上按C点的近似轨迹做成一弧形槽,摇杆3做成与弧形槽相配的弧形块,如图6-11(b)所示。此时,虽然转动副D的外形改变,但机构的运动特性并没有改变。若将弧形槽的半径增至无穷大,则转动副D的中心移至无穷远处,弧形槽变为直槽,转动副D则转化为移动副,构件3由摇杆变成了滑块,于是曲柄摇杆机构就演化为曲柄滑块机构,如图6-11(c)所示。此时,滑块导路中心线不通过曲柄回转中心,故称为偏置曲柄滑块机构,曲柄转动中心至滑块导路中心线的垂直距离称为偏距e。当滑块导路中心线通过曲柄转动中心A时(即$e=0$),称为对心曲柄滑块机构,如图6-11(d)所示。

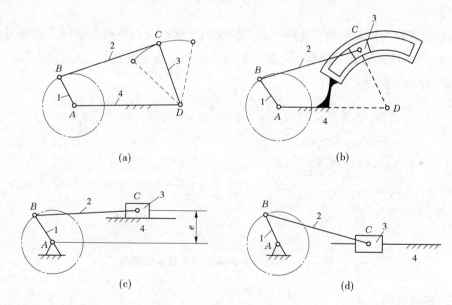

(a)   (b)

(c)   (d)

图6-11   曲柄滑块机构的演化

二、曲柄滑块机构内部演化

(一)导杆机构

导杆机构可以看做是在曲柄滑块机构中选取不同构件为机架演化而成的。如图6-12(a)所示为曲柄滑块机构,如将其中的曲柄1作为机架,连杆2作为主动件,则连杆2和构件4将分别绕铰链B和A作转动,如图6-12(b)所示,若$AB<BC$,则杆2和杆4均可作整周回转,故称为转动导杆机构。若$AB>BC$,则杆4只能作往复摆动,故称为摆动导杆机构。

(二)摇块机构

在图6-12(a)所示的曲柄滑块机构中,若取杆2为固定件,即可得图6-12(c)所示的摆

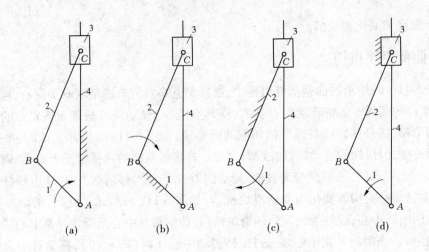

图 6-12　曲柄滑块机构向导杆机构的演化

动滑块机构,或称为摇块机构。这种机构广泛应用于摆动式内燃机和液压驱动装置内。如图 6-13(a)、(b)所示自卸卡车翻斗机构及其运动简图。在该机构中,因为液压油缸 3 绕铰链 C 摆动,故称为摇块。

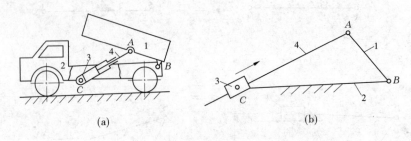

图 6-13　自卸卡车翻斗机构及其运动简图

(三)定块机构

在图 6-12(a)所示曲柄滑块机构中,若取滑块 3 为固定件,即可得图 6-12 (d)所示的固定滑块机构或称定块机构。这种机构常用于抽水唧筒等机构中,如图 6-14 所示。

三、偏心轮机构

如图 6-15(a)所示为偏心轮机构。构件 1 为圆盘,其几何中心为 B。因运动时该圆盘绕偏心 A 转动,故称偏心轮。A、B 之间的距离 e 称为偏距。按照相对运动关系,可画出该机构的运动简图,如图 6-15 (b)所示。由图可知,偏心轮是转动副 B 扩大到包括转动副 A 而形成的,偏距 e 即是曲柄的长度。

当曲柄长度很小时,通常都把曲柄做成偏心轮,这样不仅增大了轴颈的尺寸,提高偏心轴的强度和刚度,而且当轴颈位于中部时,还可以安装整体式连杆,使结构简化。因此,偏心轮广泛应用于传力较大的剪床、冲床、颚式破碎机、内燃机等机械中。

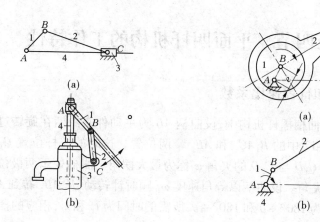

图 6-14 定块机构及其应用　　　　图 6-15 偏心轮机构

第三节 铰链四杆机构曲柄存在的条件

铰链四杆机构的三种基本类型的区别在于机构中是否存在曲柄,存在几个曲柄。机构中是否存在曲柄与各构件相对尺寸的大小以及哪个构件作机架有关。可以证明,铰链四杆机构中存在曲柄的条件如下所述。

条件一:最短杆与最长杆长度之和≤其余两杆长度之和。

条件二:连架杆或机架中至少有一个是最短杆。

条件一简称杆长和条件,条件二简称最短杆条件。

铰链四杆机构基本类型的判别准则如下:

(1)满足条件一但不满足条件二的是双摇杆机构;

(2)满足条件一而且最短杆为机架的是双曲柄机构;

(3)满足条件一而且最短杆为连架杆的是曲柄摇杆机构;

(4)不满足条件一的是双摇杆机构。

【例6-1】 铰链四杆机构 $ABCD$ 如图 6-16 所示,$AB = 30$,$BC = 50$,$CD = 55$,$AD = 20$。根据铰链四杆机构基本类型的判别准则,说明分别以各杆为机架时属于何种机构。

解 已知最短杆为 $AD = 20$,最长杆为 $CD = 55$,其余两杆 $AB = 30$,$BC = 50$。

由于

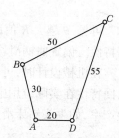

$$L_{min} + L_{max} = AD + CD = 20 + 55 = 75$$

其余两杆长度之和 $= AB + BC = 30 + 50 = 80$

$75 < 80$,$L_{min} + L_{max} <$ 其余两杆长度之和

故满足曲柄存在的条件一。

图 6-16 铰链四杆机构

(1)以 AB 或 CD 为机架时,即最短杆 AD 为连架杆,故为曲柄摇杆机构。

(2)以 BC 为机架时,即最短杆为连杆,故机构为双摇杆机构。

(3)以 AD 为机架时,即以最短杆为机架,机构为双曲柄机构。

第四节　平面四杆机构的工作特性

一、急回特性和行程速比系数

在图 6-17 所示的曲柄摇杆机构中,设曲柄 AB 为主动件。曲柄在旋转过程中每周有两次与连杆重叠,如图 6-17 中的 B_1AC_1 和 AB_2C_2 两位置。这时的摇杆位置 C_1D 和 C_2D 称为极限位置,简称极位。C_1D 与 C_2D 的夹角 φ 称为最大摆角。曲柄处于两极位 AB_1 和 AB_2 所夹的锐角 θ 称为极位夹角。设曲柄以等角速度 ω_1 顺时针转动,从 AB_1 转到 AB_2 和从 AB_2 转到 AB_1 所经过的角度为 $180° + \theta$ 和 $180° - \theta$,所需的时间为 t_1 和 t_2,相应的摇杆上 C 点经过的路线为 $\overset{\frown}{C_1C_2}$ 和 $\overset{\frown}{C_2C_1}$,C 点的线速度为 v_1 和 v_2,显然有 $t_1 > t_2$,$v_1 < v_2$。这种返回速度大于推进速度的现象称为急回特性,通常用 v_2 与 v_1 的比值 K 来描述急回特性,K 称为行程速比系数,即

$$K = \frac{v_2}{v_1} = \frac{\overset{\frown}{C_2C_1}/t_2}{\overset{\frown}{C_1C_2}/t_1} = \frac{t_1}{t_2} = \frac{180° + \theta}{180° - \theta} \tag{6-1}$$

或

$$\theta = 180° \frac{K - 1}{K + 1} \tag{6-2}$$

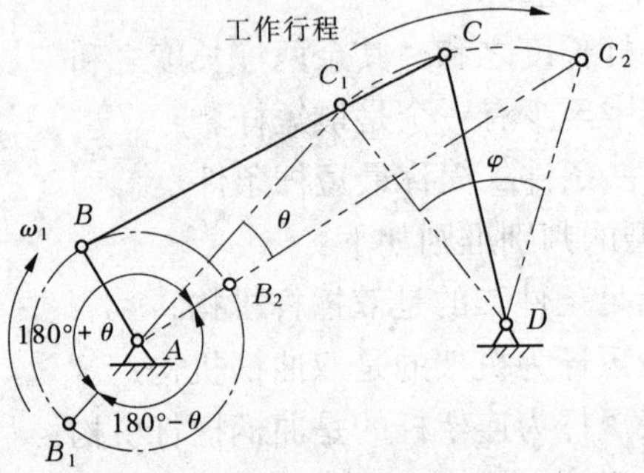

图 6-17　曲柄摇杆机构的运动特性

可见,θ 越大 K 值就越大,急回特性就越明显。对心曲柄滑块机构中,$\theta = 0$,所以没有急回特性。偏置曲柄滑块机构中,$\theta \neq 0$,所以有急回特性。

在机械设计时,可根据需要先设定 K 值,然后算出 θ 值,再由此计算各构件的长度尺寸。急回特性在实际应用中广泛用于单向工作的场合,使空回程所花的非生产时间缩短以提高生产率,如牛头刨床滑枕的运动。

二、压力角和传动角

在工程应用中,连杆机构除要满足运动要求外,还应具有良好的传力性能,以减小结构尺寸和提高机械效率。下面在不计重力、惯性力和摩擦作用的前提下,分析曲柄摇杆机构的传力特性。如图 6-18 所示,主动曲柄的动力通过连杆作用于摇杆上的 C 点,驱动力 F 必然沿 BC 方向,将 F 分解为切线方向和径向方向两个分力 F_t 和 F_r,切向分力 F_t 与 C 点的运动方向 v_c 同向。由图 6-18 知

$$F_t = F\cos\alpha \quad \text{或} \quad F_t = F\sin\gamma$$
$$F_r = F\sin\gamma \quad \text{或} \quad F_r = F\cos\alpha$$

α 角是 F_t 与 F 的夹角,称为机构的压力角,即驱动力 F 与 C 点的速度 v_C 所夹的锐角。α 随机构位置的不同有不同的值。它表明了在驱动力 F 不变时,推动摇杆摆动的有效分力 F_t 的变化规律,α 越小,F_t 就越大。

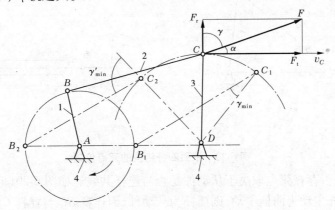

图 6-18　曲柄摇杆机构的压力角和传动角

压力角 α 的余角 γ 是连杆与摇杆所夹的锐角,称为传动角。由于 γ 更便于观察,所以通常用来检验机构的传力性能。传动角 γ 随机构的不断运动而相应变化,为保证机构有较好的传力性能,应控制机构的最小传动角 γ_{min}。一般可取 $\gamma_{min} \geqslant 40°$,重载高速场合取 $\gamma_{min} \geqslant 50°$。曲柄摇杆机构的最小传动角出现在曲柄与机架共线的两个位置之一,如图 6-18 所示的 B_1 点或 B_2 点位置。

偏置曲柄滑块机构以曲柄为主动件,滑块为工作件,传动角 γ 为连杆与导路垂线所夹的锐角,如图 6-19 所示。最小传动角 γ_{min} 出现在曲柄垂直于导路时的位置,并且位于与偏距方向相反的一侧。对于对心曲柄滑块机构,即偏距 $e = 0$ 的情况,显然其最小传动角 γ_{min} 出现在曲柄垂直于导路时的位置。

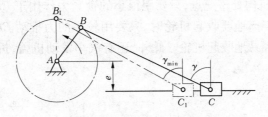

图 6-19　曲柄滑块机构的传动角

对于以曲柄为主动件的摆动导杆机构,因为滑块对导杆的作用力始终垂直于导杆,其传动角 γ 恒为 $90°$,即 $\gamma = \gamma_{min} = \gamma_{max} = 90°$,表明导杆机构具有最好的传力性能。

三、死点

从 $F_t = F\cos\alpha$ 可知,当压力角 $\alpha = 90°$ 时,对从动件的作用力或力矩为零,此时连杆不能驱动从动件工作。机构处在的这种位置称为死点,又称止点。如图 6-20(a)所示的曲柄摇杆机构,当从动曲柄 AB 与连杆 BC 共线时,出现压力角 $\alpha = 90°$,传动角 $\gamma = 0°$。如图 6-20(b)所示的曲柄滑块机构,如果以滑块为主动件,则当从动曲柄 AB 与连杆 BC 共线时,外力 F 无法推动从动曲柄转动。机构处于死点位置,一方面驱动力作用降为零,从动件要依靠惯性越过死点;另一方面是方向不定,可能因偶然外力的影响而造成反转。

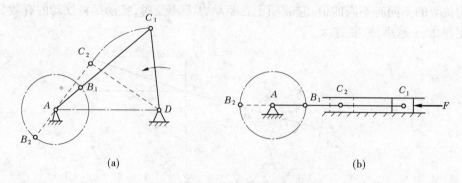

(a) (b)

图 6-20 平面四杆机构的死点位置

四杆机构是否存在死点取决于从动件是否与连杆共线。如图 6-20(a)所示的曲柄摇杆机构,如果改摇杆主动为曲柄主动,则摇杆为从动件,因连杆 BC 与摇杆 CD 不存在共线的位置,故不存在死点。如图 6-20(b)所示的曲柄滑块机构,如果改曲柄为主动,就不存在死点。

死点的存在对机构运动是不利的,应尽量避免出现死点。当无法避免出现死点时,一般可以采用加大从动件惯性的方法,靠惯性帮助通过死点,如内燃机曲轴上的飞轮。也可以采用机构错位排列的方法,靠两组机构死点位置差的作用通过各自的死点。

在实际工程应用中,有许多场合是利用死点位置来实现一定工作要求的。如图 6-21(a)所示为一种快速夹具,要求夹紧工件后夹紧反力不能自动松开夹具,所以将夹头构件 1 看成主动件,当连杆 2 和从动件 3 共线时,机构处于死点,夹紧反力 F' 对摇杆 3 的作用力矩为零。这样,无论 F' 有多大,也无法推动摇杆 3 而松开夹具。当我们用手搬动连杆 2 的延长部分时,因主动件的转换破坏了死点位置而轻易地松开工件。如图 6-21(b)所示为飞机起落架处于放下机轮的位置,地面反力作用于机轮上使构件 AB 为主动件,从动件 CD 与连杆 BC 成一直线,机构处于死点,只要用很小的锁紧力作用于 CD 杆即可有效地保持着支承状态。当飞机升空离地要收起机轮时,只要用较小的力推动 CD 杆,因主动件改为 CD 杆破坏了死点位置而轻易地收起机轮。此外,还有汽车发动机盖、折叠桌、折叠椅等都是利用死点。

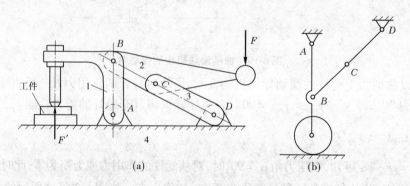

(a) (b)

图 6-21 机构死点位置的应用

第五节　平面四杆机构运动设计简介

平面四杆机构的设计主要是根据使用要求选定机构的形式，并确定机构中各构件的尺寸。这种设计一般可以归纳为两类：实现预期的运动规律和实现给定的运动轨迹。

四杆机构的设计方法有图解法、实验法、解析法三种。图解法直观、简便但精确度不高；实验法简便但不实用；解析法精确但计算量大，结合计算机辅助设计，既精确，又迅速，是设计方法的新方向。本节仅介绍图解法。

一、按给定的连杆长度和位置设计平面四杆机构

下面通过例题说明按给定的连杆长度和位置设计平面四杆机构的方法和步骤。

【例6-2】　已知连杆 BC 的长度和依次占据的三个位置 B_1C_1、B_2C_2、B_3C_3，如图 6-22 所示。求满足上述条件的铰链四杆机构的其他各杆件的长度和位置。

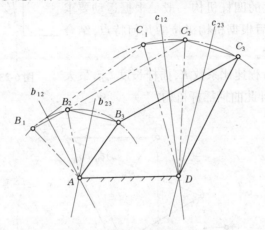

图 6-22　按连杆的三个预定位置设计四杆机构

解　显然 B 点的运动轨迹是由 B_1、B_2、B_3 三点所确定的圆弧，C 点的运动轨迹是由 C_1、C_2、C_3 三点所确定的圆弧，分别找出这两段圆弧的圆心 A 和 D，此时机架 AD 已定，连架杆 CD 和 AB 也已定，即完成该四杆机构的设计。具体步骤如下：

（1）确定比例尺，画出给定连杆的三个位置。实际机构往往要通过缩小或放大比例后才便于作图设计，应根据实际情况选择适当的比例尺 μ。

（2）连接 B_1B_2、B_2B_3，分别作直线段 B_1B_2 和 B_2B_3 的垂直平分线 b_{12} 和 b_{23}，此两垂直平分线的交点 A 即为所求 B_1、B_2、B_3 三点所确定圆弧的圆心。

（3）连接 C_1C_2、C_2C_3，分别作直线段 C_1C_2 和 C_2C_3 的垂直平分线 c_{12} 和 c_{23}，此两垂直平分线的交点 D 即为所求 C_1、C_2、C_3 三点所确定圆弧的圆心。

（4）以 A 点和 D 点作为连杆铰链中心，分别连接 AB_3、B_3C_3、C_3D（图中粗实线）即得所求四杆机构。从图中量得各杆的长度再乘以比例尺，就得到实际结构的长度尺寸。

在实际工程中，有时只对连杆的两个极限位置提出要求。这样一来，要设计满足条件的四杆机构就会有很多种结果，这时应该根据实际情况提出附加条件。

【例6-3】 如图6-23所示的加热炉门启闭机构,图中Ⅰ为炉门关闭位置,使用要求在完全开启时后门背朝上水平放置并略低于炉口下沿,见图中Ⅱ位置。试设计该四杆机构。

解 把炉门看做连杆 BC,已知的两个位置 B_1C_1 和 B_2C_2,B 和 C 已成为两个铰点,分别作直线段 B_1B_2、C_1C_2 的垂直平分线得 b_{12} 和 c_{12},另外两铰点 A 和 D 就在这两根垂直平分线上。为确定 A、D 的位置,根据实际安装需要,希望 A、D 两铰链均安装在炉的正壁面上,即图中 yy 位置,yy 直线与垂直平分线 b_{12} 和 c_{12} 的交点 A 和 D 即为所求。

二、按给定的行程速比系数设计四杆机构

设计具有急回特性的四杆机构一般是根据运动要求选定行程速比系数,然后根据机构极位的几何特点,结合其他辅助条件进行设计。

【例6-4】 已知行程速比系数 K,摇杆长度 l_{CD},最大摆角 φ,请用图解法设计此曲柄摇杆机构。

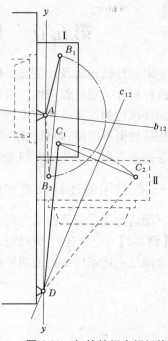

图6-23 加热炉门启闭机构

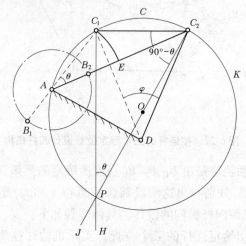

图6-24 按行程速比系数设计四杆机构

解 设计过程如图6-24所示,具体步骤为:

(1)由行程速比系数 K 计算极位角 θ。由式(6-2)知

$$\theta = 180° \frac{K-1}{K+1}$$

(2)选择合适的比例尺,作图求摇杆的极限位置。取摇杆长度 l_{CD} 除以比例尺 μ 得图中摇杆长 CD,以 CD 为半径、任定点 D 为圆心、任定点 C_1 为起点作圆弧 C,连接 D 点和 C_1 点得线段 C_1D 为摇杆的一个极限位置,过 D 点作与 C_1D 夹角等于最大摆角 φ 的射线交圆弧于 C_2 点,得到摇杆的另一个极限位置 C_2D。

（3）求曲柄铰链中心。过 C_1 点在 D 点同侧作 C_1C_2 的垂线 H，过 C_2 点在 D 点同侧作与直线段 C_1C_2 夹角为 $90° - \theta$ 的直线 J 交直线 H 于点 P，连接 C_2P，在直线段 C_2P 上截取 $C_2P/2$ 得点 O，以 O 点为圆点、OP 为半径，画圆 K，在 $\overset{\frown}{C_1C_2}$ 段以外在 K 上任取一点 A 为铰链中心。

（4）求曲柄和连杆的铰链中心。连接 A、C_2 点得直线段 AC_2 为曲柄与连杆长度之和，以 A 点为圆心、AC_1 为半径作弧交 AC_2 于点 E，可以证明曲柄长度 $AB = C_2E/2$，于是以 A 点为圆心、$C_2E/2$ 半径画弧交 AC_2 于点 B_2，即为曲柄与连杆的铰链中心。

（5）计算各杆的实际长度。分别量取图中 AB_2、AD、B_2C_2 的长度，计算得：

曲柄长 $l_{AB} = \mu AB_2$

连杆长 $l_{BC} = \mu B_2C_2$

机架长 $l_{AD} = \mu AD$

思考题与习题

6-1 铰链四杆机构按运动形式可分为哪三种类型？各有什么特点？试举出它们的应用实例。

6-2 铰链四杆机构中曲柄有的条件是什么？

6-3 机构的急回特性有何作用？判断四杆机构有无急回特性的依据是什么？

6-4 图 6-25 所示的铰链四杆机构中，各构件的长度已知，问分别以 a、b、c、d 为机架时，各得什么类型的机构？

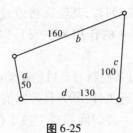

图 6-25

第七章 凸轮机构

凸轮是一种具有曲线轮廓或凹槽的构件，它通过与从动件的高副接触，在运动时可以使从动件获得连续或不连续的任意预期运动。本章仅讨论凸轮与从动件作平面运动的凸轮机构（称为平面凸轮机构），重点研究尖顶、滚子从动件盘形凸轮机构的设计计算等问题。

第一节 凸轮机构的应用及分类

凸轮机构是由凸轮、从动件、机架及附属装置组成的一种高副机构。其结构简单，只要设计出适当的凸轮轮廓曲线，就可以使从动件实现任何预期的运动规律。由于是高副机构，接触应力较大，易于磨损，因此多用于小荷载的控制或调节机构中。

一、凸轮机构的应用

凸轮是一个具有曲线轮廓的构件，通常作连续的等速转动、摆动或移动。从动件在凸轮轮廓的控制下，按预定的运动规律作往复移动或摆动。

在各种机器中，为了实现各种复杂的运动要求，广泛地使用着凸轮机构。图 7-1 所示为内燃机配气凸轮机构，凸轮 1 作等速回转，其轮廓将迫使从动件 2 作往复摆动，从而使气门 3 开启和关闭（关闭时借助于弹簧 4 的作用来实现），以控制可燃物质进入气缸或使废气排出。

如图 7-2 所示为自动机床中用来控制刀具进给运动的凸轮机构。刀具的一个进给运动循环包括：①刀具以较快的速度接近工件；②刀具等速前进来切削工件；③完成切削动作后，刀具快速退回；④刀具复位后停留一段时间等待更换工件等动作。这样一个复杂的运动规律是由一个作等速回转运动的圆柱凸轮通过摆动从动件来控制实现的。其运动规律完全取决于凸轮凹槽曲线形状。

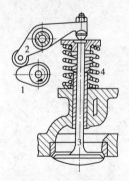

图 7-1　内燃机配气凸轮机构

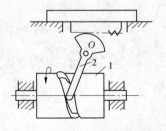

图 7-2　进给运动的凸轮机构

二、凸轮机构的分类

凸轮机构的种类很多,可从以下几个不同的角度进行分类。

(一)按凸轮的形状分类

1. 盘形凸轮

如图 7-1 所示,盘形凸轮是一个具有变化向径的盘形构件,当凸轮绕固定轴转动时,可推动从动件在垂直于凸轮轴的平面内运动。

2. 移动凸轮

如图 7-3 所示,当盘状凸轮的径向尺寸为无穷大时,凸轮作往复移动,称为移动凸轮。当移动凸轮作直线往复运动时,将推动从动件在同一平面内作上下的往复运动。有时,也可以将凸轮固定,而使从动件相对于凸轮移动(如靠模车削机构)。

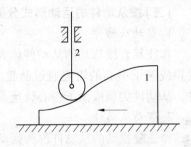

图 7-3　移动凸轮

3. 圆柱凸轮

如图 7-2 所示,圆柱凸轮是在圆柱端面上作出曲线轮廓或在圆柱面上开出曲线凹槽。当其转动时,可使从动件在与圆柱凸轮轴线平行的平面内运动。这种凸轮可以看成是将凸轮卷绕在圆柱上形成的。

由于前两类凸轮运动平面与从动件运动平面平行,故称平面凸轮机构;圆柱凸轮与从动件的相对运动为空间运动,称为空间凸轮。

(二)按从动件的形状分类

根据从动件与凸轮接触处结构形式的不同,从动件可分为以下三类。

1. 尖顶从动件

尖顶从动件结构简单,但尖顶易于磨损(接触应力很高),故只适用于传力不大的低速凸轮机构中,如图 7-4(a)、(b)、(f)所示。

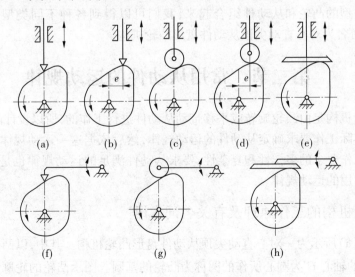

(a)　　(b)　　(c)　　(d)　　(e)

(f)　　　　(g)　　　　(h)

图 7-4　从动件分类

2. 滚子从动件

由于这种从动件滚子与凸轮间为滚动摩擦,所以不易磨损,可以实现较大动力的传递,应用最为广泛,如图7-4(c)、(d)、(g)所示。

3. 平底从动件

这种从动件与凸轮间的作用力方向不变,受力平稳,如图7-4(e)、(h)所示,而且在高速情况下,凸轮与平底间易形成油膜从而减小摩擦与磨损。其缺点是:不能与具有内凹轮廓的凸轮配对使用,而且也不能与移动凸轮和圆柱凸轮配对使用。

(三)按从动件的运动形式分类

1. 直动从动件

作往复直线移动的从动件称为直动从动件,如图7-4(a)~(e)所示。若直动从动件的尖顶或滚子中心的轨迹通过凸轮的轴心,则称为对心直动从动件,否则称为偏置直动从动件。从动件尖顶或滚子中心轨迹与凸轮轴心间的距离 e 称为偏距。

2. 摆动从动件

作往复摆动的从动件称为摆动从动件,如图7-4(f)、(g)、(h)所示。

(四)按凸轮与从动件保持高副接触的方法(锁合)分类

凸轮机构是通过凸轮的转动而带动从动件运动的,那么必须采用一定的方式、手段使从动件和凸轮始终保持接触,从动件才能随凸轮转动完成预定的运动规律。常用的方法有以下两类。

(1)力锁合:在这类凸轮机构中,主要利用重力、弹簧力或其他外力使从动件与凸轮始终保持接触,如前述气门凸轮机构。

(2)几何锁合:也叫形锁合,在这类凸轮机构中,是依靠凸轮和从动件的特殊几何形状来保持两者的接触,如图7-5所示。

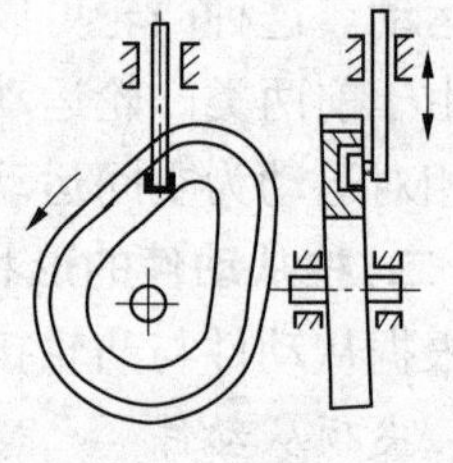

图7-5 几何锁合的凸轮机构

将不同类型的凸轮和从动件组合起来,我们可以得到各种不同类型的凸轮机构。如图7-4(a)可命名为对心直动尖顶从动件盘形凸轮机构。

第二节 常用从动件的运动规律

由于凸轮机构是由凸轮旋转或平移带动从动件进行工作的,所以设计凸轮机构时,首先就是要根据实际工作要求确定从动件的运动规律,然后依据这一运动规律设计出凸轮轮廓曲线。由于工作要求的多样性和复杂性,要求从动件满足的运动规律也是各种各样的。本节介绍几种常用的运动规律。

一、凸轮机构的工作原理及有关名词术语

如图7-6(a)所示为一对心直动尖顶从动件盘形凸轮机构。其中,以凸轮最小向径 r_b 为半径、以凸轮的轴心 O 为圆心所作的圆称为凸轮的基圆。图示凸轮的轮廓由 AB、BC、CD 及 DA 四段曲线所组成,而且 AB 和 CD 两段为圆弧,A 点为基圆与凸轮轮廓的切点。如图7-6所示,当从动件与凸轮轮廓在 A 点接触时,从动件尖端处于最低位置。当凸轮以等角速度 ω

沿顺时针方向转动时,从动件首先与凸轮轮廓线的 AB 段圆弧接触,此时从动件在最低位置静止不动,凸轮相应的转角 φ_{01} 称为近休止角(也称近休运动角)。当凸轮继续转动时,从动件与凸轮轮廓线的 BC 段接触,从动件将由最低位置 A 被推到最高位置 E,从动件的这一行程称为推程,凸轮相应的转角 φ_{02} 称为推程运动角。凸轮再继续转动,当从动件与凸轮轮廓线的 CD 段接触时,由于 CD 段为以凸轮轴心为圆心的圆弧,所以从动件处于最高位置静止不动,在此过程中凸轮相应的转角 φ_{03} 称为远休止角(也称远休运动角)。然后,在从动件与凸轮轮廓线 DA 段接触时,它又由最高位置 E 回到最低位置 A,从动件的这一行程称为回程,凸轮相应的转角 φ_{04} 称为回程运动角。

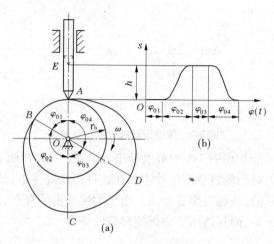

图 7-6　凸轮机构

从动件在推程或回程中移动的距离 h 称为从动件的行程。如图 7-6(a)所示,当凸轮沿顺时针转动一周时,从动件的运动经历了四个阶段:静止、上升、静止、下降。当凸轮继续回转时,从动件重复上述的运动循环。其位移曲线如图 7-6(b)所示,用从动件的位移 s 与凸轮转角 φ 的关系来表示,由于大多数凸轮作等速转动,转角与时间成正比,因此横坐标也代表时间 t。

二、从动件的运动规律

常用的从动件运动规律有:等速运动规律、等加速等减速运动规律、余弦加速度运动规律、正弦加速度运动规律等。

(一)等速运动规律

等速运动规律是指从动件的运动速度保持不变。如图 7-7 所示,速度线图为一水平直线。加速度为零,但在从动件运动的开始位置和终点位置的瞬时速度方向会突然改变,其瞬时加速度趋于无穷大(理论上),在该瞬时作用在凸轮上的惯性力也趋于无穷大(理论上),致使机构产生强烈的冲击,这种冲击称为刚性冲击。所以,这种运动规律只适用于低速轻载的场合。

(二)等加速等减速运动规律

等加速等减速运动规律指的是从动件在一个行程 h(此处的行程指推程或回程)的前半段 $\frac{h}{2}$ 作等加速运动,后半段 $\frac{h}{2}$ 作等减速运动,且加速度与减速度的绝对值相等(根据需要,

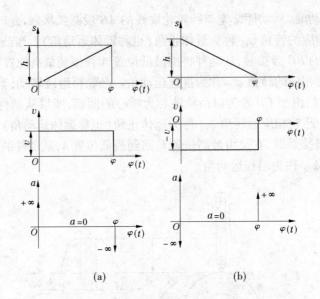

图 7-7　等速运动规律的运动线图

二者也可以不相等）。同时，由图 7-8 中可以看出，从动件在 A、B 两点，其加速度有突变，因而从动件产生的惯性力对凸轮将会产生冲击。在这种运动规律中，加速度的突变是有限的，所造成的冲击也是有限的，故称为柔性冲击。由于柔性冲击的存在，具有这种运动规律的凸轮机构不适宜作高速运动，而只适用于中低速轻载的场合。

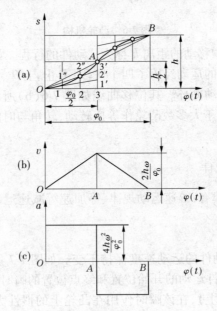

图 7-8　等加速等减速运动

（三）余弦加速度运动规律

余弦加速度运动规律也称为简谐运动规律。从图 7-9 中可以看出：从动件按余弦加速度运动规律运动时，其速度曲线是一条正弦曲线，而加速度曲线按余弦运动规律变化。由于从动件在行程始末加速度作有限值突变，导致机构产生柔性冲击，其适用于中低速场合。

(四)正弦加速度运动规律

正弦加速度运动规律又称摆线运动规律。从图7-10中可以看出：从动件按正弦加速度运动规律运动时，在全行程中无速度和加速度的突变，因此不产生冲击，适用于中高速场合。

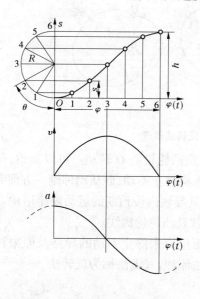

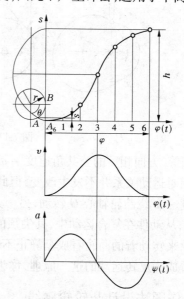

图 7-9　余弦加速度运动　　　　　　　　　**图 7-10　正弦加速度运动**

选择从动件的运动规律时，应根据机器工作时的运动要求来确定。如机床中控制刀架进刀的凸轮机构，要求刀架进刀时作等速运动，则从动件应选择等速运动规律，至于行程始末端，可以通过接并其他运动规律的曲线来消除冲击。对于无一定运动要求，只需要从动件有一定位移量的凸轮机构，如加紧送料的凸轮机构，可只考虑加工方便，采用圆弧、直线等组成的凸轮轮廓。对于高速机构，应减小惯性力、改善动力性能，可选用正弦加速度运动规律或其他改进型的运动规律。

第三节　凸轮轮廓线设计

凸轮轮廓线设计方法有图解法和解析法。图解法设计凸轮轮廓线简单易行，而且直观，但误差较大，对精度要求较高的凸轮，如高速凸轮、靠模凸轮等，则往往不能满足要求。因此，现代凸轮轮廓线设计都以解析法为主，其加工也容易采用先进的加工方法，如线切割机、数控铣床及数控磨床来加工。但两种方法的基本原理都是相同的。

一、凸轮轮廓线设计方法的基本原理

设计凸轮轮廓线的基本原理是反转法原理。

如图7-11(a)所示为一对心直动尖顶从动件盘形凸轮机构，其中以 r_b 为半径的圆是凸轮的基圆，当凸轮以角速度 ω 绕轴心 O 等速回转时，将推动从动件运动。如图7-11(b)所示为凸轮回转 φ 角时，从动件上升至位移 s 的瞬时位置。

根据相对运动原理，假设给整个凸轮机构(凸轮、从动件、导路)加上一个与凸轮角速度

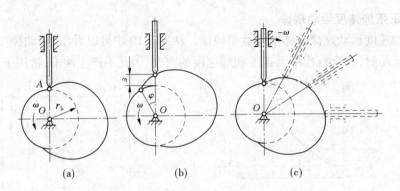

图 7-11　凸轮反转法原理

ω 大小相等、方向相反的公共角速度 $-\omega$,使其绕凸轮轴心 O 转动。可以知道,凸轮与从动件间的相对运动关系并不发生改变,但此时凸轮将静止不动,而从动件则一方面和机架一起以角速度 $-\omega$ 绕凸轮轴心 O 转动,另一方面在其导轨内按预期的运动规律运动。由图 7-11 (c)可见,从动件在复合运动中,其尖顶的轨迹就是凸轮轮廓线。

把原来转动着的凸轮看成是静止不动的,而把原来静止不动的导路及原来往复移动的从动件看成为反转运动的这一原理,称为反转法原理,其方法称为反转法。

二、作图法设计凸轮轮廓线

当从动件的运动规律已经选定并作出了位移线图后,各种平面凸轮的轮廓曲线都可以用作图法求出,作图法的依据为反转法原理。

(一)对心直动尖顶从动件盘形凸轮机构

若已知凸轮的基圆半径 $r_b = 25$ mm,凸轮以等角速度 ω 逆时针方向回转。从动件的运动规律如表 7-1 所示。

表 7-1　从动件的运动规律

序号	凸轮运动角 φ	从动件的运动规律
1	$0° \sim 120°$	等速上升 $h = 20$ mm
2	$120° \sim 150°$	从动件在最高位置不动
3	$150° \sim 210°$	等速下降 $h = 20$ mm
4	$210° \sim 360°$	从动件在最低位置不动

利用作图法设计凸轮轮廓线的作图步骤如下:

(1)选取适当的比例尺 μ ,根据运动规律画出位移线图,并以相同的比例尺以 r_b 为半径作圆。

(2)先作相应于推程的一段凸轮轮廓线。根据反转法原理,将凸轮机构按 $-\omega$ 进行反转,此时凸轮静止不动,而从动件绕凸轮顺时针转动。按顺时针方向先量出推程运动角 120°,再按一定的分度值(凸轮精度要求高时,分度值取小些;反之,可以取大些)将此运动角分成若干等份,并在运动位移线图上确定各分点时从动件的位移 $1', 2', \cdots, 10'$,如图 7-12(b)所示。

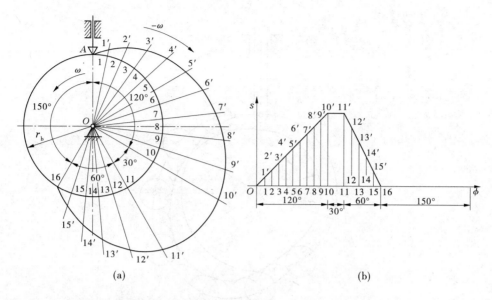

(a)   (b)

图 7-12 对心直动尖顶从动件盘形凸轮轮廓线设计

(3)确定从动件在反转运动中所占据的每个位置。为此,根据反转法原理,从 A 点开始,将运动角按顺时针方向每 12°一个分点进行等分,则各等分径向线 $O1,O2,\cdots,O10$ 即为从动件在反转运动中所依次占据的位置。

(4)确定出从动件在复合运动中其尖顶所占据的一系列位置。根据图 7-12(b)所示数值 s,沿径向等分线由基圆向外量取,得到 $1',2',\cdots,10'$ 点,即为从动件在复合运动中其尖顶所占据的一系列位置。

(5)用光滑曲线连接 A ,$1',2',\cdots,10'$,即得从动件升程时凸轮的一段轮廓线。

(6)凸轮再转过 30°时,由于从动件停在最高位置不动,故该段轮廓线为一圆弧。以 O 为圆心,以 O $10'$ 为半径画一段圆弧 $\overset{\frown}{10'11'}$。

(7)当凸轮再转过 60°时,从动件等速下降,其轮廓线可仿照上述步骤进行。

(8)最后,凸轮转过其余的 150°时,从动件静止不动,该段又是一段圆弧。

按以上作图法绘制的光滑封闭曲线即为凸轮轮廓线,如图 7-12(a)所示。

(二)对心直动滚子从动件盘形凸轮机构

对于这种类型的凸轮机构,由于凸轮转动时滚子(滚子半径 r_T)与凸轮的相切点不一定在从动件的位置线上,但滚子中心位置始终处在该线上,从动件的运动规律与滚子中心一致,所以其轮廓线的设计需要分两步进行。

(1)将滚子中心看做尖顶从动件的尖顶,按前述方法设计出轮廓线 β_0 ,这一轮廓线称为理论轮廓线。

(2)以理论轮廓线上的各点为圆心、以滚子半径 r_T 为半径作一系列的圆,这些圆的内包络线 β 即为所求凸轮的实际轮廓线,如图 7-13 所示。

三、凸轮轮廓线设计的解析法

对于精度较高的高速凸轮、检验用的样板凸轮等需要用解析法设计,以适合数控机床加

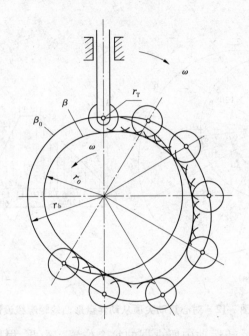

图 7-13　对心直动滚子从动件盘形凸轮轮廓设计

工。解析法主要采用解析表达式计算并确定凸轮轮廓,计算工作量大,一般采用计算机精确地计算出凸轮轮廓或刀具轨迹上各点的坐标。

　　如图 7-14 所示为偏置直动滚子从动件盘形凸轮机构。已知偏距 e、基圆半径 r_b 和从动件运动规律 $s = f(\varphi)$,凸轮以等角速度 ω 顺时针转动。以凸轮回转中心 O 为原点,垂直向上为 x 正方向,水平向左为 y 正方向,建立直角坐标系 xOy。当从动件的滚子中心从 B_0 点上升到 B' 点时,凸轮转过的角度为 φ,根据反转法原理,将 B' 点以角速度 $-\omega$ 沿与 ω 相反方向绕原点转过 φ 即得到凸轮轮廓线上对应点 B,其坐标为

$$\left.\begin{aligned} x &= (s + s_0)\cos\varphi - e\sin\varphi \\ y &= (s + s_0)\sin\varphi + e\cos\varphi \end{aligned}\right\} \tag{7-1}$$

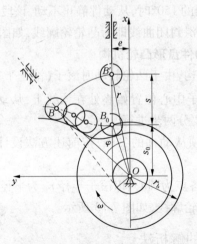

图 7-14　直动滚子从动件盘形凸轮解析法示意图

式中　　s_0 ——初始位置 B_0 点的 x 坐标值，$s_0 = \sqrt{r_b^2 - e^2}$

　　　　s ——当凸轮转过角 φ 时从动件的位移，$s = f(\varphi)$。

　　而它们的实际轮廓线是滚子圆簇的包络线，即实际轮廓线是理论轮廓线的等距线，它们之间的距离为滚子半径 r_T。由数学理论可知，实际轮廓线上的坐标点 (x', y') 的参数方程为

$$
\left.
\begin{aligned}
x' &= x \pm r_T \dfrac{\dfrac{dx}{d\varphi}}{\sqrt{\left(\dfrac{dx}{d\varphi}\right)^2 + \left(\dfrac{dy}{d\varphi}\right)^2}} \\[4mm]
y' &= y \mp r_T \dfrac{\dfrac{dy}{d\varphi}}{\sqrt{\left(\dfrac{dx}{d\varphi}\right)^2 + \left(\dfrac{dy}{d\varphi}\right)^2}}
\end{aligned}
\right\}
\tag{7-2}
$$

其中，(x', y') 为实际轮廓线上对应理论轮廓线上点 (x, y) 的坐标，(x', y') 与点 (x, y) 在同一法线上。

四、凸轮轮廓的加工方法

凸轮轮廓的加工方法通常有铣、锉削加工和数控加工两种。

（一）铣、锉削加工

对于低速、轻载场合的凸轮，可以应用反转法原理在未淬火凸轮轮坯上通过作图法绘制出轮廓线，采用铣床或手工锉削的方法加工而成。必要时，可进行淬火处理，用这种方法加工出来的凸轮其变形难以得到修正。

（二）数控加工

数控加工即采用数控线切割机床对凸轮进行加工，此种加工方法是目前常用的一种凸轮加工方法。加工时应用解析法，求出凸轮轮廓线的极坐标值 (ρ, θ)，应用专用编程软件切割而成。此方法加工出的凸轮精度高，适用于高速、重载的场合。

第四节　凸轮机构设计中的几个问题

凸轮的基圆半径 r_b 直接决定着凸轮机构的尺寸。在前面凸轮轮廓线设计时，都是假定凸轮的基圆半径 r_b 已经给出。而实际上，凸轮基圆半径的选择要考虑许多因素，首先要考虑凸轮机构中的作用力，保证机构有较好的受力情况。下面就凸轮的基圆半径和其他有关尺寸对凸轮机构受力情况的影响加以讨论。

一、凸轮机构压力角 α

如图 7-15 所示为一直动尖顶从动件盘形凸轮机构的从动件在推程任意位置时的受力情况分析。

其中 F_Q 为从动件所承受的外荷载，如不计摩擦，则凸轮作用于从动件上的驱动力 F 沿着接触点处的法线方向。将 F 分解成沿从动件轴向和径向的两个分力，即

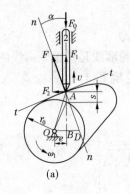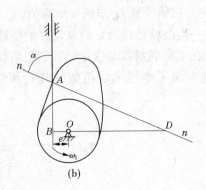

(a)　　　　　　　　　　　　(b)

图 7-15　凸轮机构的压力角

$$\left.\begin{array}{l} F_1 = F\cos\alpha \\ F_2 = F\sin\alpha \end{array}\right\} \tag{7-3}$$

式中　α——压力角,是从动件在接触点所受的力的方向与该点速度方向所夹的锐角。

由式(7-3)可知,压力角 α 是影响凸轮机构受力情况的一个重要参数。显然 F_1 是推动从动件移动的有效分力,随着 α 的增大而减小;F_2 是引起导路中摩擦阻力的有害分力,随着 α 的增大而增大。当 α 增大到一定数值时,由 F_2 引起的摩擦阻力将超过有效分力 F_1,凸轮无法推动从动件,此时该凸轮机构将发生自锁现象。

由此可见,从传力合理、提高传动效率来看,压力角越小越好。为使凸轮机构工作可靠,受力情况良好,必须对压力角进行限制。设计上规定最大压力角 α_{max} 要小于许用压力角 $[\alpha]$。

根据实践经验,常用的许用压力角数值如下:

(1)工作行程时,对于直动从动件,取 $[\alpha]$ = 30° ~ 40°;对于摆动从动件,取 $[\alpha]$ = 40° ~ 50°。

(2)回程时,取 $[\alpha]$ = 70° ~ 80°。

虽然从传动效率来看,压力角越小越好,但是压力角减小将导致凸轮尺寸增大,因此在设计凸轮时要权衡两者的关系,使设计更合理。

二、凸轮基圆半径的确定

如图 7-16 所示为一偏置尖顶直动从动件盘形凸轮机构。由"三心定理"可知,如经过凸轮与从动件接触点 B 作凸轮轮廓线在该点的法线 nn,则其与过凸轮轴心 O 与从动件导轨相垂直的 OP 线的交点 P 即为从动件与凸轮的相对速度瞬心。根据瞬心的定义有

$$v_P = v = \omega \cdot \overline{OP}$$

所以有

$$\overline{OP} = \frac{v}{\omega} = \frac{\dfrac{\mathrm{d}s}{\mathrm{d}t}}{\dfrac{\mathrm{d}\varphi}{\mathrm{d}t}} = \frac{\mathrm{d}s}{\mathrm{d}\varphi} \tag{7-4}$$

由图 7-16 中可以看出

$$\tan\alpha = \frac{\overline{OP} \mp e}{\sqrt{r_b^2 - e^2} + s} = \frac{\dfrac{ds}{d\varphi} \mp e}{\sqrt{r_b^2 - e^2} + s} \tag{7-5}$$

式中的"∓"号按以下原则确定:当偏距 e 和瞬心 P 在凸轮轴心同侧时取"−"号,反之取"+"号。

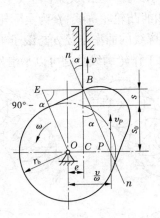

图 7-16   偏置尖顶直动从动件盘形凸轮机构

由式(7-5)可知,在偏距 e 一定,从动件的运动规律已知(即 $\dfrac{ds}{d\varphi}$)的条件下,加大基圆半径 r_b,可以减小压力角 α,从而改善机构的传力特性,但这时机构的总体尺寸将会增大。为了既满足 $\alpha_{max} \leqslant [\alpha]$ 的条件,又使机构的总体尺寸不会过大,就要合理地确定凸轮基圆的半径值。

对于直动从动件盘形凸轮机构,如果限定推程的压力角 $\alpha \leqslant [\alpha]$,则由式(7-5)可以导出基圆半径的计算公式

$$r_b \geqslant \sqrt{\left(\frac{\dfrac{ds}{d\varphi} \mp e}{\tan[\alpha]} - s\right)^2 + e^2} \tag{7-6}$$

由式(7-6)可知,当从动件的运动规律确定后,凸轮基圆半径 r_b 越小,则机构的压力角越大。合理地选择偏距 e 的方向,可使压力角减小,改善传力性能。

因此,在设计凸轮机构时,应该根据具体的条件抓住主要矛盾合理解决:如果对机构的尺寸没有严格要求,可将基圆取大些,以便减小压力角;反之,则应尽量减小基圆半径尺寸。但应注意使压力角满足 $\alpha \leqslant [\alpha]$。

在实际设计中,凸轮基圆半径 r_b 的确定不仅受到 $\alpha \leqslant [\alpha]$ 的限制,而且还要考虑凸轮的结构与强度要求。因此,常利用下面的经验公式选取 r_b

$$r_b \geqslant 1.8r_0 + (7 \sim 10) \text{ mm} \tag{7-7}$$

式中 r_0 ——凸轮轴的半径。

待凸轮轮廓线设计完毕后,还要检验 $\alpha \leqslant [\alpha]$。如果出现 $\alpha > [\alpha]$ 的情况,则增大基圆半径 r_b,再重新进行设计。

三、滚子半径(r_T)的确定、平底尺寸的确定

（一）滚子半径的选择

对于滚子从动件中滚子半径的选择，要考虑其结构、强度及凸轮轮廓线的形状等诸多因素。这里我们主要说明轮廓线与滚子半径的关系。

如图 7-17(a)所示为一内凹的凸轮轮廓线，β 为实际轮廓线，β_0 为理论轮廓线。实际轮廓线的曲率半径 ρ_a 等于理论轮廓线的曲率半径 ρ 与滚子半径 r_T 之和，即 $\rho_a = \rho + r_T$。这样，不论滚子半径大小如何，凸轮的工作轮廓线总是可以平滑地作出。

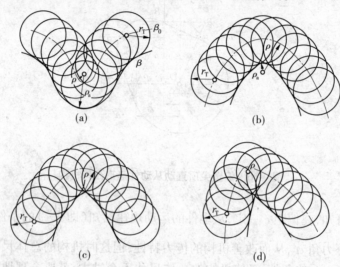

图 7-17　滚子半径的选择

当理论轮廓线外凸时，$\rho_a = \rho - r_T$，此时若 $\rho = r_T$，则 $\rho_a = 0$，实际轮廓线上将出现尖点，极易磨损，从动件将不能按照预期的运动规律运动，这种现象叫运动失真，如图 7-17(c)所示。

当 $\rho < r_T$ 时，ρ_a 为负值，这时实际的轮廓线出现交叉，导致运动失真，如图 7-17(d)所示。因此，对于外凸的凸轮，应使滚子的半径 r_T 小于理论轮廓线的最小曲率半径 ρ_{min}，如图 7-17(b)所示。为了避免失真并减小磨损，通常使 $r_T \leqslant 0.8\rho_{min}$，并使实际轮廓线的最小曲率半径 $\rho_{min} \geqslant 3 \sim 5\ mm$，若不满足该要求，可增大基圆半径或修改从动件的运动规律。

另外，要考虑强度、结构等因素，滚子的半径也不能太小，通常取 $r_T = (0.1 \sim 0.5)r_b$。

（二）平底尺寸的选择

平底从动件平底尺寸的确定必须保证凸轮轮廓与平底始终相切，否则从动件也会出现失真，甚至卡住。

通常，平底长度 L 应取

$$L = 2l_{max} + (5 \sim 7)\ mm \tag{7-8}$$

式中　l_{max}——凸轮与平底相切点到从动件运动中心距离的最大值。

四、凸轮和从动件的常用材料

凸轮机构的主要失效形式为磨损和疲劳点蚀，这就要求凸轮和滚子的表面硬度高、耐

磨,并且具有足够的表面接触强度。对于经常受到冲击的凸轮机构,还要求凸轮心部有较强的韧性。

一般情况下,凸轮选用 45 号钢或 40Cr 制造,淬硬到 40～45HRC;要求较高时,也可以用 20CrMnTi 或 20Cr 制造,经渗碳淬火,表面硬度为 56～62HRC。

滚子材料可用 20Cr(经渗碳淬火,表面硬度为 56～62HRC),也可用滚动轴承作为滚子。

思考题与习题

7-1 在移动滚子从动件盘形凸轮机构中,若凸轮实际轮廓线保持不变,而增大或减小滚子半径,从动件运动规律是否发生变化?

7-2 何谓凸轮机构的压力角?当凸轮轮廓线设计完成后,若发现压力角超过许用值,应采取什么措施减小推程压力角?

7-3 何谓运动失真?应如何避免出现运动失真现象?

7-4 在移动滚子从动件盘形凸轮机构中,采用偏置从动件的主要目的是什么?偏置方向如何选取?

7-5 凸轮机构的基圆半径取决于哪些因素?

7-6 用作图法求出图 7-18 中各凸轮从图示位置转到 B 点而与从动件接触时凸轮的转角 φ_0,在图上标出来。

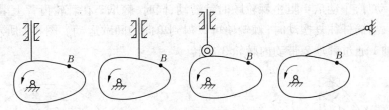

图 7-18

7-7 用作图法求出图 7-19 中各凸轮从图示位置转过 $45°$ 后机构的压力角 α,在图上标出来。

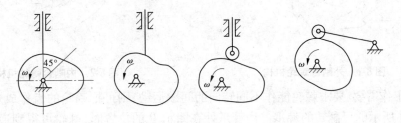

图 7-19

7-8 设计一对心直动尖顶从动件盘形凸轮机构。已知凸轮顺时针匀速回转,凸轮基圆半径 $r_b = 40$ mm,直动从动件的升程 $h = 25$ mm,推程运动角 $\varphi_0 = 120°$,远休止角 $\varphi_s = 30°$,回程运动角 $\varphi_h = 120°$,近休止角 $\varphi_s' = 90°$,从动件在推程作简谐运动,回程作匀加速匀减速运动。试用图解法绘制凸轮轮廓线。

第八章　间歇运动机构

在工程实际中,有很多机器和仪表要求机构的主动件连续运动,而需要从动件产生周期性的运动和停歇,实现这种运动的机构称为间歇运动机构。最常见的间歇运动机构有棘轮机构、槽轮机构、不完全齿轮机构等,它们广泛用于自动机床的进给机构、送料机构、刀架的转位机构等。本章主要介绍这几类间歇运动机构的组成和运动特点。

第一节　棘轮机构

一、棘轮的工作原理

如图 8-1 所示为棘轮机构,该机构为轮齿式外啮合棘轮机构,由棘轮 3、棘爪 2、摇杆 1 和止动爪 4、弹簧 5 和机架所组成。棘轮 3 固装在传动轴上,棘轮的齿可以制作在棘轮的外缘、内缘或端面上,而实际应用中以做在外缘上的居多。摇杆 1 空套在传动轴上。

当摇杆沿逆时针方向摆动时,棘爪 2 嵌入棘轮 3 上的齿间,推动棘轮转动。当摇杆沿顺时针方向转动时,止动爪 4 阻止棘轮顺时针转动,同时,棘爪 2 在棘轮齿背上滑过,此时棘轮静止。这样,当摇杆往复摆动时,棘轮便可以得到单向的间歇运动。图 8-2 所示为一内啮合棘轮机构,轴 1 通过棘爪 2 带动内棘轮 3 旋转。

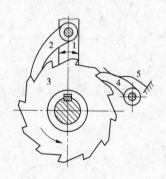

图 8-1　外啮合棘轮机构

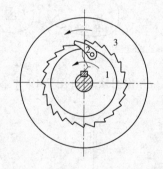

图 8-2　内啮合棘轮机构

如果工作需要,要求棘轮能作不同转向的间歇运动,则可把棘轮的齿作成矩形,将棘爪作成图 8-3 所示的可翻转的棘爪。当棘爪处在图示 B 的位置时,棘轮可得到逆时针方向的单向间歇运动;而当棘爪绕其销轴 A 翻转到虚线位置 B' 时,棘轮可以得到顺时针方向的单向间歇运动。

如图 8-4 所示为一种棘爪可以绕自身轴线转动的棘轮机构。当棘爪 1 按图示位置放置时,棘轮 2 可以得到逆时针方向的单向间歇运动;而当棘爪 1 提起,并绕本身轴线旋转 180°后再插入齿槽时,就可以使棘轮获得顺时针方向的单向间歇运动。若将棘爪提起并绕本身轴线转动 90°,棘爪将被架在壳体顶部的平台上,使轮与爪脱开,此时棘轮将静止不动。

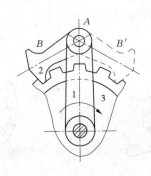

图 8-3　矩形齿双向棘轮机构

如图 8-5 所示为双动式棘轮机构。其运动特点为装有两个棘爪 3 的主动摇杆 1 作往复摆动时,可使两个棘爪交替带动棘轮 2 沿同一方向间歇运动。棘爪可制成直头的(见图 8-5(a))或钩头的(见图 8-5(b))。

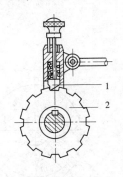

图 8-4　回转棘爪双向棘轮机构

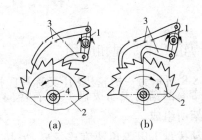

(a)　　　　(b)

图 8-5　双动式棘轮机构

二、棘轮转角的调节

上述的轮齿式棘轮机构,棘轮是靠摇杆上的棘爪推动棘齿而运动的,所以棘轮每次的转动角都是棘轮齿距角的倍数。在摇杆一定的情况下,棘轮每次的转动角是不能改变的。若工作时需要改变棘轮转动角,除采用改变摇杆的转动角外,还可以采用如图 8-6 所示的结构,在棘轮上加一个遮板,用以遮盖摇杆摆角范围内棘轮上的一部分齿。这样,当摇杆逆时针方向摆动时,棘爪先在遮板上滑动,然后才插入棘轮的齿槽推动棘轮转动。被遮住的齿越多,棘轮每次转动的角度就越小。

三、棘轮机构的特点和应用

轮齿式棘轮机构结构简单、运动可靠、棘轮的转角容易实现有级的调节。但是这种机构在回程时,棘爪在棘轮齿背上滑过产生噪声;在运动开始和终了时,由于速度突变而产生冲击,运动平稳性差,且棘轮轮齿容易磨损,故常用于低速、轻载等场合。

棘轮机构常用在各种机床、自行车、螺旋千斤顶等机械中。棘轮还被广泛地用于防止机械逆转的制动器中,这类棘轮制动器常用在卷扬机、提升机、运输机和牵引设备中。如图 8-7 所示为一提升机中的棘轮制动器,重物 Q 被提升后,由于棘轮 1 受到止动爪 2 的制动作用,卷筒不会在重力作用下反转下降。

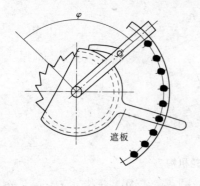

图 8-6　用遮板调节棘轮转角

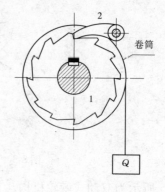

图 8-7　提升机的棘轮制动器

第二节　槽轮机构

一、槽轮工作原理和应用

如图 8-8 所示为一槽轮机构(又称马氏机构)。它由带有圆销的主动拨盘 1、具有径向槽的从动槽轮 2 和机架所组成。

当主动拨盘 1 以等角速度连续转动,拨盘上的圆销 A 没进入槽轮的径向槽时,槽轮 2 上的内凹锁止弧 $\overparen{nn}$ 被拨盘上的外凸弧 $\overparen{mm}$ 卡住,槽轮静止不动。当拨盘上的圆销刚开始进入槽轮径向槽时,锁止弧 $\overparen{nn}$ 也刚好被松开,槽轮在圆销 A 的推动下开始转动。当圆销在另一边离开槽轮的径向槽时,锁止弧 $\overparen{nn}$ 又被卡住,槽轮又静止不动,直至圆销 A 再一次进入槽轮的另一径向槽时,槽轮重复上面的过程。该机构是一种典型的单向间歇传动机构。

槽轮机构在工程上得到了广泛应用。如图 8-9 所示为槽轮机构在电影放映机中的卷片机构。为了适应人眼的视觉暂留现象,要求影片作间歇移动。槽轮上有 4 个径向槽,当拨盘每转一周时,圆销将拨动槽轮转 1/4 周,使胶片移过一幅画面,并停留一定时间。

平面槽轮机构有两种形式:外槽轮机构(见图 8-9)和内槽轮机构(见图 8-10)。外啮合槽轮机构拨盘与槽轮的转向相反,内啮合槽轮机构拨盘与槽轮的转向相同。此外,还有空间槽轮机构,如图 8-11 所示。

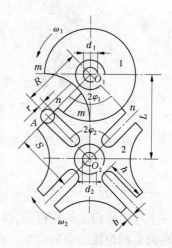

图 8-8　槽轮机构

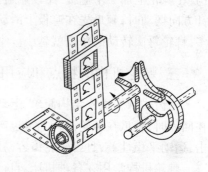

图 8-9　电影放映机的卷片机构

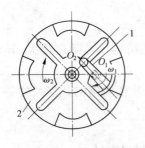

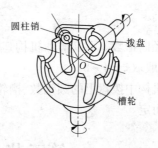

图 8-10　内槽轮机构　　　　　　　　　**图 8-11　空间槽轮机构**

　　槽轮机构中拨盘(杆)上的圆销数、槽轮上的径向槽数以及径向槽的几何尺寸等均可视运动要求的不同而定。圆销的分布和径向槽的分布可以不均匀,同一拨盘(杆)上若干圆销离回转中心的距离也可以不同,同一槽轮上各径向槽的尺寸也可以不同。

　　槽轮机构具有结构紧凑、制造简单、传动效率高,并能较平稳地进行间歇转位的优点,但因圆销突然进入与脱离径向槽,传动存在柔性冲击,不适用于高速场合。由于槽轮机构的转角不能调节,故只能用于定转角的间歇机构中。

二、槽轮机构的运动系数

　　在一个运动循环中,槽轮运动时间 t_2 与拨盘运动时间 t_1 之比称为运动系数,用 τ 来表示。

　　由于拨盘通常作等速运动,故运动系数 τ 也可以用拨盘转角表示,如图 8-8 所示的单圆销槽轮机构,时间 t_2 和 t_1 分别对应的拨盘转角为 $2\varphi_1$ 和 2π,所以有 $\tau = \dfrac{\varphi_1}{\pi}$。

　　为避免刚性冲击,在圆销进入或脱出槽轮径向槽时,圆销的速度方向应与槽轮径向槽的中心线重合,即径向槽的中心线应切于圆销中心的运动圆周。因此,若设 z 为均匀分布的径向槽数目,则可得

$$2\varphi_1 = \pi - 2\varphi_2 = \pi - \frac{2\pi}{z} = \frac{\pi(z-2)}{z}$$

所以得到

$$\tau = \frac{z-2}{2z} \tag{8-1}$$

　　由于运动系数 τ 必须大于零,故由式(8-1)可知径向槽数最少等于 3,而 τ 总小于 0.5,即槽轮的转动时间总小于停歇时间。

　　如果要求槽轮转动时间大于停歇时间,即要求 $\tau > 0.5$,则可以在拨盘上装数个圆销。设 K 为均匀分布在拨盘上的圆销数目,则运动系数 τ 应为

$$\tau = \frac{t_2}{\dfrac{t_1}{K}} = \frac{K(z-2)}{2z} \tag{8-2}$$

　　由于运动系数 τ 应小于 1,即 $\dfrac{K(z-2)}{2z} < 1$,所以有

$$K < \frac{2z}{z-2} \tag{8-3}$$

增加径向槽数 z 可以增加机构运动的平稳性,但是机构尺寸随之增大,导致惯性力增大,所以一般取 $z = 4 \sim 8$。

槽轮机构中拨盘上的圆销数、槽轮上的径向槽数以及径向槽的几何尺寸等均视运动要求的不同而定。

第三节　不完全齿轮机构

一、不完全齿轮机构的工作原理和类型

不完全齿轮机构是由普通渐开线齿轮机构演变而成的间歇运动机构,其基本结构形式分为外啮合与内啮合两种,如图 8-12 所示。不完全齿轮机构与普通渐开线齿轮机构的主要区别在于该机构中的主动轮仅有一个或几个齿。

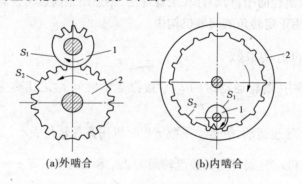

(a)外啮合　　　　　　　　(b)内啮合

图 8-12　不完全齿轮机构

当主动轮 1 的有齿部分与从动轮轮齿啮合时,推动从动轮 2 转动;当主动轮 1 的有齿部分与从动轮脱离啮合时,从动轮停歇不动。因此,当主动轮连续转动时,从动轮可获得时动时停的间歇运动。

图 8-12(a)所示的外啮合不完全齿轮机构,其主动轮 1 转动一周时,从动轮 2 转动 1/6 周,从动轮每转一周停歇 6 次。当从动轮停歇时,主动轮上的锁止弧 S_1 与从动轮上的锁止弧 S_2 互相配合锁住,以保证从动轮停歇在预定位置。

与普通渐开线齿轮机构一样,当主动轮匀速转动时,其从动轮在运动期间也保持匀速转动,但在从动轮运动开始和结束时,即进入啮合和脱离啮合的瞬时,速度是变化的,故存在冲击。

二、不完全齿轮机构的特点及用途

不完全齿轮机构结构简单、制造方便,从动轮的运动时间和静止时间的比例不受机构结构的限制,但在从动轮运动开始和结束时,即进入啮合和脱离啮合的瞬时,速度有突变,冲击较大,所以一般只用于低速、轻载的场合,如在计数器、自动机、半自动机中用做工作台间歇转动的转位机构等。

思考题与习题

8-1 间歇运动机构有哪几种结构形式？它们各有何运动特点？

8-2 间歇运动机构的主要用途有哪些？举例说明。

8-3 观察牛头刨床。牛头刨床工作台横向进给机构为什么要选用双向棘轮机构？若某牛头刨床工作台横向进给丝杠的导程为 5 mm，与丝杠联动的棘轮齿数为 40，求此牛头刨床工作台的最小横向进给量是多少？若要求此牛头刨床工作台的横向进给量为 0.5 mm，则棘轮每次转过的角度为多少？

8-4 某外啮合槽轮机构中槽轮的槽数 $z=6$，圆销的数目 $K=1$，若槽轮的静止时间 $t_1 = 2$ s/r。试求主动拨盘的转速 n。

8-5 不完全齿轮机构与普通齿轮机构的啮合过程有何异同点？

第三篇　常用机械零部件设计

在完成机械或工程结构的组成、工作原理、运动分析、静力分析、承载能力分析等工作后，就到了机械设计一般程序中零部件设计阶段。本篇介绍各种机械工程结构中广泛应用的通用零部件(如轴、键、螺纹、轴承及其他零部件)的结构组成、工作原理、失效形式与设计计算方法。

第九章　常用零部件设计概述

第一节　机械零件设计的基本要求及一般步骤

一、机械零件设计的基本要求

机械零件是机器的基本制造单元，因此我们设计的机械零件既要在预定的期间内工作可靠，又要满足成本低廉的要求。满足工作可靠要求，就应在设计时使零件在强度、刚度、寿命、振动稳定性等方面满足一定的条件，这些条件是判断机械零件工作能力的准则。要使成本低廉，就必须从设计和制造两方面着手，设计时应正确选择零件的材料、合理的尺寸和符合工艺要求的结构，并合理规定制造时的公差等级和技术条件等。

为此，在设计时应注意以下几点：

(1)合理选择材料，降低材料费用。

(2)保证良好的加工工艺性，降低制造成本。

(3)尽量采用标准化、通用化设计，简化设计过程，从而降低成本。

二、机械零件设计的一般步骤

设计机械零件需拟订出几种不同的方案，经过认真比较选用其中最好的一种，设计机械零件的一般步骤为：

(1)根据机器的具体运转情况和简化的计算方案，针对零件的工作情况进行荷载分析，确定零件的计算荷载。

（2）根据零件的工作条件及对零件的特殊要求，选择合适的材料和热处理方法。

（3）分析零件在工作时可能出现的失效形式，确定其计算准则。

（4）根据工作能力计算准则建立或选定相应零件的主要尺寸，并加以标准化或圆整。

（5）根据计算得出的主要尺寸并结合结构上和工艺上的要求，绘制零件工作图。

第二节　机械零件的失效形式及设计计算准则

机械零件丧失工作能力或达不到设计要求性能的现象称为机械零件的失效。零件出现失效将直接影响机器的正常工作，因此研究机械零件的失效及其产生的原因对机械零件设计具有重要意义。

一、机械零件的失效形式

机械零件的失效形式多种多样，工程上机械零件最常见的失效主要有以下几种。

（一）表面破坏

在机器中，大多数零件都与其他零件发生接触，荷载作用在表面上，摩擦发生在表面上，周围介质又与表面接触，从而造成零件表面发生破坏。表面破坏主要包括磨损、胶合和疲劳点蚀等。零件表面破坏会导致能量消耗增加，温度升高，振动加剧，噪声增大，最终使得零件无法正常工作。

（二）过量变形

零件承受荷载工作时，会发生弹性变形，而严重过载时，塑性材料的零件会出现塑性变形。变形造成零件的尺寸、形状和位置发生改变，破坏零件之间的相互位置或配合关系，导致零件乃至机器不能工作。过大的弹性变形还会引起零件振动，如机床主轴的过大弯曲变形不仅产生振动，而且造成工件加工质量的降低。

（三）断裂

在工作荷载的作用下，特别是冲击荷载的作用下，脆性材料的零件会由于某一危险截面上的应力超过其强度极限而发生断裂。在循环变应力作用下，工作时间较长的零件容易发生疲劳断裂，这是大多数机械零件的主要失效形式之一，如轮齿的折断。断裂是严重的失效，有时会导致严重的人身和设备事故。

二、机械零件的设计计算准则

（一）强度准则

强度准则针对的是零件的断裂失效（静应力作用产生的断裂和变应力作用产生的疲劳

断裂)、塑性变形失效和点蚀失效。对于这几种失效,强度准则要求零件的应力分别不超过材料的强度极限、零件的疲劳极限、材料的屈服极限和材料的接触疲劳极限。强度准则的设计表达式为

$$\sigma \leqslant \frac{\sigma_{\lim}}{S} \tag{9-1}$$

式中　σ——零件的应力;

　　　$\sigma_{\lim}$——极限应力;

　　　S——安全系数,以考虑各种不确定因素和分析不准确对强度的影响。

(二)刚度准则

刚度准则针对的是零件的过大弹性变形失效,它要求零件在荷载作用下产生的弹性变形量不超过机器工作性能允许的值。刚度准则的设计表达式为

$$y \leqslant [y] \qquad \theta \leqslant [\theta] \qquad \varphi \leqslant [\varphi] \tag{9-2}$$

式中　y、θ、φ——零件的挠度、偏转角和扭转角;

　　　$[y]$、$[\theta]$、$[\varphi]$——允许的挠度、偏转角和扭转角。

(三)耐磨性准则

耐磨性准则针对的是零件的表面失效,它要求零件在正常条件下工作的时间能达到零件的寿命。腐蚀和磨损是影响零件耐磨性的两个主要因素。目前,关于材料耐腐蚀和耐磨损的计算尚无实用有效的方法。因此,在工程上对零件的耐磨性只能进行下述条件性计算

$$p \leqslant [p] \tag{9-3}$$

$$pv \leqslant [pv] \tag{9-4}$$

式中　p——工作表面上的压强;

　　　$[p]$——材料的许用压强;

　　　v——工作表面线速度;

　　　$[pv]$——pv 的许用值。

(四)振动准则

振动准则针对的是高速机器中零件出现的振动、振动的稳定性和共振,它要求零件的振动应控制在允许的范围内,而且是稳定的,对于强迫振动应使零件的固有频率与激振频率错开。高速机械中存在着许多激振源,如齿轮的啮合、滚动轴承的运转、滑动轴承中的油膜振荡、柔性轴的偏心转动等。设计高速机械的运动零件除满足强度准则外,还要考虑满足振动准则。对于强迫振动,振动准则的表达式为

$$f_n < 0.85f \quad \text{或} \quad f_n > 1.15f \tag{9-5}$$

式中　f——零件的固有频率;

　　　f_n——激振频率。

第三节　机械零件常用材料及选用原则

一、机械零件常用的材料种类及用途

（一）黑色金属

黑色金属
- 钢
  - 碳素钢
    - 低碳钢（碳含量≤0.25%）——铆钉、螺钉、螺母、连杆等
    - 中碳钢（碳含量0.25%~0.6%）——齿轮、轴、丝杠、连接件等
    - 高碳钢（碳含量>0.6%）——工具、模具、凸轮、弹簧等
  - 合金钢
    - 结构钢——渗碳淬火件、齿轮轴、连杆等重要零件
    - 弹簧钢——弹簧、板弹簧等
  - 铸钢
    - 工程用铸钢——曲轴、机座、箱件、大齿轮等
    - 合金铸钢——高负荷零件、大齿轮、曲轴压力容器等
- 铸铁
  - 球墨铸铁——差速器壳体、扳手、曲轴、活塞环等
  - 可锻铸铁——承受中、高动静负荷的零件、支座、凸轮轴等
  - 灰铸铁——底座、端盖、手轮等

（二）有色金属

有色金属
- 铜合金
  - 铸造铜合金
    - 铸造青铜——轴瓦、阀体、耐磨件、管接头等
    - 铸造黄铜——轴瓦、蜗轮、耐蚀零件、螺母、衬套等
  - 加工铜合金
    - 黄铜——管、销、电气零件、耐蚀零件、螺母、小弹簧等
    - 青铜——弹簧、轴瓦、蜗轮、耐磨零件等
- 轴承合金
  - 锡基轴承合金——磨合性、耐蚀性、减摩性、导热性好的轴承衬
  - 铅基轴承合金——强度、韧性稍低，中等荷载的轴承、曲轴等
- 铝合金
  - 变形铝合金——板、带、管、线材、飞机翼肋、活塞等
  - 铸造铝合金——内燃机活塞、气缸套、油泵、壳体等

（三）非金属材料

非金属材料
- 塑料
  - 热塑性塑料：聚乙烯、尼龙、有机玻璃——一般结构件、传动件、减摩耐磨零件、绝缘体等
  - 热固性塑料：酚醛塑料、氨基塑料——耐热、耐磨，常用做轴承、齿轮刹车片等
- 橡胶
  - 通用橡胶：顺丁橡胶等——密封件、传动件、绝缘件等
  - 特种橡胶：硅橡胶——耐高低温、绝缘、无味，用于食品、医药行业等
- 复合材料——抗疲劳性能好，减振性、耐高温性能好，强度较高

二、选择材料的基本原则

在了解零件的使用要求和各种材料的机械性能的基础上，在选择材料时一般应遵循以下几个方面的原则。

（一）荷载的状态和应力的大小、性质及分布状况

脆性材料原则上只适用于制造在静荷载下工作的零件。在有冲击的情况下，应选择塑性材料。对于承受弯曲或扭转应力的零件，由于应力在横截面上分布不均匀，可以采用复合热处理，如调质和表面硬化，使零件的表面与心部具有不同的金相组织，提高零件的疲劳强度。对于接触应力大的零件，可以对材料进行局部强化处理，如调质、渗碳、渗氮等，改善材料的表面性能。当零件承受变应力时，选择耐疲劳的材料。组织均匀、韧性较好、夹杂物少

的钢材的疲劳强度都较高。零件的结构形状、表面状态和热处理方法对疲劳强度有明显的影响。受冲击荷载较大的零件,应选择冲击韧性较好的材料制造。

(二)零件的工作情况

零件的工作情况是指零件所处的环境特点、工作温度、摩擦磨损的程度等。

在湿热环境下工作的零件,其材料应有良好的防锈和耐腐蚀的能力,如选用不锈钢、铜合金等。

工作温度对材料选择的影响:一方面要考虑互相配合的两零件的材料的线膨胀系数不能相差过大,以免在温度变化时产生过大的热应力,或使配合松动;另一方面要考虑材料的机械性能随温度而变化的情况。

零件在工作中有可能发生磨损之处,要提高其表面硬度,以增加耐磨性。因此,应选择适于进行表面处理的淬火钢、渗碳钢、氮化钢等品种。

(三)零件的尺寸及质量的大小

零件的尺寸及质量的大小与材料的品种及毛坯的种类有关。用铸造毛坯时,一般可以不受尺寸及质量大小的限制;而用锻造毛坯时,则须注意锻压机械及设备的生产能力。此外,零件尺寸和质量的大小还与材料的强重比有关,应尽可能选用强重比大的材料,以便减小零件的尺寸和质量。

(四)零件结构的复杂程度及材料的加工可能性

结构复杂的零件宜选用铸造毛坯,或用板材冲压出元件后再经焊接而成。这对材料提出了铸造性、可焊性的要求。采用冷拉或深拔工艺制造的零件,如键、销,要考虑材料的延伸率和冷作硬化对材料机械性能的影响。当零件在机床上的加工量很大时,应当考虑材料的可切削性能,减小刀具磨损,提高生产效率和加工精度。

(五)材料的经济性

根据零件的使用要求和制造的数量,综合考虑材料本身的价格、材料的加工费用或毛坯材料的费用(如铸件或切割的钢板)、材料的利用率等选择材料。有时,可以将零件设计成组合结构,用两种材料制造,如蜗轮的齿圈和轮毂、滑动轴承的轴瓦和轴承衬等,从而节省贵重材料。

(六)材料的供应状况

选材时还应考虑当时当地材料的供应状况。为了简化供应和储存的材料品种,对于小批制造的零件,应尽可能地减少同一部机器上使用的材料品种和规格。

当零件在一些特殊环境下工作时,如高温、腐蚀性介质,应当参考有关的专业文献选择材料。

第四节　机械零件的结构工艺性

机械零件良好的工艺性是指所设计的零部件,在一定的生产规模和生产条件下,以满足使用要求为前提,能用最少的时间、劳动量、工具、设备及最简单的工艺方法和过程将零件生产出来,具有最佳的技术经济指标。机械零件工艺性的好坏取决于零件的结构,因此又称为结构工艺性。结构工艺性贯穿于零件的材料选择、毛坯制作、热处理、切削加工、机器装配及维修等生产过程的各个阶段。

设计零件的结构时,通常使零件的结构形状与生产规模、生产条件、零件材料、毛坯制作、工艺技术等诸多方面相适应,应从以下几方面加以考虑。

一、结构简单合理

一般来讲,零件的结构和形状越复杂,制造、装配和维修将越困难,成本也越高,结构工艺性越差。所以,在满足使用要求的情况下,零件的结构形状应尽量简单,应尽可能采用平面和圆柱面及其组合,各面之间应尽量相互平行或垂直,避免倾斜、突变等不利于制造的形状。在满足使用要求的条件下,力求减少加工表面的数量和加工的面积。

二、毛坯选择合理

零件的毛坯可以是铸件、锻件、焊件、冲压件等。设计铸件时,应力求造型简单,避免金属局部堆积,尽量使壁厚一致或在不同壁厚之间实现平缓过渡,规定必要的拔模斜度;设计锻件时,要考虑使金属充满模型,也要规定合理的起模斜度。设计铸件和锻件时,均应考虑保证机械加工量最少,并使装夹时基准面处于最有利的位置;零件需要热处理时,应避免锐边、尖角,过渡圆角尽量大,尽量使零件截面均匀,提高零件结构的刚性,使零件的几何形状力求简单、对称。

三、规定适当的制造精度及表面粗糙度

零件的加工费用随着精度的提高而增加,尤其是对于精度较高的情况,这种增加更为显著。因此,在没有充分依据时,不应当追求高的精度。同时,零件的表面粗糙度也应当根据表面的实际需要,作出适当的规定。

四、便于切削加工和装配

零件的切削加工和装配工艺性,对零件结构的影响很大。应考虑尽量便于切削加工,减少切削量,提高切削效率;尽量避免或减少装配时的切削加工和手工装配,使拆装方便,有正确的装配基准面;尽量组成独立部件或装配单元,以便平行装配。

第五节　机械设计中的标准化

所谓机械零件的标准化,就是对零件尺寸、规格、结构要素、材料性能、检验方法、设计方法、公差与配合、制图规范等制定出各种大家共同遵守的标准。

标准化具有重要的经济意义,标准化的优越性表现在以下几个方面:

(1)把相同零件的型号与尺寸限定在合理的数量范围内,可以采用先进的工艺对标准零件进行专业化、大批量、集中制造,从而保证质量,降低成本。

(2)技术条件、检验及试验方法的标准化,有利于提高零件的可靠性。

(3)在设计中采用标准零部件,可以提高设计效率,使设计者把更多的时间与精力用于创造性的工作。

(4)标准化程度高了,便于机器的制造与维修工作。

(5)采用与国际标准一致的国家标准,有利于产品走向国际市场。

因此,在机械零件的设计中,设计人员必须了解和掌握有关的各项标准并认真地贯彻执行,不断提高设计产品的标准化程度。目前,标准化程度的高低已成为评定设计水平及产品质量的重要指标之一。

标准化包括三个方面的内容,即标准化、系列化和通用化。系列化是指在同一基本结构下,规定若干个规格尺寸不同的产品,形成产品系列,以满足不同的使用条件。通用化是指在同类型机械系列产品内部或在跨系列的产品之间,采用同一结构和尺寸的零部件,使有关的零部件特别是易损件,最大限度地实现通用互换。

标准分为国际标准(ISO)、国家标准(GB)、行业标准和企业标准。从标准的使用上看,分为必须执行的强制性标准和推荐使用的标准。

第六节　摩擦、磨损与润滑

各类机器在工作时,作相对运动的零件的接触部分都存在着摩擦,摩擦是机器运转过程中不可避免的物理现象。摩擦不仅会造成零件能力的损失,还会使零件发生磨损和因发热而产生其他形式的表面失效。润滑则是减少摩擦和磨损的有效措施。摩擦、磨损和润滑三者相互联系,密不可分。

一、摩擦

在外力作用下,相互接触的两个物质受切向外力的影响而发生相对滑动,或者有相对滑动的趋势时,在接触表面上就会产生抵抗滑动的阻力,称为摩擦力,其现象称为摩擦。摩擦按状态分,有干摩擦、边界摩擦(边界润滑)、流体摩擦(流体润滑)及混合摩擦(混合润滑),如图9-1所示。

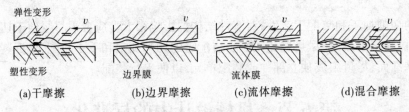

图9-1　摩擦状态

(一)干摩擦

干摩擦是指表面间无任何润滑剂或保护膜的纯金属接触时的摩擦(见图9-1(a))。在工程实际中,并不存在真正的干摩擦,因为任何零件的表面不仅会因为氧化而形成氧化膜,而且多少也会被润滑油所湿润或受到油污。因为干摩擦状态会产生较大的摩擦损耗及严重的磨损,所以应避免这种摩擦状态的出现。

(二)边界摩擦

当运动副的摩擦表面被吸附在表面的边界膜隔开时,摩擦性质取决于边界膜和表面的吸附性能时的摩擦称为边界摩擦(见图9-1(b))。

(三)液体摩擦

当运动副的摩擦表面被流体膜隔开,摩擦性质取决于流体内部分子间和黏性阻力的摩擦称为流体摩擦(见图9-1(c))。在液体摩擦状态下,摩擦系数很小,零件之间没有磨损,使用寿命长,是理想的摩擦状态。

(四)混合摩擦

当摩擦状态处于边界摩擦及流体摩擦的混合状态时称为混合摩擦(见图9-1(d))。

边界摩擦、流体摩擦及混合摩擦都必须具备一定的润滑状态,所以相应的润滑状态也常分别称为边界润滑、流体润滑及混合润滑。

二、磨损

使摩擦表面物质不断损失的现象称为磨损。一方面,磨损会影响机械的效率,降低工作的可靠性,甚至促使机械提前报废。因此,在设计时预先考虑如何避免或减轻磨损,以保证机器达到设计寿命,具有很大的现实意义。另一方面,磨损也并非全都是有害的,工程中常利用磨损的原理来减少零件的表面粗糙度,如精加工中的磨削及抛光,机器的磨合过程等都是磨损的有用方面。

一个零件的磨损过程大致可以分为以下三个阶段(见图9-2)。

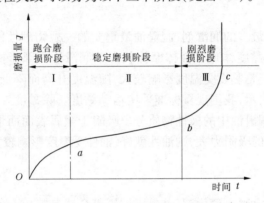

图9-2　磨损过程

(一)跑合(磨合)磨损阶段

跑合(磨合)磨损阶段包括摩擦表面轮廓峰的形状变化和表面材料被加工硬化两个过程。由于机件加工后的表面总具有一定的粗糙度,在磨合初期,只有很少的轮廓峰接触,因此接触面上真实应力很大,使接触轮廓峰压碎和产生塑性变形,同时薄的表层被冷作硬化,原有的轮廓峰逐渐消失,产生出形状和尺寸均不同于原样的新轮廓峰。

(二)稳定磨损阶段

在稳定磨损阶段内,零件在平稳而缓慢的速度下磨损,它标志着摩擦条件保持相对稳定。这个阶段的长短就代表零件使用寿命的长短。

(三)剧烈磨损阶段

经过稳定磨损阶段后,零件的表面遭到破坏,运动副中的间隙增大,引起额外的动荷载,出现噪声和振动。这样就不能保证良好的润滑状态,摩擦副的温升便急剧增大,磨损速度也急剧增大。这时就必须停机,更换零件。

由此可见,在设计或使用机器时,应该力求缩短磨合期,延长稳定磨损期,推迟剧烈磨损期的到来。必须指出,在跑合磨损阶段结束后应清洗零件,更换润滑油,这样才能正常地进入稳定磨损阶段。

摩擦是一种不可逆过程,其结果必然导致能量损耗和磨损。据估计,世界上在工业方面约有30%的能量消耗于摩擦过程中,为了替换易损零件,我国每年都要用一大批钢材去制作配件,而磨损件又占了其中很大的比例。磨损会使零件的表面形状和尺寸遭到缓慢而连续的破坏,使机器的效率及可靠性逐渐降低,从而丧失原有的工作性能,最终还可能导致零件的突然破坏。

三、润滑

对机械进行润滑是减少摩擦、磨损,提高机器效率,减小能量损失,降低材料消耗,保证机器工作可靠性的有效手段。在摩擦面间加入润滑剂不仅可以降低摩擦,减轻磨损,保证零件不遭锈蚀,而且在采用循环润滑时还能起到散热降温的作用。由于液体的不可压缩性,润滑油膜还具有缓冲、吸振的能力。使用膏状的润滑脂,既可防止内部的润滑剂外泄,又可阻止外部杂质侵入,避免加剧零件的磨损,起到密封作用。

(一)润滑剂的性能

1. 润滑油

润滑油是目前使用最多的润滑剂,润滑油最重要的一项物理性能指标为黏度。它是选择润滑油的主要依据。黏度体现了液体摩擦状态下润滑油内部摩擦阻力的大小。黏度越大,承载能力也越大。但是黏度受温度影响较大,随温度升高而降低。黏度可用动力黏度、运动黏度、条件黏度等表示,我国现行标准采用运动黏度。除黏度外,润滑油的主要物理性能指标为油性,它是指润滑油中的极性物质分子吸附于金属表面而形成一层坚韧油膜的能力。油膜吸附金属表面的吸附力大,则油性就好,油性受温度影响较大,随温度升高,油膜会被分解破坏。

2. 润滑脂

润滑脂是在润滑油中加入稠化剂(如钙、钠、锂等金属皂基)而形成的脂状润滑剂,又称为黄油或干油。润滑脂的主要物理性能指标为锥入度、滴点、耐水性。润滑脂的流动性小,不易流失,所以密封简单,不需要经常补充。润滑脂对荷载和速度变化不是很敏感,有较大的适用范围,但因其摩擦损耗较大,机械效率较低,故不易用于高速传动的场合。目前,使用最多的是钙基润滑脂,其不溶于水,耐热能力差,常用于在60 ℃以下工作的各种轴承的润滑,尤其适用于在露天条件下工作的机械轴承的润滑。钠基润滑脂耐热性好,工作温度可达120 ℃,且低温性能好,可达 -20 ℃,但耐水性较差。锂基润滑脂的性能优良,耐水性、耐热性均好,适用范围极广。

3. 固体润滑剂

固体润滑剂有二硫化钼、石墨、滑石、云母等,常用于一般润滑剂不能适用的场合,如极高的负载、极低的速度,不许污染及不易润滑的摩擦表面。

(二)润滑剂的选用

润滑剂选用的基本原则是:在低速、重载、高温、间隙大的情况下,应选用黏度较大的润滑油;而在高速、轻载、低温、间隙小的情况下,应选用黏度较小的润滑油。润滑脂主要用于速度低、荷载大、不需经常加油、使用要求不高或灰尘较多的场合。气体、固体润滑剂主要用于高温、高压、防治污染等一般润滑剂不能使用的场合。对于润滑剂的具体选用,可参阅有关手册。

思考题与习题

9-1　机械零件设计应满足哪些基本要求？

9-2　试述机械零件设计的一般步骤。

9-3　机械零件常见的失效形式主要有哪些？

9-4　机械制造中常用材料的选用原则是什么？

9-5　什么是零件的结构工艺性？有关零件结构工艺性的要求有哪些？

9-6　磨损过程分哪几个阶段？各阶段的特点是什么？

9-7　润滑剂的种类有哪些？如何选择适当的润滑剂？

第十章 轴的设计

第一节 概 述

轴是组成机器的最重要零件之一,轴的作用是支承轴上的旋转零件(如齿轮、带轮等),并传递运动和转矩。

一、轴的分类

根据轴的承载情况不同,轴可分为传动轴、转轴、心轴三类,如表 10-1 所示。

表 10-1 轴根据承载情况的分类

类型	特点	举例
传动轴	只传递转矩而不承受弯矩,或承受很小的弯矩	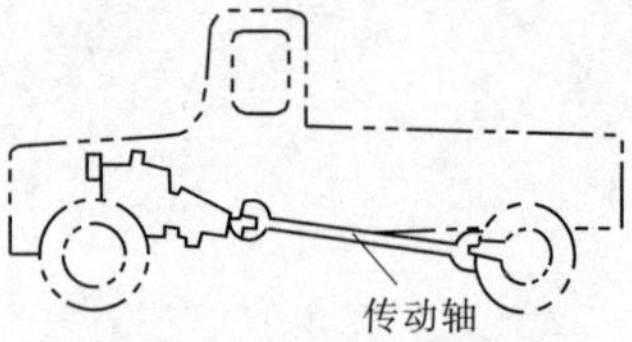 传动轴
转轴	既承受弯矩又传递转矩	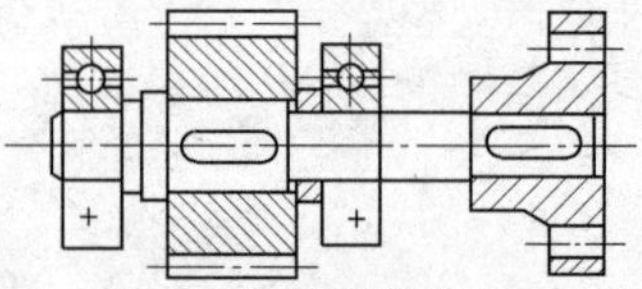 减速器的输出轴
心轴	只承受弯矩,不传递转矩	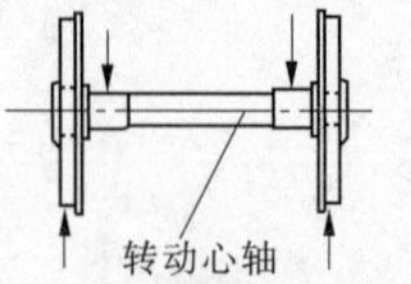 转动心轴　铁路机车的前轮轴 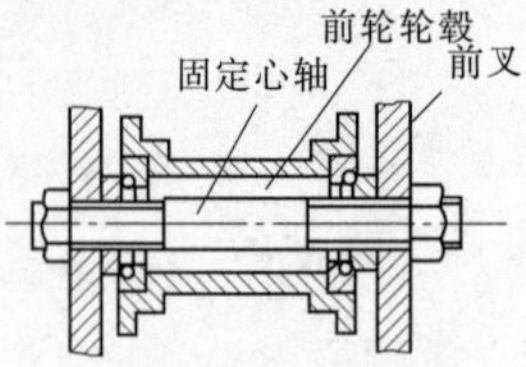　前轮轮毂　固定心轴　前叉　自行车

根据轴线形状的不同,轴又可分为直轴(见图 10-1)、挠性钢丝轴(见图 10-2)和曲轴(见图 10-3)。直轴应用最广泛。根据外形,直轴又可分为光轴和阶梯轴,如图 10-1(a)、(b)所示。光轴形状简单、应力集中源少,主要用做传动轴。阶梯轴各轴段直径不同,使各轴段的强度相近,而且便于轴上零件的固定和装拆,在机器中的应用最为广泛。

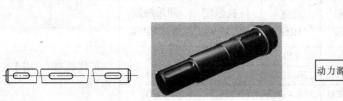
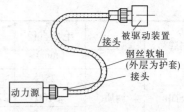

（a）光轴　　　　　　　（b）阶梯轴

图 10-1　直轴　　　　　　　　　图 10-2　挠性钢丝轴

图 10-3　曲轴

二、轴的常用材料及热处理

（一）材料

轴的材料首先应有足够的强度，对应力集中敏感性低，还应满足刚度、耐磨性、耐腐蚀性及良好的加工性。常用的材料主要有碳钢、合金钢、球墨铸铁和高强度铸铁。采用碳钢制造最广泛，其中最常用的是 45 号钢。

（二）毛坯

毛坯可用轧制圆钢材、锻造、焊接、铸造等方法获得。对于要求不高的轴或较长的轴，毛坯直径小于 150 mm 时，可用轧制圆钢材；受力大、生产批量大的重要轴的毛坯，可由锻造提供；对直径特大而件数很少的轴，可用焊接毛坯；生产批量大、外形复杂、尺寸较大的轴，可用铸造毛坯。轴的常用材料及其主要力学性能如表 10-2 所示。

表 10-2　轴的常用材料及其主要力学性能

材料牌号	热处理	毛坯直径（mm）	硬度（HBS）	抗拉强度 σ_b（MPa）	屈服极限 σ_s（MPa）	说明
Q275 ~ Q235				149 ~ 610	275 ~ 235	用于不重要的轴
35	正火	≤100	149 ~ 187	520	270	用于一般轴
		> 100 ~ 300	143 ~ 187	500	260	
	调质	≤100	156 ~ 207	560	300	
		> 100 ~ 300		540	280	
45	正火	≤100	170 ~ 217	600	300	用于强度、韧性中等的重要轴
		> 100 ~ 300	162 ~ 217	580	290	
	调质	≤200	217 ~ 255	650	360	
40Cr	调质	25	207	1 000	800	用于强度高、磨损严重、冲击小的重要轴
		≤100	241 ~ 286	750	550	
		> 100 ~ 300		700	500	

材料牌号	热处理	毛坯直径（mm）	硬度（HBS）	抗拉强度 σ_b（MPa）	屈服极限 σ_s（MPa）	说明
35SiMn	调质	25	229	900	750	可代替40Cr，用于中、小型轴
		≤100	229~286	800	520	
		>100~300	217~269	750	450	
42SiMn	调质	25	220	900	750	与35SiMn相同，但专供表面淬火用
		≤100	229~286	800	520	
		>100~200	217~269	750	470	
		>200~300	217~255	700	450	
40MnB	调质	25	207	1 000	800	可代替40Cr，用于小型轴
		≤200	241~286	750	500	
35CrMo	调质	25	229	1 000	350	用于重要的轴
		≤100	207~269	750	500	
		>100~300		700	500	
QT600 – 2		>100~300	229~302	600	420	用于发动机曲轴和凸轮

第二节　轴的结构设计

一、轴的各部分名称

轴一般由轴头、轴颈、轴肩、轴环、轴端和轴身等部分组成。如图 10-4 所示，轴与传动零件（齿轮、联轴器）配合的部分称为轴头（④处和⑦处），轴与轴承配合的部分称为轴颈（①处和⑤处），轴头与轴颈之间的部分称为轴身（⑥处）。阶梯轴上直径变化处称为轴肩，起轴向定位的作用。图 10-4 中⑥和⑦间的轴肩使联轴器在轴上定位，③处为轴环。轴头、轴颈的直径应取标准值，直径的大小由与之配合零件的内孔决定；轴身的直径应取整数。

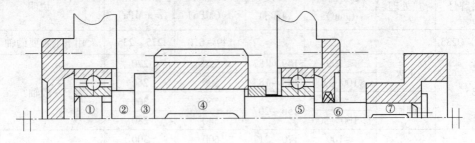

图 10-4　轴的结构

二、轴的结构要求和结构设计步骤

（一）轴的结构要求
轴的结构应满足以下要求：

(1)轴和轴上零件要有准确、牢固的工作位置。

(2)轴上零件装拆、调整方便。

(3)轴应具有良好的制造工艺性等。

(4)尽量避免应力集中。

(二)轴的结构设计步骤

设计中常采用以下的设计步骤：

(1)分析所设计轴的工作状况,拟订轴上零件的装配方案和轴在机器中的安装情况。

(2)根据已知的轴上近似荷载,初估轴的直径或根据经验确定轴的某径向尺寸。

(3)根据轴上零件受力情况及安装、固定和装配时对轴的表面要求等确定轴的径向(直径)尺寸。

(4)根据轴上零件的位置、配合长度、支承结构和形式确定轴的轴向尺寸。

三、轴上零件的固定

(一)轴上零件的周向固定

轴上零件的周向固定是为了避免轴上零件与轴的相对转动,保证轴上的传动零件与轴一起转动,以传递运动和转矩。常用的周向固定方法有键连接、花键连接、销连接和过盈配合等。转矩较大时采用花键连接,也可采用平键连接和过盈配合;转矩较小时采用紧定螺钉、销钉连接等。

(二)轴上零件的轴向定位、固定

为了防止轴上零件的轴向移动,必须进行轴向定位。

1.用轴肩和轴环定位

此定位方法能承受较大的轴向力,加工方便,定位可靠,应用广泛,如图10-5所示。但是在对轴承定位时,轴肩或轴环的高度应小于滚动轴承内圈高度,如图10-6所示。

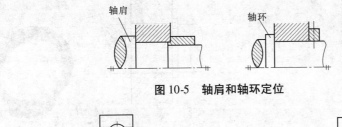

图 10-5 轴肩和轴环定位

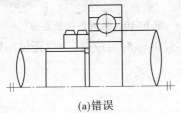
(a)错误

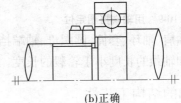
(b)正确

图 10-6 轴承的轴向定位

2.用套筒定位

用套筒定位具有定位可靠、加工方便、可同时给两个零件进行定位的特点,用于两零件间距不大的轴向定位和固定,如图10-7所示。

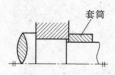

图 10-7　用套筒定位

3.用圆螺母和止动垫圈定位

用圆螺母和止动垫圈定位如图 10-8 所示。

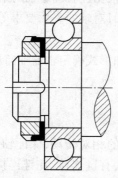

图 10-8　用圆螺母和止动垫圈定位

4.用轴端挡圈定位

轴端挡圈常用于轴端零件的固定,能承受较大的轴向力和冲击荷载,如图 10-9 所示。

5.用弹性挡圈定位

用弹性挡圈定位如图 10-10 所示。

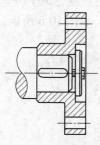

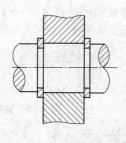

图 10-9　用轴端挡圈定位　　　　　　**图 10-10　用弹性挡圈定位**

当用轴肩、轴环、套筒、圆螺母、轴端挡圈进行零件的轴向定位时,为保证轴向定位可靠,要求轴头和轴颈的长度小于轮毂的长度。

四、轴的结构工艺性

从轴的结构工艺性考虑,设计时应考虑以下几点:

(1)轴上需要磨削的轴端有砂轮越程槽,车螺纹的轴端应有退刀槽,如图 10-11 所示。

(2)轴上有多处键槽时,应使各键槽位于轴的同一母线上,如图 10-12 所示,使加工键槽时无需多次装夹换位,便于加工和装配。

(3)为了便于轴上零件的装配和去除毛刺,轴及轴肩端部一般均应制出 45°的倒角,如

图 10-13 所示。

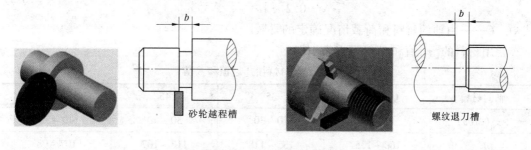

图 10-11　越程槽和退刀槽

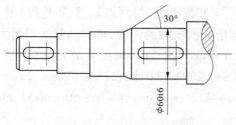

图 10-12　键槽的位置

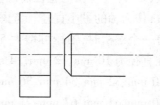

图 10-13　轴端加工倒角

第三节　轴的强度计算及校核

在轴的设计中,多数都是对转轴的设计。转轴受弯矩和扭矩联合作用,弯矩与轴上荷载的大小及轴上零件相互位置有关,但轴的结构尺寸未确定前,还不知道轴上零件的位置和支承点的位置,无法确定轴的受力情况,也就无法求出轴所受的弯矩。所以,转轴设计时,先认为弯扭组合的轴只受扭的作用,按纯扭的强度条件估算出轴径,将此轴径作为整个阶梯轴的最小直径值,其他轴段的尺寸根据结构、安装、工艺等要求依次增减。全部径向和轴向尺寸都确定下来以后,再按弯扭组合的强度条件予以校核。

一、估算最小轴径

假设所设计轴为实心圆轴,由材料力学可知,圆轴扭转时的强度条件为

$$\tau = \frac{T}{W_p} = \frac{9.55 \times 10^6 P}{0.2d^3 n} \leqslant [\tau] \tag{10-1}$$

式中　τ、$[\tau]$——轴的扭转切应力和许用扭转切应力,MPa;

　　　T——轴所传递的转矩,N·m;

　　　W_p——轴的抗扭截面系数,mm^3;

　　　P——轴所传递的功率,kW;

　　　n——轴的转速,r/min;

　　　d——轴的估算直径,mm。

由式(10-1)可得轴的最小直径估算公式为

$$d \geqslant \sqrt[3]{\frac{9.55 \times 10^6 P}{0.2[\tau]n}} = C\sqrt[3]{\frac{P}{n}} \qquad (10\text{-}2)$$

式中　C——由轴的材料和荷载情况确定的常数。

常用材料的$[\tau]$值和 C 值可查表 10-3。

表 10-3　常用材料的$[\tau]$值和 C 值

轴的材料	Q235、20	35	45	40Cr、35SiMn
$[\tau]$(MPa)	12 ~ 20	20 ~ 30	30 ~ 40	40 ~ 52
C	160 ~ 135	135 ~ 118	118 ~ 107	107 ~ 98

注:轴所承受的弯矩较小或只承受转矩时,C 取较小值;否则取较大值。

由式(10-2)计算出的直径需圆整为标准直径并与相配合的零件(联轴器、带轮等)的孔径相一致,作为轴的最小直径。考虑到轴上开有键槽会削弱轴的强度,可将轴径适当增大。轴上开有一个键槽时,轴径可增大 5% 左右;轴上开有两个键槽时,轴径可增大 10% 左右。轴的标准直径为 10 mm、12 mm、14 mm、16 mm、18 mm、20mm、22 mm、24mm、25mm、26 mm、28 mm、30 mm、32 mm、34 mm、36 mm、38 mm、40 mm、42 mm、45 mm、48 mm、50 mm、53 mm、56 mm、60 mm、63 mm、67 mm、71 mm、75 mm、80 mm、85mm。

二、轴的结构设计

(1)确定轴上零件的位置和固定方法。

(2)确定各轴段的直径。

按轴上零件安装、定位要求确定各轴段直径:①与标准零件相配合轴径应取标准值(如轴承);②轴上螺纹及花键部分直径应符合相应标准;③与一般零件配合部分直径应与配合零件孔一致,并取标准尺寸。

(3)确定各轴段的长度:①各轴段与其上相配合零件宽度对应;②转动零件与静止零件之间必须有一定的间隙;③轴头长度比相应零件轮毂宽度小 1 ~ 2 mm。

三、转轴的强度校核

轴的结构设计完成后,即可确定轴上荷载的大小、方向及作用点,从而求出支座反力,画出弯矩图和转矩图,对于一般用途的轴,按当量弯矩校核轴径作为轴的精确强度验算方法。

从弯矩图和转矩图可初步判断轴的危险截面,求出危险截面处最大弯曲正应力 σ 和最大扭转切应力 τ。

弯曲正应力为 $\qquad\qquad\qquad \sigma = \dfrac{M}{W_z}$

扭转切应力为 $\qquad\qquad\qquad \tau = \dfrac{T}{W_p}$

式中　W_z——抗弯截面模量,mm^3,实心圆轴 $W_z \approx 0.1d^3$;

　　　W_p——抗扭截面模量,mm^3,实心圆轴 $W_p \approx 0.2d^3$。

根据强度理论,弯曲与扭转组合变形的转轴强度条件为

$$\sigma_v = \sqrt{\sigma^2 + 4\tau^2} \leqslant [\sigma]$$

式中 $[\sigma_v]$——许用当量应力，MPa。

对实心圆轴，$W_p = 2W_z$。一般转轴的弯曲正应力为对称循环变应力，而扭转切应力一般情况下可以认为是不变的静应力，但实际上由于机器运转的不均匀性，一般假设扭转切应力按脉动循环变化，从对轴的强度影响来看，它没有对称循环的影响大。考虑两者不同循环特性的影响，将扭转切应力的变化特性转换成与弯曲正应力相同的变化特性，对式中的扭矩 T 乘以折算系数 α，即得危险截面处的强度条件

$$\sigma_v = \sqrt{\left(\frac{M}{W_z}\right)^2 + 4\left(\frac{T}{W_p}\right)^2} = \frac{\sqrt{M^2 + (\alpha T)^2}}{W_z} \leqslant [\sigma_{-1b}] \tag{10-3}$$

式中 σ_v——当量应力，MPa；

M——危险截面上的弯矩，N·m；

T——危险截面上的扭矩，N·m；

α——根据扭矩性质而定的折算系数，当扭矩不变时，$\alpha = [\sigma_{-1b}]/[\sigma_{+1b}] \approx 0.3$，当扭矩脉动循环变化时，$\alpha = [\sigma_{-1b}]/[\sigma_{0b}] \approx 0.6$，正反转频繁的轴，扭矩按对称循环变化，$\alpha = 1$，对一般的转轴，通常取 $\alpha \approx 0.6$，$[\sigma_{-1b}]$、$[\sigma_{0b}]$、$[\sigma_{+1b}]$ 分别为对称循环、脉动循环和静应力状态下的许用弯曲应力，如表 10-4 所示。

应用式(10-3)同样可以解决以下三方面问题：强度校核、设计截面尺寸和确定许用荷载。

表 10-4 轴的许用弯曲应力 （单位：MPa）

材料	σ_b	$[\sigma_{+1b}]$	$[\sigma_{0b}]$	$[\sigma_{-1b}]$
碳素钢	400	130	70	40
	500	170	75	45
	600	200	95	55
	700	230	110	65
合金钢	800	270	130	75
	900	300	140	80
	1 000	330	150	90
铸铁	400	100	50	30
	500	120	70	40

四、轴的设计步骤

轴的设计步骤如图 10-14 所示。

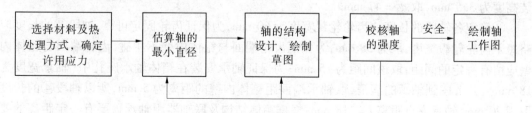

图 10-14 轴的设计步骤

【例 10-1】 设计如图 10-15 所示斜齿圆柱齿轮减速器的从动轴。已知传递功率 $P = 8$

kW,从动齿轮的转速 $n = 280$ r/min,分度圆直径 $d = 265$ mm,圆周力 $F_t = 2\,059$ N,径向力 $F_r = 763.8$ N,轴向力 $F_a = 405.7$ N。齿轮轮毂宽度为 60 mm,工作时单向运转,轴承采用深沟球轴承。

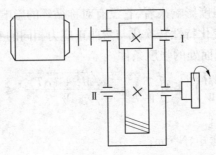

图 10-15　斜齿圆柱齿轮减速器的从动轴

解　(1)选择轴的材料,确定许用应力。

由已知条件知减速器传递中小功率,对材料无特殊要求,故选用 45 号钢并经调质处理。其机械性能查表 10-4,得 $\sigma_b = 650$ MPa,$[\sigma_{-1b}] = 60$ MPa。

(2)按扭转强度估算轴最小直径。

查表 10-3,选 $C = 110$,则

$$d \geqslant C\sqrt[3]{\frac{P}{n}} = 110 \times \sqrt[3]{\frac{8}{280}} = 33.63(\text{mm})$$

考虑到轴的最小直径处要安装联轴器,会有键槽存在,故将估算直径加大 4%,取为 34.98 mm。由前可知,取标准直径 $d_1 = 36$ mm。

(3)设计轴的结构并绘制结构草图。

由于设计的是单级减速器,可将齿轮布置在箱体内部中央,将轴承对称安装在齿轮两侧,轴的外伸端安装半联轴器。

①确定轴上零件的位置和固定方式。要确定轴的结构形状,必须先确定轴上零件的装拆顺序和固定方式。齿轮从轴的右端装入,齿轮的左端用轴肩(或轴环)定位,右端用套筒固定。这样,齿轮在轴上的轴向位置被完全确定。齿轮的周向固定采用平键连接。轴承对称安装于齿轮的两侧,其轴向用轴肩固定,周向采用过盈配合固定。

②确定各轴段的直径。如图 10-16 所示,轴段①直径最小,$d_1 = 36$ mm;考虑到要对安装在轴段①上的联轴器进行定位,轴段②上应有轴肩,同时,为能很顺利地在轴段②上安装轴承,轴段②必须满足轴承内径的标准,故取轴段②的直径 d_2 为 40 mm;用相同的方法确定轴段③、④的直径 $d_3 = 45$ mm、$d_4 = 55$ mm;为了便于拆卸左轴承,可查出 6208 型滚动轴承的安装高度为 3.5 mm,取 $d_5 = 47$ mm。

③确定各轴段的长度。齿轮轮毂宽度为 60 mm,为保证齿轮固定可靠,轴段③的长度应略短于齿轮轮毂宽度,取为 58 mm;为保证齿轮端面与箱体内壁不相碰,齿轮端面与箱体内壁应留有一定的间距,取该间距为 15 mm;为保证轴承安装在箱体轴承座孔中(轴承宽度为 18 mm),并考虑到轴承的润滑,取轴承端面距箱体内壁的距离为 5 mm,所以轴段④的长度取为 20 mm,轴承支点距离 $l = 118$ mm;根据箱体结构及联轴器距轴承盖要有一定距离的要求,取 $l' = 75$ mm;查阅有关的联轴器手册取 l'' 为 70 mm;在轴段①、③上分别加工出键槽,使两键槽处于同一圆柱母线上,键槽的长度比相应的轮毂宽度小 5~10 mm,键槽的宽度按轴

段直径查手册得到。

④选定轴的结构细节,如圆角、倒角、退刀槽等的尺寸。

按设计结果画出结构草图,如图 10-16(a)所示。

(4)按弯扭合成强度校核轴径。

①画出轴的受力图,如图 10-16(b)所示。

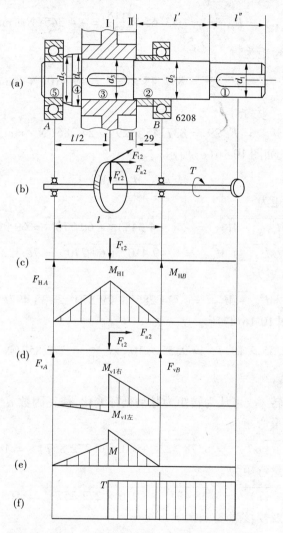

图 10-16 轴的结构草图、受力及弯矩、扭矩简图

②作水平面内的弯矩图,如图 10-16(c)所示。支点反力为

$$F_{HA} = F_{HB} = \frac{F_{t2}}{2} = \frac{2\ 059}{2} = 1\ 030(\text{N})$$

Ⅰ—Ⅰ截面处的弯矩为

$$M_{HI} = 1\ 030 \times \frac{118}{2} = 60\ 770(\text{N} \cdot \text{mm})$$

Ⅱ—Ⅱ截面处的弯矩为

$$M_{HII} = 1\ 030 \times 29 = 29\ 870(\text{N} \cdot \text{mm})$$

③作垂直面内的弯矩图,如图10-16(d)所示。支点反力为

$$F_{vA} = \frac{F_{r2}}{2} - \frac{F_{a2}d}{2l} = \frac{763.8}{2} - \frac{405.7 \times 265}{2 \times 118} = -73.65(\text{N})$$

$$F_{vB} = F_{r2} - F_{vA} = 763.8 - (-73.65) = 837.45(\text{N})$$

Ⅰ—Ⅰ截面左侧弯矩为

$$M_{v\text{Ⅰ左}} = F_{vA}\frac{l}{2} = -73.65 \times \frac{118}{2} = -4\,345(\text{N}\cdot\text{mm})$$

Ⅰ—Ⅰ截面右侧弯矩为

$$M_{v\text{Ⅰ右}} = F_{vB}\frac{l}{2} = 837.45 \times \frac{118}{2} = 49\,410(\text{N}\cdot\text{mm})$$

Ⅱ—Ⅱ截面处的弯矩为

$$M_{v\text{Ⅱ}} = F_{vB}29 = 837.45 \times 29 = 24\,286(\text{N}\cdot\text{mm})$$

④作合成弯矩图,如图10-16(e)所示。

$$M = \sqrt{M_H^2 + M_v^2}$$

Ⅰ—Ⅰ截面的弯矩为

$$M_{\text{Ⅰ左}} = \sqrt{M_{v\text{Ⅰ左}}^2 + M_{H\text{Ⅰ}}^2} = \sqrt{(-4\,345)^2 + 60\,770^2} = 60\,925(\text{N}\cdot\text{mm})$$

$$M_{\text{Ⅰ右}} = \sqrt{M_{v\text{Ⅰ右}}^2 + M_{H\text{Ⅰ}}^2} = \sqrt{49\,410^2 + 60\,770^2} = 78\,322(\text{N}\cdot\text{mm})$$

Ⅱ—Ⅱ截面的弯矩为

$$M_{\text{Ⅱ}} = \sqrt{M_{v\text{Ⅱ}}^2 + M_{H\text{Ⅱ}}^2} = \sqrt{24\,286^2 + 29\,870^2} = 38\,497(\text{N}\cdot\text{mm})$$

⑤作转矩图,如图10-16(f)所示。

$$T = 9.55 \times 10^6 \frac{P}{n} = 9.55 \times 10^6 \times \frac{8}{280} = 272\,857(\text{N}\cdot\text{mm})$$

⑥求当量弯矩。

因减速器单向运转,故可认为转矩为脉动循环变化,修正因数 α 为0.6。

Ⅰ—Ⅰ截面的当量弯矩为

$$M_{v\text{Ⅰ}} = \sqrt{M_{\text{Ⅰ右}}^2 + (\alpha T)^2} = \sqrt{78\,322^2 + (0.6 \times 272\,857)^2} = 181\,485(\text{N}\cdot\text{mm})$$

Ⅱ—Ⅱ截面的当量弯矩为

$$M_{v\text{Ⅱ}} = \sqrt{M_{\text{Ⅱ}}^2 + (\alpha T)^2} = \sqrt{38\,497^2 + (0.6 \times 272\,857)^2} = 168\,179.5(\text{N}\cdot\text{mm})$$

⑦确定危险截面及校核强度。

由图10-16可以看出,截面Ⅰ—Ⅰ、Ⅱ—Ⅱ所受转矩相同,但弯矩 $M_{v\text{Ⅰ}} > M_{v\text{Ⅱ}}$,且轴上还有键槽,故截面Ⅰ—Ⅰ可能为危险截面。但由于轴径 $d_3 > d_2$,故也应对截面Ⅱ—Ⅱ进行校核。

Ⅰ—Ⅰ截面的当量应力为

$$\sigma_{v\text{Ⅰ}} = \frac{M_{v\text{Ⅰ}}}{W} = \frac{181\,485}{0.1d_3^3} = \frac{181\,485}{0.1 \times 45^3} = 19.9(\text{MPa})$$

Ⅱ—Ⅱ截面的当量应力为

$$\sigma_{v\text{Ⅱ}} = \frac{M_{v\text{Ⅱ}}}{W} = \frac{168\,179.5}{0.1 \times d_2^3} = \frac{168\,179.5}{0.1 \times 40^3} = 26.3(\text{MPa})$$

因 $[\sigma_{-1b}] = 60$ MPa，满足 $\sigma_v \leqslant [\sigma_{-1b}]$ 的条件，故设计的轴有足够强度。

（5）修改轴的结构。

因所设计轴的强度裕度不大，故此轴不必再作修改。

（6）绘制轴的零件图（略）。

第四节　轴的刚度计算简介

轴属于细长杆件类零件，对于重要的或有刚度要求的轴，要进行刚度计算。

轴的刚度有弯曲刚度和扭转刚度两种。弯曲刚度用轴的挠度 y 或偏转角 θ 来表征，扭转刚度用轴的扭转角 φ 来表征。轴的刚度计算就是计算轴在工作荷载下的变形量，并要求其在允许的范围内，即 $y < [y]$，$\theta < [\theta]$，$\varphi < [\varphi]$。

一、弯曲刚度计算

进行轴的弯曲刚度计算时，通常按材料力学的方法计算挠度和偏转角，常用的有当量轴径法和能量法。

（一）当量轴径法

当量轴径法适用于轴的各段直径相差较小且只需作近似计算的场合。它是通过将阶梯轴转化为等效光轴后求等效光轴的弯曲变形。等效光轴的直径为

$$d_e = \frac{\sum d_i l_i}{\sum l_i} \tag{10-4}$$

式中　d_i——阶梯轴的第 i 段直径；

　　　l_i——阶梯轴的第 i 段长度。

（二）能量法

能量法适用于阶梯轴的弯曲刚度的较精确计算。它是通过对轴受外力作用后所引起的变形能的分析，应用材料力学的方法分析轴的变形。

二、扭转刚度计算

轴受扭矩作用时，对于钢制实心阶梯轴，其扭转角的计算式为

$$\varphi = \frac{1}{G} \sum \frac{T_i l_i}{0.1 \, d_i^4} \quad (\text{rad}) \tag{10-5}$$

式中　G——材料的剪切弹性模量，钢的 $G = 81\,000$ N/mm^2；

　　　T_i——第 i 段轴所受的扭矩，N·mm。

三、提高轴的疲劳强度和刚度的措施

在设计过程中，除合理选材外还可从结构安排和工艺等方面采取措施来提高轴的承载能力。

（一）分析轴上零件特点，减小轴所受的荷载

根据轴上安装的传动零件的状况，合理布置和合理设计可以减小轴所受的荷载。

对于受弯矩和扭矩联合作用的转轴,可以改进轴和轴上的零件结构,使轴的承载减少。

(二)改进轴的结构,减少应力集中

避免轴的剖面尺寸发生较大的变化,采用较大的过渡圆角半径,当装配零件的倒角很小时,可以采用内凹圆角或加装隔离环;尽可能不在轴的受载区段切制螺纹;可能时,适当放松零件与轴的配合,在轮毂上或与轮毂配合区段两端的轴上加开卸载槽,以降低过盈配合处的应力集中等。

(三)改进轴的表面质量,提高轴的疲劳强度

减小表面及圆角处的表面粗糙度,对零件进行表面淬火、渗氮、渗碳、碳氮共渗等处理,对零件表面进行碾压加工或喷丸硬化处理等,可以显著提高轴的承载能力。

(四)采用空心轴,减轻质量,提高强度和刚度

内径 d_0/外径 d 为 0.6 的空心轴与直径为 d 的实心轴相比,空心轴的剖面模量减少 13%,质量减少 36%;d_0/d 为 0.6 的空心轴与同质量的实心轴相比,剖面模量可增加1.7 倍。

思考题与习题

10-1 轴根据其受载情况可分为哪些类型?

10-2 轴的加工工艺性主要考虑哪几个方面?

10-3 轴的结构设计应从哪几个方面考虑?

10-4 一单级直齿圆柱齿轮减速器,用电动机直接拖动,已知电动机输入给主动轴的功率 $P = 22$ kW,主动轴转速 $n_1 = 1\ 470$ r/min,齿轮模数 $m = 4$ mm,齿数 $z_1 = 18$,$z_2 = 82$。若支承间的跨距 $l = 180$ mm,轴的材料采用 45 号钢,调质处理。试求:

(1)完成从动轴的结构设计;

(2)校核从动轴的强度。

10-5 分析图 10-17 轴的结构是否合理,如不合理请说明理由,并画出正确的结构图。

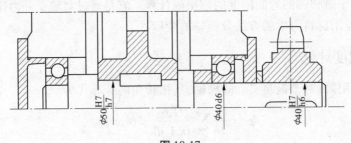

图 10-17

第十一章　键连接和销连接

轴毂连接的目的是使轴上零件能同轴一起转动，并传递转矩。轴毂连接的常用零件有键连接、花键连接、销连接、成型连接和过盈配合连接等。

第一节　键连接

键是标准零件，通常用来实现轴与轮毂之间的周向固定以传递转矩，还能实现轴上零件的轴向固定或轴向移动的导向。键连接的主要类型有平键连接、半圆键连接、楔键连接和切向键连接。平键连接和半圆键连接为松键连接，楔键连接和切向键连接为紧键连接。

一、平键连接

按键的用途不同，平键连接可分为普通平键、导向平键和滑键三种。

（一）普通平键

如图 11-1（a）所示为普通平键连接的结构。键的两侧面为工作面，靠键与键槽侧面的挤压作用传递运动和转矩，键的顶面为非工作面，与轮毂的键槽表面留有间隙。因此，这种连接只能用于轴上零件的周向固定。平键连接结构简单，装拆方便，对中性好，故应用很广泛。

普通平键已标准化，按其端部形状不同，分为圆头（A 型）、方头（B 型）和单圆头（C 型）三种形式，如图 11-1（b）所示。圆头平键适用于端铣刀加工的键槽，键在槽中不会发生轴向移动，能获得较好的轴向固定，故应用最广。方头平键适用于盘铣刀加工的键槽。单圆头平键多用于轴端。

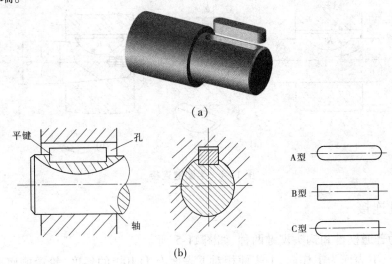

图 11-1　平键连接和普通平键

(二)导向平键和滑键

当轮毂在轴上需沿轴向移动时,可采用导向平键或滑键连接。导向平键用螺钉固定在轴上,如图11-2所示,轮毂上的键槽与键是间隙配合,当轮毂移动时,键起导向作用。由于导向平键较长,为方便拆卸,在导向平键中设有起键用的螺钉孔。滑键与轮毂相连,如图11-3所示,轴上的键槽与键是间隙配合,当轮毂移动时,键随轮毂沿键槽滑动。滑键适用于移动距离大的场合,如车床光轴与溜板箱即采用滑键连接。

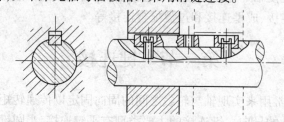

图 11-2　导向平键连接和导向平键

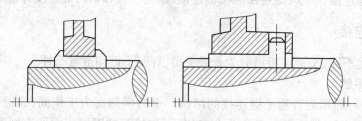

图 11-3　滑键连接

二、半圆键连接

半圆键连接的工作面也是两侧面,如图11-4所示。其特点是制造容易,装拆方便,键在轴槽中能绕自身几何中心沿槽底圆弧摆动,以适应轮毂上键槽的斜度。由于键槽较深,削弱了轴的强度,因此只能传递较小的转矩,一般用于轻载或锥形结构的连接。

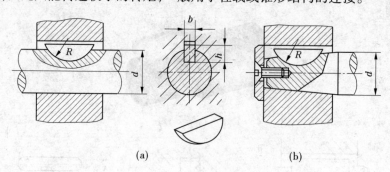

图 11-4　半圆键连接

三、楔键连接

楔键分为普通楔键和钩头楔键两种,如图11-5所示。

楔键的上、下表面为工作面,上表面相对下表面有1:100的斜度,轮毂槽底面相应也有1:100的斜度。装配时,将楔键打入轴与轴上零件之间的键槽内,使之连接成一整体,从而实现转矩传递。

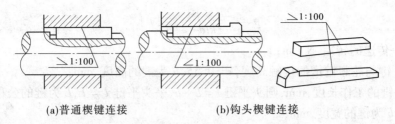

(a)普通楔键连接　　　　(b)钩头楔键连接

图 11-5　楔键连接

由于楔紧力会使轴与轮毂间产生偏心,即对中性差,因此楔键连接常用于精度要求不高、转速较低、承受单向轴向荷载的场合。钩头楔键用于不能从另一端将键打出的场合,钩头供拆卸用,应注意加以保护。

四、切向键连接

如图 11-6 所示为切向键连接。装配时,一对键分别自轮毂两边打入,使两工作面分别与轴和轮毂上的键槽底面压紧。工作时,靠工作面的压紧作用传递转矩。一对切向键只能传递单向转矩,需要传递双向转矩时,可安装两对互成120°~135°的切向键,如图11-6(b)所示。

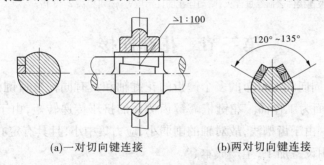

(a)一对切向键连接　　　　(b)两对切向键连接

图 11-6　切向键连接

切向键键槽对轴的削弱较严重,且对中性差,常用于轴径较大($d > 60$ mm)、精度要求不高、转速较低和传递转矩较大的场合。

第二节　平键连接的尺寸选择和强度计算

键连接的设计首先需要根据连接的结构特点、使用要求和工作条件来选择平键类型,再根据轴径大小从标准中选出键的剖面尺寸 $b \times h$(b 为键宽,h 为键高),然后参考轮毂宽度选取键的长度 L,键的长度应符合标准规定的尺寸系列,最后进行强度校核计算。平键主要的失效类型是工作面被压坏。除非有严重过载,一般不会出现键的剪断。因此,普通平键连接通常只按工作面的挤压强度进行校核计算。

普通平键连接的强度条件式为

$$\sigma_{\mathrm{p}} = \frac{2T \times 10^3}{kld} \leqslant [\sigma_{\mathrm{p}}] \tag{11-1}$$

式中　$[\sigma_{\mathrm{p}}]$——键、轴、轮毂三者中最弱材料的许用挤压应力,MPa,见表 11-1。

导向平键连接和滑键连接的强度条件为

$$p = \frac{2T \times 10^3}{kld} \leqslant [p] \tag{11-2}$$

式中　T——传递的转矩，N·m；

　　　k——键与轮毂键槽的接触高度，$k = 0.5h$，h 为键的高度，mm；

　　　l——键的工作长度，mm，圆头平键 $l = L - b$，平头平键 $l = L$，L 为键的公称长度，mm，b 为键的宽度，mm；

　　　d——轴的直径，mm；

　　　$[p]$——键、轴、轮毂三者中最弱材料的许用压力，MPa，见表 11-1。

表 11-1　键连接的许用挤压应力、许用压力　　　　　　（单位：MPa）

项目	连接工作方式	键或轮毂、轴的材料	荷载性质		
			静荷载	轻微冲击	冲击
许用挤压应力 $[\sigma_p]$	静连接	钢	120~150	100~120	60~90
		铸铁	70~80	50~60	30~45
许用压力 $[p]$	动连接	钢	50	40	30

注：如与键有相对滑动的被连接件表面经过淬火，则动连接的许用压力 $[p]$ 可提高 2~3 倍。

第三节　花键连接

　　花键连接由具有周向均匀分布的多个键齿的花键轴和具有同样数目键槽的轮毂组成，如图 11-7 所示，齿侧面为工作面。花键依靠键齿侧面的挤压传递转矩，由于是多齿传递荷载，所以承载能力强。由于齿槽浅，故对轴的削弱小，应力集中小，且具有定心好和导向性能好等优点，但需要专用设备加工，生产成本高。

　　根据齿形不同，常用的花键分为矩形花键（见图 11-8（a））和渐开线花键（见图 11-8（b））两类。矩形花键齿形简单，易于制造，应用广泛。渐开线花键齿根厚，强度高，加工工艺性好，适用于荷载较大及尺寸较大的连接。

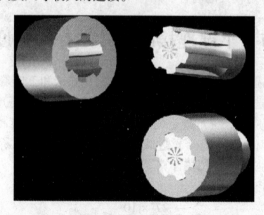

图 11-7　花键连接

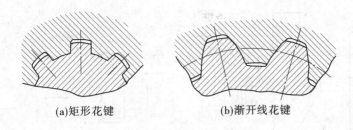

(a)矩形花键   (b)渐开线花键

图 11-8　花键的齿形

第四节　销连接

销连接用来固定零件间的相互位置,也用于轴毂间或其他零件间的连接,并可传递不大的转矩,还可作为安全装置中的过载剪断元件。

一、销的基本形式

常用的销有圆柱销和圆锥销两种。在圆柱销和圆锥销中又有不带内螺纹和带内螺纹两种形式,如图 11-9 所示。

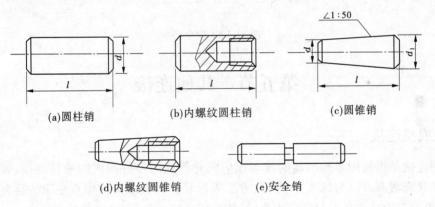

(a)圆柱销   (b)内螺纹圆柱销   (c)圆锥销

(d)内螺纹圆锥销   (e)安全销

图 11-9　销

二、销连接的应用特点

(1)定位销:用做确定零件间的相互位置的销。定位销一般不受荷载或只受很小的荷载,形成的连接是可拆的,应用时通常不少于两个。圆锥销和圆柱销都可用来定位,常采用圆锥销,如图 11-10(a)所示。

为方便连接,或对盲孔进行连接,可采用内螺纹圆柱销或内螺纹圆锥销(见图 11-10 (b)),内螺纹的作用在于便于拔销。

(2)连接销:可以用来传递横向力或扭矩的销。连接销可采用圆柱销或圆锥销,销孔一般都要经过铰削。对于圆柱销来说,仍然是依靠过盈配合固定。如图 11-11(a)所示为传递横向力的连接销,如图 11-11(b)所示为传递转矩的连接销。

(3)安全销的作用是过载保护。当连接过载时,销被切断,从而保护被连接件免受损

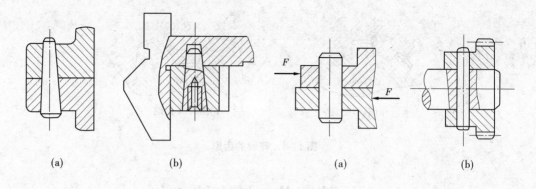

(a)　　　　　　　(b)　　　　　　　　　　(a)　　　　　　(b)

图 11-10　定位销　　　　　　　　　**图 11-11　连接销**

坏,如图 11-12 所示。

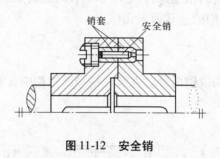

销套　　　安全销

图 11-12　安全销

第五节　其他连接

一、成型连接

成型连接是指利用非圆剖面的轴与相应的轮毂孔的零件构成的轴毂连接,如图 11-13 所示。其非圆截面可以为椭圆、三角形、方形等形状。成型连接的优点在于装拆方便,对中性好,又没有键槽或尖角引起的应力集中,故可传递较大载荷;缺点是加工复杂。

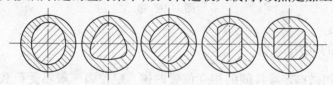

图 11-13　成型连接

二、过盈配合连接

如图 11-14 所示,过盈配合连接是利用两连接件间的过盈配合实现的连接。装配后,由于结合处的弹性变形和过盈量,在配合面间产生很大的径向压力,工作荷载靠此压力产生的摩擦力来传递。这种连接结构简单,对中性好,轴上不开槽,对轴的削弱小,耐冲击能力强,但对配合表面的加工精度要求高,且装配不方便。

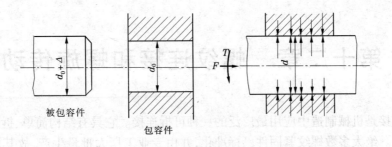

被包容件

包容件

图 11-14 过盈配合连接

思考题与习题

11-1 键连接可分为哪些类型？各有什么特点？

11-2 平键连接的工作原理是什么？主要失效形式有哪些？平键的尺寸是怎么确定的？

11-3 矩形花键有哪几种定心方式？目前国家标准采用何种定心方式，该定心方式有什么优点？

第十二章 螺纹连接和螺旋传动

螺纹连接是机械制造中应用最广泛的一种可拆连接。它具有结构简单、拆装方便、工作可靠等优点。绝大多数螺纹紧固件已标准化,并由专业工厂大批量生产,故其质量可靠、价格低廉、供应充足。

第一节 螺纹的形成、类型和主要参数

一、螺纹的形成

在圆柱表面上,沿螺旋线切制出具有相同截面(三角形、梯形、锯齿形等)的连续凸起和沟槽即形成螺纹。加工在零件外表面的螺纹称为外螺纹,加工在零件内表面的螺纹称为内螺纹。把内、外螺纹旋合在一起,可起到连接作用。

二、螺纹的类型

(1)按照螺旋线的旋向,螺纹分为左旋螺纹和右旋螺纹,如图 12-1 所示,一般采用右旋螺纹。

(2)按照螺旋线的数目,螺纹还可分为单线螺纹(见图 12-1(a))和多线螺纹(沿两条或两条以上等距螺旋线形成的螺纹)(见图 12-1(b))。单线螺纹自锁性能好,常用于连接;多线螺纹常用于传动。

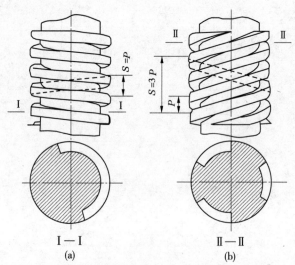

图 12-1 单线左旋螺纹和多线右旋螺纹

(3)按照母体形状,螺纹分为圆柱螺纹和圆锥螺纹。

(4)按照螺纹牙型断面形状的不同,螺纹分为普通螺纹、矩形螺纹、梯形螺纹、锯齿形螺

纹和管螺纹等,如图 12-2 所示。

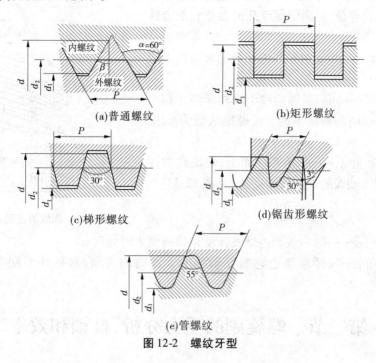

图 12-2　螺纹牙型

三、常用螺纹的类型及应用

普通螺纹的牙型为等边三角形,内外螺纹旋合后留有径向间隙。同一公称直径按螺距大小,可分为粗牙和细牙。细牙螺纹螺距小,自锁性能较好,强度高,但不耐磨。所以,一般连接多用粗牙螺纹,细牙螺纹常用于细小零件、薄壁管件或受冲击、振动和变载荷的连接。

管螺纹的牙型为等腰三角形,内外螺纹旋合后无径向间隙,属英制细牙螺纹,用于有紧密型要求的管件连接。

矩形螺纹的牙型为正方形,其传动效率较其他螺纹高,但牙根强度弱,螺旋副磨损后的间隙难以补偿,使传动精度降低,目前已逐渐被梯形螺纹所代替。

梯形螺纹的牙型为等腰梯形,传动效率略低于矩形螺纹,但加工容易,对中性好,牙根强度高,采用剖分螺母时,磨损后的轴向间隙可以调整,是广泛应用的一种传动螺纹,如车床丝杠等。

锯齿形螺纹的牙型为非等腰梯形,它兼有矩形螺纹传动效率高和梯形螺纹牙根强度高的优点,但只能用于单向受力的螺纹连接和螺旋传动中,如螺旋压力机。

管螺纹属于英制螺纹,牙型角 $\alpha = 55°$,公称直径为管子的内径。管螺纹可分为圆柱管螺纹和圆锥管螺纹。前者用于低压场合,后者用于高温高压或密封性要求较高的管连接。

四、螺纹的主要参数

螺纹的主要几何参数如图 12-3 所示,主要有以下几个。

(1)大径 d——与外螺纹牙顶(或内螺纹牙底)相重合的假想圆柱体的直径。标准规定它为公称直径。

(2)小径 d_1——外螺纹牙底(或内螺纹牙顶)相重合的假想圆柱体的直径。

（3）中径 d_2——牙型上沟槽和凸起宽度相等处的假想圆柱体的直径,是确定螺纹几何参数和配合性质的直径。

（4）螺距 P——相邻两牙在中径线上对应两点间的轴向距离。

（5）导程 S——同一条螺旋线上的相邻两牙在中径线上对应两点间的轴向距离。设螺旋线数为 n,则 $S = nP$。

（6）螺纹升角 λ——中径圆柱面上,螺旋线的切线与垂直于螺纹轴线的平面间的夹角（见图 12-3）。

$$\tan\lambda = \frac{nP}{\pi d_2}$$

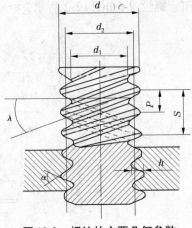

图 12-3　螺纹的主要几何参数

（7）牙型角 α——轴向截面内螺纹牙型相邻两侧边的夹角 α。

（8）牙侧角 β——牙型侧边与螺纹轴线的垂线间的夹角,对称牙型则有 $\beta = \alpha/2$,如图 12-2 所示。

第二节　螺旋副的受力分析、自锁和效率

一、螺旋副的受力分析

（一）矩形螺纹（牙型角 $\alpha = 0°$）

螺杆与螺母组成的螺旋副如图 12-4（a）所示,在轴向荷载 Q 和力矩 T 的作用下作相对运动。为了简化分析,可将螺母视为一滑块,如图 12-4（b）所示,滑块受轴向荷载 Q,在水平驱动力 F 的推动下沿螺纹表面匀速上升。根据螺旋线形成原理,可将螺旋面沿中径 d_2 展开成一螺纹升角为 λ 的斜面,螺旋副的受力,即相当于滑块在水平力 F 的推动下沿斜面匀速向上移动。

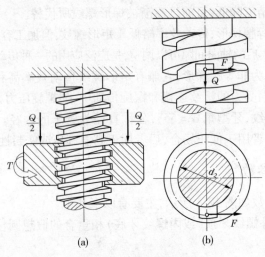

图 12-4　螺旋副的简化

如图 12-5(a) 所示为滑块沿斜面以速度 v 匀速上升时的受力情况。设 F_N 为斜面对滑块的法向反力，λ 为升角，f 为摩擦系数，则滑块上的摩擦力 $F_f = F_N f$，方向与 v 相反，总反力 F_R 与力 Q 的夹角为 $\lambda + \varphi$，φ 为摩擦角，$\varphi = \arctan f$。由于滑块是在 Q、F 及 F_R 三力作用下平衡，力三角形封闭，由图 12-5(a) 可得

$$F = Q\tan(\lambda + \varphi) \tag{12-1}$$

F 为旋进螺母时，在螺纹中径 d_2 处施加的水平推力。它对螺纹轴心线的力矩 T 称为螺纹力矩，且有

$$T = F\frac{d_2}{2} = Q\tan(\lambda + \varphi)\frac{d_2}{2} \tag{12-2}$$

图 12-4 所示螺旋副中，T 是使螺母前进(上升)时用来克服螺旋副的摩擦阻力和升起重物时所需的力矩。而对于螺纹连接，螺纹连接拧紧即为螺母前进，所以此时又称 T 为拧紧螺纹时的螺纹力矩。

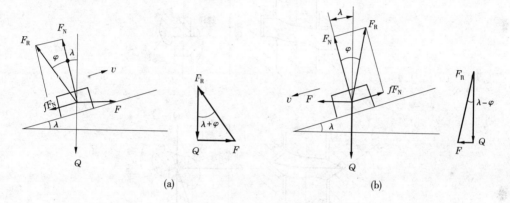

图 12-5　斜面上重物的受力分析

当拧松螺旋副时，可视为重物沿斜面匀速下滑，这时，F 和 fF_N 的方向与匀速上升时的方向相反，如图 12-5(b) 所示。同理，可得重物沿斜面匀速下滑时的水平推力和阻力矩为

$$F = Q\tan(\lambda - \varphi) \tag{12-3}$$

$$T = Q\tan(\lambda - \varphi)\frac{d_2}{2} \tag{12-4}$$

（二）非矩形螺纹($\alpha \neq 0°$)

非矩形螺纹是指牙型角 $\alpha \neq 0°$ 的三角形螺纹、梯形螺纹和锯齿形螺纹。

将图 12-6 中(b)、(a)所示的三角螺纹和矩形螺纹作比较，分析其受力情况可知，若不考虑升角 λ 的影响，在轴向荷载 Q 的作用下，非矩形螺纹的法向力 $F'_N = \dfrac{Q}{\cos\beta}$ 比矩形螺纹的法向力 $F_N = Q$ 大。如果把法向力的增加看做摩擦系数的增加，则非矩形螺纹的摩擦阻力为

$$fF'_N = \frac{fQ}{\cos\beta} = Qf_v \tag{12-5}$$

式中　f_v——当量摩擦系数，$f_v = \tan\varphi_v$，φ_v 为当量摩擦角，(°)；

　　　　β——牙型斜角，(°)。

由上面受力分析可知，非矩形螺纹与矩形螺纹所受的力仅是摩擦阻力不同。因此，只需

将 $F_N f$ 改为 $F_N f_v$、φ 改为 φ_v，便可得到非矩形螺纹的相应公式，即

当滑块沿非矩形螺纹匀速上升时的水平推力为

$$F = Q\tan(\lambda + \varphi_v) \tag{12-6}$$

拧紧螺纹时的螺纹力矩为

$$T = Q\tan(\lambda + \varphi_v)\frac{d_2}{2} \tag{12-7}$$

当滑块沿非矩形螺纹匀速下滑时的水平推力为

$$F = Q\tan(\lambda - \varphi_v) \tag{12-8}$$

阻力矩为

$$T = Q\tan(\lambda - \varphi_v)\frac{d_2}{2} \tag{12-9}$$

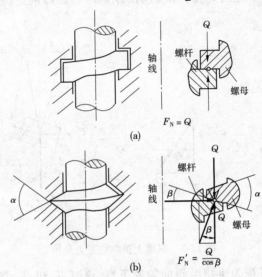

图 12-6　螺旋副受力比较

二、螺旋副的自锁

螺纹连接被拧紧后，如不加反向力矩，不论轴向荷载 Q 有多么大，螺母也不会自动松开，此现象称为螺旋副的自锁。

由式(12-8)可知，当 $\lambda \leqslant \varphi_v$ 时，$F \leqslant 0$。即无论 Q 有多么大，重物在斜面上不会自动下滑，见图 12-5(b)，所以，自锁条件为

$$\lambda \leqslant \varphi_v \tag{12-10}$$

三、螺旋副的效率

螺旋副的有效功与输入功之比称为螺旋副的效率，用 η 表示。在轴向荷载 Q 的作用下，螺旋副相对运动一周时，所作的有效功 W_2 与输入功 W_1 分别为

$$W_2 = QS = Q\pi d_2\tan\lambda$$

$$W_1 = F\pi d_2 = Q\pi d_2\tan(\lambda + \varphi_v)$$

故螺旋副的效率为

· 194 ·

$$\eta = \frac{W_2}{W_1} = \frac{\tan\lambda}{\tan(\lambda + \varphi_v)} \tag{12-11}$$

第三节　螺纹连接的基本类型和螺纹连接件

一、螺纹连接的基本类型

根据所用紧固件和连接方式的不同,螺纹连接可以分为以下四种基本类型。

(一)螺栓连接

螺栓连接是将螺栓穿过被连接件上的光孔并用螺母锁紧。螺栓连接无须在被连接件上切制螺纹孔,所以结构简单,装拆方便,易于更换,应用广泛,适用于两个零件都不太厚,并能钻成通孔的场合。螺栓连接分为普通螺栓连接和铰制孔螺栓连接。

(1)普通螺栓连接:由于孔和杆之间留有间隙,可以补偿各孔之间的位置误差,且加工简单,装拆方便,所以得到广泛的应用,如图12-7(a)所示。

(2)铰制孔螺栓连接:多采用基孔制过渡配合,螺杆与通孔加工精度高。由于孔与杆之间是过渡配合,具有定位作用,可以承受横向荷载,但是加工成本高,如图12-7(b)所示。

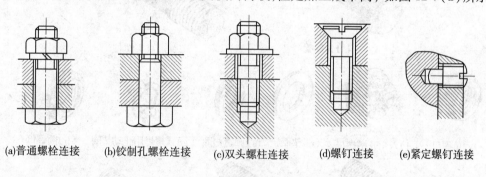

(a)普通螺栓连接　(b)铰制孔螺栓连接　(c)双头螺柱连接　(d)螺钉连接　(e)紧定螺钉连接

图12-7　螺栓连接的基本类型

(二)双头螺柱连接

一个被连接件上制有螺纹孔,其他被连接件上则有通孔。这种连接主要用在被连接件较厚或受到空间位置尺寸限制,而又需要经常拆卸的情况下使用。这种连接拆卸时,只需要把螺母拧下即可,而螺柱留在原位,以免因多次拆卸使内螺纹损坏(磨损失效),如图12-7(c)所示。

(三)螺钉连接

在一个被连接件上加工有螺纹孔,装配时螺钉直接拧入螺纹孔中,不需要螺母。这种连接主要用于空间位置受到限制,而且连接不需要经常拆卸的场合,如图12-7(d)所示。

(四)紧定螺钉连接

这种连接主要用来固定被连接件的相对位置。主要传递转矩,为了防止轴向窜动加设紧定螺钉,也可以传递较小的力或转矩,如图12-7(e)所示。

此外,还有吊环螺钉连接(见图12-8)和地脚螺栓连接(见图12-9)。吊环螺钉安装在机器外壳上,便于起吊、运输。地脚螺栓把机座固定在混凝土基础上,其埋入基础的一端具有特殊的形状。

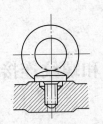

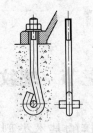

图 12-8　吊环螺钉连接　　　　　　图 12-9　地脚螺栓连接

二、标准螺纹连接件

螺纹连接件品种繁多,已标准化,按加工精度分 A、B、C 三个等级(加工精度依次降低),使用时可按标准选择。常见的螺纹连接件有螺栓、双头螺柱、螺钉、螺母、垫圈等,如图 12-10 所示。

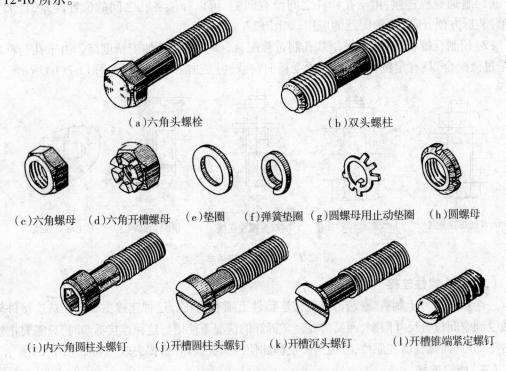

(a)六角头螺栓　　　　　　　(b)双头螺柱

(c)六角螺母　(d)六角开槽螺母　(e)垫圈　(f)弹簧垫圈　(g)圆螺母用止动垫圈　(h)圆螺母

(i)内六角圆柱头螺钉　(j)开槽圆柱头螺钉　(k)开槽沉头螺钉　(l)开槽锥端紧定螺钉

图 12-10　螺纹连接件

第四节　螺纹连接设计应注意的几个问题

一、螺纹连接的预紧

(一)预紧力

螺纹连接在没加工作荷载前预先拧紧螺母,称为预紧。预紧的目的是增加连接的刚性、紧密性、可靠性和防松能力。连接件在承受工作荷载之前就预加上的作用力称为预紧力。

拧紧力矩 $T(\mathrm{N \cdot mm})$ 和螺栓轴向预紧力 $F_0(\mathrm{N})$ 间的关系为

$$T \approx 0.2 F_0 d \tag{12-12}$$

式中　d——螺纹公称直径，mm。

（二）预紧力大小的确定

对于普通场合使用的螺栓连接，预紧力的大小通常由工人用普通扳手凭经验决定。对于重要连接，须按式(12-12)计算拧紧力矩，并由测力矩扳手或定力矩扳手来控制，如图 12-11 所示。

测力矩扳手的原理是：利用弹性件的变形量正比于拧紧力矩的原理，借助手柄上的指针指示刻度扳上拧紧力矩值，以控制预紧力。

 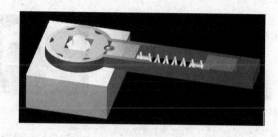

（a）指针式测力矩扳手　　　　　　　　　　（b）预置式定力矩扳手

图 12-11　力矩扳手

为了使被连接件均匀受压，互相贴合紧密、连接牢固，在装配时要根据螺栓实际分布情况，按一定的顺序逐次(常为 2～3 次)拧紧，如图 12-12 所示。

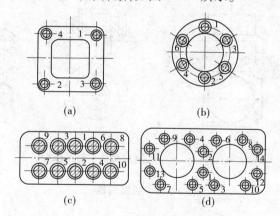

(a)　　　　　　　　　　(b)

(c)　　　　　　　　　　(d)

图 12-12　拧紧螺栓的顺序示例

二、螺纹连接的防松

一般情况下，连接螺纹具有一定的自锁性，在静荷载条件下并不会自动松脱。由于连接的工作条件千变万化，不可避免地存在冲击、振动、变荷载作用。在这些工况条件下，螺纹副之间的摩擦力会出现瞬时消失或减小。同时，在高温或温度变化较大的场合，材料会发生蠕变和应力松弛，也会使摩擦力减小。在多次作用下，就会造成连接的逐渐松脱。机械中连接的失效（松脱），轻者会造成工作不正常，重者则会引起严重事故。因此，螺纹连接的防松是工程工作中必须考虑的问题之一。

（一）防松原理

螺纹连接的防松原理是消除（或限制）螺纹副之间的相对运动，或增大相对运动的难度。

（二）常用的防松方法

1. 摩擦防松

常用的摩擦防松方法有：利用垫片（弹簧垫圈被压平后，利用其反弹力使螺纹间保持压紧力和摩擦力）、双螺母（对顶螺母使螺栓始终受到附加拉力和附加摩擦力的作用）及自锁螺母等防松，如图12-13所示。

(a) 弹簧垫圈　　　　　(b) 对顶螺母　　　　　(c) 自锁螺母

图 12-13　摩擦防松

2. 机械防松

常用的机械防松方法有：利用开口销、止动垫片及串联金属丝等防松，如图12-14所示。这种方法可靠，但装拆麻烦，适用于机械内部运动构件的连接，以及防松要求较高的场合。

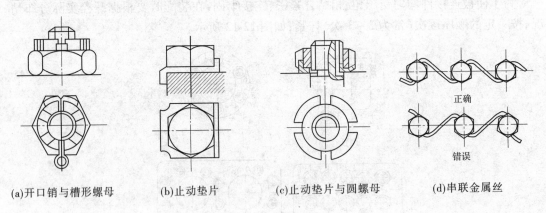

(a)开口销与槽形螺母　　(b)止动垫片　　　(c)止动垫片与圆螺母　　(d)串联金属丝

图 12-14　机械防松

3. 永久防松

永久防松是在螺旋副拧紧后采取黏合（将黏合剂涂于螺纹旋合表面，螺母拧紧后自行固化）、冲点（用冲头冲2～3点，起永久防松作用）、焊接（螺母拧紧后，将其与螺栓上的螺纹焊住，起永久防松作用）等措施，使螺纹连接不可拆的方法，如图12-15所示。这种方法简单可靠，适用于装配后不再拆卸的连接。

三、螺纹连接的结构设计

在一般情况下，大多数螺纹都是成组使用的，其中螺栓组连接最具有典型性。设计螺栓组连接时，首先确定螺栓组连接的结构，即设计被连接件接合面的结构、形状，选定螺栓的数

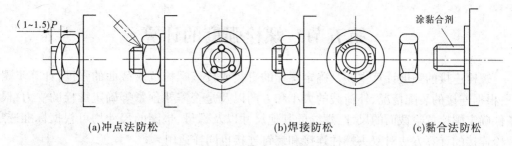

(a)冲点法防松   (b)焊接防松   (c)黏合法防松

图 12-15　永久防松

目和布置形式。螺栓组连接的结构设计应考虑以下几点：

（1）常用连接接合面的几何形状。连接接合面的几何形状通常设计成轴对称的简单几何形状，如矩形、框形、三角形、圆形、环形等，使螺栓组的对称中心与连接接合面的形心重合，从而使连接接合面受力比较均匀，如图 12-16 所示。

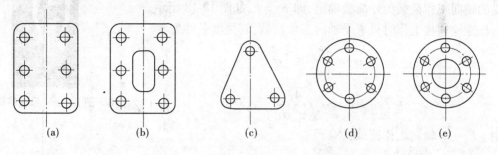

(a)   (b)   (c)   (d)   (e)

图 12-16　常用连接接合面的几何形状

（2）留有扳手空间。螺栓的排列应有合理的间距、边距。应根据扳手空间尺寸来确定各螺栓中心的间距及螺栓轴线到机体壁面间的最小距离，留有的扳手空间应使扳手的最小转角不小于 60°，如图 12-17 所示。

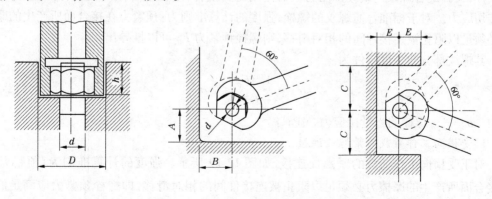

图 12-17　扳手空间

（3）同一螺栓组连接中各螺栓的直径和材料均应相同。分布在同一圆周上的螺栓数目应取 4、6、8 等偶数，以便加工孔时分度与画线。

（4）采取相应的防松措施。

第五节　螺栓强度的计算

螺栓连接的强度计算主要是确定螺栓的直径或校核螺栓危险截面的强度,计算步骤如下:根据连接的装配情况、外荷载的大小和方向以及是否需要预紧等确定螺栓的受力,根据条件确定螺栓危险截面的尺寸,螺栓的其他尺寸以及螺母、垫圈的尺寸均可根据标准选定。螺栓连接的计算方法对双头螺柱连接和螺钉连接也同样适用。

一、普通螺栓连接的强度计算

(一)松螺栓连接

松螺栓连接时,螺母、螺栓和被连接件不需要拧紧,在承受工作荷载前,连接螺栓是不受力的,典型的结构是起重机吊钩,螺栓在工作时承受的轴向工作荷载由外荷载确定,即 $F_p = F$,如图 12-18 所示。

松螺栓连接工作时只承受轴向工作荷载,其强度条件为

$$\sigma = \frac{4F_p}{\pi d_1^2} \leqslant [\sigma]$$

则

$$d_1 \geqslant \sqrt{\frac{4F_p}{\pi[\sigma]}} \qquad (12\text{-}13)$$

图 12-18　起重吊钩

式中　F_p——轴向工作荷载, N;

　　　d_1—— 螺栓的小径,mm;

　　　$[\sigma]$—— 松螺栓连接的许用应力,MPa。

(二)紧螺栓连接

紧螺栓连接装配时需要拧紧,加上外荷载之前,螺栓已承受预紧力 F_0。拧紧时,螺栓既受拉伸,又因旋合螺纹副中摩擦阻力矩的作用而受扭转,故在危险截面上既有拉应力,又有扭转切应力。对于标准普通螺纹的螺栓,强度的计算准则为:预紧力在接合面所产生的摩擦力必须足以阻止被连接件间的相对滑移,则螺栓预紧力 F_0 可以推导出。

其螺纹部分的强度条件为

$$\sigma_v = \frac{1.3F_p}{\pi d_1^2/4} \leqslant [\sigma] \qquad (12\text{-}14)$$

式中　σ_v—— 螺栓的当量拉应力,MPa 。

1. 受横向工作荷载的紧螺栓连接

对于受横向工作荷载的紧螺栓连接,如图 12-19 所示。强度的计算准则为:预紧力 F_0 在接合面所产生的摩擦力必须足以阻止被连接件间的相对滑移,即螺栓预紧力应满足的条件为

$$zmfF_0 \geqslant kR \qquad (12\text{-}15)$$

即

$$F_0 \geqslant \frac{kR}{zmf} \qquad (12\text{-}16)$$

式中　z—— 螺栓的数目;

f—— 接合面之间的摩擦因数;

m—— 被连接件结构中接合面数;

k—— 可靠性系数,一般取 $k = 1.1 \sim 1.3$;

R——横向荷载。

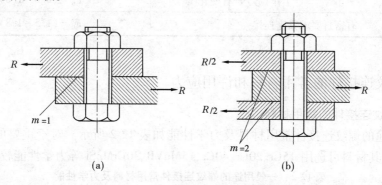

(a)　　　　　　　　　(b)

图 12-19　只受预紧力的螺栓连接

预紧力 F_0 的大小可通过接合面之间的最大摩擦力应大于外荷载 F 这一条件确定,计算时为了确保连接的可靠性,常将横向外荷载放大 $10\% \sim 30\%$。

2. 受轴向外荷载的紧螺栓连接

受轴向外荷载的紧螺栓连接是工程上使用最多的一种连接方式。此种连接必须同时考虑预紧力和外荷载对连接的综合影响。当施加预紧力后,螺栓杆对应伸长,被连接件产生压缩变形。当其上作用有轴向外荷载 F 时,螺栓杆将继续伸长,被连接件因压力减小而产生部分弹性恢复,此时被连接件上的残余压力称为残余预紧力。螺栓所受的总工作荷载 F_p 为外荷载 F 与被连接件的残余预紧力 F_0' 之和,即

$$F_p = F + F_0' \tag{12-17}$$

如图 12-20 所示的压力容器,设容器的内径为 D ,容器内物料的压力为 p ,螺栓数目为 z ,则凸缘上分布在直径为 D_0 的圆周上的每个螺栓平均承受的轴向工作荷载为

$$F = \frac{\pi D^2 p}{4z} \tag{12-18}$$

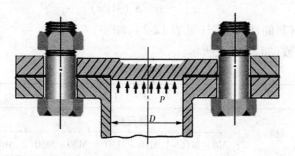

图 12-20　压力容器的螺栓连接

为防止轴向外荷载 F 骤然消失时连接出现冲击,以及保证连接的紧密性和可靠性,残余预紧力必须大于零。表 12-1 为残余预紧力参考值。

表 12-1　残余预紧力

连接类型		残余预紧力
一般紧固连接	工作拉力 F 无变化	$F_0' = (0.2 \sim 0.6)F$
	工作拉力 F 有变化	$F_0' = (0.6 \sim 1.0)F$
有密封要求紧密连接		$F_0' = (1.5 \sim 1.8)F$

二、螺纹连接件的常用材料和许用应力

(一) 螺纹连接件的常用材料

一般用途的螺纹连接件常用材料及力学性能如表 12-2 所示。对于重要的特殊用途的螺纹连接件,其材料可选用 15Cr、20Cr、40Cr、15MnVB、30CrMnSi 等力学性能较好的合金钢。

表 12-2　一般用途的螺纹连接件常用材料及力学性能

钢号	抗拉强度 σ_b(MPa)	屈服极限 σ_s(MPa)	疲劳极限(MPa)	
			弯曲 σ_{-1}	抗拉 σ_{-1T}
Q215	$340 \sim 420$	220		
Q235	$410 \sim 470$	240	$170 \sim 220$	$120 \sim 160$
35	540	320	$220 \sim 340$	$170 \sim 220$
45	610	360	$250 \sim 340$	$190 \sim 250$
40Cr	$750 \sim 1\,000$	$650 \sim 900$	$320 \sim 440$	$240 \sim 340$

(二) 螺纹连接件的许用应力

螺纹连接件的许用应力与许多因素有关,如所受荷载的性质、加工及装配情况和装配质量,以及螺纹连接材料的牌号及热处理、结构尺寸、工作温度等,不控制预紧力时还与螺栓的直径有关。紧螺栓连接的许用应力为

$$[\sigma] = \sigma_s / S \text{ (MPa)} \tag{12-19}$$

式中　σ_s—— 螺栓材料的屈服极限(见表 12-2),MPa ;

　　　S—— 安全系数,如表 12-3 所示。

表 12-3　受拉紧螺栓连接的安全系数 S

控制预紧力		1.2 ~ 1.5				
不控制预紧力	材料	静荷载			动荷载	
		M6 ~ M16	M16 ~ M30	M30 ~ M60	M6 ~ M16	M16 ~ M30
	碳钢	$4 \sim 3$	$3 \sim 2$	$2 \sim 1.3$	$10 \sim 6.5$	6.5
	合金钢	$5 \sim 4$	$4 \sim 2.5$	2.5	$7.5 \sim 5$	5

注:所谓控制预紧力,是指拧紧时采用测力扳手等,以获得准确的预紧力;所谓不控制预紧力,是指拧紧时只凭经验来控制力的大小。

【例 12-1】 如图 12-20 所示的气缸盖螺栓连接,已知气缸内径 $D=200$ mm,气缸内气体工作压力 $p=1.2$ MPa,缸盖与缸体之间采用橡胶垫圈密封,螺栓数目 $z=10$。试确定螺栓直径。

解 (1)确定每个螺栓所受的轴向工作荷载 F。

$$F = \frac{\pi D^2 p}{4z} = \frac{\pi \times 200^2 \times 1.2}{4 \times 10} = 3\,770(\mathrm{N})$$

(2)计算每个螺栓的总拉力 F_p。

由于气缸盖螺栓连接有密封性要求,根据经验取 $F_0' = 1.8F$,由式(12-17)得螺栓总拉力为

$$F_\mathrm{p} = F + F_0' = F + 1.8F = 2.8F = 2.8 \times 3\,770 = 10\,556(\mathrm{N})$$

(3)确定螺栓公称直径 d。

①螺栓选用 35 钢,由表 12-2 查得 $\sigma_\mathrm{s} = 320$ MPa,若装配时不控制预紧力,则螺栓的许用应力与其直径有关,故须采用试算法。假定螺栓直径 $d=16$ mm,由表 12-3 查得 $S=3$,则许用应力为

$$[\sigma] = \frac{\sigma_\mathrm{s}}{S} = \frac{320}{3} = 106.7(\mathrm{MPa})$$

②由式(12-14)求得螺栓小径

$$d_1 \geqslant \sqrt{\frac{4 \times 1.3 F_\mathrm{p}}{\pi[\sigma]}} = \sqrt{\frac{4 \times 1.3 \times 10\,556}{\pi \times 106.7}} = 12.80(\mathrm{mm})$$

查螺纹标准,取螺栓直径 $d=16$ mm 适合。

注意:若计算结果与假设 d 值不符,则应重新假设 d 值,再按上述步骤进行计算。

第六节 螺旋传动简介

螺旋传动是利用螺杆和螺母组成的螺旋副来实现传动要求的。它主要用于将回转运动变为直线运动,并传递运动或动力。螺旋传动具有结构简单、工作连续、平稳,承载能力大,传动精度高等优点,因此广泛应用于各种机械和仪器中。

螺旋传动按其螺旋副摩擦性质的不同,可分为滑动螺旋传动和滚动螺旋传动两大类。

一、滑动螺旋传动

螺旋副为滑动摩擦的螺旋机构,称为滑动螺旋机构。滑动螺旋机构的优点是结构简单,工作连续、平稳,传动精度高,承载能力大,易于自锁等。其缺点是磨损大,传动效率低。按螺杆上螺旋副的数目不同,滑动螺旋机构分为单螺旋机构和双螺旋机构两种类型。

(一)单螺旋机构

单螺旋机构又称为普通螺旋机构,是由单一螺旋副组成的,它有以下四种形式。

1.螺母固定,螺杆回转并作直线运动

如图 12-21 所示的台式虎钳,螺杆 1 上装有活动钳口 2,螺母 4 与固定钳口 3 连接(固定在工作台上),当转动螺杆 1 时可带动活动钳口 2 左右移动,使之与固定钳口 3 分离或合拢,完成夹紧与松开工件的要求。

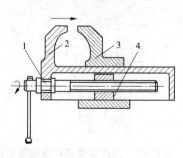

图 12-21 台式虎钳

这种单螺旋机构通常应用于千斤顶、千分尺和螺旋压力机等。

2.螺杆固定不动,螺母回转并作直线运动

如图 12-22 所示的螺旋千斤顶,螺杆 4 被安置在底座上静止不动,转动手柄 3 使螺母 2 回转,螺母就会上升或下降,从而举起或放下托盘 1 上的重物。

这种单螺旋机构常应用于插齿机刀架传动等。

3.螺杆原位回转,螺母作直线运动

如图 12-23 所示的车床滑板丝杠螺母传动,螺杆 1 在机架 3 中可以转动而不能移动,螺母 2 与滑板 4 相连接只能移动而不能转动。当转动手轮使螺杆转动时,螺母 2 即可带动滑板 4 移动。

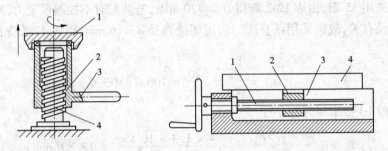

图 12-22　螺旋千斤顶　　　　　图 12-23　车床滑板丝杠螺母传动

螺杆原位回转、螺母作直线运动的形式应用较广,如摇臂钻床中摇臂的升降机构、牛头刨床工作台的升降机构等均属这种形式的单螺旋机构。

4.螺母原位回转,螺杆作直线运动

如图 12-24 所示为应力试验机观察镜螺旋调整装置,由机架 4、螺杆 2、螺母 3 和观察镜 1 组成。当转动螺母 3 时便可使螺杆 2 向上或向下移动,以满足观察镜 1 的上下调整要求。

(二)双螺旋机构

如图 12-25 所示为双螺旋机构,螺杆 2 上有两段不同导程 P_{h1} 和 P_{h2} 的螺纹,分别与螺母 1、3 组成两个螺旋副。其中,螺母 3 兼作机架,当螺杆 2 转动时,一方面相对螺母 3 移动,另一方面又使不能转动的螺母 1 相对螺杆 2 移动。

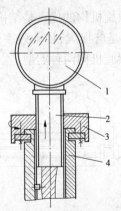

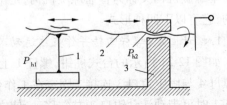

图 12-24　应力试验机观察镜螺旋调整装置　　　图 12-25　双螺旋机构

二、滚动螺旋传动

在普通的螺旋传动中,由于螺杆与螺母的牙侧表面之间的相对运动摩擦是滑动摩擦,因而传动阻力大,摩擦损失严重,效率低。为了改善螺旋传动的功能,用滚动摩擦来替代滑动摩擦,如图 12-26 所示。

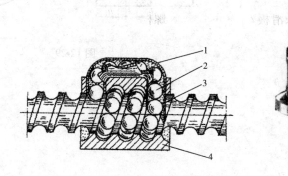

图 12-26　滚动螺旋传动

滚动螺旋传动主要由滚珠微环装置 1、滚珠 2、螺杆 3 及螺母 4 组成。其工作原理是:在螺杆和螺母的螺纹滚道中,装有一定数量的滚珠(钢球),当螺杆与螺母作相对螺旋运动时,滚动在螺纹滚道内滚动,并通过滚动循环装置的通道构成封闭循环,从而实现螺杆与螺母间的滚动摩擦。

滚动螺旋传动具有滚动摩擦阻力小、摩擦损失小、传动效率高、传动时运动稳定、动作灵敏等优点。但其结构复杂,外形尺寸较大,制造技术要求高,因此成本也较高。目前,其主要应用于精密传动的数控机床(滚珠丝杠传动)、自动控制装置、升降机构及精密测量仪器等。

思考题与习题

12-1　如图 12-27 所示为一拉杆的螺栓连接。已知拉杆所受的荷载 $F = 50$ kN,荷载稳定,拉杆的材料为 Q235。试设计此螺栓连接。

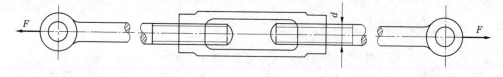

图 12-27

12-2　如图 12-28 所示,三块钢板采用 2 个 M16 的普通螺栓连接的结构,以传递横向荷载 R。连接螺栓材料的许用应力 $[\sigma] = 120$ MPa,被连接件接合面之间的摩擦因数 $f = 0.16$。试求该连接所能传递的最大横向荷载 R。

12-3　如图 12-29 所示的凸缘联轴器,材料为 HT300,用 4 个普通螺栓连接(见图中联轴器的上半部所示),不控制预紧力。已知螺栓中心圆直径 $D_0 = 150$ mm,联轴器传递的转矩 $T = 1.5$ kN·m,螺栓材料为 Q235 钢。试确定螺栓的直径。

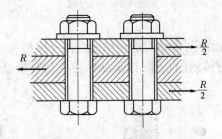

图 12-28

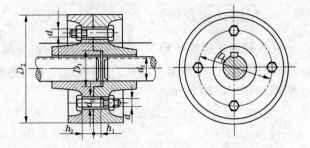

图 12-29

第十三章　轴　承

　　轴承分为滚动轴承和滑动轴承两大类。滚动轴承已经标准化,由专门的工厂大量生产。本章主要学习根据具体的工作条件正确地选用轴承的类型和尺寸,并进行轴承安装、调整、润滑、密封等轴承组合的结构设计。但是在高速、高精度、重载、结构上要求剖分等场合下,滑动轴承就显示出它的优异性能。本章最后介绍滑动轴承的结构、类型、特点及轴瓦材料与结构,了解滑动轴承的润滑和计算。

第一节　滚动轴承的结构、类型

　　滚动轴承是机器上一种重要的通用部件。它依靠主要元件间的滚动接触来支承转动零件,具有摩擦阻力小、容易启动、效率高、轴向尺寸小等优点,而且由于大量标准化生产,故具有制造成本低的优点。因而,在各种机械中得到了广泛的使用。

一、滚动轴承的基本结构

　　严格来说,滚动轴承是一个组合标准件,其基本结构如图 13-1 所示。它主要有内圈、外圈、滚动体和保持架等四个部分所组成。通常其内圈用来与轴颈配合装配,外圈的外径用来与轴承座或机架座孔相配合装配。有时,也有轴承内圈与轴固定不动、外圈转动的场合。

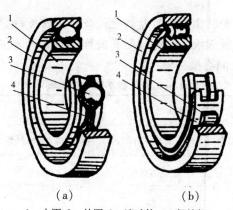

(a)　　　　　　　　(b)

1—内圈;2—外圈;3—滚动体;4—保持架

图 13-1　滚动轴承的基本结构

　　作为转轴支承的滚动轴承,显然其中的滚动体是必不可少的元件。有时为了简化结构,降低成本造价,可根据需要而省去内圈、外圈,甚至保持架等。这时,滚动体直接与轴颈和座孔滚动接触。例如,自行车上的滚动轴承就是这样的简易结构。

　　当内圈、外圈相对转动时,滚动体即在内圈、外圈的滚道中滚动。常见的滚动体形状如图 13-2 所示,有球形、圆柱形、滚针、圆锥、球面滚子、非对称球面滚子。

　　滚动轴承的内圈、外圈和滚动体应具有较高的硬度和接触疲劳强度、良好的耐磨性和冲

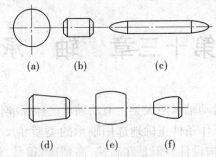

图 13-2 轴承滚动体

击韧性。一般采用轴承铬钢（如 GCr9、GCr15、GCr15SiMn 等）经淬火制成，硬度 60HRC 以上。滚动轴承的工作滚道必须经磨削抛光，以提高其接触疲劳强度。

保持架使滚动体均匀分布在圆周上，其作用是：避免相邻滚动体之间的接触。保持架有冲压式和实体式两种。冲压式保持架用低碳钢冲压制成。实体式保持架用铜合金、铝合金或工程塑料制成，具有较好的定心精度，适用于较高速的轴承。

二、滚动轴承的主要类型及性能

（一）滚动轴承的主要类型

滚动轴承按照结构特点的不同有多种分类方法，各类轴承分别适用于不同载荷、转速及特殊需要。其分类依据主要是其所能承受的载荷方向（或公称接触角）和滚动体的种类。所以，滚动轴承的一个重要参数就是公称接触角。滚动体和套圈接触处的法线与轴承径向平面（垂至于轴承轴心线的平面）之间的夹角 α 称为公称接触角。α 越大，则轴承承受轴向载荷的能力就越大。

1. 按轴承的内部结构和所能承受的外载荷或公称接触角的不同分类

按轴承的内部结构和所能承受的外载荷或公称接触角的不同，滚动轴承分为向心轴承和推力轴承（见表 13-1）及向心推力轴承。

表 13-1 各类轴承的公称接触角

轴承种类	向心轴承		推力轴承	
	径向接触	向心角接触	推力角接触	轴向接触
公称接触角 α	$\alpha = 0°$	$0° < \alpha \leqslant 45°$	$45° < \alpha \leqslant 90°$	$\alpha = 90°$
图例（以球轴承为例）				

1）向心轴承

向心轴承是主要或只能承受径向载荷的滚动轴承，其公称压力角为 0°～45°。向心轴承按公称接触角的不同又可以分为以下两种。

(1)径向接触轴承:公称接触角为0°的向心轴承,如深沟球轴承、圆柱滚子轴承和滚针轴承等。其中,深沟球轴承除主要承受径向载荷外,还可以承受一定的轴向载荷(双向),在高转速时甚至可以代替推力轴承来承受纯轴向载荷,因此有时也把它看做向心推力轴承。它的设计计算也与后述的向心推力轴承(角接触球轴承、圆锥滚子轴承)类似。与尺寸相同的其他轴承相比,深沟球轴承具有摩擦因数小、极限转速高的优点,并且价格低廉,故获得了最为广泛的应用。

(2)向心角接触轴承:公称接触角在0°~45°的向心轴承,如角接触球轴承、圆锥滚子轴承、调心轴承等。

两种调心轴承在主要承受径向载荷的同时,也可以承受不大的轴向载荷。其主要特点在于:允许内圈、外圈轴线有较大的偏斜(2°~3°),因而具有自动调心的功能,可以适应轴的挠曲和两轴承孔的同轴度误差较大的情况。

2)推力轴承

推力轴承是主要用于承受轴向载荷的滚动轴承,其公称接触角为45°~90°。

推力轴承按公称接触角的不同又分为轴向接触轴承和推力角接触轴承。

(1)轴向接触轴承:公称接触角为90°的推力轴承,如推力球轴承。

(2)推力角接触轴承:公称接触角为45°~90°的推力轴承,如推力角接触轴承。

推力轴承按照承受单向轴向力和双向轴向力可以分为单列推力轴承和双列推力轴承。

2. 按滚动体的种类不同分类

滚动轴承按滚动体的种类可分为球轴承和滚子轴承。

球轴承的滚动体为球,球与滚道表面的接触为点接触;滚子轴承的滚动体为滚子,滚子与滚道表面的接触为线接触。滚子轴承按滚子的形状又可以分为圆柱滚子轴承、滚针轴承、圆锥滚子轴承和调心滚子轴承。

在外廓尺寸相同的条件下,滚子轴承比球轴承的承载能力和耐冲击能力都好,但球轴承摩擦小、高速性能好。

3. 按工作时是否调心分类

滚动轴承按工作时是否能调心可分为调心轴承和非调心轴承。调心轴承允许的偏位角大。

4. 按安装轴承时其内圈、外圈可否分别安装分类

滚动轴承按安装轴承时其内圈、外圈可否分别安装分为可分离轴承和不可分离轴承。

5. 按公差等级分类

滚动轴承按公差等级可分为0、6、5、4、2级滚动轴承,其中2级精度最高,0级为普通级。另外,还有只用于圆锥滚子轴承的6x公差等级。

6. 按运动方式分类

滚动轴承按运动方式可分为回转运动轴承和直线运动轴承。

(二)滚动轴承的性能

各类轴承的承载性能如表13-2所示。

表 13-2　常用滚动轴承的类型、代号及特性

轴承名称及简图符号	结构简图	示意简图及承载方向	轴承代号			基本额定动载荷比	极限转速比	偏位角 δ	标准号	价格比（参考）	结构性能特点
			类型代号	尺寸系列代号	轴承基本代号						
圆柱滚子轴承			N	10	N 1000	1.5~3	高	2'~4'	GB/T 283—1994	2	有一个套圈（内圈、外圈）可以分离，所以不能承受轴向载荷，由于是线接触，所以能承受较大的径向载荷
			N	(0)2	N 200						
			N	22	N 2200						
			N	(0)3	N 300						
			N	23	N 2300						
			N	(0)4	N 400						
			NU	10	NU 1000						
			NU	(0)2	NU 200						
			NU	22	NU 2200						
			NU	(0)3	NU 300						
			NU	23	NU 2300						
			NU	(0)4	NU 400						
调心球轴承			1	(0)2	1200	0.6~0.9	中	2°~3°	GB/T 281—1994	1.3	双排球，外圈内球面球心在轴线上，偏位角大，可自动调位。主要承受径向载荷，能承受较小的轴向载荷
			(1)	22	2200						
			1	(0)3	1300						
			(1)	23	2300						
调心滚子轴承			2	13	21300	1.8~4	低	0.5°~2°	GB/T 288—1994	5	与调心球轴承相似，但承载能力较大，而偏位角较小
			2	22	22200						
			2	23	22300						
			2	30	23000						
			2	31	23100						
			2	32	23200						
			2	40	24000						
			2	41	24100						
圆锥滚子轴承			3	02	30200	1.5~2.5	中	2'	GB/T 297—1994	1.5	接触角 $\alpha = 11°~16°$。外圈可分离，便于调整游隙。除能承受径向载荷外，还能承受较大的单向轴向载荷
			3	03	30300						
			3	13	31300						
			3	20	32000						
			3	22	32200						
			3	23	32300						
			3	29	32900						
			3	30	33000						
			3	31	33100						
			3	32	33200						
推力球轴承 推力球轴承			5	11	51100	1	低	~0°	GB/T 301—1995	0.9	套圈可分离，承受单向轴向载荷，高速时离心力大，故极限转速低
			5	12	51200						
			5	13	51300						
			5	14	51400						
双向推力球轴承			5	22	52200				GB/T 301—1995	1.8	可双向承受轴向载荷
			5	23	52300						
			5	24	52400						

轴承名称及简图符号	结构简图	示意简图及承载方向	轴承代号			基本额定动载荷比	极限转速比	偏位角 δ	标准号	价格比（参考）	结构性能特点
			类型代号	尺寸系列代号	轴承基本代号						
深沟球轴承			6	17	61700						
			6	37	63700						
			6	18	61800						应用广泛，主要承受径向载荷，也能承受一定的双向轴向载荷，可用于较高转速
			6	19	61900	1	高	8′ ~ 16′ (30′)	GB/T 276 —1994	1	
			6	(0)0	16000						
			6	(0)1	6000						
			6	(0)2	6200						
			6	(0)3	6300						
			6	(0)4	6400						
角接触球轴承 α = 15°(C)、25°(AC)、40°(B)			7	19	71900	1.0 ~ 1.4(C)					
			7	(1)0	7000	1.0 ~ 1.3(AC)	高	2′ ~ 10′	GB/T 292 —1994	1.7	可用于承受径向载荷和较大向载荷，α越大则可承受轴向载荷越大
			7	(0)2	7200						
			7	(0)3	7300	1.0 ~ 1.2(B)					
			7	(0)4	7400						

注:1. 基本额定动载荷比:同尺寸系列各类轴承的基本额定动载荷与深沟球轴承的基本额定动载荷之比。

2. 极限转速比:同尺寸系列各类轴承的极限转速与深沟球轴承极限转速之比(脂润滑,0 级精度),比值介于 90% ~ 100% 为高,比值介于 60% ~ 90% 为中,比值 <60% 为低。

第二节　滚动轴承的代号及类型选择

一、滚动轴承的代号

滚动轴承的种类很多,而各类轴承又有不同结构、尺寸和公差等级等,为了表征各类轴承的不同特点,便于组织生产、管理、选择和使用,国家标准中规定了滚动轴承代号的表示方法,其由数字和字母所组成。

滚动轴承的代号由三个部分组成:前置代号、基本代号和后置代号,如表 13-3 所示。

表 13-3　轴承代号的组成

基本代号	前置代号	后置代号(组)
字母和数字	字母	字母和数字
轴承内径代号 尺寸系列代号 轴承类型代号	成套轴承的分部件	内部结构 密封防尘套圈变形 保持架(材料)轴承材料 公差等级、游隙 配置 其他

(一)基本代号

基本代号是表示轴承的基本类型、结构和尺寸,是轴承代号的基础。基本代号由轴承类型代号、尺寸系列代号和轴承内径代号三部分构成。

类型代号用阿拉伯数字(以下简称数字)或大写拉丁字母(简称字母)表示,个别情况下可以省略,如表 13-4 所示。

表 13-4　一般滚动轴承类型代号

轴承类型	代号	原代号	轴承类型	代号	原代号
双列角接触球轴承	0	6	深沟球轴承	6	0
调心球轴承	1	1	角接触球轴承	7	6
调心滚子轴承和推力调心滚子轴承	2	3 和 9	推力圆柱滚子轴承	8	9
圆锥滚子轴承	3	7	圆柱滚子轴承	N	2
双列深沟球轴承	4	0	外球面球轴承	U	0
推力球轴承	5	8	四点接触球轴承	QJ	6

尺寸系列是由轴承的宽(高)度系列代号和直径系列代号组合而成的,用两位数字表示,如表 13-5 所示。宽(高)度系列代号在前,直径系列代号在后。

表 13-5　向心轴承、推力轴承尺寸系列代号

直径系列代号	向心轴承						推力轴承					
	宽度系列代号						高度系列代号					
	8	0	1	2	3	4	5	6	7	9	1	2
	尺寸系列号											
7	—	—	17	—	37	—	—	—	—	—	—	—
8	—	08	18	28	38	48	58	68	—	—	—	—
9	—	09	19	29	39	49	59	69	—	—	—	—
0	—	00	10	20	30	40	50	60	70	90	10	—
1	—	01	11	21	31	41	51	61	71	91	11	—
2	82	02	12	22	32	42	52	62	72	92	12	22
3	83	03	13	23	33	—	—	—	73	93	13	23
4	—	04	—	24	—	—	—	—	74	94	14	24
5	—	—	—	—	—	—	—	—	—	95	—	—

宽(高)度系列是指径向轴承或向心推力轴承的结构、内径和直径都相同,而宽度为一系列不同尺寸,依 8、0、1、…、6 次序递增(推力轴承的高度依 7、9、1、2 顺序递增)。当宽度系列为 0 系列时,对多数轴承在代号中可以不予标出(但对调心轴承需要标出)。用基本代号右起第四位数字表示。

直径系列表示同一类型、相同内径的轴承在外径和宽度上的变化系列用基本代号右起第三位数字表示(滚动体尺寸随之增大),即按 7,8,9,0,1,…,5 顺序外径尺寸增大,如

图 13-3 所示。

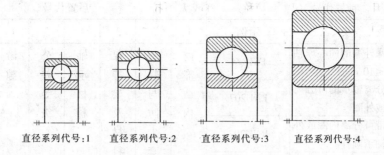

直径系列代号:1　　直径系列代号:2　　直径系列代号:3　　直径系列代号:4

图 13-3　直径系列对比

内径代号用两位数字表示轴承的内径,内径表示方法见表 13-6,用基本代号右起第一、第二两位数字表示。

表 13-6　轴承内径代号

轴承公称内径(mm)		内径代号	示例
0.6~10(非整数)		直径用公称内径毫米数表示,在其与尺寸系列代号之间用"/"分开	深沟球轴承 618/2.5,d = 2.5 mm
1~9(整数)		直径用公称内径毫米数表示,对深沟球轴承及角接触球轴承 7、8、9 直径系列,内径与尺寸系列代号之间用"/"分开	深沟球轴承 625618/5,d = 5 mm
10~17	10	00	深沟球轴承 6200,d = 10 mm
	12	01	
	15	02	
	17	03	
20~480(22、28、32 除外)		用公称内径除以 5 的商数表示,商数为一位时,需要在商数左边加"0",如 08	调心滚子轴承 23208,d = 40 mm
≥500 以及 22、28、32		直径用公称内径毫米数表示,在其与尺寸系列代号之间用"/"分开	调心滚子轴承 230/500,d = 500 mm;深沟球轴承 62/22,d = 22 mm

(二)前置代号、后置代号

前置代号、后置代号是轴承在结构形状、尺寸、公差、技术要求等有改变时,在基本代号左右添加的补充代号,其代号及含义如表 13-7 所示。

前置代号用字母表示,用以说明成套轴承部件的特点,一般轴承无需作此说明,则前置代号可以省略。后置代号用字母和字母—数字的组合来表示,按不同的情况可以紧接在基本代号之后或者用"–"、"/"符号隔开。内部结构代号及含义如表 13-8 所示,后置代号中的公差等级代号及含义如表 13-9 所示,后置代号中的游隙代号及含义如表 13-10 所示,后置代号中的配置代号及含义如表 13-11 所示。

表 13-7　前置代号、后置代号

前置代号			后置代号							
代号	含义	示例	1	2	3	4	5	6	7	8
F	凸缘外圈的向心球轴承（$d \leqslant 10$ mm）	F618/4	内部结构	密封与防尘套圈变形	保持架及材料	轴承材料	公差等级	游隙	配置	其他
L	可分离轴承的可分离内圈或外圈	LNU207								
R	不带可分离内圈或外圈的轴承圆柱	RNU207								
WS	推力圆柱滚子轴承轴圈	WS81107								
GS	推力圆柱滚子轴承座圈	GS81107								
KOW –	无轴圈推力轴承	KOW – 51108								
KIW –	无座圈推力轴承	KIW – 51108								
K	滚子和保持架组件	K81107								

表 13-8　内部结构代号及含义

代号	含义	含义及示例
C AC B E	表示内部结构 表示标准设计，其含义随轴承的不同类型、结构而异	角接触球轴承　公称接触角 $\alpha = 15°$　7210C 调心滚子轴承　C 型　23122C
		角接触球轴承　公称接触角 $\alpha = 25°$ 7210AC
		角接触球轴承　公称接触角 $\alpha = 40°$　7210B 圆锥滚子轴承　接触角加大　32310B
		加强型（即内部结构设计改进，增大轴承承载能力） N207E
AC	角接触球轴承，公称接触角 $\alpha = 25°$	7210AC
D	剖分式轴承	K50 × 55 × 20D
ZW	滚针保持架组件双列	K20 × 25 × 40ZW

表 13-9　后置代号中的公差等级代号及含义（摘录）

代号		含义	示例
新标准 GB/T 272—93	原标准 GB 272—88		
/P0	G	公差等级符合标准规定的 0 级，代号中省略不标	6203
/P6	E	公差等级符合标准中的 6 级	6203/P6
/P6x	EX	公差等级符合标准中的 6x 级	6203/P6x
/P5	D	公差等级符合标准中的 5 级	6203/P5
/P4	C	公差等级符合标准中的 4 级	6203/P4
/P2	B	公差等级符合标准中的 2 级	6203/P2

注：其精度等级按表中的顺序依次提高。

表 13-10　后置代号中的游隙代号及含义(摘录)

代号	含义	示例
/C1	游隙符合标准规定的 1 组	NN3006K/C1
/C2	游隙符合标准规定的 2 组	6210/C2
—	游隙符合标准规定的 0 组	6210
/C3	游隙符合标准规定的 3 组	6210/C3
/C4	游隙符合标准规定的 4 组	NN3006K/C4
/C5	游隙符合标准规定的 5 组	NNU4920K/C5

表 13-11　后置代号中的配置代号及含义(摘录)

代号	含义	示例
/DB	成对背对背安装	7210C/DB
/DF	成对面对面安装	32208/DF
/DT	成对串联安装	7210C/DT

其他各符号的含义可以查阅 GB/T 272—93,此处就不作过多介绍了。

【例 13-1】　试说明轴承代号 6206、32315E、7312C 及 51410/P6 的含义。

解

6206:(从左至右)6 为深沟球轴承;2 为尺寸系列代号,直径系列为 2,宽度系列为 0(省略);06 为轴承内径 30 mm;公差等级为 0 级。

32315E:(从左至右)3 为圆锥滚子轴承;23 为尺寸系列代号,直径系列为 3,宽度系列为 2;15 为轴承内径 75 mm;E 加强型;公差等级为 0 级。

7312C:(从左至右)7 为角接触球轴承;3 为尺寸系列代号,直径系列为 3,宽度系列为 0(省略);12 为轴承内径 60 mm;C 为公称接触角 $\alpha = 15°$;公差等级为 0 级。

51410/P6:(从左至右)5 为双向推力轴承;14 为尺寸系列代号,直径系列为 4,宽度系列为 1;10 为轴承直径 50 mm;P6 前有"/",为轴承公差等级,为 6 级。

二、滚动轴承的类型选择

(一)影响滚动轴承承载能力的参数

1. 偏位角

由于安装误差或轴的变形等引起滚动轴承内圈、外圈中心线发生相对偏斜,其倾斜角 δ 称为偏位角,如图 13-4 所示。各类轴承的偏位角必须符合规定。

2. 公称接触角

如表 13-1 所示,滚动体与套圈滚道接触处的法线方向与轴承的径向平面(垂直于轴承轴心线的平面)之间的夹角 α,称为公称接触角。它表明了轴承承受轴向载荷和径向载荷的能力分配关系,对于推力角接触轴承而言,α 值越大,则轴承承受轴向载荷的能力也越大。公称接触角的变化如图 13-5 所示。

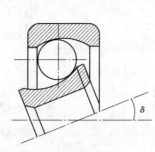

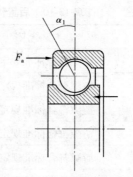

图 13-4 轴承的偏位角　　　　**图 13-5 公称接触角的变化**

3.极限转速

滚动轴承在一定载荷与润滑条件下,允许的最高转速称为极限转速。滚动轴承转速过高会使摩擦面间产生高温,使润滑失效,从而导致滚动体退火或胶合而产生破坏。各类轴承极限转速数值可查轴承手册得出。

4.游隙

游隙是指滚动体与内圈、外圈滚道之间的最大间隙,如图 13-6 所示,将一套圈固定,另一套圈沿径向的最大移动量称为径向游隙,沿轴向的最大移动量称为轴向游隙。游隙可影响轴承的回转精度、寿命、噪声和承载能力。

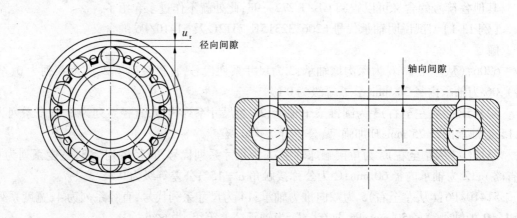

图 13-6 轴承的间隙

(二) 选择滚动轴承类型

滚动轴承的类型很多,因此选用轴承首先是选择类型,而选择类型必须依据各类轴承的特性,在表 13-2 中给出了各类轴承的性能特点,供选用时参考。同时,在选用轴承时还要考虑下面几个方面的因素。

1.轴承所受的载荷(大小、方向和性质)

受纯径向载荷时应选用向心轴承(如 60000 型、N0000 型、NU0000 型等)。受纯轴向载荷时应选用推力轴承(如 50000 型)。对于同时承受径向载荷 F_r 和轴向载荷 F_a 的轴承,应根据两者的比值(F_a/F_r)来确定:当 F_a 相对于 F_r 较小,可选用深沟球轴承(60000 型),或接触角不大的角接触球轴承(70000C 型)及圆锥滚子轴承(30000 型);当 F_r 相对于 F_a 较大时,可选用接触角较大的角接触球轴承(70000AC 型或 70000B 型);当 F_a 比 F_r 大很多时,则应考虑采用向心轴承和推力轴承的组合结构,以分别承受径向载荷和轴向载荷。

在同样外廓尺寸的条件下,滚子轴承比球轴承的承载能力和抗冲击能力要大。因此,载荷较大、有振动和冲击时,应优先选用滚子轴承;反之,轻载和要求旋转精度较高的场合应选择球轴承。

同一轴上两处支承的径向载荷相差较大时,也可以选用不同类型的轴承。

2. 轴承的转速

在一般转速下,转速的高低对类型选择不产生什么影响,只有当转速较高时,才会有比较显著的影响。在轴承样本中列入了各种类型、各种尺寸轴承的极限转速 n_{lim} 值。这个极限转速是指载荷 $F \leq 0.1C$ (C 为基本额定动载荷,后面我们再讲),冷却条件正常,且为 0 级公差时的最大允许转速,但 n_{lim} 值并不是一个不可超越的界限。所以,一般必须保证轴承在低于极限转速条件下工作。

(1)球轴承比滚子轴承的极限转速高,所以在高速情况下应选择球轴承。

(2)当轴承内径相同时,外径越小,则滚动体越小,产生的离心力越小,对外径滚道的作用也越小。所以,外径越大,则极限转速越低。

(3)实体保持架允许有比冲压保持架较高的转速。

(4)推力轴承的极限转速低,所以当工作转速较高而轴向载荷较小时,可以采用角接触球轴承或深沟球轴承。

3. 调心性能的要求

对于因支点跨距大而使轴刚性较差,或因轴承座孔的同轴度低等原因而使轴挠曲时,为了适应轴的变形,应选用允许内圈、外圈有较大相对偏斜的调心轴承,如 10000 系列和 20000 系列的调心球轴承可以在内圈、外圈产生不大的相对偏斜时正常工作。

在使用调心轴承的轴上,一般不宜使用其他类型的轴承,以免受其影响而失去了调心作用。

滚子轴承对轴线的偏斜最敏感,调心性能差。在轴的刚度和轴承座的支承刚度较低的情况下,应尽可能避免使用。

4. 拆装方便等其他因素

选择轴承类型时,还应考虑轴承装拆的方便性、安装空间尺寸的限制以及经济性问题。例如,在轴承的径向尺寸受到限制时,就应选择同一类型、相同内径轴承中外径较小的轴承,或考虑选用滚针轴承。在轴承座没有剖分面而必须沿轴向安装和拆卸时,应优先选择内圈、外圈可分离的轴承。球轴承比滚子轴承便宜,在能满足需要的情况下应优先选用球轴承。同型号、不同公差等级的轴承价格相差很大,故对高精度轴承应慎重选用等。

第三节　滚动轴承的失效形式和设计准则

一、滚动轴承的失效形式

滚动轴承尺寸选择的基本理论是通过对轴承在实际使用中的破坏形式进行总结而建立起来的,所以首先必须了解滚动轴承的失效形式。滚动轴承的失效形式主要有三种:疲劳点蚀、塑性变形和磨损。

（一）疲劳点蚀

实践表明,在安装、润滑、维护良好的条件下,滚动轴承的正常失效形式是滚动体或内圈、外圈滚道上的点蚀破坏。其原因是大量地承受变化的接触应力。

滚动轴承在运转过程中,相对于径向载荷方向的不同方位处的载荷大小是不同的,如图 13-7 所示,与径向载荷相反方向上有一个径向载荷为零的非承载区,而且滚动体与套圈滚道的接触传力点也随时都在变化(因为内圈或外圈的转动以及滚动体的公转和自转)。所以,滚动体和套圈滚道的表面受脉动循环变化的接触应力。

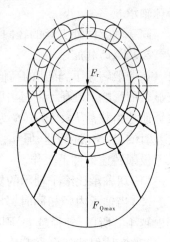

图 13-7 径向载荷分布

在这种接触变应力的长期作用下,金属表层会出现麻点状剥落现象,这就是疲劳点蚀。在发生点蚀破坏后,在运转中将会产生较强烈的振动、噪声和发热现象,最后导致失效而不能正常工作,轴承的设计就是针对这种失效而展开的。

（二）塑性变形

在特殊情况下也会发生其他形式的破坏,如压凹、烧伤、磨损、断裂等。

当轴承不回转、缓慢摆动或低速转动($n < 10$ r/min)时,一般不会产生疲劳损坏。但过大的静载荷或冲击载荷会使套圈滚道与滚动体接触处产生较大的局部应力,在局部应力超过材料的屈服极限时将产生较大的塑性,从而导致轴承失效。因此,对于这种工况下的轴承需作静强度计算。

虽然滚动轴承的其他失效形式(如套圈断裂、滚动体破碎、保持架磨损、锈蚀等)在工程上也时有发生,但只要制造合格、设计合理、安装维护正常,都是可以防止的。所以,在工程上,主要以疲劳点蚀和压凹两类失效形式进行计算。

（三）磨损

轴承在多尘或密封不可靠或润滑不良的条件下工作时,滚动体或套圈滚道易产生磨粒磨损。

当轴承在高速重载运动时,还会产生胶合失效。如果轴承工作转速小于极限转速,并采取良好的润滑和密封等措施,胶合一般不易发生。

此外,由于配合不当、拆装不合理等非正常原因,轴承的内圈、外圈可能会发生破裂,应在使用和装拆轴承时充分注意这一点。

二、设计准则

在选择滚动轴承类型后要确定其型号和尺寸,为此需要针对轴承的主要失效形式进行计算。其计算准则为:

（1）由于滚动轴承的正常失效形式是点蚀破坏,所以对于一般转速（10 r/min $< n < n_{\lim}$）的轴承,如果轴承的制造、保管、安装、使用条件均良好,轴承的设计准则就是以防止点蚀引起的过早失效而进行疲劳点蚀计算,在轴承计算中称为寿命计算。

（2）对于高速轴承,除疲劳点蚀外,其工作表面的过热而导致的轴承失效也是重要的失效形式。此外,除需要进行寿命计算外,还应校验其极限转速。

（3）对于不转动、摆动或转速低的轴承，要求控制其塑性变形，应作静强度计算；而以磨损、胶合为主要失效形式的轴承，由于影响因素复杂，目前还没有相应的计算方法，只能采取适当的预防措施。

第四节　滚动轴承的寿命计算

滚动轴承的设计计算要解决的问题可以分为两类：

（1）对于已选定具体型号的轴承，求其在给定载荷下不发生点蚀的使用期限，即寿命计算；

（2）在规定的寿命期限内和给定载荷情况下选取某一具体轴承的型号（即选型设计）。

一、滚动轴承的基本额定寿命和基本额定动载荷

滚动轴承中任一元件在点蚀破坏前所经历的总转数（以 10^6 r 为单位），或轴承在恒定的转速下的总工作小时数称为轴承的寿命。

在同一条件下运转的一组近于相同的轴承能达到或超过某一规定寿命的百分率，称为轴承寿命的可靠度。

（一）基本额定寿命

由于制造精度、材料的差异，即使是同样的材料、同样的尺寸以及同一批生产出来的轴承，在完全相同的条件下工作，它们的寿命也不相同，也会产生很大的差异，甚至相差达到几十倍。因此，对于轴承的寿命计算就需要采用概率和数理统计的方法来进行处理，即为在一定可靠度（能正常工作而不失效的概率）下的寿命。同一型号的轴承，在可靠度要求不同时其寿命也不同，即可靠度要求高时其寿命较短、可靠度要求低时其寿命较长。为了便于统一，考虑到一般机器的使用条件及可靠性要求，标准规定了基本额定寿命，即一组在相同条件下运转的近于相同的轴承，按有 10% 的轴承发生点蚀破坏，而其余 90% 的轴承未发生点蚀破坏前的转数 L（以 10^6 r 为单位）或工作小时数 L_h 作为基本额定寿命。也就是说，以轴承的基本额定寿命为计算依据时，轴承的失效概率为 10%，而可靠度为 90%。

对于一个具体的轴承，其结构、尺寸、材料都已确定，这时，如果工作载荷越大，产生的接触应力越大，从而发生点蚀破坏前所能经受的应力变化次数也就越少，折合成轴承能够旋转的次数也就越少，轴承的寿命也就越短。为了在计算时有一个基准，就引入了基本额定动载荷的概念，用符号 C_r 表示。

（二）基本额定动载荷

轴承抵抗点蚀破坏的承载能力，通常情况下指轴承的基本额定寿命恰好为 10^6 r 时，轴承所能承受的最大载荷值，用 C 表示。换言之，即轴承在基本额定动载荷的作用下，运转 10^6 r 而不发生点蚀的轴承寿命可靠度为 90%。如果轴承的基本额定动载荷大，则其抗疲劳点蚀的能力就强。基本额定动载荷对于向心轴承而言是指径向载荷，称为径向基本额定动载荷 C_r；对于推力轴承而言是指轴向载荷，称为轴向基本额定动载荷 C_a。

基本额定动载荷代表了不同型号轴承的承载特性。已经通过大量的试验和理论分析得到，在轴承样本中对每个型号的轴承都给出了基本额定动载荷，在使用时可以直接查取。

(三) 当量动载荷

当轴承受到径向载荷 F_r 和轴向载荷 F_a 的复合作用时,为了计算轴承寿命时能与基本额定动载荷作等价比较,需将实际工作载荷转化为等效的当量动载荷 P。P 的含义是轴承的当量动载荷 P 作用下的寿命与在实际工作载荷条件下的寿命相等。当量动载荷的计算公式为

$$P = f_p(XF_r + YF_a) \tag{13-1}$$

式中　f_p——载荷系数,考虑机器工作时振动、冲击对轴承寿命影响的系数,见表 13-12;

　　　F_r——径向载荷;

　　　F_a——轴向载荷;

　　　X、Y——径向载荷系数和轴向载荷系数,见表 13-13。

表 13-12　载荷系数 f_p

载荷情况	举例	f_p
无冲击或轻微冲击	电机、汽轮机、通风机、水泵	1.0 ~ 1.2
中等冲击	机床、车辆、内燃机、冶金机械、起重机械、减速器	1.2 ~ 1.8
强大冲击	轧钢机、破碎机、钻探机、剪床	1.8 ~ 3.0

表 13-13　当量动载荷的 X、Y 系数

轴承类型 名称	类型代号	F_a/C_{0r}[①]	e[③]	单列轴承 $F_a/F_r \leq e$ X	单列轴承 $F_a/F_r \leq e$ Y	单列轴承 $F_a/F_r > e$ X	单列轴承 $F_a/F_r > e$ Y	双列轴承(或成对安装单列轴承) $F_a/F_r \leq e$ X	双列轴承(或成对安装单列轴承) $F_a/F_r \leq e$ Y	双列轴承(或成对安装单列轴承) $F_a/F_r > e$ X	双列轴承(或成对安装单列轴承) $F_a/F_r > e$ Y
调心球轴承	1	—	$1.5\tan\alpha$[②]					1	$0.42\cot\alpha$[②]	0.65	$0.65\cot\alpha$[②]
调心滚子轴承	2	—	$1.5\tan\alpha$[②]					1	$0.45\cot\alpha$[②]	0.67	$0.67\cot\alpha$[②]
圆锥滚子轴承	3	—	$1.5\tan\alpha$[②]	1	0	0.4	$0.4\cot\alpha$[②]	1	$0.45\cot\alpha$[②]	0.67	$0.67\cot\alpha$[②]
深沟球轴承	6	0.014	0.19				2.30				2.30
		0.028	0.22				1.99				1.99
		0.056	0.26				1.71				1.71
		0.084	0.28				1.55				1.55
		0.11	0.30	1	0	0.56	1.45	1	0	0.56	1.45
		0.17	0.34				1.31				1.31
		0.28	0.38				1.15				1.15
		0.42	0.42				1.04				1.04
		0.56	0.44				1.00				1.00

轴承类型		F_a/C_{0r}①	e③	单列轴承				双列轴承(或成对安装单列轴承)			
				$F_a/F_r \leqslant e$		$F_a/F_r > e$		$F_a/F_r \leqslant e$		$F_a/F_r > e$	
名称	类型代号			X	Y	X	Y	X	Y	X	Y
角接触球轴承	7 $\alpha = 15°$	0.015	0.38				1.47		1.65		2.39
		0.029	0.40				1.40		1.57		2.28
		0.058	0.43				1.30		1.46		2.11
		0.087	0.46				1.23		1.38		2.00
		0.12	0.47	1	0	0.44	1.19	1	1.34	0.72	1.93
		0.17	0.50				1.12		1.26		1.82
		0.29	0.55				1.02		1.14		1.66
		0.44	0.56				1.00		1.12		1.63
		0.58	0.56				1.00		1.12		1.63
	$\alpha = 25°$	—	0.68	1	0	0.41	0.87	1	0.92	0.67	1.41

注:1. C_{0r} 为径向基本额定静载荷,由产品目录查出。

2. 具体数值按不同型号轴承由产品目录或有关手册查出。

3. e 为判别轴向载荷对当量动载荷 P 影响程度的参数。

对于只承受纯径向载荷的向心轴承,其当量动载荷为

$$P = f_p F_r \tag{13-2}$$

对于只承受纯轴向载荷的推力轴承,其当量动载荷为

$$P = f_p F_a \tag{13-3}$$

二、滚动轴承的寿命计算

轴承工作条件是千变万化、各不相同的。在设计时会有两种情况出现:

(1)对于具有基本额定动载荷 C 的轴承,当它所受的载荷 P(计算值) $= C$ 时,其基本额定寿命就是 10^6 r。但是,当 $P \neq C$ 时,轴承的寿命是多少?

(2)如果轴承应该承受的载荷为 P,而且要求轴承的寿命为 L,那么应如何选择轴承呢?

很显然,当选定的轴承在某一确定的载荷 $P(P \neq C)$ 下工作时,其寿命 L 将不同于基本额定寿命。如图 13-8 所示为 6208 轴承的载荷—寿命曲线。

曲线上各点代表不同载荷下轴承的载荷和寿命关系。经过大量的试验得出以下关系式

$$P_1^\varepsilon L_1 = P_2^\varepsilon L_2 = \cdots = C^\varepsilon$$

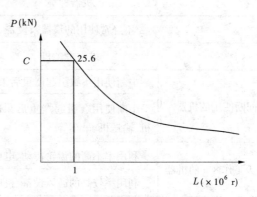

图 13-8 6208 轴承的载荷—寿命曲线

也就是

$$L = \left(\frac{C}{P} \right)^\varepsilon \quad (\times 10^6 \text{ r}) \tag{13-4}$$

对于球轴承，$\varepsilon = 3$；对于滚子轴承，$\varepsilon = 10/3$。

为了工程上的使用方便性，多用小时数表示寿命。若转速为 n，则

$$L_{h} = \frac{10^6}{60n}\left(\frac{C}{P}\right)^{\varepsilon} \quad (h) \qquad (13\text{-}5)$$

同样，如果我们已知载荷为 P，转速为 n，要求轴承的预期寿命为 L_{h}' 时，则由式（13-5）可以得到所需轴承的基本额定动载荷为

$$C = P\sqrt[\varepsilon]{\frac{60nL_{h}'}{10^6}} \quad (N) \qquad (13\text{-}6)$$

在轴承标准和样本中所得到的基本额定动载荷是在一般工作环境下而言的，如果工作在高温情况下，这些数值必须进行修正，也就是要乘上温度系数 f_{t} 予以修正，求得在高温工况条件下的基本额定动载荷为

$$C_{t} = f_{t}C \qquad (13\text{-}7)$$

显然，前面所讲述的式（13-5）、式（13-6）发生相应的变化，即

$$L_{h} = \frac{10^6}{60n}\left(\frac{f_{t}C}{P}\right)^{\varepsilon}$$

$$C = \frac{P}{f_{t}}\sqrt[\varepsilon]{\frac{60nL_{h}'}{10^6}}$$

f_{t} 的具体数值如表 13-14 所示。

表 13-14　温度系数 f_{t}

轴承工作温度（℃）	≤120	125	150	175	200	225	250	300	350
温度系数 f_{t}	1	0.95	0.9	0.85	0.8	0.75	0.7	0.6	0.5

$[L_{h}]$ 为轴承的预期寿命，单位为 h，可根据机器的具体要求或参考表 13-15 而定。

表 13-15　轴承预期寿命 $[L_{h}]$ 的参考值

机器种类		预期寿命（h）
不经常使用的仪器及设备		500
航空发动机		500～2 000
间断使用的机器	中断使用不致引起严重后果的手动机械、农业机械等	4 000～8 000
	中断使用会引起严重后果的手动机器设备，如升降机、输送机、吊车等	8 000～12 000
每天工作 8 h 的机器	利用率不高的齿轮传动、电机等	12 000～2 0000
	利用率较高的通风设备、机床等	20 000～30 000
连续工作 24 h 的机器	一般可靠性的空气压缩机、电机、水泵等	50 000～60 000
	高可靠性的电站设备、给水排水装置等	>100 000

第五节　向心角接触轴承的轴向载荷计算

对于向心推力轴承而言,在承受径向载荷时,要派生出轴向力。为了求解这类轴承的当量动载荷,必须进一步研究其轴向载荷的计算方法。

一、向心角接触轴承的内部轴向力

向心角接触轴承的结构特点是在滚动体和滚道接触处存在着接触角 α。在承受径向载荷 F_r 时会产生内部轴向力 F_S,使得载荷作用线偏离轴承宽度的中点,而与轴心线交于 O 点,即轴承实际支点,如图 13-9 所示。内部轴向力 F_S 的计算方法可按表 13-16 所列的近似式计算,而方向由外圈的宽边指向窄边,将产生使轴承内圈、外圈分离的趋势。

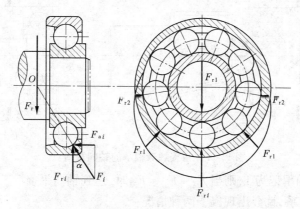

图 13-9　角接触轴承中径向载荷所产生的轴向分力

表 13-16　向心角接触轴承的内部轴向力 F_S

轴承类型	角接触球轴承			圆锥滚子轴承
	$\alpha = 15°(7000C)$	$\alpha = 25°(7000AC)$	$\alpha = 40°(7000B)$	
F_S	$F_S = e\,F_r$	$F_S = 0.68\,F_r$	$F_S = 1.14\,F_r$	$F_S = F_r/2Y$(Y 是 $F_a/F_r >$ 1 时的轴向载荷系数)

注:其中 e 的数值可以查表得到。

二、向心角接触轴承的轴向载荷计算

为了使向心角接触轴承能正常工作,这类轴承通常都是成对使用,对称安装。其安装方式有两种情况,如图 13-10 所示。

如图 13-10(a)所示的为面对面安装,也称为正装。正装时外圈窄边相对,轴的实际支点偏向两支点内侧;如图 13-10(b)所示的为背对背安装,也称为反装,轴的实际支点偏向两支点外侧。简化计算时可近似认为支点在轴承宽度的中点处。

因此,在计算轴承所受的轴向载荷时,不但要考虑 F_r 与 F_A 的作用,还要考虑到安装方式的影响。下面以一对角接触球轴承支承的斜齿轮轴为例分析轴承所承受的轴向载荷,如图 13-11 所示。

当在轴上作用有外载轴向力 F_A 时,如果把派生轴向力的方向与 F_A 的方向相一致的轴

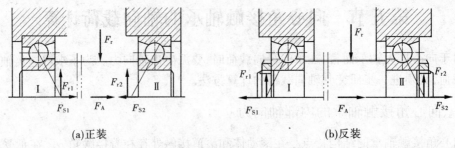

(a)正装   (b)反装

图 13-10   向心推力轴承轴向载荷分析

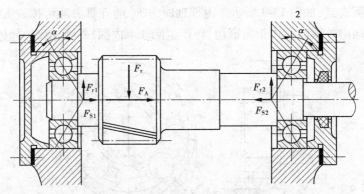

图 13-11   角接触球轴承的轴向载荷

承记为 2，另一端的轴承记为 1，则当 $F_A + F_{S1} = F_{S2}$ 时，达到轴向平衡。

若不满足上述关系，就会出现以下两种情况：

（1）当 $F_A + F_{S1} > F_{S2}$ 时，如图 13-11 所示，轴将有向右移动的趋势，因为轴承的位置已经确定，轴不可能窜动，所以在轴承 2 的内部也必然由外圈通过滚动体对轴施加一个轴向平衡反力，而轴承 1 处于放松状态。所以，压紧轴承 2 实际承受的轴向载荷为

$$F_{a2} = F_{S2}' + F_{S2} = F_A + F_{S1}$$

轴承 1 实际承受的轴向载荷为

$$F_{a1} = F_{S1}$$

（2）当 $F_A + F_{S1} < F_{S2}$ 时，同上分析可以知道，轴将有向左移动的趋势，所以在左端轴承 1 被压紧，而轴承 2 处于放松状态。所以，压紧轴承 1 实际承受的轴向载荷为

$$F_{a1} = F_{S1}' + F_{S1} = F_{S2} - F_A$$

轴承 1 实际承受的轴向载荷为

$$F_{a2} = F_{S2}$$

由此可得计算两支点轴向载荷的步骤如下：

（1）根据轴承和安装方式画出内部轴向力 F_{S1} 和 F_{S2} 的方向。

（2）设内部轴向力 F_{S1} 和 F_A 同向，F_{S2} 与 F_A 反向。通过比较 $F_A + F_{S1}$ 与 F_{S2} 的大小判断轴的移动趋势及轴承的压紧端及放松端。

（3）压紧端的轴向载荷 F_a 等于除去压紧端本身的内部轴向力外，所有轴向力的代数和，以向压紧方向为"＋"。

（4）放松端的轴向载荷 F_a 等于放松端本身的内部轴向力 F_S。

第六节 滚动轴承的静载荷

在实际工作时,有许多轴承并非都是工作在正常状态,例如,许多轴承就工作在低速重载工况下,甚至有些基本就不旋转。针对这种情况,其破坏的形式主要是滚动体接触表面上接触应力过大而产生永久的洼坑,也就是材料发生了永久变形。这时,我们就需要按照轴承静强度来选择轴承尺寸。

一、基本额定静载荷 C_0

通常情况下,当轴承的滚动体与滚道接触中心处引起的接触应力不超过一定值时,对于多数轴承而言,尚不会影响其正常工作。因此,把轴承产生上述接触应力的静载荷称为基本额定静载荷,用 C_0 表示。基本额定静载荷对于向心轴承为径向额定静载荷 C_{0r},对于推力轴承为轴向额定静载荷 C_{0a}。各类轴承的 C_0 具体可以查阅手册或产品样本。

二、当量静载荷 P_0

当量静载荷被定义为大小和方向为恒定的静载荷,是一个假想的载荷。在该载荷作用下,应力最大的滚动体与滚道接触处总的永久变形量与实际载荷作用下的永久变形量相同。对于同时承受径向载荷 F_r 和轴向载荷 F_a 的轴承,应当按照当量静载荷 P_0 计算。

向心轴承的径向当量静载荷 P_0 按下式计算:

$\alpha = 0°$ 的向心滚子轴承为

$$P_0 = F_r \tag{13-8}$$

向心轴承和 $\alpha \neq 0°$ 的向心滚子轴承为

$$P_0 = X_0 F_r + Y_0 F_a$$
$$P_0 = F_r \tag{13-9}$$

式中 X_0、Y_0——当量静载荷的径向载荷系数和轴向载荷系数,见表 13-17。

推力轴承的轴向当量静载荷按下式计算:

$\alpha = 90°$ 的推力轴承为

$$P_0 = F_a \tag{13-10}$$

$\alpha \neq 90°$ 的推力轴承为

$$P_0 = 2.3 F_r \tan\alpha + F_a \tag{13-11}$$

三、静强度计算

限制轴承产生过大的塑性变形的静强度计算公式为

$$C_0 \geqslant S_0 P_0 \tag{13-12}$$

式中 S_0——轴承静载荷强度安全系数,见表 13-18;

　　　　C_0——基本额定静载荷;

　　　　P_0——当量静载荷。

对于有短期的严重过载、转速较高的轴承,或对承受强大冲击载荷、一般转速的轴承,除进行寿命计算外,还要进行静强度校核。

表 13-17 滚动轴承的 X_0 和 Y_0 值

轴承类型		单列		双列	
		X_0	Y_0	X_0	Y_0
深沟球轴承		0.6	0.5	0.6	0.5
角接触球轴承	$\alpha = 15°$	0.5	0.46	1	0.92
	$\alpha = 20°$		0.42		0.84
	$\alpha = 25°$		0.38		0.76
	$\alpha = 30°$		0.33		0.66
	$\alpha = 35°$		0.29		0.58
	$\alpha = 40°$		0.26		0.52
	$\alpha = 45°$		0.22		0.44
调心球轴承 $\alpha \neq 0°$		0.5	$0.22\tan\alpha$	1	$0.44\tan\alpha$
调心滚子轴承 $\alpha \neq 0°$		0.5	$0.22\tan\alpha$	1	$0.44\tan\alpha$
圆锥滚子轴承		0.5	$0.22\tan\alpha$	1	$0.44\tan\alpha$

注:1. 对于两个相同的深沟球轴承、角接触球轴承或圆锥滚子轴承,以背对背或面对面成对安装在同一支点上作为一个整体运转时,计算其径向当量静载荷时用双列轴承的 X_0 和 Y_0 值,径向载荷 F_r 和轴向载荷 F_a 取为作用在该支承上的总载荷;对于"串联"安装则计算时用单列 X_0 和 Y_0 值,径向载荷 F_r 和轴向载荷 F_a 取为作用在该支承上的总载荷。

2. 表中 α 为公称接触角。

表 13-18 滚动轴承的静载荷强度安全系数 S_0

使用要求或载荷性质		S_0
旋转轴承	正常使用	0.8 ~ 1.2
	对回转精度和运转平稳性要求比较低,没有冲击和振动	0.5 ~ 0.8
	对回转精度和运转平稳性要求较高	1.5 ~ 2.5
	承受较大振动和冲击	1.2 ~ 2.5
静止轴承(静止、缓慢摆动、极低转速)	不经常旋转的轴承、一般载荷	0.5
	不经常旋转的轴承、有冲击载荷或载荷分布不均(如水坝闸门 $S_0 \geq 1$,吊桥 $S_0 \geq 1.5$)	1 ~ 1.5

注:1. 推力调心滚子轴承无论旋转与否均取 $S_0 \geq 2$,对于旋转轴承,滚子轴承比球轴承的 S_0 取得高,一般均不小于 1。

2. 与轴承配合部位的座体刚度较低时应取较高的安全系数,反之取较低的值。

第七节 滚动轴承的组合设计

为了保证轴承的正常工作,除合理地选择轴承的类型和尺寸外,还必须正确设计轴承装置(即轴承组合),正确地解决轴承安装、配合、紧固、调整、润滑和密封等问题。在具体进行设计时,应该主要考虑下面几个方面的问题。

一、保证支承部分的刚性和同心度

也就是说，支承部分必须有适当的刚性和安装精度。刚性不足或安装精度不够，都会导致变形过大，从而影响滚动体的滚动而导致轴承提前破坏。

增大轴承装置刚性的措施很多。例如：机壳上轴承装置部分及轴承座孔壁应有足够的厚度；轴承座的悬臂应尽可能缩短，并采用加强筋提高刚性；对于轻合金和非金属机壳应采用钢衬套（见图13-12）或铸铁衬套。对于采用剖分式结构的，应该采用组合加工方法；一组轴承的支承应该一次加工出来。

二、滚动轴承的轴向固定和调整

机器中的轴的位置是靠轴承来定位的。当轴工作时，既要防止轴向传动，又要保证轴承工作受热膨胀时不受影响（不致受热膨胀而卡死），轴承必须有适当的轴向固定措施。常用的轴向固定措施有以下两种。

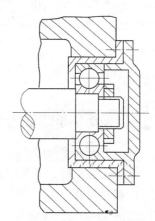

图 13-12　采用钢衬套的轴承座孔

（一）双支承单向固定（两端固定式）

这种方法是利用轴肩和端盖的挡肩单向固定内圈、外圈，每个支承只能限制单方向移动，两个支承共同防止轴的双向移动。这种安装主要用于两个对称布置的角接触球轴承或圆锥滚子轴承的情况，同时考虑温度升高后轴的伸长，为使轴的伸长不致引起附加应力，在轴承盖与外圈端面之间留出热补偿间隙 c，$c = 0.2 \sim 0.4$ mm，如图13-13（b）所示。间隙的大小是靠端盖和外壳之间的调整垫片增减来实现的。

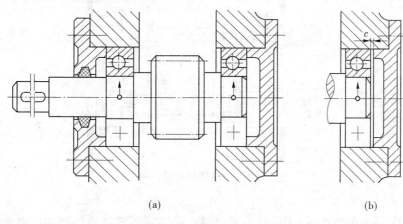

（a）　　　　　　　　　　　　　　　　　（b）

图 13-13　双支承单向固定

这种支承方式结构简单，便于安装，适用于工作温度不高的短轴。

（二）单支承双向固定式（一端固定、一端游动）

对于工作温度较高的长轴，受热后伸长量比较大，应该采用一端固定、另一端游动的支承结构。作为固定支承的轴承，应能承受双向载荷，故此内圈、外圈都要固定（见图13-14左端）。作为游动支承的轴承，若使用的是可分离型的圆柱滚子轴承等，则其内圈、外圈都应固定(见图 13-4 右端);若使用的是内圈、外圈不可分离的轴承,则固定其内圈,其外圈在轴承座孔中应可以游动(见图 13-14 中间)。

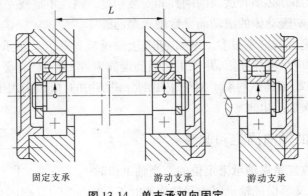

固定支承　　　　　游动支承　　　游动支承

图 13-14　单支承双向固定

三、滚动轴承装置的调整

(一)轴承间隙的调整

轴承在装配时,一般要留有适当间隙,以利轴承正常运转。常用的方法有以下几种。

1. 调整垫片

如图 13-15 所示结构,是靠加减轴承盖与机座之间的弹性垫片厚度来调整轴承间隙的。如图 13-16 所示为轴承组合位置调整的方法。

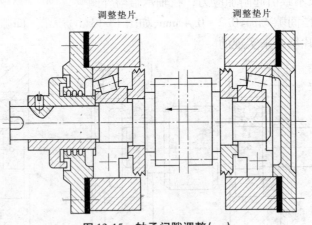

调整垫片　　　　　　　调整垫片

图 13-15　轴承间隙调整(一)

2. 调节螺钉

如图 13-17 所示的结构,是用螺钉 1 通过轴承外圈压盖 3 移动外圈的位置来进行调整的。调整后,用螺母 2 锁紧防松。

(二)滚动轴承的预紧

为了提高轴承的旋转精度,增加轴承装置的刚性,减小机器工作时的振动,滚动轴承一般都要有预紧措施,也就是在安装时采用某种方法,使轴承中产生并保持一定的轴向力,以消除轴承中轴向游隙,并在滚动体与内圈、外圈接触处产生预变形。

预紧力的大小要根据轴承的载荷、使用要求来决定。预紧力过小,会达不到增加轴承刚

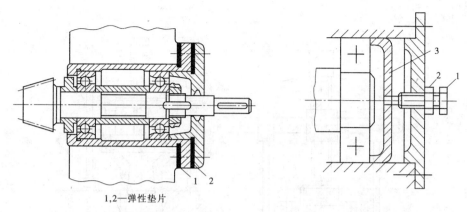

1,2—弹性垫片

图 13-16　轴承间隙调整(二)　　　　　图 13-17　轴承间隙调整(三)

性的目的;预紧力过大,又将使轴承中摩擦增加,温度升高,影响轴承寿命。在实际工作中,预紧力大小的调整主要依靠经验或试验来决定。常见的预紧结构如图 13-18 所示(还有其他方法,需要时可以参考有关手册进行)。

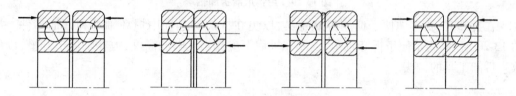

图 13-18　滚动轴承的预紧

四、滚动轴承的配合及拆装

(一)滚动轴承的配合

滚动轴承的配合是指内圈与轴径、外圈与座孔的配合,就是轴与孔之间的间隙大小。这些配合的松紧程度直接影响着轴承间隙的大小,从而关系到轴承的运转精度和使用寿命。

轴承内圈与轴径的配合采用基孔制,就是以轴承内圈确定轴的直径;轴承外圈与轴承座孔的配合采用基轴制,就是用轴承的外圈直径确定座孔的大小。这是为了便于标准化生产。

在具体选取时,要根据轴承的类型和尺寸、载荷的大小和方向以及载荷的性质来确定:工作载荷不变时,转动圈(一般为内圈)要紧。转速越高、载荷越大、振动越大、工作温度变化越大,配合应该越紧,常用的配合有 n6、m6、k6、js6。固定套圈(通常为外圈)、游动套圈或经常拆卸的轴承应该选择较松的配合。常用的配合有 J7、J6、H7、G7。这一部分等同学们学习过公差与配合之后会有更好的理解。使用时可以参考相关手册或资料。

(二)滚动轴承的装配与拆卸

在设计任何一部机器时都必须考虑零件能够装得上、拆得下。在轴承结构设计中也是一样,必须考虑轴承的装配与拆卸问题,而且要保证不因装配与拆卸而损坏轴承或其他零件。装配轴承的长度,在满足配合长度的情况下,应尽可能设计得短一些。轴承内圈与轴颈的配合通常较紧,可以采用压力机在内圈上施加压力将轴承压套在轴颈上。有时,为了便于安装,尤其是大尺寸轴承,可用热油(不超过 80 ~ 90 ℃)加热轴承,或用干冰冷却轴颈。中小型轴承可以使用软锤直接敲入或用另一段管子压住内圈敲入。也可用钩爪器拆卸轴承,如图 13-19 所示。

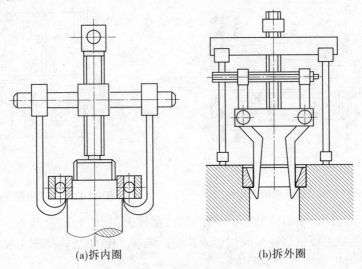

(a)拆内圈　　　　　　　　(b)拆外圈

图 13-19　用钩爪器拆卸轴承

　　在拆卸时,要考虑便于使用拆卸工具,以免在拆卸的过程中损坏轴承和其他零件。如图 13-20 所示,为了便于拆卸轴承,内圈在轴肩上应露出足够的高度,或在轴肩上开槽,以便放入拆卸工具的钩头。

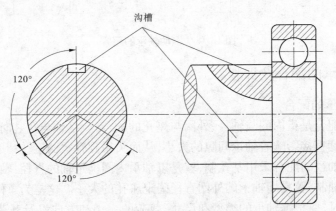

图 13-20　方便轴承拆卸的沟槽

　　当然,也可以采用其他结构,比如在轴上装配轴承的部位预留出油道,需要拆卸时打入高压油进行拆卸。

五、滚动轴承的润滑和密封

(一) 润滑
　　保证良好的润滑是维护保养轴承的主要手段。润滑可以降低摩擦阻力,减轻磨损。同时,还具有降低接触应力、缓冲吸振及防腐蚀等作用。

　　常用滚动轴承的润滑剂为脂润滑和油润滑两种。具体选择可按速度因数 dn 来决定(d 为轴承的直径,n 为轴承的转速)。dn 间接反映了轴颈圆周速度,表 13-19 列出了各种润滑方式下轴承的允许 dn 值。

表 13-19　各种润滑方式下轴承的允许 dn 值　　　（单位：mm·r/min）

轴承类型	脂润滑	油润滑			
		油浴、飞溅润滑	滴油润滑	压力循环、喷油润滑	油雾润滑
深沟球轴承	160 000	250 000	400 000	600 000	>600 000
调心球轴承	160 000	250 000	400 000		
角接触球轴承	160 000	250 000	400 000	600 000	>600 000
圆柱滚子轴承	120 000	250 000	400 000	600 000	
圆锥滚子轴承	100 000	160 000	230 000	300 000	
调心滚子轴承	80 000	120 000		250 000	
推力球轴承	40 000	60 000	120 000	150 000	

　　一般情况下，滚动轴承使用的是脂润滑，它可以形成强度较高的油膜，承受较大的载荷，缓冲和吸振能力强，黏附力强，可以防水，不需要经常更换和补充。同时，密封结构简单。在轴径圆周速度小于 4 ~ 5 m/s 时适用。滚动轴承的装脂量为轴承内部空间的 1/3 ~ 2/3。

　　油润滑的内摩擦力小，便于散热冷却，适用于高速机械。速度越高，油的黏度应该越小。当转速不超过 10 000 r/min 时，可以采用简单的浸油法；当转速高于 10 000 r/min 时，浸油法损失增大，引起油液和轴承严重发热，应该采用滴油、喷油或油雾法。

（二）密封

　　轴承的密封装置是为了防止灰尘、水等其他杂质进入轴承，并防止润滑剂流出而设置的。常见的密封装置有接触式密封和非接触式密封两类。

1. 接触式密封

　　在轴承盖内放置软材料（毛毡、橡胶圈或皮碗等），与转动轴直接接触而起密封作用。这种密封多用于转速不高的情况，同时，要求与密封接触的轴表面硬度大于 40HRC，表面粗糙度小于 0.8 μm。接触式密封有毡圈密封和皮碗密封两种。

　　1）毡圈密封

　　毡圈密封如图 13-21（a）所示。在轴承盖上开出梯形槽，将矩形剖面的细毛毡放置在梯形槽中与轴接触。这种密封结构简单，但摩擦较严重，主要用于轴径圆周速度小于 4 ~ 5 m/s 的脂润滑结构。

　　2）皮碗密封

　　皮碗密封如图 13-21（b）所示。在轴承盖中放置一个密封皮碗，它是用耐油橡胶等材料制成的，并装在一个钢外壳之中（有的没有钢壳）的整体部件，皮碗与轴紧密接触而起密封作用。为增强封油效果，用一个螺旋弹簧压在皮碗的唇部。唇的方向朝向密封部位，主要目的是防止漏油；唇朝外，主要目的是防尘。当采用两个皮碗相背放置时，既可以防尘又可以起密封作用。

　　这种结构安装方便，使用可靠，一般适用于轴径圆周速度小于 6 ~ 7 m/s 的场合。

2. 非接触式密封

　　非接触式密封不与轴直接接触，多用于速度较高的场合。

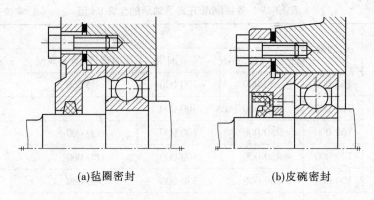

(a)毡圈密封   (b)皮碗密封

图 13-21   滚动轴承接触密封

1）油沟式密封

油沟式密封也称为隙缝密封,如图 13-22(a)所示。在轴与轴承盖的通孔壁之间留有 0.1~0.3 mm 的间隙,并在轴承盖上开出沟槽,在槽内填满油脂,以起密封作用。这种形式结构简单,轴径圆周速度小于 5~6 m/s,适用于脂润滑。

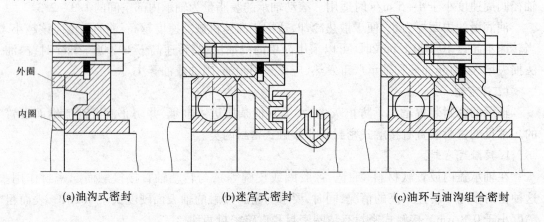

外圈

内圈

(a)油沟式密封   (b)迷宫式密封   (c)油环与油沟组合密封

图 13-22   滚动轴承非接触式密封

2）迷宫式密封

迷宫式密封如图 13-22(b)所示。将旋转的和固定的密封零件间的间隙制成迷宫(曲路)形式,缝隙间填满润滑脂以加强密封效果。这种方式对脂润滑和油润滑都很有效,环境比较脏时可采用这种形式,轴径圆周速度可达 30 m/s。

3）油环与油沟组合密封

油环与油沟组合密封如图 13-22(c)所示。在油沟密封区内的轴上安装一个甩油环,当向外流失的润滑油落在甩油环上时,由于离心力的作用而甩落,然后通过导油槽流回油箱。这种组合密封形式在高速时密封效果好。

第八节   滑动轴承的类型和材料

虽然滚动轴承具有一系列优点,在一般机器中获得了广泛的应用,但是在高速、高精度、重载、结构上要求剖分等场合下,滑动轴承就显示出它的优异性能。因而,在汽轮机、离心式压缩机、内燃机、大型电机中多采用滑动轴承。此外,在低速而带有冲击的机器中,如水泥搅拌机、滚筒清砂机、破碎机等也常采用滑动轴承。

滑动轴承的主要优点是:①普通滑动轴承结构简单,制造、装配和拆卸方便;②具有良好的耐冲击性和吸振性,运转平稳,旋转精度高;③高速时比滚动轴承的寿命长;④可做成剖分式。

滑动轴承的主要缺点是:①维护复杂;②对润滑条件要求高;③边界润滑时轴承的摩擦损耗较大。

一、滑动轴承的类型

滑动轴承按照承受载荷的方向主要分为以下几种:

(1)向心滑动轴承,又称径向滑动轴承,主要承受径向载荷;

(2)推力滑动轴承,承受轴向载荷。

(一)剖分式向心滑动轴承

剖分式向心滑动轴承是由轴承盖、轴承座、剖分轴瓦和连接螺栓等所组成的。轴承中直接支承轴颈的零件是轴瓦。为了安装时容易对心,在轴承盖与轴承座的中分面上做出阶梯形的梯口。轴承盖应当适度压紧轴瓦,使轴瓦不能在轴承孔中转动。轴承盖上制有螺纹孔,以便安装油杯或油管。

向心滑动轴承的类型很多,如轴承间隙可调节的滑动轴承、轴瓦外表面为球面的自位轴承等,可参阅有关手册。

轴瓦是滑动轴承中的重要零件,如图 13-23(a)所示,向心滑动轴承的轴瓦内孔为圆柱形。若载荷方向向下,则下轴瓦为承载区,上轴瓦为非承载区。润滑油应由非承载区引入,所以在顶部开进油孔。在轴瓦内表面,以进油口为中心沿纵向、斜向或横向开有油沟,以利于润滑油均匀分布在整个轴颈上。油沟的形式很多,如图 13-23(b)、(c)、(d)所示。一般油沟与轴瓦端面保持一定距离,以防止漏油。

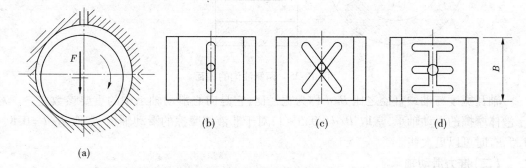

(a)　　　(b)　　　(c)　　　(d)

图 13-23　轴瓦的油孔和油沟

当载荷垂直向下或略有偏斜时,轴承的中分面常为水平方向。当载荷方向有较大偏斜时,轴承的中分面也斜着布置(通常倾斜 45°,使中分平面垂直于或接近垂直于载荷(见图 13-24(a))。

如图 13-24 所示为润滑油从两侧导入的结构,常用于大型的液体润滑的滑动轴承中。

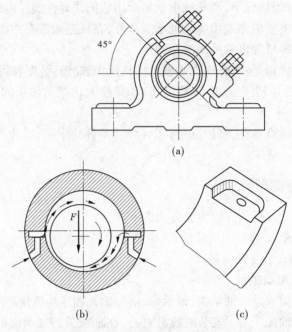

(a)

(b)   (c)

图 13-24   轴瓦的油孔结构

一侧油进入后被旋转着的轴颈带入楔形间隙中形成动压油膜，另一侧油进入后覆盖在轴颈上半部，起着冷却作用，最后油从轴承的两端泄出。如图 13-25 所示轴承的轴瓦两侧面开有油沟，这种结构可以使润滑油顺利地进入轴瓦与轴颈的间隙。

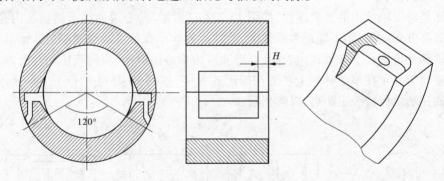

图 13-25   两侧油沟的轴瓦

　　轴瓦宽度与轴颈直径之比 B/d 称为宽径比，它是向心滑动轴承中的重要参数之一。对于液体摩擦的滑动轴承，常取 $B/d = 0.5 \sim 1$；对于非液体摩擦的滑动轴承，常取 $B/d = 0.8 \sim 1.5$，有时可以更大些。

（二）推力滑动轴承

　　轴上的轴向力应采用推力轴承来承受。止推面可以利用轴的端面，也可以在轴的中段做出凸肩或装上推力圆盘。两平行平面之间是不能形成动压油膜的，因此须沿轴承止推面按若干块扇形面积开出楔形。如图 13-26(a) 所示为固定式推力轴承，其楔形的倾斜角固定不变，在楔形顶部留出平台，用来承受停车后的轴向载荷。如图 13-26(b) 所示为可倾式推力轴承，其扇形块（见图 13-26(c)）的倾斜角能随载荷、转速的改变而自行调整，因此性能更为优越。扇形块(见图 13-26(c))数一般为 6~12。

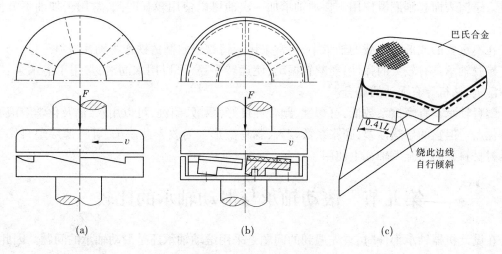

图 13-26　推力滑动轴承

二、滑动轴承的材料

(一)轴瓦及轴承衬材料

根据轴承的工作情况,要求轴瓦材料具备下述性能:①摩擦系数小;②导热性好,热膨胀系数小;③耐磨、耐蚀、抗胶合能力强;④有足够的机械强度和可塑性。

能同时满足上述要求的材料是很难找的,但应根据具体情况满足主要使用要求。较常见的是用两层不同金属做成的轴瓦,两种金属在性能上取长补短。在工艺上可以用浇铸或压合的方法,将薄层材料黏附在轴瓦基体上。黏附上去的薄层材料通常称为轴承衬。

常用的轴瓦和轴承衬材料有以下几种。

1. 轴承合金

轴承合金(又称白含金、巴氏合金)有铅锑轴承合金和锡锑轴承合金两大类。

锡锑轴承合金的摩擦系数小,抗胶合性能良好,对油的吸附性强,耐蚀性好,易跑合,是优良的轴承材料,常用于高速、重载的轴承。但它的价格较贵且机械强度较差,因此只能作为轴承衬材料而浇铸在钢、铸铁或青铜轴瓦上。用青铜作为轴瓦基体是取其导热性良好。这种轴承合金的熔点比较低,为了安全,在设计、运行中常将温度控制得比 150 ℃低 30~40 ℃。

铅锑轴承合金的各方面性能与锡锑轴承合金相近,但这种材料较脆,不宜承受较大的冲击载荷。它一般用于中速中载的轴承。

2. 青铜

青铜的强度高,承载能力大,耐磨性与导热性都优于轴承合金。它可以在较高的温度(250 ℃)下工作。但它的可塑性差,不易跑合,与之相配的轴颈必须淬硬。

青铜可以单独做成轴瓦。为了节省有色金属,也可将青铜浇铸在钢或铸铁轴瓦内壁上。用做轴瓦材料的青铜,主要有锡青铜、铅青铜和铝青铜。在一般情况下,它们分别用于中速重载、中速中载和低速重载的轴承上。

(二)具有特殊性能的轴承材料

用粉末冶金法(经制粉、成型、烧结等工艺)做成的轴承,具有多孔性组织,孔隙内可以储存润滑油,常称为含油轴承。运转时,轴瓦温度升高,由于油的膨胀系数比金属大,因而自动进入摩擦表面起到润滑作用。含油轴承加一次油可以使用较长时间,常用于加油不方便的场合。

在不重要的或低速轻载的轴承中,也常采用灰铸铁或耐磨铸铁作为轴瓦材料。

橡胶轴承具有较大的弹性,能减轻振动,使运转平稳,可以用水润滑,常用于潜水泵、砂石清洗机、钻机等有泥沙的场合。

塑料轴承具有摩擦系数低,可塑性、跑合性良好,耐磨,耐蚀,可以用水、油及化学溶液润滑等优点。但它的导热性差,膨胀系数较大,容易变形。为改善此缺陷,可将薄层塑料作为轴承衬材料黏附在金属轴瓦上使用。

第九节　滚动轴承与滑动轴承的比较

在设计机器轴承部件时,首先遇到的问题是采用滚动轴承还是滑动轴承的问题。因此,全面比较和了解两种轴承的性能,有助于正确地选用轴承。滚动轴承与滑动轴承的性能比较如表 13-20 所示。

表 13-20　滚动轴承与滑动轴承的性能比较

比较项目		滚动轴承	滑动轴承		
			非液体轴承	液体轴承	
				动压式	静压式
效率		0.95 ~ 0.99	0.94 ~ 0.98	0.995 ~ 0.999(或更高)	
启动摩擦阻力		小	较大	较大	小
旋转精度		较高	较低	较高	可以很高
适用工作速度、寿命、噪声		低、中速,寿命较短,噪声大	低速,寿命较长,无噪声	中、高速,寿命长,无噪声	任何速度,寿命长,无噪声
受冲击、振动能力		低	较低	高	高
外廓尺寸	径向	大	小	小	小
	轴向	小	大	大	大
维护		脂润滑时维护方便,不需经常照管	需定期补充润滑油	油质要清洁	油质要清洁,需经常维护供油系统
其他		一般是大量供应的标准件	一般要自行加工,要耗用有色金属		

思考题与习题

13-1 为什么现代机械设备上大多采用滚动轴承?

13-2 滚动轴承有哪些类型? 写出它们的类型代号及名称,并说明各类轴承能承受何种载荷(径向或轴向)?

13-3 典型的滚动轴承由哪些基本元件组成? 每个元件的作用是什么?

13-4 滚动轴承各元件一般采用什么材料及热处理方法? 为什么?

13-5 为什么角接触球轴承和圆锥滚子轴承常成对使用? 在什么情况下采用面对面安装? 在什么情况下采用背对背安装? 并说明什么叫面对面安装及背对背安装?

13-6 说明以下列代号表示的滚动轴承的类型、尺寸系列、轴承内径、内部结构、公差等级、游隙及配置方式:1208/P61、30210/P6x/DF、51411、61912、7309C/DB。

13-7 为什么调心轴承常成对使用?

13-8 滚动轴承的主要失效形式有哪些? 其设计计算准则是什么?

13-9 什么是滚动轴承的额定寿命和基本额定动负荷? 什么是滚动轴承的当量动载荷? 当量动载荷如何计算?

13-10 滑动轴承有什么特点? 主要应用在什么场合?

13-11 滑动轴承的润滑状态有哪几种? 各有什么特点?

13-12 滑动轴承为什么要装设轴瓦? 有的轴瓦上为什么还有轴瓦衬?

13-13 对轴瓦材料有哪些主要要求? 为什么要提出这些要求? 常用的轴承材料有哪些? 为什么有些材料只适合作轴承衬而不能作轴瓦?

13-14 找出一滑动轴承的实例,确定滑动轴承类型,分析其特点和采用滑动轴承的原因。

第十四章 联轴器、离合器

第一节 概　述

联轴器与离合器都是主要用来连接两轴(有时也可连接轴与其他回转零件),使其一同转动并传递运动和动力。所不同的是,两轴用联轴器连接,机器运转时不能分离,只有在机器停车并将连接拆开后,两轴才能分离;用离合器连接,则可在机械运转中随时分离或接合。

第二节　常用联轴器

联轴器通常用来连接两轴并在其间传递运动和动力,有时,也可作为一种安全装置用来防止被连接机件承受过大的载荷,起到过载保护的作用。用联轴器连接轴时,机器运转时不能分离,只有在机器停车并将连接拆开后,两轴才能分离。

联轴器所连接的两轴,由于制造及安装误差、承载后的变形以及温度变化等的影响,往往存在着某种程度的相对位移,如图 14-1 所示。因此,设计联轴器时要从结构上采取各种不同的措施,使联轴器具有补偿上述偏移量的性能,否则就会在轴、联轴器、轴承中引起附加载荷,导致工作情况的恶化。

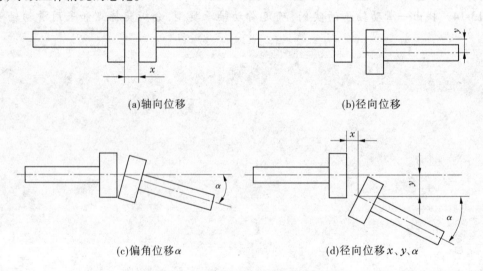

(a)轴向位移　　　　　　　　　　　　　(b)径向位移

(c)偏角位移α　　　　　　　　　　　(d)径向位移x、y、α

图 14-1　联轴器所连接两轴的偏移形式

一、联轴器的类型、特点和应用

根据联轴器补偿两轴位移能力的不同可将其分为刚性联轴器和挠性联轴器两大类。刚性联轴器不能补偿两轴的偏移,适用于两轴能严格对中并在工作中不发生相对位移的场合;

挠性联轴器具有一定的补偿两轴偏移的能力。根据挠性联轴器补偿位移方法的不同又可将其分为无弹性元件联轴器和有弹性元件联轴器。普通联轴器的分类如图 14-2 所示。

$$
\text{联轴器}
\begin{cases}
\text{刚性}
\begin{cases}
\text{固定式——套筒联轴器、凸缘联轴器} \\
\text{可移动式——滑块联轴器、齿式联轴器、万向联轴器}
\end{cases} \\
\text{挠性}
\begin{cases}
\text{金属弹性元件——蛇形弹簧联轴器} \\
\text{非金属弹性元件——尼龙柱销联轴器、弹性套柱销联轴器}
\end{cases}
\end{cases}
$$

图 14-2 普通联轴器的分类

二、刚性联轴器

这类联轴器有套筒联轴器和凸缘联轴器等。

（一）套筒联轴器

套筒联轴器是最简单的联轴器,由连接两轴轴端的套筒和连接零件构成。其结构简单,径向尺寸小,但对安装条件要求高,无缓冲、吸振功能。如图 14-3 所示,套筒联轴器由套筒和连接零件(销钉或键)组成。这种联轴器构造简单,径向尺寸小,但对两轴的轴线偏移无补偿作用。多用于两轴对中严格、低速轻载、工作平稳的场合。当用图 14-3(b)中的圆锥销作连接件时,若按过载时圆锥销剪断进行设计,则作为安全联轴器。

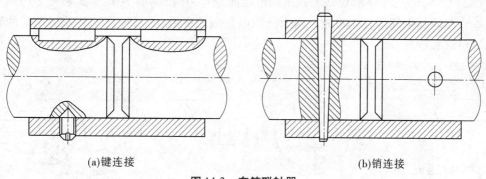

(a)键连接　　　　　　　　　　　　　　(b)销连接

图 14-3 套筒联轴器

（二）凸缘联轴器

凸缘联轴器是固定式联轴器中应用最广的一种。两联轴器通过键与轴相连,再用螺栓将两半联轴器连成一体。其结构简单,使用方便,能传递较大转矩,但无弹性,不能缓冲吸振,安装时必须严格对中,适用于载荷平稳场合。

如图 14-4 所示,凸缘联轴器由两个带凸缘的半联轴器和一组螺栓组成。这类联轴器按对中方式不同又可分为两种结构形式:

(1)如图 14-4(a)所示,两半联轴器用铰制孔用螺栓对中并实现连接。此种联轴器装配和拆卸较方便,且能传递较大转矩。

(2)如图 14-4(b)所示为有对中榫的凸缘联轴器,靠一个半联轴器的凸肩与另一个半联轴器上的凹槽相配合而对中,用普通螺栓实现连接,依靠接合面间的摩擦力传递转矩,对中精度高。装配和拆卸时,轴必须作轴向移动。

凸缘联轴器结构简单,价格低廉,能传递较大的转矩,但不能补偿两轴线的相对位移,也不能缓冲减振,故只适用于连接的两轴能严格对中、载荷平稳的场合。这种联轴器已经标准化(GB/T 5843—2003)。

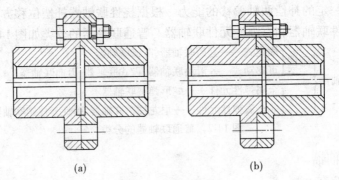

图 14-4　凸缘联轴器

三、挠性联轴器

（一）无弹性元件联轴器

这类联轴器具有挠性，所以可补偿两轴的相对位移。但又因无弹性元件，故不能缓冲减振。常用的无弹性元件的挠性联轴器有十字滑块联轴器、万向联轴器和齿式联轴器等。

1. 十字滑块联轴器

如图 14-5 所示，十字滑块联轴器由两个端面开有凹槽的半联轴器 1、3 和一个两端具有互相垂直凸块的中间滑块 2 构成。因为凸牙可在凹槽中滑动，可补偿安装及运动时两轴间的相对位移和偏心。

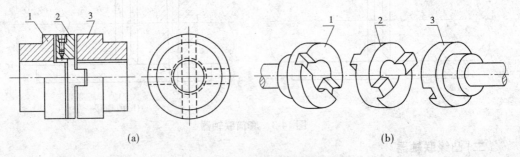

图 14-5　十字滑块联轴器

因为半联轴器与中间盘组成移动副，不能相对转动，故主动轴与从动轴的角速度相等。但在两轴间有偏移的情况下工作时，中间盘会产生很大的离心力，所以十字滑块联轴器易磨损，适用于低速、轴的刚性较大、冲击小的场合。

2. 十字轴式万向联轴器

十字轴式万向联轴器（见图 14-6）的两轴线能成任意角度 α，而且在机器运转时，夹角发生改变仍可正常传动。但 α 角越大，传动效率越低，所以一般 α 最大不超过 35°～45°。

十字轴式万向联轴器结构紧凑、维护方便，广泛应用于汽车、拖拉机、组合机床等机械的传动系统中。小型十字轴式万向联轴器已标准化，设计时可按标准选用。

十字轴式万向联轴器的缺点是：当主动轴角速度为常数时，从动轴的角速度并不是常数，而是在一定范围内变化，这在传动中会引起附加载荷。所以，常将两个十字轴式万向联轴器成对使用。

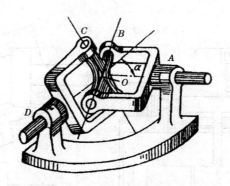

图14-6 十字轴式万向联轴器

3. 双万向联轴器

使用双万向联轴器时,应使主动轴、从动轴和中间轴位于同一平面内,两个叉形接头也位于同一平面内,而且使主动轴、从动轴与连接轴所成夹角 α 相等(见图14-7),这样才能使主动轴、从动轴同步转动,避免动载荷的产生。

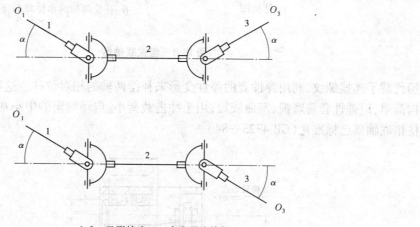

1,3—叉形接头;2—十字形连接件

图14-7 双万向联轴器的安装

4. 齿式联轴器

齿式联轴器(见图14-8)是无弹性元件联轴器中应用较广泛的一种,它是利用内、外齿轮的啮合来实现两半联轴器的连接。如图14-8 所示,它由两个内齿圈轮2、3 和两个外齿轮轴套 1、4 组成。安装时,两个内齿圈用螺栓 5 连接,两外齿轮套筒通过过盈配合(或键)与轴连接,并通过内、外齿轮的啮合传递转矩。

这种联轴器结构紧凑、承载能力大、适用速度范围广,但制造困难,适用于重载高速的水平轴连接。为使联轴器具有良好的补偿两轴综合位移的能力,特将外齿齿顶制成球面,齿顶与齿侧均留有较大的间隙,还可将外齿轮轮齿做成鼓形齿。齿式联轴器已标准化(GB/T 8854.3—2001)。

(二)有弹性元件联轴器

常用的有弹性元件联轴器有弹性套柱销联轴器、弹性柱销联轴器等。

1. 弹性套柱销联轴器

如图 14-9 所示,弹性套柱销联轴器的构造与凸缘联轴器相似,只是用套有弹性套的柱

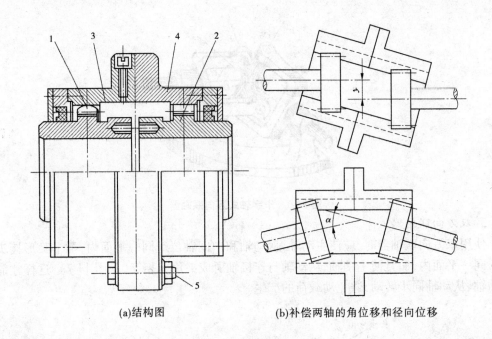

(a)结构图   (b)补偿两轴的角位移和径向位移

图 14-8　齿式联轴器

销代替了连接螺纹,利用弹性套的弹性变形来补偿两轴的相对位移。这种联轴器重量轻、结构简单,但弹性套易磨损、寿命较短,用于冲击载荷小、启动频繁的中小功率传动中。弹性套柱销联轴器已标准化(GB 4323—84)。

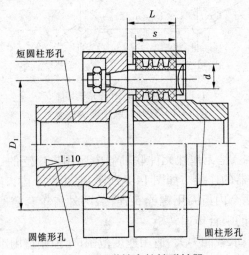

图 14-9　弹性套柱销联轴器

2. 弹性柱销联轴器

如图 14-10 所示,这种联轴器的结构与弹性套柱销联轴器相似,主要区别在于用尼龙柱销代替了橡胶圈柱销。它传递转矩的能力更大、结构更简单、更换柱销更方便,有一定的吸振能力,但补偿偏移量不大。其一般用于轴向窜动较大、轻载、双向运转、启动频繁、转速较高的场合。

四、联轴器的选择

常用联轴器多已标准化,选用时,首先应根据工作条件选择合适的类型,然后再按转矩、轴径及转速选择联轴器的型号、尺寸,必要时应对个别薄弱零件进行强度验算。

(一)类型的确定

选择联轴器的类型时,应根据机器的工作特点及要求,结合联轴器的性能选定。两轴对中精确,轴本身刚度较好时,可选用凸缘联轴器;两轴对中困难,轴的刚性差时,可选用具有补偿偏移能力的联轴器;两轴成一定夹角时,可选用万向联轴器;转速高,要求能吸振和缓冲的,可采用弹性联轴器。

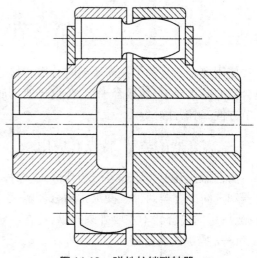

图 14-10 弹性柱销联轴器

(二)型号的确定

类型确定以后,再根据转矩、轴径及转速从有关标准手册中选择型号、尺寸。选择时注意:

(1)计算转矩不超过所选型号的规定值;

(2)工作转速不大于所选型号的规定值;

(3)两轴径在所选型号的孔径范围内。

联轴器的计算转矩可按下式计算

$$T_c = KT \tag{14-1}$$

式中 T_c——轴的计算转矩,N·m;

K——工作情况系数,见表 14-1;

T——轴的名义转矩,N·m。

表 14-1 联轴器和离合器的工作情况系数 K

原动机	工作机	K
电动机	皮带运输机、鼓风机、连续运转的金属切削机床	1.25 ~ 1.5
	链式运输机、刮板运输机、螺旋运输机、离心泵、木工机床	1.5 ~ 2.0
	往复运动的金属切削机床	1.5 ~ 2.5
	往复式泵、往复式压缩机、球磨机、破碎机、冲剪机	2.0 ~ 3.0
	锤、起重机、升降机、轧钢机	3.0 ~ 4.0
汽轮机	发电机、离心泵、鼓风机	1.2 ~ 1.5
往复式发动机	发电机	1.5 ~ 2.0
	离心泵	3 ~ 4
	往复式工作机(如压缩机、泵)	4 ~ 5

注: 1. 刚性联轴器选用较大的 K 值,弹性联轴器选用较小的 K 值。

2. 牙嵌式离合器 $K = 2 ~ 3$,摩擦离合器 $K = 1.2 ~ 1.5$。

3. 从动件的转动惯量小,载荷平稳时 K 取较小值。

第三节　离合器

使用离合器是为了按需要随时分离和接合机器的两轴,如汽车临时停车而不熄火。对离合器的基本要求是:接合平稳,分离迅速彻底,操纵省力、方便,质量和外廓尺寸小,维护和调节方便,耐磨性好等。

一、离合器的类型、特点和应用

离合器按其工作原理可分为牙嵌式、摩擦式和电磁式三类,按控制方式可分为操纵式离合器和定向离合器两种。操纵式离合器需要借助于人力或动力(如液压、电压、电磁等)进行操纵;定向离合器不需要外来操纵,可在一定条件下实现自动分离和接合。

(一)操纵式离合器

1.牙嵌式离合器

牙嵌式离合器的结构如图 14-11 所示,它是由两个端面带牙的半离合器组成的。主动半离合器用平键与主动轴连接,从动半离合器用导向键(或花键)与从动轴连接。主动半离合器上安装有对中环,以保证两个半离合器对中。操纵时,通过操纵杆移动滑环,使两个半离合器的牙面嵌入(接合)或分开(分离)。

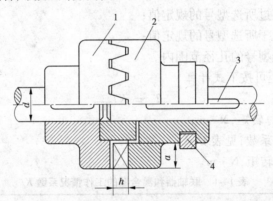

1—主动半离合器;2—从动半离合器;3—导向键;4—移动滑环

图 14-11　牙嵌式离合器

牙嵌式离合器常用的牙形有梯形、三角形、矩形和锯齿形。梯形牙应用较广,其强度高,传递转矩大,能自动补偿牙面磨损所产生的间隙,同时由于嵌合牙间有轴向分力,故便于分离;三角形牙只能传递中、小转矩;矩形牙不便于离合,且磨损后无法补偿;锯齿形牙只能传递单向转矩。

为了减少齿间冲击、延长齿的寿命,牙嵌式离合器应在两轴静止或转速差小的时候接合或分离。

2.圆盘摩擦式离合器

圆盘摩擦式离合器是靠摩擦盘接触面间产生的摩擦力来传递转矩的。圆盘摩擦式离合器可在任何转速下实现两轴的接合或分离;接合过程平稳,冲击振动较小;有过载保护作用。但尺寸较大,在接合或分离过程中要产生滑动摩擦,故发热量大,磨损较大。其可分为单片圆盘摩擦式离合器和多片圆盘摩擦式离合器。

1）单片圆盘摩擦式离合器

单片圆盘摩擦式离合器为最简单的摩擦离合器,如图 14-12 所示,其主动盘固定在主动轴上,从动盘导键与从动轴连接,它可以沿轴向滑动。为了增加摩擦系数,在一个盘的表面上装有摩擦片。工作时,利用操纵机构,在可移动的从动盘上施加轴向压力(可由弹簧、液压缸或电磁吸力等产生),使两盘压紧,产生摩擦力来传递转矩。只有一对接合面的叫做单盘摩擦式离合器,它结构简单,但径向尺寸较大,只能传递不大的转矩。

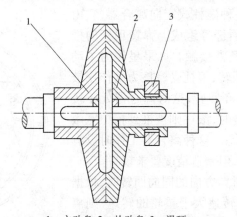

1—主动盘;2—从动盘;3—滑环

图 14-12　单片圆盘摩擦式离合器

2）多片圆盘摩擦式离合器

多片圆盘摩擦式离合器(见图 14-13)摩擦片的数目越多,传递的转矩越大,但片数过多会降低分离动作的灵活性。所以,一般限制内片、外片总数不超过 25～30。

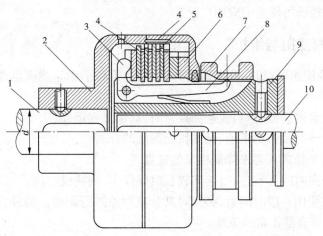

1—主动轴;2—外套;3—压板;4—内摩擦片;5—外摩擦片;6—双螺母;7—滑环;8—杠杆;9—套筒;10—从动轴

图 14-13　多片圆盘摩擦式离合器

摩擦式离合器与牙嵌式离合器比较,其优点是:两轴能在不同速度下接合;接合和分离过程比较平稳,冲击振动小;从动轴的加速时间和所传递的最大转矩可以调节;过载时将发生打滑,避免使其他零件受到损坏。因此,摩擦式离合器的应用较广。其缺点是:结构复杂,成本高;当产生滑动时不能保证被连接两轴间的精确同步转动;摩擦会产生发热,当温度过高时会引起摩擦系数的改变,严重的可能导致摩擦盘胶合和塑性变形。所以,一般对钢制摩擦盘应限制其表面最高温度不超过 300～400 ℃,整个离合器的平均温度不超过 100～120 ℃。

(二)定向离合器

定向离合器是一种随速度的变化或回转方向的变换而能自动接合或分离的离合器,它只能单向传递转矩。如锯齿形牙嵌式离合器,只能单向传递转矩,反向时自动分离。棘轮机构也可以作为定向离合器。

如图 14-14 所示为一种滚柱式定向离合器,它由星轮、外环、滚柱和弹簧顶杆等组成。弹簧顶杆的推力使滚柱与星轮和外环经常接触。如果星轮为主动件并按图示方向顺时针回转,滚柱受摩擦力的作用被楔紧在槽内,从而带动外环回转,这时离合器处于接合状态。当星轮反向回转时,滚柱则被推到槽中宽敞部分,离合器处于分离状态。这种离合器工作时没有噪声,故适用于高速传动,但制造精度要求较高。

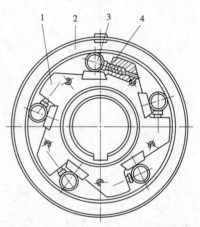

1—星轮;2—外环;3—滚柱;4—弹簧

图 14-14 滚柱式定向离合器

当外环与星轮作顺时针方向的同向回转时,根据相对运动原理,若外环的转速大于星轮的转速,则离合器处于分离状态;反之,若外环的转速小于星轮的转速,则离合器处于接合状态,故又称为超越离合器。定向离合器常用于汽车、拖拉机和机床等的传动装置中,自行车后轴上也安装有超越离合器。

常用的有棘轮超越离合器和滚柱式超越离合器。棘轮超越离合器结构简单,对制造精度要求低,在速度较低的传动中应用广泛。

二、离合器的使用与维护

离合器的正确使用要点是:分离迅速彻底,接合柔和平稳。要满足这些要求,必须注意以下要点:

(1)离合器接合要缓慢,但当要全面接合时,动作又要迅速。

(2)分离离合器时动作要迅速,做到快而彻底的分离。

(3)不应采用半分离状态来降低机车的速度。

(4)离合器分离时间不宜过长,若需较长时间停车,则换成空挡。

(5)离合器在使用一段时间后,必须对其分离间隙进行调整。另外,还要经常清洗离合器的油污,以保证离合器正常的工作。

思考题与习题

14-1 下面各题的四个选项中只有一个正确答案,请选出正确选项。

(1)对于低速、刚性大的短轴,常选用的联轴器为_____。

  A. 刚性固定式联轴器　　　　　　　　　B. 刚性可移式联轴器

C. 弹性联轴器   D. 安全联轴器

(2)在载荷具有冲击、振动,且轴的转速较高、刚度较小时,一般选用_____。

A.刚性固定式联轴器   B.刚性可移式联轴器

C. 弹性联轴器   D. 安全联轴器

(3)联轴器与离合器的主要作用是_____。

A.缓冲、减振   B. 传递运动和转矩

C. 防止机器发生过载   D. 补偿两轴的不同心或热膨胀

(4)金属弹性元件联轴器中的弹性元件都具有_____的功能。

A.对中   B.减磨

C. 缓冲和减振   D. 装配很方便

(5)_____离合器接合最不平稳。

A.牙嵌式   B.摩擦式   C. 安全   D. 离心

14-2   在下面空白处填上合适的答案。

(1)当受载荷较大,两轴较难对中时,应选用_____联轴器来连接;当原动机的转速高且发出的动力较不稳定时,其输出轴与传动轴之间应选用_____联轴器来连接。

(2)传递两相交轴间运动而又要求轴间夹角经常变化时,可以采用_____联轴器。

(3)在确定联轴器类型的基础上,可根据_____、_____、_____、_____来确定联轴器的型号和结构。

(4)按工作原理,操纵式离合器主要分为_____、_____和_____三类。

(5)联轴器和离合器是用来_____部件,制动器是用来_____的装置。

(6)用联轴器连接的两轴_____分开,而用离合器连接的两轴在机器工作时_____。

(7)挠性联轴器按其组成中是否具有弹性元件,可分为_____联轴器和_____联轴器两大类。

(8)两轴线易对中、无相对位移的轴宜选_____联轴器;两轴线不易对中、有相对位移的长轴宜选_____联轴器;启动频繁、正反转多变、使用寿命要求长的大功率重型机械宜选_____联轴器;启动频繁、经常正反转、受较大冲击载荷的高速轴宜选_____联轴器。

(9)牙嵌式离合器只能在_____或_____时进行接合。

(10)摩擦式离合器靠_____来传递转矩,两轴可在_____时实现接合或分离。

14-3   回答下列各问题。

(1)联轴器和离合器的功用有何相同点和不同点?

(2)在选择联轴器、离合器时,引入工作情况系数的目的是什么? K 值与哪些因素有关? 如何选取?

(3)联轴器所连接两轴的偏移形式有哪些? 综合位移指何种位移形式?

(4)固定式联轴器与可移式联轴器有何区别? 各适用于什么工作条件? 刚性可移式联轴器和弹性联轴器的区别是什么? 各适用于什么工作条件?

第四篇　常用机械传动设计

传动是在一定的距离间传递能量并实现能量分配、改变转速及其运动形式等功能的主要措施之一。

根据传动的措施不同,传动总体上分为机械传动、流体传动和电力传动三大类。在机械传动与流体传动中,输入和输出的都是机械能,而在电力传动中则是实现电能和机械能的互相转换。

机械传动系统是各种机械的重要组成部分,如汽车中传动部件约占整个汽车的50%,在金属切削机床中的传动部件则占60%以上。

机械传动按传动原理的不同分成啮合传动和摩擦传动。啮合传动指依靠构件间直接接触产生的推动作用来传递能量并实现相应的速度和运动形式的变化,摩擦传动则是依靠构件直接接触产生的摩擦力来传递能量并改变相应的速度和运动形式。

第十五章　带传动

带传动是一种常用的机械传动装置,它的主要作用是传递转矩和改变转速。大部分带传动是依靠挠性传动带与带轮间的摩擦力来传递运动和动力的。本章将对带传动的工作情况进行分析,并给出带传动的设计准则和计算方法,重点介绍 V 带传动的设计计算。

第一节　概　述

如图 15-1 所示,带传动一般是由主动轮 1、从动轮 2、紧套在两轮上的传动带 3 以及机架组成的。当原动件驱动带轮 1(即主动轮)转动时,由于带与带轮间摩擦力的作用,使从动轮 2 一起转动,从而实现运动和动力的传递。

一、带传动的特点

带传动具有以下优点:

(1)适用于中心距较大的传动;

(2)带具有弹性,可缓冲和吸振;

(3)传动平稳,噪声小;

(4)过载时带与带轮间会出现打滑,可防止其他零件损坏,起安全保护作用;

（5）结构简单，制造容易，维护方便，成本低。

带传动的主要缺点为：

（1）传动的外廓尺寸较大；

（2）由于带的滑动，瞬时传动比不准确，因此不能用于要求传动比精确的场合；

（3）传动效率较低；

（4）带的寿命较短。

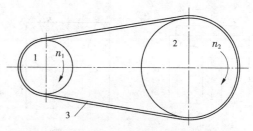

1—主动轮；2—从动轮；3—传动带

图 15-1　带传动简图

带传动多用于原动机与工作机之间的传动，一般传递的功率 $P \leqslant 100$ kW，带速 $v = 5 \sim 25$ m/s；传动效率 $\eta = 0.90 \sim 0.95$，传动比 $i \leqslant 7$。需要指出的是，带传动中由于摩擦会产生电火花，故不能用于有爆炸危险的场合。

二、带传动的主要类型

从传动方式来看，带传动主要可以分为两种：摩擦型带传动（见图 15-2）和啮合型带传动（见图 15-3）。

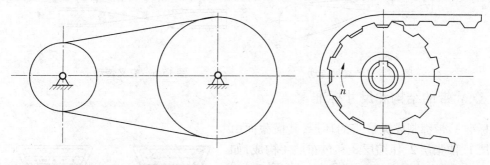

图 15-2　摩擦型带传动　　　　　　　　　　图 15-3　啮合型带传动

摩擦型带传动通常由主动轮、从动轮和张紧在两轮上的环形传动带组成，由于带已被张紧，传动带在静止时已受到预拉力的作用，带与带轮之间的接触面间产生了正压力。当主动轮转动时，依靠带与带轮接触面之间的摩擦力，拖动传动带，进而驱动从动轮转动，实现传动。

啮合型带传动由同步带实现传动，它是由主动同步带轮、从动同步带轮和套在两轮上的环形同步带组成的。

摩擦型带传动又可以分为：

（1）平带传动。如图 15-4(a)所示，截面形状为矩形，其工作面为内表面，常用的平带为橡胶帆布带。平带传动多用于高速和中心距较大的场合。

（2）V 带传动。截面形状为梯形，其工作面为两侧面，如图 15-4(b)所示。V 带传动与平带传动相比，当量摩擦系数大，能传递较大的功率，且结构紧凑，在机械传动中应用最广。

（3）多楔带传动。如图 15-4(c)所示，它是在平带基体上由多根 V 带组成的传动带。多楔带能传递的功率更大，且能避免多根 V 带长度不等而产生的传力不均匀的缺点，故适用于传递功率较大且要求结构紧凑的场合。

（4）圆形带传动。截面形状为圆形，如图 15-4(d)所示。圆形带传动常用于小功率传动，如仪表、缝纫机、牙科医疗器械等。

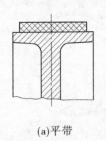 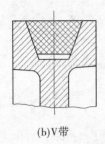 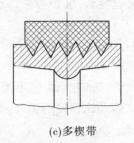 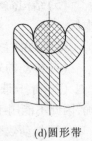

| (a)平带 | (b)V带 | (c)多楔带 | (d)圆形带 |

图 15-4　摩擦型带传动的类型

平带传动结构最简单,传动效率较高,在传动中心距较大的场合应用较多。除正常的传递方法外,还可以实现半交叉和交叉传动,如图 15-5、图 15-6 所示。

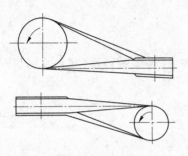

图 15-5　半交叉传动　　　　**图 15-6　交叉传动**

三、V 带的结构和尺寸标准

标准 V 带都制成无接头的环形,其横截面由强力层 1、伸张层 2、压缩层 3 和包布层 4 构成,如图 15-7 所示。伸张层和压缩层均由胶料组成,包布层由胶帆布组成,强力层是承受载荷的主体,分为帘布结构(由胶帘布组成)和线绳结构(由胶线绳组成)两种。帘布结构抗拉强度高,一般用途的 V 带多采用这种结构。线绳结构比较柔软,弯曲

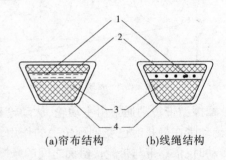

| (a)帘布结构 | (b)线绳结构 |

图 15-7　V 带剖面结构

疲劳强度较高,但拉伸强度低,常用于载荷不大、直径较小的带轮和转速较高的场合。V 带在规定张紧力下弯绕在带轮上时,外层受拉伸变长,内层受压缩变短,两层之间存在一长度不变的中性层,沿中性层形成的面称为节面。节面的宽度称为节宽 b_p(见表 15-1),节面的周长称为带的基准长度 L_d。

V 带和带轮有两种尺寸制,即有效宽度制和基准宽度制。基准宽度制是以 V 带的节宽为特征参数的传动体系。普通 V 带和 SP 型窄 V 带为基准宽度制传动用带。

按 GB/T 11544—97 规定,普通 V 带分为 Y、Z、A、B、C、D、E 七种,截面高度与节宽的比值约为 0.7;窄 V 带分为 SPZ、SPA、SPB、SPC 四种,截面高度与节宽的比值约为 0.9。带的截面尺寸如表 15-1 所示,基准长度系列如表 15-2 所示。窄 V 带的强力层采用高强度绳芯,能承受较大的预紧力,且可挠曲次数增加,当带高与普通 V 带相同时其带宽较普通 V 带小约 1/3,而承载能力可提高 1.5~2.5 倍。在传递相同功率时,带轮宽度和直径可减小,费用

比普通 V 带降低 20% ~ 40%,故应用日趋广泛。

表 15-1　普通 V 带截面尺寸(GB 11544—1989)

带型		节宽 b_p	顶宽 b	高度 h	质量 q (kg/m)	楔角 θ
普通 V 带	窄 V 带					
Y		5.3	6	4	0.03	
Z		8.5	6		0.06	
	SPZ		10	8	0.07	
A		11.0		8	0.11	
	SPA		13	10	0.12	
B		14.0		11	0.19	40°
	SPB		17	14	0.20	
C		19.0		14	0.33	
	SPC		22	18	0.37	
D		27.0	32	19	0.66	
E		32.0	38	23	1.02	

表 15-2　普通 V 带的基准长度系列和带长修正系数 K_L (GB/T 13575.1—92)

基准长度 L_d (mm)	K_L					基准长度 L_d (mm)	K_L			
	Y	Z	A	B	C		Z	A	B	C
200	0.81					1 600	1.04	0.99	0.92	0.83
224	0.82					1 800	1.06	1.01	0.95	0.86
250	0.84					2 000	1.08	1.03	0.98	0.88
280	0.87					2 240	1.10	1.06	1.00	0.91
315	0.89					2 500	1.30	1.09	1.03	0.93
355	0.92					2 800		1.11	1.05	0.95
400	0.96	0.79				3 150		1.13	1.07	0.97
450	1.00	0.80				3 550		1.17	1.09	0.99
500	1.02	0.81				4 000		1.19	1.13	1.02
560		0.82				4 500			1.15	1.04
630		0.84	0.81			5 000			1.18	1.07
710		0.86	0.83			5 600				1.09
800		0.90	0.85			6 300				1.12
900		0.92	0.87	0.82		7 100				1.15
1 000		0.94	0.89	0.84		8 000				1.18
1 120		0.95	0.91	0.86		9 000				1.21
1 250		0.98	0.93	0.88		10 000				1.23
1 400		1.01	0.96	0.90						

V 带的型号和标准长度都压印在胶带的外表面上,以供识别和选用。普通 V 带和窄 V 带的标记由带型、基准长度和标准号组成。

例如:B2240GB/T 11544—97,表示 B 型 V 带,带的基准长度为 2 240 mm。

又如,SPA 型窄 V 带,基准长度为 1 250 mm,其标记为:SPA – 1250 GB/T 11544—97。

第二节　普通 V 带传动工作能力分析

一、带传动的受力分析

V 带传动是利用摩擦力来传递运动和动力的,因此在安装时就要将带张紧,使带保持有初拉力 F_0,从而在带和带轮的接触面上产生必要的正压力。此时,当皮带没有工作时,皮带两边的拉力相等,都等于初拉力 F_0,如图 15-8(a)所示。

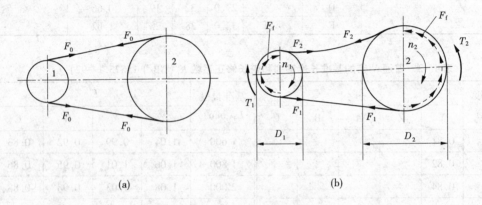

1—主动轮;2—从动轮

图 15-8　带传动的受力情况

当主动轮以转速 n_1 旋转时,由于皮带和带轮的接触面上的摩擦力作用,使从动轮以转速 n_2 转动。

主动轮作用在带上的力与 n_1 转向相同,而从动轮作用在带上的作用力与 n_2 相反。这就造成皮带两边的拉力发生变化:皮带进入主动轮的一边被拉紧,称为紧边,其拉力由 F_0 增加到 F_1;皮带进入从动轮的一边被放松,称为松边,其拉力由 F_0 减小到 F_2,如图 15-8(b)所示。传动带两边拉力之差为有效圆周力 F_e。

取主动轮一边的皮带为分离体,设总摩擦力为 F_f(也就是有效圆周力),则有

$$F_e \frac{D_1}{2} = F_1 \frac{D_1}{2} - F_2 \frac{D_1}{2}$$

即

$$F_e = F_f = F_1 - F_2 \tag{15-1}$$

而皮带传递的功率为

$$P = \frac{F_e v}{1\ 000} \quad (\text{kW}) \tag{15-2}$$

式中　v——带速,m/s。

如果认为带的总长度不变,则两边带长度的增减量应相等,相应拉力的增减量也应相

等,即

$$F_1 - F_0 = F_0 - F_2$$

也即

$$F_0 = \frac{1}{2}(F_1 + F_2) \tag{15-3}$$

由此可以得到

$$\left. \begin{array}{l} F_1 = F_0 + \dfrac{1}{2}F_e \\[2mm] F_2 = F_0 - \dfrac{1}{2}F_e \end{array} \right\} \tag{15-4}$$

由式(15-4)可以看出:F_1 和 F_2 的大小取决于初拉力 F_0 及有效圆周力 F_e,而 F_e 又取决于传递的功率 P 及带速 v。

显然,当其他条件不变且 F_0 一定时,这个摩擦力 F_f 不会无限增大,而有一个最大的极限值。如果所要传递的功率过大,使 $F_e > F_f$,带就会沿轮面出现显著的滑动现象,这种现象称为打滑。从而导致带传动不能正常工作,即传动失效。

联立上述各式,可求得如下关系式

$$F_{ec} = 2F_0 \frac{e^{f\alpha} - 1}{e^{f\alpha} + 1} \quad (\text{N}) \tag{15-5}$$

式中　F_{ec}——最大(临界)有效圆周力;

　　　e——自然对数的底,e = 2.718…;

　　　f——摩擦系数(V 带用当量摩擦系数 f_v 代替 f,$f_v = f/\sin(\theta/2)$);

　　　α——包角,即带与带轮接触弧对应的中心角,rad,因大带轮包角总是大于小带轮包角,故这里应取 α 为小带轮包角。

由式(15-5)可以看出:增大 F_0、包角 α 及摩擦系数 f 都可以提高有效圆周力的值,也即可以提高皮带传递的功率。

在推证过程中,是以平带进行的,如果是 V 带,则 f 应为 f_v,f_v 称为当量摩擦系数。

二、带传动的应力分析

带传动在工作时,带中的应力由三部分组成:因传递载荷而产生的拉应力 σ,由离心力产生的离心应力 σ_c,皮带绕带轮弯曲产生的弯曲应力 σ_b。

(一)拉应力 σ

紧边拉应力

$$\left. \begin{array}{l} \sigma_1 = \dfrac{F_1}{A} \\[3mm] \sigma_2 = \dfrac{F_2}{A} \end{array} \right\} \tag{15-6}$$

松边拉应力

式中　A——皮带横断面面积,mm^2。

(二)离心应力 σ_c

当传动带以切线速度 v 沿着带轮轮缘作圆周运动时,带本身的质量将引起离心力。由于离心力的作用,使带的横剖面上受到附加拉应力为

$$F_c = qv^2 \tag{15-7}$$

由离心力引起的拉应力为

$$\sigma_c = \frac{qv^2}{A} \quad (\text{MPa}) \tag{15-8}$$

式中 q——单位长度质量,kg/m,见表15-4;

$\quad\quad$ v——带速,m/s。

(三)弯曲应力 σ_b

传动带绕过带轮时发生弯曲,从而产生弯曲应力,由材料力学求得带的弯曲应力为

$$\sigma_b \approx E\frac{h}{d_d} \quad (\text{MPa}) \tag{15-9}$$

式中 E——带的弹性模量,MPa;

$\quad\quad$ h——带厚,mm;

$\quad\quad$ d_d——带轮基准直径,mm。

弯曲应力 σ_b 只发生在带上包角所对的圆弧部分。h 越大,d_d 越小,则弯曲应力就越大,故一般 $\sigma_{b1} > \sigma_{b2}$($\sigma_{b1}$ 为带在小带轮上的部分的弯曲应力,σ_{b2} 为带在大带轮上的部分的弯曲应力)。因此,为避免弯曲应力过大,小带轮的直径不能过小(见表15-4)。

传动带工作时的应力分布如图15-9所示,由此可知,带是在变应力情况下工作的,故易产生疲劳破坏。带上的最大应力产生在皮带的紧边进入小轮处,其值为

$$\sigma_{max} = \sigma_1 + \sigma_{b1} + \sigma_c \quad (\text{MPa})$$

为了保证带具有足够的疲劳寿命,应满足

$$\sigma_{max} = \sigma_1 + \sigma_{b1} + \sigma_c \leqslant [\sigma] \tag{15-10}$$

式中 $[\sigma]$——带的许用应力,是在 $\alpha_1 = \alpha_2 = 180°$,规定的带长和应力循环次数、载荷平稳等条件下通过试验确定的。

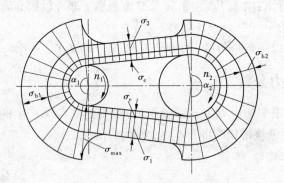

图15-9 带工作时的应力分布

三、带传动的弹性打滑和传动比

(一)弹性打滑与传动比

带是弹性体,它在受力情况下会产生弹性变形。由于带在紧边和松边上所受的拉力不相等,因而产生的弹性变形也不相同。从图15-10可知,在主动轮上,带由 A 点运动到 B 点时,带中拉力由 F_1 降到 F_2,带的弹性伸长相应地逐渐减小,即带在轮上逐渐缩短并沿轮面滑动,使带的速度小于主动轮的圆周速度。在从动轮上,带从 C 点运动到 D 点时,带中拉力由 F_2 逐渐增加到 F_1,带的弹性伸长也逐渐增大,也会沿轮面滑动,所以从动轮的圆周速度

又小于带速。这种由于材料的弹性变形而产生的滑动称为弹性滑动。

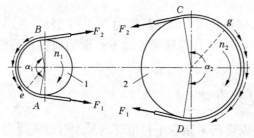

图 15-10　带的弹性滑动

传动带在工作时,受到拉力的作用要产生弹性变形。由于弹性滑动,造成从动轮的圆周速度 v_2 要低于主动轮的圆周速度 v_1,其降低量可用弹性滑动率 ε 表示为

$$\varepsilon = \frac{v_1 - v_2}{v_1} \times 100\% \tag{15-11}$$

或

$$v_2 = (1 - \varepsilon)v_1 \quad (\text{m/s})$$

其中

$$\left.\begin{array}{l} v_1 = \dfrac{\pi d_{d1} n_1}{60 \times 1\,000} \\[3mm] v_2 = \dfrac{\pi d_{d2} n_2}{60 \times 1\,000} \end{array}\right\}$$

$$d_{d2} n_2 = (1 - \varepsilon) d_{d1} n_1$$

从而可求得带传动的实际传动比为

$$i = \frac{n_1}{n_2} = \frac{d_{d2}}{d_{d1}(1 - \varepsilon)} \tag{15-12}$$

一般 V 带传动 $\varepsilon = 1\% \sim 2\%$,故在一般计算中可不予考虑。

(二)打滑与极限有效拉力

当外载荷较小时,弹性滑动只发生在带即将由主动轮、从动轮离开的一段弧上。传递外载荷增大时,有效拉力随之加大,弹性滑动区域也随之扩大,当有效拉力达到或超过某一极限值时,带与小带轮在整个接触弧上的摩擦力达到极限,若外载荷继续增加,带将沿整个接触弧滑动,这种现象称为打滑。此时,主动轮还在转动,但从动轮转速急剧下降,带迅速磨损、发热而损坏,使传动失效,所以必须避免打滑,在设计时应限制带的最大拉力。当带有打滑趋势时,带与带轮间的摩擦力达到极限值,即有效拉力达到最大值,这时可由欧拉公式推导得极限有效拉力为

$$F_{\text{lim}} = F_1 \left(1 - \frac{1}{e^{f\alpha}}\right) \tag{15-13}$$

第三节　普通 V 带传动的设计

一、V 带传动的主要失效形式和设计准则

由对带传动的工作情况分析可知,带传动的主要失效形式有以下两种:

（1）打滑。当传递的圆周力超过了带与带轮接触面之间摩擦力总和的极限时，发生过载打滑，使传动失效。

（2）疲劳破坏。传动带在变应力的反复作用下，发生裂纹、脱层、松散，直至断裂。

因此，带传动的设计准则为：在保证带传动不打滑的前提下，使带具有一定的疲劳强度和寿命。

二、单根 V 带传递的功率

根据前面的式子，可以得到 V 带在不打滑时的最大有效圆周力为

$$F_{ec} = F_1\left(1 - \frac{1}{e^{f_v\alpha}}\right) = \sigma_1 A\left(1 - \frac{1}{e^{f_v\alpha}}\right) \quad (\text{N}) \tag{15-14}$$

疲劳强度为

$$\sigma_1 \leqslant [\sigma] - \sigma_{b1} - \sigma_c \quad (\text{MPa}) \tag{15-15}$$

式中　$[\sigma]$——许用应力，与带的材质和应力循环次数 N 有关。

所以，可以求得带在既不打滑又有一定寿命时，单根皮带所能传递的功率为

$$P_1 = ([\sigma] - \sigma_{b1} - \sigma_c)\left(1 - \frac{1}{e^{f_v\alpha}}\right)\frac{Av}{1\,000} \quad (\text{kW}) \tag{15-16}$$

根据式（15-16），可以求得在载荷平稳、包角 $\alpha = 180°(i = 1)$、带长 L_d 为特定长度、强力层为化学纤维线绳结构的条件下，单根 V 带传递的基本额定功率 P_1，见表 15-5（在工作中也可以参考相关设计手册）。

当实际工作条件与上述条件不同时（如包角、工况等），应该对 P_1 进行修正。单根普通 V 带的额定功率是由基本额定功率 P_1 加上额定功率增量 ΔP_1，并乘以修正系数而确定，即

$$P = (P_1 + \Delta P_1)K_\alpha K_L$$

式中　K_α——包角修正系数，考虑包角不等于 180° 时传动能力有所下降；

　　　K_L——带长修正系数，考虑带长不等于特定长度时对传动能力的影响。

三、V 带传动的设计步骤和方法

普通 V 带传动设计计算时，通常已知传动的用途和工作情况，传递的功率 P，主动轮、从动轮的转速 n_1、n_2（或传动比 i），传动位置要求和外廓尺寸要求，原动机类型等。设计时主要确定带的型号、长度和根数，带轮的尺寸、结构和材料，传动的中心距，带的初拉力和压轴力，张紧和防护等。

（一）确定计算功率

设 P 为传动的额定功率（kW），K_A 为工作情况系数（见表 15-3），则计算功率 P_c 为

$$P_c = K_A P \tag{15-17}$$

（二）选择 V 带的型号

根据计算功率 P_c 和小带轮转速 n_1，按图 15-11 选择普通 V 带的型号。若临近两种型号的交界线，可按两种型号同时计算，通过分析比较决定取舍。

（三）确定带轮基准直径 d_{d1}、d_{d2}

表 15-4 列出了 V 带轮的最小基准直径和带轮的基准直径系列，选择小带轮基准直径时，应使 $d_{d1} > d_{dmin}$；以减小带内的弯曲应力。大带轮的基准直径 d_{d2} 由式（15-18）确定

表 15-3　工作情况系数 K_A

载荷性质	工作机	原动机					
		I 类			II 类		
		每天工作时间（h）					
		<10	10~16	>16	<10	10~16	>16
载荷平稳	离心式水泵、通风机（≤7.5 kW）、轻型输送机、离心式压缩机	1.0	1.1	1.2	1.1	1.2	1.3
载荷变动小	带式运输机、通风机（>7.5 kW）、发电机、旋转式水泵、机床、剪床、压力机、印刷机、振动筛	1.1	1.2	1.3	1.2	1.3	1.4
载荷变动较大	螺旋式输送机、斗式提升机、往复式水泵和压缩机、锻锤、磨粉机、锯木机、纺织机械	1.2	1.3	1.4	1.4	1.5	1.6
载荷变动很大	破碎机（旋转式、颚式等）、球磨机、起重机、挖掘机、辊压机	1.3	1.4	1.5	1.5	1.6	1.8

注：1. I 类原动机指普通鼠笼式交流电动机、同步电动机、直流电动机（并激）、$n \geqslant 600$ r/min 内燃机。

2. II 类原动机指交流电动机（双鼠笼式、滑环式、单相、大转差率）、直流电动机、$n \leqslant 600$ r/min 内燃机。

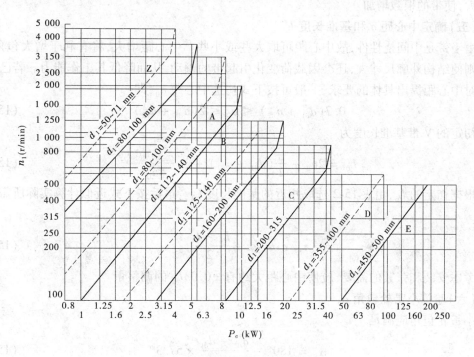

图 15-11　普通 V 带型号选择线图

$$d_{d2} = \frac{n_1}{n_2}d_{d1} = id_{d1} \qquad (15\text{-}18)$$

d_{d2}值应圆整为整数。

表15-4　普通V带轮最小基准直径和单位长度质量

型号	Y	Z	A	B	C	D	E	SPZ	SPA	SPB	SPC
最小基准直径 d_{dmin}(mm)	20	50	75	125	200	355	500	63	90	140	224
q(kg/m)	0.02	0.06	0.10	0.17	0.30	0.62	0.90	0.07	0.12	0.20	0.37

注:带轮基准直径(mm)系列:20、22.4、25、28、31.5、35.5、40、45、50、56、63、71、75、80、85、90、95、100、106、112、118、125、132、140、150、160、170、180、200、212、224、236、250、265、280、300、315、335、355、375、400、425、450、475、500、530、560、600、630、670、710、750、800、900、1000、1060、1120、1250、1400、1500、1600、1800、2000、2240、2500(摘自GB/T 13575.1—1992)。

(四)验算带速 v

由推导可得带传动的线速度为

$$v = \frac{\pi d_{d1} n_1}{60 \times 1\,000} \quad (\text{m/s}) \qquad (15\text{-}19)$$

带速 v 应在 5 ~ 25 m/s 的范围内,其中以 10 ~ 20 m/s 为宜,若 $v>25$ m/s,则因带绕过带轮时离心力过大,使带与带轮之间的压紧力减小、摩擦力降低而使传动能力下降,而且离心力过大降低了带的疲劳强度和寿命。而当 $v<5$ m/s 时,在传递相同功率时带所传递的圆周力增大,使带的根数增加。

(五)确定中心距 a 和基准长度 L_d

由于带是中间挠性件,故中心距可取大些或小些。中心距增大,将有利于增大包角,但太大则使结构外廓尺寸大,还会因载荷变化引起带的颤动,从而降低其工作能力。若已知条件未对中心距提出具体的要求,一般可按下式初选中心距 a_0,即

$$0.7(d_{d1} + d_{d2}) \leqslant a_0 \leqslant 2(d_{d1} + d_{d2}) \qquad (15\text{-}20)$$

初定的 V 带基准长度为

$$L_0 = 2a_0 + \frac{\pi}{2}(d_{d1} + d_{d2}) + \frac{(d_{d2} - d_{d1})^2}{4a_0} \qquad (15\text{-}21)$$

根据初定的 L_0,由表15-2选取相近的基准长度 L_d。最后按下式近似计算实际所需的中心距

$$a \approx a_0 + \frac{L_d - L_0}{2} \qquad (15\text{-}22)$$

考虑安装和张紧的需要,应使中心距大约有 $\pm 0.03L_d$ 的调整量。

(六)验算小带轮包角 α_1

小带轮包角应满足

$$\alpha_1 = 180° - \frac{d_{d2} - d_{d1}}{a} \times 57.3° \qquad (15\text{-}23)$$

一般要求 $\alpha \geqslant 90° ~ 120°$,否则可加大中心距或增设张紧轮。

（七）确定带的根数 z

$$z \geqslant \frac{P_c}{(P_0 + \Delta P_0) K_\alpha K_L} \tag{15-24}$$

式中　P_0——单根普通 V 带的基本额定功率（见表 15-5），kW；

　　　　ΔP_0——$i \neq 1$ 时的单根普通 V 带额定功率的增量（见表 15-6），kW；

　　　　K_L——带长修正系数，考虑带长不等于特定长度时对传动能力的影响（查表 15-2）；

　　　　K_α——包角修正系数，考虑（$\alpha_1 \neq 180°$时，传动能力有所下降（查表 15-7）。

z 应圆整为整数，通常 $z < 10$，以使各根带受力均匀。

表 15-5　单根普通 V 带的基本额定功率 P_0

（在包角 $\alpha = 180°$、特定长度、平稳工作条件下）　　　　　　（单位：kW）

型号	小带轮基准直径 d_d（mm）	小带轮的转速 n_1（r/min）													
		400	730	800	980	1 200	1 460	1 600	2 000	2 400	2 800	3 200	3 600	4 000	5 000
A	75	0.27	0.42	0.45	0.52	0.60	0.68	0.73	0.84	0.92	1.00	1.04	1.08	1.09	1.02
	90	0.39	0.68	0.68	0.79	0.93	1.07	1.15	1.34	1.50	1.64	1.75	1.83	1.87	1.82
	100	0.47	0.83	0.83	0.97	1.14	1.32	1.42	1.66	1.87	2.05	2.19	2.28	2.34	2.25
	125	0.67	1.19	1.19	1.40	1.66	1.93	2.07	2.44	2.74	2.98	3.16	3.26	3.28	2.91
	160	0.94	1.69	1.69	2.00	2.36	2.74	2.94	3.42	3.80	4.06	4.19	4.17	3.98	2.67
B	125	0.84	1.34	1.44	1.67	1.93	2.20	2.33	2.50	2.64	2.76	2.85	2.96	2.94	2.51
	160	1.32	2.16	2.32	2.72	3.17	3.64	3.86	4.15	4.40	4.60	4.75	4.89	4.80	3.82
	200	1.85	3.06	3.30	3.86	4.50	5.15	5.46	6.13	6.47	6.43	5.95	4.98	3.47	—
	250	2.50	4.14	4.46	5.22	6.04	6.85	7.20	7.87	7.89	7.14	5.60	3.12	—	—
	280	2.89	4.77	5.13	5.93	6.90	7.78	8.13	8.60	8.22	6.80	4.26	—	—	—

型号	小带轮基准直径 d_d（mm）	小带轮的转速 n_1（r/min）													
		200	300	400	500	600	730	800	980	1 200	1 460	1 600	1 800	2 000	2 200
C	200	1.39	1.92	2.41	2.87	3.30	3.80	4.07	4.66	5.29	5.86	6.07	6.28	6.34	6.26
	250	2.03	2.85	3.62	4.33	5.00	5.82	6.23	7.18	8.21	9.06	9.38	9.63	9.62	9.34
	315	2.86	4.04	5.14	6.17	7.14	8.34	8.92	10.23	11.53	12.48	12.48	12.67	12.14	11.08
	400	3.91	5.54	7.06	8.52	9.82	11.52	12.10	13.67	15.04	15.51	15.51	14.08	11.95	8.75
	450	4.51	6.40	8.20	9.81	11.29	12.98	13.80	15.39	16.59	16.41	16.41	13.29	9.62	4.44
D	355	5.31	7.35	9.24	10.90	12.39	14.04	14.83	16.30	17.25	16.70	15.63	12.94	—	—
	450	7.90	11.02	13.85	16.40	18.67	21.12	22.25	24.16	24.84	22.42	19.59	13.34	—	—
	500	10.76	15.07	18.95	22.38	25.32	28.28	29.52	31.00	29.67	22.08	15.13	—	—	—
	710	14.55	20.50	25.45	29.76	33.18	35.97	36.87	35.58	27.88	—	—	—	—	—
	800	16.76	23.39	29.08	33.72	37.13	39.26	39.55	35.26	21.32	—	—	—	—	—

型号	小带轮基准直径 d_d (mm)	小带轮的转速 n_1 (r/min)												
		200	300	400	500	600	730	800	980	1 200	1 460	1 600	1 800	2 000	2 200
E	500	10.85	14.96	18.55	21.65	24.21	26.62	27.57	28.52	25.53	16.25	—	—	—	—
	630	15.65	21.69	26.95	31.36	34.83	37.64	38.52	37.14	29.17	—	—	—	—	—
	800	21.70	30.05	37.05	42.53	46.26	47.79	47.38	39.08	16.46	—	—	—	—	—
	900	25.15	34.71	42.49	48.20	51.48	51.13	49.21	34.01	—	—	—	—	—	—
	1 000	28.52	39.17	47.52	53.12	55.45	52.26	48.19	—	—	—	—	—	—	—

表 15-6　单根普通 V 带额定功率的增量 ΔP_0

（在包角 $\alpha = 180°$、特定长度、平稳工作条件下）　　　（单位:kW）

型号	传动比 i	小带轮转速 n_1 (r/min)												
		400	730	800	980	1 200	1 460	1 600	2 000	2 400	2 800	3 200	3 600	4 000	5 000
A	1.35~1.51	0.04	0.07	0.08	0.08	0.11	0.13	0.15	0.19	0.23	0.26	0.30	0.34	0.38	0.47
	≥2	0.05	0.09	0.10	0.11	0.15	0.17	0.19	0.24	0.29	0.34	0.39	0.44	0.48	0.60
B	1.35~1.51	0.10	0.17	0.20	0.23	0.30	0.36	0.39	0.49	0.59	0.69	0.79	0.89	0.99	1.24
	≥2	0.13	0.22	0.25	0.30	0.38	0.46	0.51	0.63	0.76	0.89	1.01	1.14	1.27	1.60

型号	传动比 i	小带轮转速 n_1 (r/min)												
		200	300	400	500	600	730	800	980	1 200	1 460	1 600	1 800	2 000	2 200
C	1.35~1.51	0.14	0.21	0.27	0.34	0.41	0.48	0.55	0.65	0.82	0.99	1.10	1.23	1.37	1.51
	≥2	0.18	0.26	0.35	0.44	0.53	0.62	0.71	0.83	1.06	1.27	1.41	1.59	1.76	1.94
D	1.35~1.51	0.49	0.73	0.97	1.22	1.46	1.70	1.95	2.31	2.92	3.52	3.89	4.98	—	—
	≥2	0.63	0.94	1.25	1.56	1.88	2.19	2.50	2.97	3.75	4.53	5.00	6.52	—	—
E	1.35~1.51	0.96	1.45	1.93	2.41	2.89	3.38	3.86	4.58	5.61	6.83	—	—	—	—
	≥2	1.24	1.86	2.48	3.10	3.72	4.34	4.96	5.89	7.21	8.78	—	—	—	—

表 15-7　包角修正系数 K_α

小轮包角 α_1	180°	175°	170°	165°	160°	155°	150°	145°	140°	135°	130°	125°	120°	110°	100°	90°
K_α	1	0.99	0.98	0.96	0.95	0.93	0.92	0.91	0.89	0.88	0.86	0.84	0.82	0.78	0.74	0.69

（八）确定初拉力 F_0，并计算作用在轴上的载荷（简称压轴力）F_p

保持适当的初拉力是带传动工作的首要条件。初拉力不足，极限摩擦力小，传动能力下降；初拉力过大，将增大作用在轴上的载荷并降低带的寿命。单根普通 V 带合适的初拉力 F_0 可按下式计算

$$F_0 = \frac{500P_c}{zv}\left(\frac{2.5}{K_\alpha} - 1\right) + qv^2 \quad (N) \tag{15-25}$$

式中　各字母的意义同前。

F_p 可近似地按带两边的初拉力 F_0 的合力来计算。由图 15-12 可得，作用在轴上的载荷 F_p 为

$$F_p = 2zF_0\sin\frac{\alpha_1}{2} \quad (N) \tag{15-26}$$

式中　各字母的意义同前。

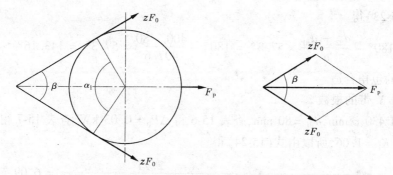

图 15-12　带传动的轴上载荷

【例 15-1】　设计某振动筛的某 V 带传动。已知电动机功率 $P = 1.7$ kW，电动机转速 $n_1 = 1\,430$ r/min，工作机的转速 $n_2 = 285$ r/min，根据空间尺寸，要求中心距为 500 mm 左右。带传动每天工作 16 h，试设计该 V 带传动。

解　（1）确定计算功率 P_c。

根据 V 带传动工作条件查表 15-3，可得工作情况系数 $K_A = 1.3$，所以有
$$P_c = K_A P = 1.3 \times 1.7 = 2.21(\text{kW})$$

（2）选取 V 带型号。

根据 P_c、n_1 查图 15-11，选用 Z 型 V 带。

（3）确定带轮基准直径 d_{d1}、d_{d2}。

由表 15-4 和图 15-11 选 $d_{d1} = 80$ mm。根据式（15-18）可求得从动轮的基准直径为
$$d_{d2} = \frac{n_1}{n_2}d_{d1} = \frac{1\,430}{285} \times 80 = 401.4(\text{mm})$$

根据表 15-4，选 $d_{d2} = 400$ mm。

（4）验算带速 v。

由式（15-19）可得
$$v = \frac{\pi d_{d1} n_1}{60 \times 1\,000} = \frac{3.14 \times 80 \times 1\,430}{60 \times 1\,000} = 5.99(\text{m/s})$$

v 在 5~25 m/s 范围内，故 V 带的速度合适。

(5)确定 V 带的基准长度和传动中心距。

因要求中心距为 500 mm 左右,故初选中心距 $a_0 = 500$ mm。

根据式(15-21)计算带所需的基准长度为

$$L_0 = 2a_0 + \frac{\pi}{2}(d_{d1} + d_{d2}) + \frac{(d_{d2} - d_{d1})^2}{4a_0}$$

$$= 2 \times 500 + \frac{\pi}{2}(80 + 400) + \frac{(400 - 80)^2}{4 \times 500} = 1\ 804.8\ (\text{mm})$$

由表 15-2,选取带的基准长度 $L_d = 1\ 800$ mm。

按式(15-22)计算实际中心距为

$$a \approx a_0 + \frac{L_d - L_0}{2} = 500 + \frac{1\ 800 - 1\ 804.8}{2} = 497.6\ (\text{mm})$$

(6)验算主动轮上的包角 α_1。

由式(15-23)得

$$\alpha_1 = 180° - \frac{d_{d2} - d_{d1}}{a} \times 57.3° = 180° - \frac{400 - 80}{497.6} \times 57.3° = 143.16° > 120°$$

故主动轮上的包角合适。

(7)计算 V 带的根数 z。

由 $n_1 = 1\ 430$ r/min,$d_{d1} = 80$ mm,查表 15-6 得 $\Delta P_0 = 0.03$ kW,查表 15-7 得 $K_\alpha = 0.90$,查表 15-2 得 $K_L = 1.06$,所以由式(15-24)得

$$z = \frac{P_c}{(P_0 + \Delta P_0)K_\alpha K_L} = \frac{2.21}{(0.35 + 0.03) \times 0.90 \times 1.06} = 6.09$$

故取 $z = 6$ 根。

(8)计算 V 带合适的初拉力 F_0。

查表 15-4 得 $q = 0.06$ kg/m,由式(15-25)得

$$F_0 = \frac{500P_c}{zv}\left(\frac{2.5}{K_\alpha} - 1\right) + qv^2 = \frac{500 \times 2.21}{6 \times 5.99} \times \left(\frac{2.5}{0.9} - 1\right) + 0.06 \times 5.99^2 = 56.8\ (\text{N})$$

(9)计算作用在轴上的载荷 F_p。

由式(15-26)得

$$F_p = 2zF_0\sin\frac{\alpha_1}{2} = 2 \times 6 \times 56.8 \times \sin\frac{143.16°}{2} = 646.7\ (\text{N})$$

(10)带轮结构设计。

(略)

第四节　普通 V 带轮的结构

V 带轮是普通 V 带传动的重要零件,它必须具有足够的强度,但又要重量轻、质量分布均匀;轮槽的工作面必须既要对带有足够的摩擦,又要减少对带的磨损。

V 带轮的结构与齿轮类似,直径较小时可采用实心式,如图 15-13(a)所示;中等直径的带轮可采用腹板式,如图 15-13(b)所示;直径大于 350 mm 时可采用轮辐式,如图 15-14 所示。

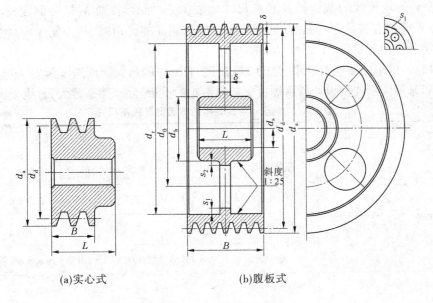

(a)实心式　　　　　　　　　　(b)腹板式

图 15-13　带轮的结构

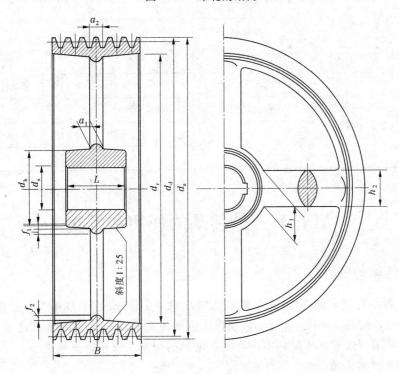

图 15-14　轮辐式带轮

图 15-4 中: $d_{\mathrm{h}} = (1.8 \sim 2) d_{\mathrm{s}}$; $d_0 = \dfrac{d_{\mathrm{h}} + d_{\mathrm{r}}}{2}$; $d_{\mathrm{r}} = d_{\mathrm{a}} - 2(H + \delta)$, H、δ 见相关设计手册; $s = (0.2 \sim 0.3) B$,

$s_1 \geqslant 1.5s$, $s_2 \geqslant 0.5s$; $L = (1.5 \sim 2) d_{\mathrm{s}}$; $h_1 = 290 \sqrt[3]{\dfrac{P}{nA}}$, P 为传递功率, kW, n 为带轮转速, r/min, A 为轮辐数;

$h_2 = 0.8h_1$; $a_1 = 0.4h_1$; $a_2 = 0.8a_1$; $f_1 = 0.2h_1$; $f_2 = 0.2h_2$。

普通 V 带轮轮缘的截面图及轮槽尺寸如表 15-8 所示,普通 V 带两侧面的夹角均为 40°,由于 V 带绕在带轮上弯曲时,其截面变形使两侧面的夹角减小,为使 V 带能紧贴轮槽两侧,轮槽的楔角规定为 32°、34°、36° 和 38°。

V 带轮一般采用铸铁 HT150 或 HT200 制造,其允许的最大圆周速度为 25 m/s。当速度更高时,可采用铸钢或钢板冲压后焊接。塑料带轮的重量轻、摩擦系数大,常用于机床中。

表 15-8　普通 V 带轮轮缘的截面图及轮槽尺寸　　　　　　(单位:mm)

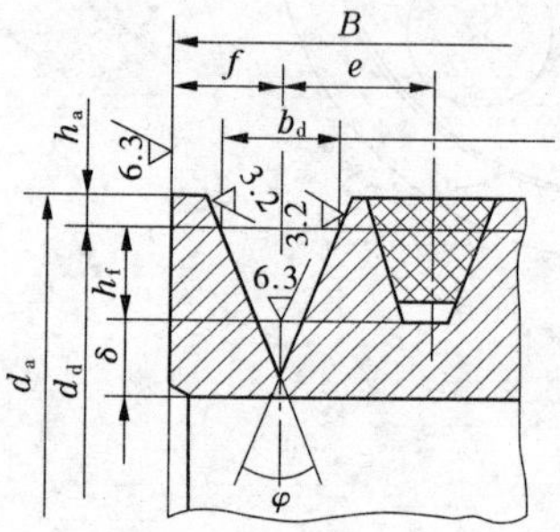

	槽型	Y	Z	A	B	C
	基准宽度 b_d	5.3	8.5	11	14	19
	基准线上槽深 h_{amin}	1.6	2	2.75	3.5	4.8
	基准线下槽深 h_{fmin}	4.7	7	8.7	10.8	14.3
	槽间距 e	8 ± 0.3	12 ± 0.3	15 ± 0.3	19 ± 0.4	25.5 ± 0.5
	最小槽边距 f_{min}	6	7	9	11.5	16
	最小轮缘厚 δ_{min}	5	5.5	6	7.5	10
	外径 d_a	$d_a = d_d + 2h_a$				
轮槽角 φ	32°	基准直径 d_d	≤60				
	34°			≤80	≤118	≤190	≤315
	36°		>60				
	38°			>80	>118	>190	>315

第五节　带传动的使用和维护

一、带传动的张紧

普通 V 带不是完全的弹性体,长期在张紧状态下工作,会因出现塑性变形而松弛,使初拉力 F_0 减小,传动能力下降。因此,必须将带重新张紧,以保证带传动正常工作。

带传动常用的张紧方法是调节中心距。常见的张紧装置有以下两类。

(一)定期张紧装置

如图 15-15(a)、(b)所示是采用滑轨和调节螺钉或采用摆动架和调节螺栓改变中心距的张紧方法。前者适用于水平或倾斜不大的布置,后者适用于垂直或接近垂直的布置。若中心距不能调节,可采用具有张紧轮的装置,如图 15-15(c)所示,它靠平衡锤将张紧轮压在带上,以保持带的张紧。

(二)自动张紧装置

如图 15-15(d)所示为采用重力和带轮上的制动力矩,使带轮随浮动架绕固定轴摆动而改变中心距的自动张紧方法。

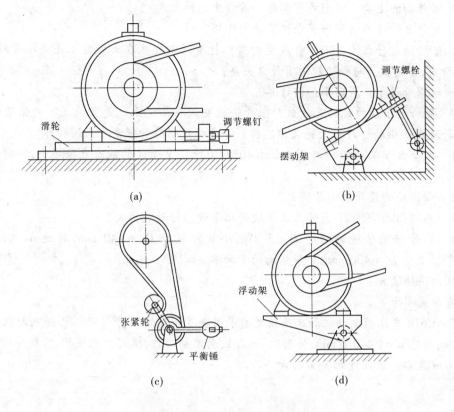

图 15-15　带传动的张紧装置

二、带传动的安装与维护

为了延长带的寿命,保证带传动的正常运转,必须重视带传动的正确使用和维护保养。使用时注意以下几点:

(1)安装带时,最好缩小中心距后套上 V 带,再予以调整,不应硬撬,以免损坏胶带,降低其使用寿命。

(2)严防 V 带与油、酸、碱等介质接触,以免变质,也不宜在阳光下暴晒。

(3)带根数较多的传动,若坏了少数几根需进行更换,应全部更换,不要只更换坏带而使新旧带一起使用,这样会造成载荷分配不匀,反而加速新带的损坏。

(4)为了保证安全生产,带传动须安装防护罩。

思考题与习题

15-1　带传动的主要类型有哪些? 各有什么特点? 试分析带传动的工作原理。

15-2　影响带传动工作能力的因素有哪些?

15-3　带速为什么不宜太高也不宜太低?

15-4　小带轮包角对带传动有何影响? 为什么只给出小带轮包角 α_1 的公式?

15-5 带传动中的弹性滑动和打滑是怎样产生的？对带传动有何影响？

15-6 带传动的主要失效形式有哪些？设计中怎样考虑？

15-7 为什么带传动通常布置在机器的高速级？

15-8 带传动在什么情况下才会发生打滑？打滑通常发生在大带轮上还是小带轮上？刚开始打滑前，紧边拉力与松边拉力有什么关系？

15-9 何谓滑动率？滑动率如何计算？

15-10 带传动张紧的目的是什么？张紧轮应安放在松边上还是紧边上？内张紧轮应靠近大带轮还是小带轮？外张紧轮又该怎样？并分析说明两种张紧方式的利弊。

15-11 为什么 V 带轮轮槽槽角要小于40°？为什么 V 带轮的基准直径越小，轮槽槽角就越小？

15-12 带传动的设计准则是什么？

15-13 在相同的条件下，为什么三角胶带比平带的传动能力大？

15-14 V 带传动传递的功率 $P = 5$ kW，小带轮直径 $D_1 = 140$ mm，转速 $n_1 = 1\ 440$ r/min，大带轮直径 $D_2 = 400$ mm，V 带传动的滑动率 $\varepsilon = 2\%$。试求：

(1) 从动轮转速 n_2；

(2) 有效圆周力 F_e。

15-15 C618 车床的电动机和床头箱之间采用垂直布置的 V 带传动。已知电动机功率 $P = 4.5$ kW，转速 $n = 1\ 440$ r/min，传动比 $i = 2.1$，两班制工作，根据机床结构，带轮中心距 a 应为 900 mm 左右。试设计此 V 带传动。

第十六章 链传动

链传动是一种常见的机械传动形式,兼有带传动和齿轮传动的一些特点。本章主要以滚子链传动为对象,重点分析讨论滚子链传动的设计方法和使用与维护。

第一节 概 述

链传动是应用较广的一种机械传动形式,它是由装在两平行轴上的主动链轮1、从动链轮2及绕在两轮上的环形链条3所组成的,如图16-1所示。

一、链传动的工作原理和类型

链传动是以链条作为中间挠性件,通过链条、链节与链轮轮齿的啮合来传递运动和动力的,因此链传动是一种具有中间挠性件的啮合传动,它同时具有刚性和柔性的特点。

链条的种类很多,按用途不同可分为传动链、起重链和牵引链三种。传动链主要用于一般机械传动,应用较广;起重链主要用于起重机械中提升重物;牵引链主要用于各种输送装置中输送和搬运物料。

传动链的主要类型有套筒滚子链(见图16-1)和齿形链(见图16-2)。两者相比,齿形链工作平稳,噪声小,承受冲击载荷的能力强,但结构复杂,质量较大,成本较高,只适用于高速或传动比大、精度要求高的场合。它有内导板式和外导板式两种,一般采用内导板式。套筒滚子链结构简单,质量较小,成本较低,应用最为广泛。本章主要介绍套筒滚子链的结构、运动特点和设计计算。

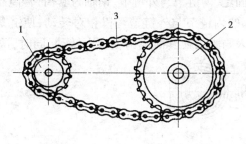

图16-1 链传动简图

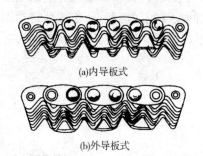

(a)内导板式

(b)外导板式

图16-2 齿形链

二、链传动的特点和应用范围

与带传动相比,链传动具有以下优点:

(1)没有弹性滑动和打滑现象,能保持准确的平均传动比;

(2)张紧力小,轴与轴承所受载荷较小;

(3)结构紧凑,传动可靠,传递圆周力大;

(4)传动效率较高,封闭式链传动的效率为97% ~98%;

(5)链条在机构中应用更广泛。

与齿轮传动相比,链传动具有以下优点:

(1)适用于两轴中心距较大的传动,并能吸收振动及缓和冲击;

(2)结构简单,成本低廉,安装精度要求低;

(3)能在高温、潮湿、多尘、油污等恶劣环境下工作。

链传动的缺点是:

(1)链的瞬时速度和瞬时传动比不恒定,传动平稳性较差,工作时有冲击和噪声,不适用于高速场合;

(2)不适用于载荷变化大和急速反转的场合;

(3)链条铰链易磨损,从而产生跳齿脱链现象;

(4)只能用于传递平行轴间的同向回转运动。

由于链传动结构简单,工作可靠,所以应用十分广泛,主要用于要求工作可靠,传动中心距较大,工作条件恶劣,但对传动平稳性要求不高的场合。目前,链传动所能传递的功率可达数千千瓦,链速可达 30 ~40 m/s,最高可达 60 m/s,应用范围日趋扩大。

一般链传动的常用范围为:传递的功率 $P \leqslant 100$ kW,链速 $v \leqslant 15$ m/s,传动比 $i \leqslant 8$,中心距 $a \leqslant 5 \sim 6$ m,传动效率为 0.95 ~ 0.98。

第二节 滚子链和链轮

一、滚子链的结构

滚子链的结构如图 16-3 所示,它是由内链板、外链板、销轴、套筒和滚子组成的。其中,内链板与套筒、外链板与销轴分别采用过盈配合固定,内链节与外链节、销轴与套筒、套筒与滚子之间均采用间隙配合,组成两转动副,使相邻的内链节与外链节可以相对转动,使链条具有挠性。当链节与链轮轮齿啮合时,链条的啮入与啮出使套筒绕销轴自由转动,同时,滚

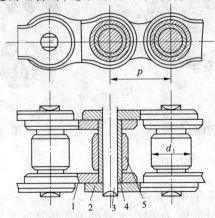

1—内链板;2—外链板;3—销轴;4—套筒;5—滚子

图 16-3 滚子链的结构

子沿链轮齿廓滚动,减轻了链条与轮齿的磨损。为了减轻链条的重量并使链板各横截面强度接近相等,内链板、外链板均制成"∞"字形。链条的各零件均由碳钢或合金钢制成,并经热处理,以提高其强度和耐磨性。

滚子链上相邻两销轴中心间的距离称为链节距,用 p 表示,它是链传动的主要参数。节距越大,链条各部分的尺寸越大,所能传递的功率也越大,但重量也增大,冲击和振动也随之增加。为了减小链传动的结构尺寸及传动时的动载荷,当传递的功率较大及转速较高时,可采用小节距的双排链(见图 16-4)或多排链,多排链的承载能力与排数成正比。但由于多排链制造和安装精度的影响,其各排链受载不易均匀,故排数不宜过多,一般不超过 4 排。相邻两排链条中心线之间的距离称为排距,用 p_t 表示。

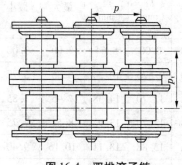

图 16-4　双排滚子链

滚子链的长度以链节数(节距 p 的倍数)来表示。当链节数为偶数时,接头处可用开口销(见图 16-5(a))或弹性锁片(见图 16-5(b))来固定。通常,前者用于大节距链,后者用于小节距链。当链节数为奇数时,接头处需采用过渡链节(见图 16-5(c)),过渡链节在链条受拉时,其链板要承受附加弯矩的作用,从而使其强度降低。因此,在设计时应尽量避免采用奇数链节。

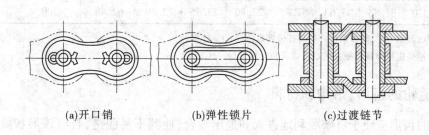

(a)开口销　　　　　(b)弹性锁片　　　　　(c)过渡链节

图 16-5　滚子链的接头形式

二、滚子链的标准

我国目前传动用短节距精密滚子链已经标准化(GB 1243.1—83)。根据使用场合和破断载荷的不同,滚子链分为 A、B 两种系列。A 系列用于重载、高速和重要的传动;B 系列用于一般传动。表 16-1 列出了国标规定的滚子链的主要参数、尺寸和破断载荷。其中,链号乘以 25.4/16 mm 即为链节距 p 值。国际上多数国家链节距用英制单位,我国链条标准中规定链节距用英制折算成米制单位,故节距 p 值均带小数。本章仅介绍最常用的 A 系列滚子链传动的设计计算。

滚子链的标记方法规定为:链号－排数×链节数　标准编号。

例如:16A－1×80 GB 1243.1—83 表示 A 系列、节距 $p = 25.4$ mm、单排、80 节的滚子链

表 16-1　滚子链规格和主要参数

链号	节距 p（mm）	排距 p_1（mm）	滚子外径 d_1 最大（mm）	内链节内宽 b_1 最小（mm）	销轴直径 d_2 最大（mm）	套筒内径 d_3 最小（mm）	内链板高度 h_2 最大（mm）	外链板与中链板高度 h_3 最小（mm）	极限拉伸载荷 单排 Q 最小（kN）	单排每米质量 $q \approx$（kg/m）
05B	8.00	5.64	5.00	3.00	2.31	2.36	7.11	7.11	4.4	0.18
06B	9.525	10.24	6.35	5.72	3.28	3.33	8.26	8.26	8.9	0.40
08A	12.70	14.38	7.95	7.85	3.96	4.01	12.07	10.41	13.8	0.60
08B	12.70	13.92	8.51	7.75	4.45	4.50	11.81	10.92	17.8	0.70
10A	15.88	18.11	10.16	9.40	5.08	5.13	15.09	13.03	21.8	1.00
12A	19.05	22.78	11.91	12.57	5.94	5.99	18.08	15.62	31.1	1.50
16A	25.40	29.29	15.88	15.75	7.92	7.97	24.13	20.83	55.6	2.60
20A	31.75	35.76	19.05	18.90	9.53	9.58	30.18	26.04	86.7	3.80
24A	38.10	45.44	22.23	25.22	11.10	11.15	36.20	31.24	124.6	5.60
28A	44.45	48.87	25.40	25.22	12.70	12.75	42.24	36.45	169.0	7.50
32A	50.80	58.55	28.58	31.55	14.27	14.32	48.26	4.66	222.4	10.10
40A	63.50	71.55	39.68	37.85	19.84	19.89	60.33	52.07	347.0	16.10
48A	76.20	87.83	47.63	47.35	23.80	23.85	72.39	62.48	500.4	22.60

注:1. 使用过渡链节时,其极限拉伸载荷按表列数值的80%计算。

2. 多排链极限拉伸载荷按表列 Q 乘以排数计算。

三、链轮的齿形、结构和材料

链轮的齿形应便于链条顺利地进入和退出啮合,使其不易脱链,且应该形状简单,便于加工,因此链轮齿形已经标准化。设计时,主要是确定其结构尺寸,合理地选择材料及热处理方法。

(一)链轮的基本参数及主要尺寸

链轮的基本参数是配用链条的节距 p、滚子外径 d_1、齿数 z 及排距 p_1。链轮的主要尺寸及计算公式见表16-2。

(二)链轮的齿形

链轮齿形应保证链条能顺利地进入啮合和退出啮合,不易脱链且便于加工。GB/T 1244—85 规定了滚子链链轮的端面齿形,见表16-3 图。链轮的实际端面齿形应在最大齿槽形状和最小齿槽形状之间,这样处理使链轮齿槽形状设计有一定的灵活性,其齿廓由两段光滑的圆弧组成。齿槽形状、各部分尺寸及计算公式见表16-3。链轮轴向齿廓及尺寸见表16-4。

按标准齿形设计的链轮,可用标准刀具加工,其端面齿形在链轮零件图上可不画出,只需注明链轮的基本参数和主要尺寸,并注明"齿形按 GB/T 1244—85 制造",通过这个标准制造和检验。但为了车削毛坯,需将轴向齿形画出,轴向齿形的具体尺寸参见相关机械设计手册。

表 16-2　滚子链链轮的主要尺寸

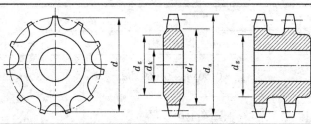

名称	代号	计算公式	说明
分度圆直径 （mm）	d	$d = p / \sin\dfrac{180°}{z}$	
齿顶圆直径 （mm）	d_a	$d_{amax} = d + 1.25p - d_1$ $d_{amin} = d + \left(1 - \dfrac{1.6}{z}\right)p - d_1$	可在 d_{amax}、d_{amin} 范围内任意选取,但选用 d_{amax} 时应考虑如果采用展成法加工,有可能发生顶切
分度圆弦齿高 （mm）	h_a	$h_{amax} = \left(0.625 + \dfrac{0.8}{z}\right)p - 0.5d_1$ $h_{amin} = 0.5(p - d_1)$	h_a 是为简化放大齿形图的绘制而引入的辅助尺寸(见表 16-3 图) h_{amax} 相应于 d_{amax} h_{amin} 相应于 d_{amin}
齿根圆直径 （mm）	d_f	$d_f = d - d_1$	
齿侧凸缘（或排间槽）直径 （mm）	d_g	$d_g \leqslant p\cot\dfrac{180}{z} - 1.04h_2 - 0.76$	h_2—内链板高度

表 16-3　链轮齿槽的形状和尺寸

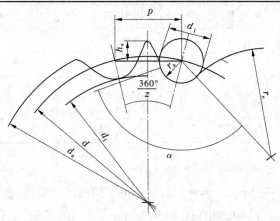

名称	代号	计算公式	
		最大齿槽形状	最小齿槽形状
齿面圆弧半径 （mm）	r_e	$r_{emax} = 0.008d_1(z^2 + 180)$	$r_{emin} = 0.12d_1(z + 2)$

名称	代号	计算公式	
		最大齿槽形状	最小齿槽形状
齿沟圆弧半径（mm）	r_a	$r_{amax} = 0.505d_1 + 0.069\sqrt[3]{d_1}$	$r_{amin} = 0.505d_1$
齿沟角（°）	α	$\alpha_{min} = 120° - \dfrac{90°}{z}$	$\alpha_{max} = 140° - \dfrac{90°}{z}$

表 16-4　滚子链链轮轴向齿廓及尺寸

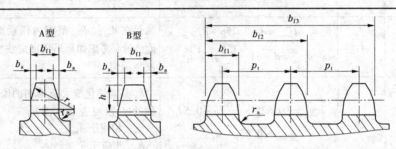

名称		代号	计算公式		说明
			$p \le 12.7$ mm	$p > 12.7$ mm	
齿宽	单排	b_{f1}	$0.93b_1$	$0.95b_1$	$p > 12.7$ mm 时，经制造厂家同意也可以使用； $p \le 12.7$ mm 时的齿宽。b_1——内链节内宽（见表 16-1）
	双排、三排		$0.91b_1$	$0.93b_1$	
	四排以上		$0.88b_1$	$0.93b_1$	
倒角宽		b_a	$b_a = (0.1 \sim 0.15)p$		
倒角半径		r_x	$r_x \ge p$		
倒角深		h	$h = 0.5p$		仅适用于 B 型
齿侧凸缘（或排间槽）圆角半径		r_a	$r_a \approx 0.04p$		
链轮齿总宽		b_{fn}	$b_{fn} = (n-1)p_t + b_{f1}$		n——排数

（三）链轮的结构

链轮的结构如图 16-6 所示。小直径的链轮可采用整体式结构，如图 16-6（a）所示；中等尺寸的链轮可采用孔板式结构，如图 16-6（b）所示；大直径的链轮（$d > 200$ mm）常采用组合结构，以便更换齿圈，组合方式可为焊接（见图 16-6（c）），也可为螺栓连接（见图 16-6（d））。轮毂部分尺寸可参照带轮确定。

（四）链轮的材料

链轮的材料应保证轮齿具有足够的强度和耐磨性。在低速、轻载和平稳的传动中，链轮材料可采用中碳钢；在中速中载传动中，也可用中碳钢，但需齿面淬火，使其硬度大于

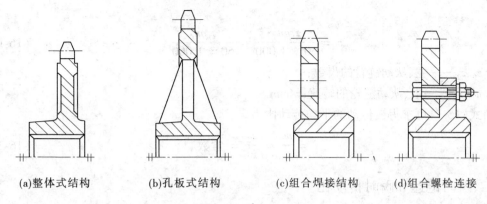

| (a)整体式结构 | (b)孔板式结构 | (c)组合焊接结构 | (d)组合螺栓连接 |

图 16-6　链轮的结构

40HRC;在高速重载且连续工作的传动中,最好采用低碳钢齿面渗碳淬火(如采用 15Cr、20Cr 材料,淬火硬度至 50~60HRC),或用中碳钢齿面淬火,淬火硬度至 40~45HRC。

　　由于小链轮齿数少,啮合次数多,磨损、冲击比大链轮严重,所以小链轮材料及热处理要比大链轮的要求高。链轮常用材料及应用范围见表 16-5。

表 16-5　链轮常用材料及应用范围

材料	热处理	热处理后硬度	应用范围
15、20	渗碳、淬火、回火	50~60HRC	$z \leqslant 25$,有冲击载荷的主、从动链轮
35	正火	160~200HRC	在正常工作条件下,齿数较多($z > 25$)的链轮
40、50、ZG310-570	淬火、回火	40~50HRC	无剧烈振动及冲击的链轮
15Cr、20Cr	渗碳、淬火、回火	50~60HRC	有动载荷及传递较大功率的重要链轮($z < 25$)
35SiMn、40Cr、35CrMo	淬火、回火	40~50HRC	使用优质链条、重要的链轮
Q235A、Q275	焊接后退火	140HBS	中等速度、传递中等功率的较大链轮
灰铸铁(不低于 HT150)	淬火、回火	260~280HBS	$z_2 > 50$ 的从动链轮
夹布胶木	—		功率小于 6 kW、速度较高、要求传动平稳和噪声小的链轮

第三节　链传动的运动特性

一、平均链速和平均传动比

　　链条由若干个链节组成,每个链节可视为刚性体。当链条与链轮啮合时,链条呈多边形分布在链轮上,因此链传动相当于一对多边形轮之间的传动。该多边形的边长就是链节距 p,边数就是链轮的齿数 z。由于链轮每转过一周时链条转过的长度为 zp,所以链条的平均速

度为

$$v = \frac{z_1 p n_1}{60 \times 1\,000} = \frac{z_2 p n_2}{60 \times 1\,000} \tag{16-1}$$

式中　z_1、z_2——主、从动链轮的齿数；

　　　n_1、n_2——主、从动链轮的转速，r/min。

由式(16-1)可求得链传动的平均传动比为

$$i = \frac{n_1}{n_2} = \frac{z_2}{z_1} = 常数 \tag{16-2}$$

二、瞬时链速和瞬时传动比

实际上由于链条绕在链轮上呈多边形,因此即使主动链轮以等角速度 ω_1 转动,其瞬时链速、从动轮的瞬时角速度 ω_2 和瞬时传动比都是变化的,并按每一链节啮合的过程作周期性变化。

如图 16-7 所示,为了便于分析,设链传动时链的紧边(上边)始终处于水平位置。当链节 AB 进入啮合时,销轴 A 开始随主动链轮作等速圆周运动,其圆周速度 $v_1 = r_1 \omega_1$,v_1 可分解为沿链条前进方向的水平分量 v_x 和垂直链条前进方向的垂直分量 v_{y1},其值为

$$v_x = r_1 \omega_1 \cos\beta$$
$$v_{y1} = r_1 \omega_1 \sin\beta$$

式中　v_x——水平分量,即链条在该点的瞬时速度;

　　　β——主动链轮上销轴 A 和轮心 O_1 的连线与过 O_1 点垂线的夹角。

由图 16-7 可知,链条的链节在主动链轮上对应的中心角为 φ_1(即 $360°/z_1$),每一销轴从进入啮合到脱离啮合,β 角在 $-\dfrac{\varphi_1}{2} \sim +\dfrac{\varphi_1}{2}$(即 $-\dfrac{180°}{z_1} \sim +\dfrac{180°}{z_1}$)的范围内作周期性变化。当 $\beta = 0°$ 时,链速最大,$v_x = v_{x\,max} = r_1 \omega_1$;当 $\beta = \pm 180°/z_1$ 时,链速最小,$v_x = v_{x\,min} = r_1 \omega_1 \cos(180°/z)$。

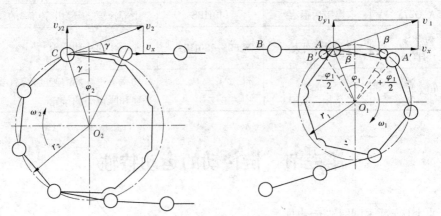

图 16-7　链传动的速度分析

根据以上分析可知,在链节 AB 的啮合过程中,主动链轮虽以等角速度 ω_1 转动,但链条的瞬时速度却周期性地由小变大,又由大变小。每转过一个链节,链速的这种变化就重复一次。当链轮的齿数越少、链节距越大时,β 角的变化范围就越大,链速的不均匀性也就越

显著。

同理,每一链节在与从动链轮轮齿啮合的过程中,从动轮位置角 γ 也在 $-\dfrac{180°}{z_2} \sim +\dfrac{180°}{z_2}$ 的范围内不断变化,所以从动链轮的角速度 ω_2 也是变化的。由图可知,$v_x = r_2\omega_2\cos\gamma$,所以

$$\omega_2 = \frac{v_x}{r_2\cos\gamma} = \frac{r_1\omega_1\cos\beta}{r_2\cos\gamma}$$

将上式整理后可得链传动的瞬时传动比为

$$i_s = \frac{\omega_1}{\omega_2} = \frac{r_2\cos\gamma}{r_1\cos\beta} \tag{16-3}$$

由于 β 角和 γ 角是不断变化的,所以链传动的瞬时传动比也是不断变化的。只有当主、从动链轮的齿数相同及链条主动边长恰好是节距 p 的整数倍时(即 β 和 γ 的大小与变化完全相同),瞬时传动比才等于常数。

同理,在垂直于链条前进方向上的分速度 $v_{y1} = r_1\omega_1\sin\beta$,$v_{y2} = r_2\omega_2\sin\gamma$,也作周期性变化,它将使链条上下振动。

由上述分析可知,链传动工作时不可避免地会产生振动、冲击、引起附加的动载荷。因此,链传动不适用于高速传动。

三、链传动中的附加动载荷

链传动在工作时引起的动载荷主要由以下三个方面的原因产生:

(1)因链速和从动链轮转速的周期性变化而产生的附加动载荷,链的水平方向加速度为

$$a = \frac{\mathrm{d}v_x}{\mathrm{d}t} = -r_1\omega_1^2\sin\beta$$

加速度越大,动载荷越大。当 $\beta = \pm 180°/z_1$ 时,加速度达到最大值,即

$$a_{\max} = \pm r_1\omega_1^2\sin\frac{180°}{z_1} = \pm\frac{\omega_1^2 p}{2}$$

可见,链速越高,节距越大,齿数越少,则动载荷越大。

(2)链条沿垂直方向分速度 v_y 的周期性变化,将引起链条作有规律的上下振动,产生垂直方向的动载荷。

(3)链条进入链轮的瞬间,链节与链轮轮齿的相对速度也将引起冲击并形成附加动载荷,产生振动和噪声,加速链条的损坏和链轮的磨损。

这种由于链条绕在链轮上形成多边形啮合传动而引起传动速度不均匀的现象,称为多边形效应。当链轮齿数较多,β 的变化范围较小时,其链速的变化范围也较小,多边形效应相应减弱。这是链传动的固有特性。

另外,由于链和链轮的制造误差、安装误差、链条的松动下垂,在启动、制动、反转、突然超载和卸载情况下出现的惯性冲击,也将使链条产生很大的动载荷。

第四节　滚子链传动的设计计算

链条是标准件,设计链传动的主要内容包括:根据工作要求选择链条的类型、型号及排

数,合理选择传动参数,确定润滑方式,设计链轮等。

一、链传动的失效形式

由于链条强度不如链轮高,所以一般链传动的失效主要是链条的失效。常见的失效形式主要有以下几种。

(一)链条的疲劳破坏

链条在工作时,不断地由松边到紧边作环形绕转,因此链条在交变应力状态下工作。当应力循环次数达到一定时,链条中某一零件将产生疲劳破坏而失效。通常,润滑良好、工作速度较低时,链板首先发生疲劳断裂;高速时,套筒或滚子表面将会出现疲劳点蚀或疲劳裂纹。此时,疲劳强度是限定链传动承载能力的主要因素。

(二)链条铰链的磨损

链条在工作时,销轴和套筒不仅承受较大的压力,而且又有相对运动,因而将引起铰链的磨损。磨损后使链节距增大,动载荷增加,链与链轮的啮合点将外移,最终将导致跳齿或脱链。润滑密封不良时,磨损严重,使链条寿命急剧降低。磨损是开式链传动的主要失效形式。

(三)销轴与套筒的胶合

润滑不良或速度过高的链传动,链节啮合时会受到很大的冲击,使销轴与套筒之间的润滑油膜遭到破坏,两者的金属表面直接接触,由摩擦产生的热量增加,进而导致两者的工作表面发生胶合。胶合在一定程度上限制了链传动的极限速度。

(四)滚子与套筒的冲击疲劳破坏

链条与链轮啮合时将产生冲击,速度越高,冲击越大。另外,反复启动、制动或反转时,也将引起冲击载荷,使滚子、套筒发生冲击断裂。

(五)链条静力拉断

低速($v < 0.6$ m/s)、重载或严重过载时,常因链条的静力强度不足而导致链条的过载拉断。

二、额定功率曲线

链传动的各种失效形式都在一定条件下限制了链传动的承载能力。在一定条件下(小链轮齿数 $z_1 = 19$,传动比 $i = 3$,工作寿命为 15 000 h 等),对链传动分别进行大量试验,测得各种失效形式限定的功率与转速之间的关系曲线,称为极限功率曲线,如图16-8所示。

在图16-8中,曲线1为正常润滑条件下,由磨损限定的极限功率曲线;曲线2为链板疲劳强度限定的极限功率曲线;曲线3为套筒、滚子冲击疲劳强度限定的极限功率曲线;曲线4是销轴和套筒的胶合限定的极限功率曲线。封闭区域 $OABC$ 是链条在各种条件下容许传递的极限功率曲线,又称"帐篷曲线"。为了保证链传动可靠地工作,取修正曲线5作为额定功率曲线。考虑到安全裕度,将图中阴影部分作为实际使用区域。虚线6为润滑条件恶劣时,磨损限定的极限功率曲线,

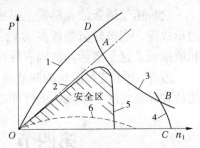

图16-8　滚子链的极限功率曲线

此时极限功率很低,链传动潜在功率未发挥,应予以避免。

如图 16-9 所示为 A 系列滚子链的额定功率曲线图,它表明了链传动所能传递的额定功率 P_0、小链轮转速 n_1 和链号三者之间的关系,是计算滚子链传动能力的依据。图中各曲线是在 $z_1 = 19$、传动比 $i = 3$、链节数 $L_p = 100$ 节、单排滚子链、水平布置、载荷平稳、按推荐的润滑方式、满负荷连续运转 15 000 h、链节因磨损而引起的相对伸长量不超过 3% 的试验条件下绘制的。

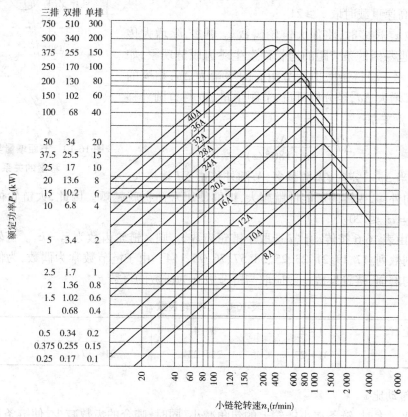

图 16-9　A 系列滚子链的额定功率曲线($v > 0.6$ m/s)

若润滑不良或不能采用推荐的润滑方式,应将图中规定的 P_0 降至下列数值:当 $v < 1.5$ m/s 时,降至$(0.3 \sim 0.6)P_0$;当 1.5 m/s $< v < 7$ m/s 时,降至$(0.15 \sim 0.3)P_0$;当 $v > 7$ m/s 时,润滑不良,则传动不可靠,不宜采用。若实际使用条件与上述特定试验条件不符,则用修正系数加以修正。

三、设计计算准则

设计的已知条件:传动用途、工作情况、原动机种类、传递功率、链轮转速以及对结构尺寸的要求等。

设计的内容包括:确定链轮齿数、链节距、链条排数、链节数、传动中心距、材料和结构尺寸、作用在轴上的压力及选择润滑方式等。

按链传动的速度一般可分为:低速链传动,$v < 0.6$ m/s;中速链传动,$v = (0.6 \sim 0.8)$ m/s;高速链传动,$v > 8$ m/s。低速链传动通常按静强度设计,中、高速链传动则按功率曲线设计。

四、链传动的主要参数的选择

(一)链轮齿数

链轮齿数不宜过少或过多。当齿数 z_1 过少时,虽可减小外廓尺寸,但将使传动的不均匀性和动载荷增大,链的工作拉力也随着增大,从而加速了链条磨损。一般最少齿数为 $z_1 = 17$,高速重载时取 $z_1 \geqslant 21$。

当齿数 z_1 过多时,将使大链轮齿数 z_2 更多,除增大传动尺寸外,也易因链条节距的增长而发生跳齿脱链现象,如图 16-10 所示。设链条磨损后节距 p 的增量为 Δp,相应的节圆直径 d 增大 Δd,经分析可得,节距增量 Δp 与节圆外移量 Δd 有如下关系

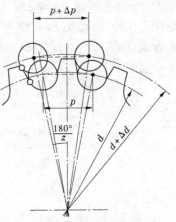

$$\Delta d = \frac{\Delta p}{\sin(180°/z)}$$

图 16-10 节距增量与节圆外移量的关系

可见,当 Δp 一定时,齿数越多,节圆外移量 Δd 就越大,链节就越向外移,脱链的可能性就越大,链的使用寿命也就越短。因此,大链轮齿数不宜过多,通常 $z_2 = iz_1 \leqslant 120$。

通常,由表 16-6 按传动比 i 选取小链轮齿数 z_1,则大链轮齿数为 $z_2 = iz_1$。链轮齿数应优先选用下列数列:17、19、21、23、25、38、57、76、95、114。由于链节数常为偶数,为使链条和链轮轮齿均匀磨损,链轮齿数一般应取与链节数互为质数的奇数。

表 16-6 小链轮齿数 z_1

传动比 i	1 ~ 2	3 ~ 4	5 ~ 6	>6
z_1	31 ~ 27	25 ~ 23	21 ~ 17	17

(二)传动比 i

传动比过大时,链条在小链轮上的包角减小,同时,啮合的齿数减少,使链条和轮齿受到的单位压力增加,加速了磨损,而且使传动尺寸增大。一般限制传动比 $i \leqslant 7$,推荐 $i = 2 \sim 3.5$,只有低速时 i 才能取大些。但当传动速度 $v < 3$ m/s,载荷平稳,传动尺寸不受限制时,传动比 i 可达 10。

为了保证同有三个以上的齿与链条啮合,链条在小链轮上的包角不应小于 120°。为了控制链传动的动载荷与噪声冲击,链速一般限制为 $v \leqslant 12 \sim 15$ m/s。

(三)链节距 p

链节距越大,则链的零件尺寸越大,承载能力越高,但传动的不平稳性、动载荷和噪声也就越大。链的排数越多,其承载能力越强,传动的轴向尺寸也越大。因此,选择链条时,在保证足够的承载能力的条件下尽量选用小节距链。其一般选用原则是:①低速重载时选用大节距,高速轻载时选用小节距,高速重载时选用小节距多排链。②从经济性考虑,中心距小,传动比大时,选用小节距多排链;中心距大,传动比小时,选用大节距单排链。

(四)中心距 a

当链速一定时,中心距减小,链条绕转次数增多,加速了链的磨损与疲劳。同时,小链轮

上的包角小,使链和链轮同时啮合的齿数减少,单个链齿受载增大,加剧了磨损,而且易跳齿和脱链。中心距大时,链节数增多,弹性好,吸振能力强,使用寿命长。但当中心距太大时,会引起从动边垂度过大,造成从动边上下振动加剧,使传动不平稳。所以,对中心距的范围需加以限制,一般取 $a = (30 \sim 50)p$,设计时可初选 $a_0 = 40p$,最大取 $a_{max} = 80p$,当有张紧轮装置或有托板时,可取 $a > 80p$。最小中心距为

$i \leqslant 3$ 时 $\qquad a_{min} = 1.2(d_{a1} + d_{a2})/2 + (20 \sim 30)$

$i > 3$ 时 $\qquad a_{min} = \dfrac{9 + i}{10} \dfrac{(d_{a1} + d_{a2})}{2}$

式中 d_{a1}、d_{a2}——主、从动链轮顶圆的直径,mm。

五、链传动的设计计算方法

(一) 中高速链传动的设计步骤

1. 确定链轮齿数 z_1、z_2

根据表 16-6 确定小链轮齿数 z_1,由 $z_2 = iz_1$ 算出大链轮齿数。

2. 确定链节距 p 和排数

选用链节距 p 的依据是额定功率曲线图(见图 16-9)。由丁链传动的实际工作条件与试验情况一般不同,因此应按实际工作条件对所要传递的功率 P 进行修正,修正后的传递功率即为设计功率

$$P_d = K_A K_z P \tag{16-4}$$

式中 P——链传动所需传递的额定功率,kW;

K_A——工作情况系数,见表 16-7;

K_z——小链轮齿数系数,考虑 $z_1 \neq 19$ 时的修正系数,见表 16-8。

链传动设计计算中,其承载能力应满足的条件为:$P_d \leqslant P_0$(见图 16-9 所列链传动的额定功率)。

根据 P_d 和 n_1 由图 16-9 选择链号从而确定链节距 p。注意:坐标点 (n_1, P_d) 应落在所选链条功率曲线顶点的左侧范围内,这样链条工作能力最高。若坐标点落在顶点右侧,则可改选小节距的多排链,使坐标点落在较小节距链的功率曲线顶点左侧。

表 16-7　工作情况系数 K_A

工作机		原动机		
		转动平稳	轻微振动	中等振动
		电动机、蒸气和空气透平、装有液力变矩器的内燃机	四缸或四缸以上内燃机	少于四缸的内燃机
平稳转动	离心泵和压缩机、印刷机、输送机、纸压光机、液体搅拌机、自动电梯、风扇	1.0	1.1	1.3
中等振动	多缸泵和压缩机、水泥搅拌机、压力机、剪床、载荷非恒定输送机、固体搅拌机、球磨机	1.4	1.5	1.7
严重振动	刨煤机、电铲、轧机、橡皮加工机、单缸泵和压缩机、石油钻机	1.8	1.9	2.1

表 16-8　小链轮齿数系数 K_z

z_1	10	11	12	13	14	15	16	17
K_z	1.95	1.75	1.6	1.45	1.35	1.27	1.17	1.1
z_1	18	19	20	25	30	35	40	45
K_z	1.04	1	0.94	0.74	0.6	0.51	0.45	0.4

3. 校核链速

由式(16-1)计算链速

$$v = \frac{z_1 p n_1}{60 \times 1\,000} = \frac{z_2 p n_2}{60 \times 1\,000}$$

v 一般不超过 15 m/s。

4. 初选中心距 a_0 及确定链节数 L_p

一般初选中心距 $a_0 = (30 \sim 50)p$，推荐取 $a_0 = 40p$，若对安装空间有限制，则应根据具体要求选取。根据初选的中心距 a_0，可按下式计算链节数

$$L_p = \frac{2a_0}{p} + \frac{z_1 + z_2}{2} + \left(\frac{z_2 - z_1}{2\pi}\right)^2 \frac{p}{a_0} \tag{16-5}$$

计算所得的 L_p 应圆整为整数，为了避免使用过渡链节，链节数 L_p 最好取为偶数。

5. 确定链传动的实际中心距 a

选定链节数 L_p 之后，可按下列情况计算实际中心距 a：

(1)两链轮齿数相同($z_1 = z_2 = z$)时

$$a = \frac{L_p - z}{2}p \tag{16-6}$$

(2)两链轮齿数不同时

$$a = \left[2L_p - (z_1 + z_2)\right]K_a p \tag{16-7}$$

式中　K_a——具有不同齿数的两链轮中心距的计算系数，见表16-9。

为了便于安装链条和调节链的张紧程度，中心距一般应设计成可调节的，实际安装中心距 a' 应比计算值小 $0.2\% \sim 0.4\%$。若中心距不可调节，为了保证链条适当的初垂度，实际安装中心距 a' 应比计算中心距 a 小 $2 \sim 5$ mm。

6. 计算作用在链轮轴上的压力 F_p

链传动的有效圆周力 F_e（单位为 N）为

$$F_e = 1\,000P/v \tag{16-8}$$

式中　P——链传动传递的功率，kW；

　　　v——平均链速，m/s。

链条作用在链轮轴上的压力 F_p 可近似取为

$$F_p = (1.2 \sim 1.3)F_e = 1\,000 \times (1.2 \sim 1.3)P/v \tag{16-9}$$

当有冲击和振动时应取最大值。

表 16-9　具有不同齿数的两链轮中心距的计算系数 K_a

$\dfrac{L_p - z_1}{z_2 - z_1}$	K_a	$\dfrac{L_p - z_1}{z_2 - z_1}$	K_a	$\dfrac{L_p - z_1}{z_2 - z_1}$	K_a
13	0. 249 91	2. 00	0. 244 21	1. 33	0. 229 68
12	0. 249 90	1. 95	0. 243 80	1. 32	0. 229 12
11	0. 249 88	1. 90	0. 243 33	1. 31	0. 228 54
10	0. 249 86	1. 85	0. 242 81	1. 30	0. 227 93
9	0. 249 83	1. 80	0. 242 22	1. 29	0. 227 29
8	0. 249 78	1. 75	0. 241 56	1. 28	0. 226 62
7	0. 249 70	1. 70	0. 240 81	1. 27	0. 225 93
6	0. 249 58	1. 68	0. 240 48	1. 26	0. 225 20
5	0. 249 37	1. 66	0. 240 13	1. 25	0. 224 43
4. 8	0. 249 31	1. 64	0. 239 77	1. 24	0. 223 61
4. 6	0. 249 25	1. 62	0. 239 38	1. 23	0. 222 75
4. 4	0. 249 17	1. 60	0. 238 97	1. 22	0. 221 85
4. 2	0. 249 07	1. 58	0. 238 54	1. 21	0. 220 90
4. 0	0. 248 96	1. 56	0. 238 07	1. 20	0. 219 90
3. 8	0. 248 83	1. 54	0. 237 58	1. 19	0. 218 71
3. 6	0. 248 68	1. 52	0. 237 05	1. 18	0. 217 71
3. 4	0. 248 49	1. 50	0. 236 48	1. 17	0. 216 52
3. 2	0. 248 25	1. 48	0. 235 88	1. 16	0. 215 26
3. 0	0. 247 95	1. 46	0. 235 24	1. 15	0. 213 90
2. 9	0. 247 78	1. 44	0. 234 55	1. 14	0. 212 45
2. 8	0. 247 58	1. 42	0. 233 81	1. 13	0. 210 90
2. 7	0. 247 35	1. 40	0. 233 01	1. 12	0. 209 23
2. 6	0. 247 08	1. 39	0. 232 59	1. 11	0. 207 44
2. 5	0. 246 78	1. 38	0. 232 15	1. 10	0. 205 49
2. 4	0. 246 43	1. 37	0. 231 70	1. 09	0. 203 36
2. 3	0. 246 02	1. 36	0. 231 23	1. 08	0. 201 04
2. 2	0. 245 52	1. 35	0. 230 73	1. 07	0. 198 48
2. 1	0. 244 93	1. 34	0. 230 22	1. 06	0. 195 64

(二)低速链传动的静强度计算

对于低速链传动($v < 0.6$ m/s),其主要失效形式是链条受静力拉断,故应进行静强度校核。静强度安全系数应满足下式要求

$$S = \frac{Q}{K_{\mathrm{A}}F_1} \geqslant 4 \sim 8 \tag{16-10}$$

式中　S——链的抗拉静力强度的计算安全系数;

　　　Q——链的极限拉伸载荷,N,见表16-1;

　　　K_{A}——工作情况系数,查表16-7可得;

　　　F_1——链的紧边工作拉力,N,可近似用有效圆周力 F_e 代替。

当链速略小于 0.6 m/s 时,对于润滑不良、从动件惯性较大,又用于重要场合的链传动,建议安全系数取较大值。

第五节　链传动的布置、张紧和润滑

一、链传动的布置

链传动的布置是否合理对传动的工作能力和使用寿命都有较大影响。合理的布置方案是:链传动的两轴应平行,两链轮应位于同一个平面内,采用水平或接近水平的布置,并使松边在下,以防止松边下垂量过大,使链条与链轮轮齿发生干涉或松边与紧边相碰。表16-10列出了不同条件下链传动的布置简图。

表 16-10　链传动的布置

传动参数	正确布置	不正确布置	说明
$i > 2$ $a = (30 \sim 50)p$	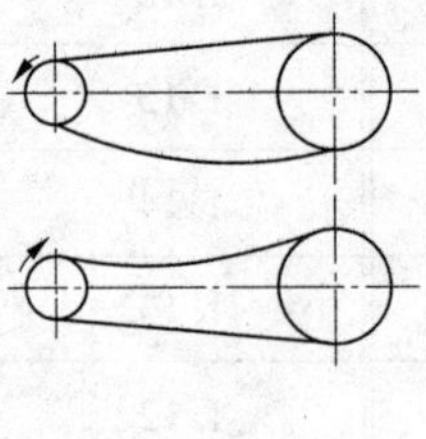		两轮轴线在同一水平面,紧边在上或在下都可以,但在上较好
$i > 2$ $a < 30p$	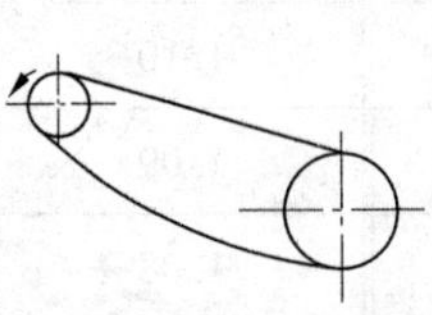	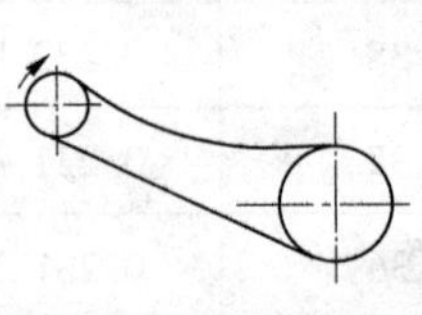	两轮轴线不在同一水平面,松边应在下面,否则,松边下垂量增大后,链条易与链轮卡死

传动参数	正确布置	不正确布置	说明
<2 $a>60p$	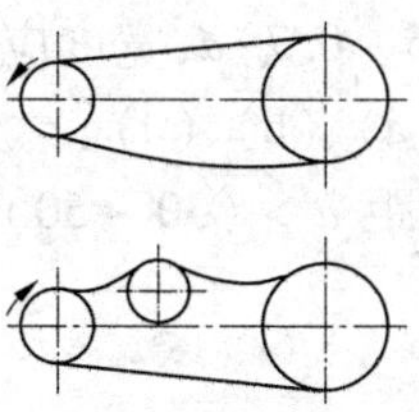	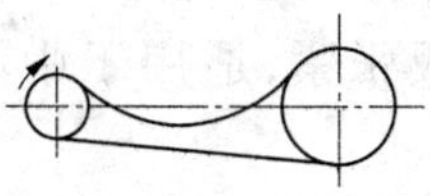	两轮轴线在同一水平面,松边应在下面,否则,下垂量增大后,松边会与紧边相碰,需经常调整中心距
i、a 为任意值	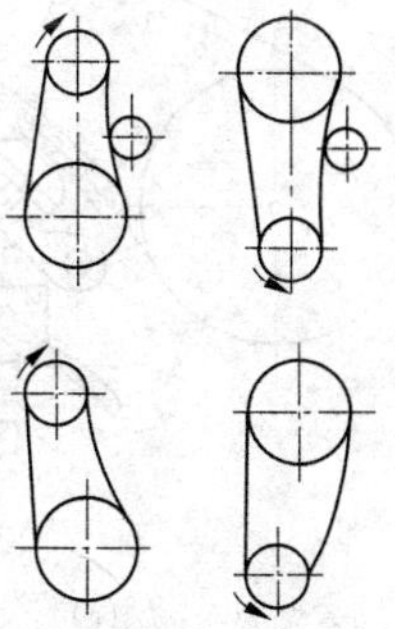	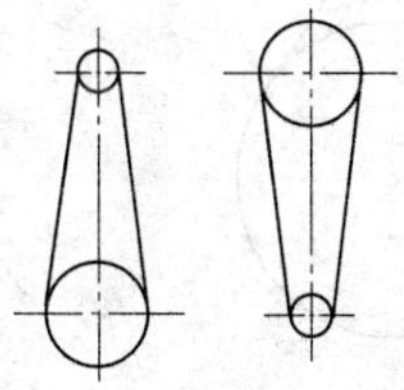	两轮轴线在同一铅垂面内,下垂量增大,会减少下链轮的有效啮合齿数,降低传动能力。为此应采用: (1)中心距可调; (2)设张紧装置; (3)上、下两轮偏置,使两轮的轴线不在同一铅垂面内
反向传动 $\|i\|<8$	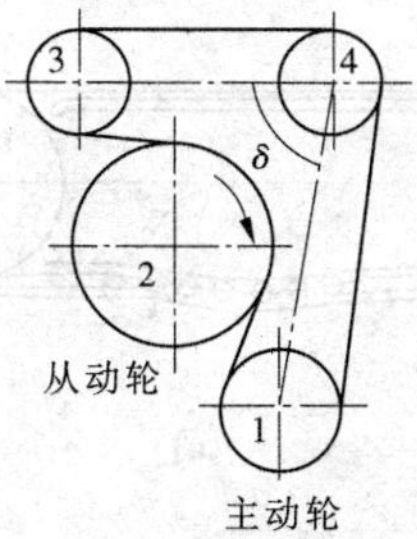		为使两轮转向相反,应加装 3 和 4 两个导向轮,且其中至少有一个是可以调整张紧的。紧边应布置在 1 和 2 两链轮之间,角 δ 的大小应使链轮 2 的啮合包角满足传动要求

二、链传动的张紧

链传动张紧的目的是避免链条垂度过大时产生啮合不良或振动过大现象。但若过分张紧又会加速链条的磨损和疲劳,降低使用寿命。一般用下垂量来控制张紧程度,下垂量 f 应介于最小下垂量 f_{min} 和允许的最大下垂量 f_{max} 之间。一般取为

$$f_{min}=(0.015\sim0.02)a \qquad (a \text{ 为中心距})$$

$$f_{max}=2f_{min} \qquad \text{对 A 级链}$$

$$f_{max}=3f_{min} \qquad \text{对 B 级链}$$

张紧的方法有：

（1）对于中心距可调的链传动，可通过调整中心距来控制张紧程度。

（2）对于中心距不可调的链传动，可通过去掉 1~2 个链节的方法重新张紧。

（3）对于中心距不可调的链传动，还可采用张紧轮张紧。张紧轮为链轮或带挡边的圆柱辊轮，其直径可与小链轮分度圆直径 d 相似或取为 $(0.6~0.7)d$，宽度应比链宽 5 mm 左右。一般压紧在松边靠近小链轮 4 倍节距处，见图 16-11(a)、(b)、(d)。

（4）加支承链轮或用托板、压板张紧，适用于中心距 $a>(30~50)p$ 的链传动，见图 16-11(c)、(e)。

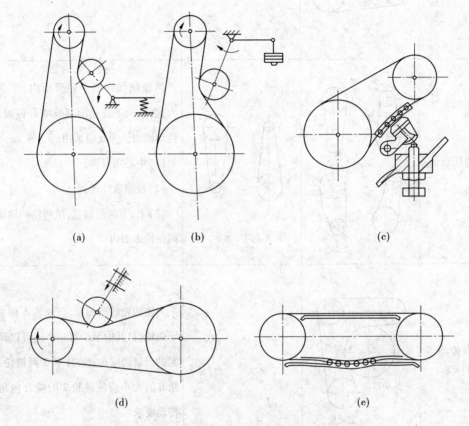

（a）　　　　　　　（b）　　　　　　　（c）

（d）　　　　　　　　　　　　　（e）

图 16-11　链传动的张紧装置

三、链传动的润滑

两链轮安装的共面误差推荐为 $\delta/a=0.002~0.0005$，如图 16-12 所示。

链传动常用的润滑方式有四种：

（1）用油刷或油壶人工定期润滑；

（2）用油杯通过油管向松边内、外链板间隙处滴油润滑；

（3）油浴润滑或用甩油盘将油甩起进行飞溅润滑；

（4）用油泵经油管对链条连续供油进行压力喷油润滑。

推荐的具体润滑方式根据链速 v 和链节距 p 由图 16-13 选定。良好的润滑有利于减少摩擦和磨损,延长链的使用寿命。

链传动常用的润滑油有 L – AN32、L – AN46 和 L – AN68 全损耗系统用油,当温度低时,取黏度低者。对于开式或低速传动,可在油中加入 MoS_2、WS_2 等添加剂,以提高润滑效果。润滑油应加于松边,使其便于渗入各运动接触面。

开式传动和不易润滑的链传动,可定期拆下用煤油清洗。干燥后,浸入 70 ~ 80 ℃ 润滑油中(销轴要垂直放在油中),待铰链间隙充满油后安装使用。

通常用防护罩或链条箱封闭,既可以防尘又能减小噪声,并起安全防护作用。

图 16-12   链轮的共面误差

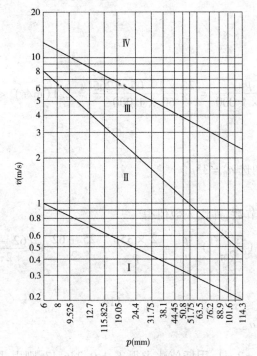

Ⅰ—人工定期润滑;Ⅱ—滴油润滑;Ⅲ—油浴或飞溅润滑;Ⅳ—压力喷油润滑

图 16-13   推荐的润滑方式

【**例 16-1**】 设计一滚子链传动,并绘制小链轮工作图。已知小链轮轴功率 $P = 4.3$ kW,小链轮转速 $n_1 = 265$ r/min,传动比 $i = 2.5$,工作载荷平稳,小链轮悬臂装于轴上,轴径为 50 mm,链传动中心距可调,两轮中心连线与水平面夹角约为 30°。

解 由已知先设计链传动的基本参数,再设计链轮。

(1)链传动设计计算。

①确定链轮齿数 z_1、z_2。

由已知传动比 $i = 2.5$,查表 16-6,取 $z_1 = 25$,$z_2 = iz_1 = 2.5 \times 25 = 62.5$。圆整取 $z_1 = 25$,

$z_2 = 62$。

②实际传动比。

$$i' = z_2/z_1 = 62/25 = 2.48$$

③链轮转速的确定。

已知 $n_1 = 265$ r/min，则 $n_2 = n_1/i' = 265/2.48 = 107$（r/min）。

④计算功率 P_d。

查表 16-7 取 $K_A = 1$，查表 16-8 取 $K_z = 0.74$。

由式（16-4）得

$$P_d = K_A K_z P = 1 \times 0.74 \times 4.3 = 3.18（kW）$$

⑤选择链条。

由 $P_d = 3.18$ kW，$n_1 = 265$ r/min 查图 16-9，选得链号为 12A，查表 16-1 节距 $p = 19.05$ mm，单排链。

⑥验算带速。

由式（16-1）得

$$v = \frac{z_1 p n_1}{60 \times 1\ 000} = \frac{25 \times 19.05 \times 265}{60 \times 1\ 000} = 2.1（m/s） < 15\ m/s$$

在限定范围内。

⑦初选中心距。

因结构上无限定，初选 $a_0 = 35p$。

⑧确定链节数 L_p。

由式（16-5）初算链节数，并代入数值得

$$L_p = \frac{2a_0}{p} + \frac{z_1 + z_2}{2} + \left(\frac{z_2 - z_1}{2\pi}\right)^2 \frac{p}{a_0} = \frac{2 \times 35p}{p} + \frac{25 + 62}{2} + \left(\frac{62 - 25}{2\pi}\right)^2 \times \frac{p}{35p} = 114.5$$

圆整并取偶数得

$$L_p = 114$$

⑨计算理论中心距 a。

因 $\dfrac{L_p - z_1}{z_2 - z_1} = \dfrac{114 - 25}{62 - 25} = 2.41$，用插值法求得 $K_a = 0.246\ 47$，则由式（16-7）得

$$a = [2L_p - (z_1 + z_2)] K_a p = [2 \times 114 - (25 + 62)] \times 0.246\ 47 \times 19.05 = 662.03（mm）$$

⑩计算实际中心距 a'。

$a' = a - \Delta a$，$\Delta a = (0.002 \sim 0.004)a$，取 $\Delta a = 0.004a$，则

$$a' = a - \Delta a = 662.03 - 0.004 \times 662.03 = 659.38（mm）$$

⑪计算作用在轴上的力 F_p。

由式（16-9）计算如下

$$F_p = (1.2 \sim 1.3)F_e$$
$$= 1\ 000 \times (1.2 \sim 1.3)P/v$$
$$= 1\ 000(1.2 \sim 1.3) \times 4.3/2.1 = 2\ 457 \sim 2\ 662（N）$$

⑫选择润滑方式。

由 $p = 19.05$ mm，$v = 2.1$ m/s 查图 16-13，选用滴油润滑。

⑬链条标记。

链条标记为 12A – 1 × 114　GB 1243.1—83。

（2）链轮计算。

①选择材料及热处理方法

根据工作情况，选用 45 钢，淬火处理，硬度为 40 ~ 45HRC。

②计算分度圆直径 d。

小链轮直径为

$$d_I = \frac{p}{\sin\dfrac{180°}{z_1}} = \frac{19.05}{\sin\dfrac{180°}{25}} = 151.995(\text{mm})$$

大链轮直径为

$$d_{II} = \frac{p}{\sin\dfrac{180°}{z_2}} = \frac{19.05}{\sin\dfrac{180°}{62}} = 376.117(\text{mm})$$

③计算齿顶圆直径 d_a。

由表 16-1 得滚子外径 $d_1 = 11.91$ mm。

由表 16-2 知

$$d_{amax} = d + 1.25p - d_1$$

$$d_{amin} = d + (1 - \frac{1.6}{z})p - d_1$$

$$157.916 \text{ mm} \leqslant d_{aI} \leqslant 163.898 \text{ mm}$$

$$382.765 \text{ mm} \leqslant d_{aII} \leqslant 388.020 \text{ mm}$$

取 $d_{aI} = 161$ mm，$d_{aII} = 385$ mm。

④齿根圆直径 d_f。

由表 16-2 得

$$d_{fI} = d_I - d_1 = 151.995 - 11.91 = 140.085(\text{mm})$$

$$d_{fII} = d_{II} - d_1 = 376.117 - 11.91 = 364.207(\text{mm})$$

⑤选择齿形。

齿形选择按 GB 1244—85 的规定执行。

⑥确定链轮公差。

链轮直径尺寸公差。根据工作情况，确定齿根圆直径公差为 h11，齿顶圆直径公差为 h11，齿坯孔径公差为 h8，齿宽公差为 h14。

链轮位置公差。齿根圆直径向圆跳动小链轮为 10 级、大链轮为 11 级，齿根圆处端面圆跳动小链轮为 10 级、大链轮为 11 级。

⑦小链轮工作图。

小链轮工作图如图 16-14 所示。

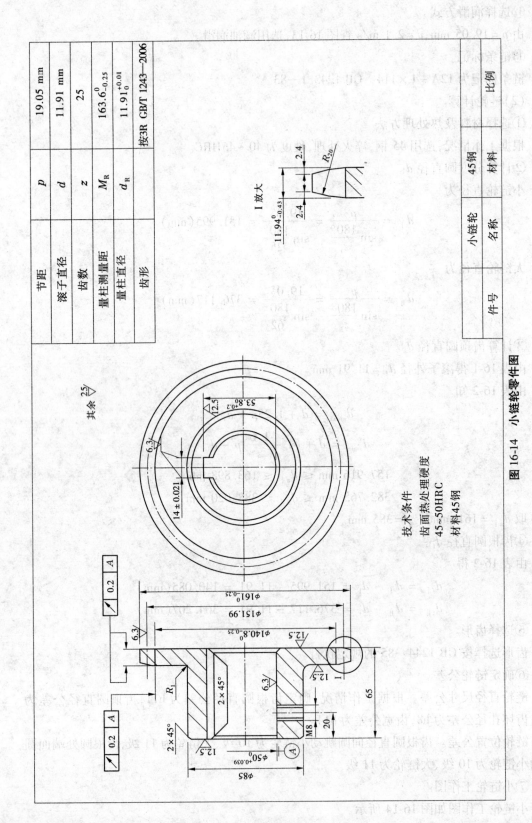

节距	p	19.05 mm
滚子直径	d	11.91 mm
齿数	z	25
量柱测量距	M_R	$163.6_{-0.25}^{0}$
量柱直径	d_R	$11.91_{0}^{+0.01}$
齿形		按3R GB/T 1243—2006

I 放大

$11.94_{-0.43}^{0}$

2.4

2.4

R_{20}

其余 $\sqrt{\frac{25}{}}$

技术条件
齿面热处理硬度
45~50HRC
材料45钢

件号	名称	小链轮	材料	45钢	比例

图 16-14 小链轮零件图

$\phi161_{-0.25}^{0}$

$\phi151.99$

$\phi140.8_{-0.25}^{0}$

R_1

$2 \times 45°$

$2 \times 45°$

$\phi50_{-0.039}^{0}$

$\phi85$

M8

20

65

12.5

12.5

12.5

6.3

6.3

6.3

A

0.2 A

0.2 A

$53.8_{-0.2}^{0}$

14 ± 0.021

12.5

6.3

思考题与习题

16-1 判断题(在你认为正确的地方画√,错误的地方画×)。

(1)链条的节距标志其承载能力,因此对于承受较大载荷的链传动,应采用大节距单排链。(   )

(2)选择链条型号时,依据的参数是传递的功率。(   )

(3)链传动常用的速度范围在 5~25 m/s。(   )

(4)链传动属于啮合传动,所以它能用于要求瞬时传动比恒定的场合。(   )

(5)链传动的失效形式是过载拉断和胶合。(   )

(6)链传动设计时,链排数越多越好。(   )

16-2 选择题(将正确的答案的字母序号填在括号里)。

(1)链传动属于何种传动?(   )

A. 具有中间柔性体的啮合传动

B. 具有中间挠性体的啮合传动

C. 具有中间弹性体的啮合传动

(2)滚子链传动中,尽量避免采用过渡链节的主要原因是(   )。

A. 制造困难　　　　　　B. 价格高　　　　　　C. 链板受附加弯曲应力

(3)链传动工作一段时间后发生脱链的主要原因是(   )。

A. 链轮轮齿磨损　　　　B. 链条铰链磨损　　　　C. 包角过小

16-3 回答下列问题。

(1)滚子链平均传动比与瞬时传动比的区别。

(2)滚子链传动的特点。

(3)链条节数的选择原则。

(4)简述提高链条使用寿命的措施。

(5)设计链传动时,为了减少速度不均匀性应从哪方面考虑?如何合理选择参数?

(6)链传动的合理布置有哪些要求?

(7)链传动为何要适当张紧?常用的张紧方法有哪些?

(8)如何确定链传动的润滑方式?常用的润滑装置和润滑油有哪些?

第十七章　齿轮传动

第一节　概　述

一、齿轮传动的应用与特点

齿轮传动是机械传动中应用最广泛的一种传动。它可以用于传递空间任意两轴间的运动和动力。与其他形式的传动相比,齿轮传动有下列优点:

(1)齿轮传动传递动力大,传动效率高;

(2)能保证恒定的传动比;

(3)适用的速度和功率范围广;

(4)工作可靠,使用寿命长;

(5)结构紧凑,体积小。

齿轮传动有以下缺点:

(1)制造和安装要求较高,成本也较高;

(2)不适用于远距离传动,没有过载保护作用。

二、齿轮传动的分类

(一)按一对齿轮两轴线的相对位置和轮齿方向分类

按一对齿轮两轴线的相对位置和轮齿方向可将齿轮传动分为平行轴齿轮传动、相交轴齿轮传动和交错轴齿轮传动,如图 17-1 所示。

(二)按防护条件分类

(1)开式齿轮传动:是指齿轮暴露在箱体之外的齿轮传动,工作时易落入灰尘杂质,不能保证良好的润滑,轮齿容易磨损。多用于低速或不太重要的场合。

(2)闭式齿轮传动:是指齿轮安装在封闭的箱体内的齿轮传动,润滑和维护条件良好,安装精确。重要的齿轮传动都采用闭式齿轮传动,应用较为广泛。

第二节　渐开线齿廓

为了提高齿轮的工作精度,适应高精度及高速传动的需要,要求齿轮在传动过程中,始终保持瞬时传动比恒定,采用合理的齿轮轮廓曲线。齿廓曲线的形状有渐开线、摆线和圆弧等,本章主要讲述渐开线齿轮传动。

一、渐开线的形成

如图 17-2(a)所示,在平面上,当一直线 L 沿半径为 r_b 的固定圆周作纯滚动时,该直线

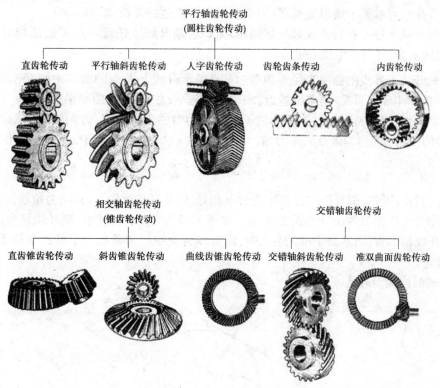

图 17-1　齿轮传动分类

上任意一点 K 的轨迹称为该圆的渐开线。该圆称为渐开线的基圆,直线 L 称为渐开线的发生线。渐开线轮齿的两侧齿廓是由两条对称的渐开线组成的,如图 17-2(b)所示。

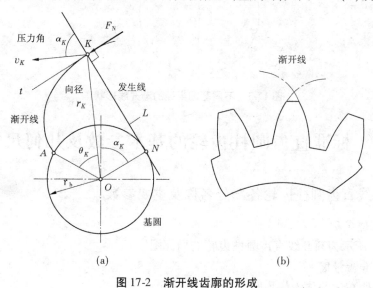

(a)　　　　　　　　　　　　(b)

图 17-2　渐开线齿廓的形成

二、渐开线的性质

如图 17-2(a)所示,根据渐开线的形成过程,可知渐开线具有以下性质:

（1）发生线在基圆上滚过的长度，等于基圆上被滚过的弧长，即$\overline{NK} = \overparen{NA}$。

（2）渐开线上任一点的法线必与基圆相切，即过渐开线上任意一点K的法线与过K点的基圆切线重合，且与发生线L重合。

（3）渐开线上各点的曲率半径不相等。N点是渐开线上K点的曲率中心，$\overline{NK}$是渐开线上K点的曲率半径。可见：离基圆越近，曲率半径越小；在基圆上，曲率半径为零。

（4）渐开线上任一点的法线（受力时不计摩擦力时的正压力F_N方向线）与该点速度v_K方向所夹的锐角α_K，称为该点的压力角。由图17-2（a）知，压力角等于$\angle KON$，因此

$$\cos\alpha_K = \frac{r_b}{r_K} \tag{17-1}$$

由式（17-1）可知，渐开线上各点压力角不相等，离基圆越远的点，其压力角越大。

（5）渐开线的形状取决于基圆的大小。如图17-3所示，基圆越小，渐开线越弯曲；基圆越大，渐开线越平直；当基圆半径无穷大时，渐开线为直线。齿条相当于基圆半径无穷大的渐开线齿轮。

（6）基圆内无渐开线。

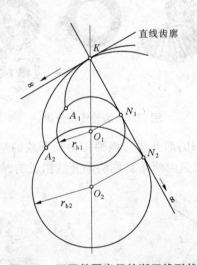

图17-3　不同基圆半径的渐开线形状

第三节　标准直齿圆柱齿轮的基本参数及几何尺寸计算

一、渐开线直齿圆柱齿轮各部分名称及主要参数

（一）各部位名称

如图17-4所示为渐开线直齿圆柱齿轮的局部图。

1. 齿顶圆和齿根圆

轮齿顶部所在的圆称为齿顶圆，直径用d_a表示。

相邻两齿间的部分称为齿槽，齿槽底部所在的圆称为齿根圆，直径用d_f表示。

2. 分度圆

为便于设计、制造和互换，在齿顶圆与齿根圆之间选定一个基准圆，使该圆上的比值p/π

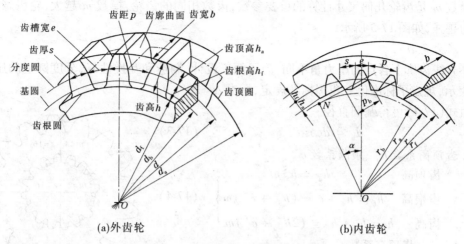

(a)外齿轮　　　　　　　　　　　(b)内齿轮

图 17-4　齿轮各部分的名称和符号

和压力角都为标准值。在齿轮上具有标准模数和标准压力角的圆称为分度圆,直径用 d 表示。

3. 齿厚、齿槽宽、齿距

分度圆上一个齿的两侧端面齿廓之间的弧长称为齿厚,用 s 表示。

分度圆上一个齿槽的两侧端面齿廓之间的弧长称为齿槽宽,用 e 表示。

分度圆上相邻两齿同侧端面齿廓之间的弧长称为齿距,用 p 表示,即 $p = s + e$。

4. 齿顶高、齿根高和齿高

齿顶圆与分度圆之间的径向距离称为齿顶高,用 h_a 表示。

齿根圆与分度圆之间的径向距离称为齿根高,用 h_f 表示。

齿顶圆与齿根圆之间的径向距离称为齿高,用 h 表示,即 $h = h_a + h_f$。

5. 齿宽

轮齿部分沿齿轮轴线方向的宽度称为齿宽,用 b 表示。

(二)标准直齿圆柱齿轮的主要参数

1. 齿数 z

齿轮圆周上轮齿的总数称为齿轮的齿数,用符号 z 表示。

2. 模数 m

由分度圆周长 $$\pi d = zp$$

可得分度圆直径为 $$d = \frac{z}{\pi}p$$

上式含有无理数 π,为了便于设计、制造和互换,人为地将 p/π 的值规定为标准值,称为模数,用 m 表示,单位为 mm,则有

$$d = mz \tag{17-2}$$

m 为有理数,且已标准化,我国标准模数系列见表 17-1。

表 17-1　齿轮模数系列(摘自 GB/T 1357—87)　　　　(单位:mm)

第一系列	1	1.25	1.5	2	2.5	3	4		6	8	10	12	16
第二系列	1.75	2.25	2.75	(3.25)	3.5	(3.75)	4.5	5.5	(6.5)	7	9	(11)	14

注:1. 对斜齿圆柱齿轮,该表所示为法向模数。

　　2. 优先采用第一系列,括号内的模数尽可能不用。

模数 m 是齿轮几何尺寸计算的重要参数,齿数相同的齿轮,模数 m 越大,轮齿越厚,承载能力越强,如图 17-5 所示。

3. 压力角 α

渐开线齿廓上各点的压力角不同,为了便于设计、制造和互换性好,分度圆上的压力角用 α 表示,规定了标准值。我国标准规定,标准 $\alpha = 20°$。

由式(17-1)可得基圆直径

$$d_b = d\cos\alpha \qquad (17\text{-}3)$$

4. 齿顶高系数 h_a^*、顶隙系数 c^*

$$\left.\begin{array}{ll} \text{齿顶高} & h_a = h_a^* m \\[4pt] \text{齿根高} & h_f = h_a + c = (h_a^* + c^*)m \\[4pt] \text{齿高} & h = h_a + h_f = (2h_a^* + c^*)m \end{array}\right\} \qquad (17\text{-}4)$$

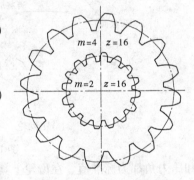

图 17-5 不同模数的齿轮

式中　h_a^* ——齿顶高系数;

c^* ——顶隙系数;

c ——顶隙,是指一对齿轮啮合时,一个齿轮的齿顶圆到另一个齿轮的齿根圆之间的径向距离,用以避免齿轮齿顶与啮合齿轮齿槽底发生干涉,以及便于储存润滑油而留的间隙, $c = c^* m$。

国家标准规定:对于正常齿, $h_a^* = 1$, $c^* = 0.25$;对于短齿, $h_a^* = 0.8$, $c^* = 0.3$。

二、渐开线标准直齿圆柱齿轮几何尺寸计算

模数 m、压力角 α、齿顶高系数 h_a^*、顶隙系数 c^* 均为标准值,且分度圆上齿厚 s 和槽宽 e 相等的齿轮称为标准齿轮。

标准直齿圆柱齿轮的基本几何尺寸计算公式如表 17-2 所示。

表 17-2　标准直齿圆柱齿轮的基本几何尺寸计算公式

名称	代号	计算公式
齿顶高	h_a	$h_a = h_a^* m$
齿根高	h_f	$h_f = (h_a^* + c^*)m$
齿高	h	$h = h_f + h_a = (2h_a^* + c^*)m$
顶隙	c	$c = c^* m$
齿距	p	$p = \pi m$
齿厚	s	$s = p/2 = \pi m/2$
齿槽宽	e	$e = p/2 = \pi m/2$
分度圆直径	d	$d = mz$
基圆直径	d_b	$d_b = d\cos\alpha$
齿顶圆直径	d_a	$d_a = d + 2h_a = m(z + 2h_a^*)$
齿根圆直径	d_f	$d_f = d - 2h_f = m(z - 2h_a^* - 2c^*)$
标准中心距	a	$a = \dfrac{1}{2}(d_2 + d_1) = \dfrac{1}{2}m(z_2 + z_1)$

【例 17-1】 已知一对外啮合标准直齿圆柱齿轮标准中心距 $a = 125$ mm，传动比 $i = 4$，小齿轮齿数 $z_1 = 20$。试求这对齿轮的模数 m，分度圆直径 d_1、d_2，齿顶圆直径 d_{a1}、d_{a2}。

解 由传动比 $i = \dfrac{z_2}{z_1} = 4$ 得

$$z_2 = iz_1 = 4 \times 20 = 80$$

由中心距 $a = \dfrac{m}{2}(z_1 + z_2)$ 得

$$m = \frac{2a}{z_1 + z_2} = \frac{2 \times 125}{20 + 80} = 2.5(\text{mm})$$

则分度圆直径为

$$d_1 = mz_1 = 2.5 \times 20 = 50(\text{mm})$$
$$d_2 = mz_2 = 2.5 \times 80 = 200(\text{mm})$$

齿顶圆直径为

$$d_{a1} = d_1 + 2h_a^* m = 50 + 2 \times 1 \times 2.5 = 55(\text{mm})$$
$$d_{a2} = d_2 + 2h_a^* m = 200 + 2 \times 1 \times 2.5 = 205(\text{mm})$$

第四节　渐开线齿轮啮合特点及直齿圆柱齿轮的啮合传动

一、渐开线齿轮啮合特点

（一）保持恒定的传动比

如图 17-6 所示，渐开线齿廓 E_1 和 E_2 在 K 点啮合，两轮以角速度 ω_1、ω_2 经 Δt 时间后，分别转过角度 $\Delta\varphi_1$ 和 $\Delta\varphi_2$，啮合点由 K 点移至 K' 点，对应两基圆转过的弧长分别为 $\overset{\frown}{AA'}$ 和 $\overset{\frown}{BB'}$，由渐开线性质可得

$$\overset{\frown}{AA'} = \overset{\frown}{KK'} = \overset{\frown}{BB'}$$

由于

$$\overset{\frown}{AA'} = r_{b1}\Delta\varphi_1 = r_{b1}\omega_1\Delta t$$
$$\overset{\frown}{BB'} = r_{b2}\Delta\varphi_2 = r_{b2}\omega_2\Delta t$$

故

$$i = \frac{\omega_1}{\omega_2} = \frac{r_{b2}}{r_{b1}} = 常数 \tag{17-5}$$

式中　i——齿轮 1、2 的传动比；

　　r_{b1}、r_{b2}——齿轮 1、2 的基圆半径。

由式（17-5）可知，r_{b2}/r_{b1} 为定值，故瞬时传动比恒定不变，保证了齿轮传动的平稳性。

（二）传力方向恒定

如图 17-6 所示，过 K 点作齿廓的公法线 n—n，由渐开线性质可知，公法线必与基圆相切，因此 K 点的轨迹必在两基圆的内公切线上，即渐开线齿廓啮合时，无论在哪一点接触，过啮合点的公法线都与两基圆的内公切线 N_1N_2 重合，故直线 N_1N_2 就是渐开线齿廓的啮合线。啮合线 N_1N_2 与连心线 O_1O_2 的交点 C 称为节点。过节点 C 作两节圆的公切线 t—t 与啮合线 N_1N_2 间的所夹锐角 α' 称为齿轮传动的啮合角。由于 N_1N_2 位置固定，所以啮合角 α'

恒定。啮合角在数值上等于渐开线在节圆处的压力角。

由于两齿轮啮合时,其正压力沿齿廓的公法线方向,即沿啮合线方向传递,齿轮传动时啮合角不变,故两齿廓间法向作用力方向不变,则轮齿之间、轴与轴承之间压力也不变,从而使传动平稳。

(三)中心距具有可分性

由于制造、安装误差等原因,实际中心距与设计中心距往往不相等,由式(17-5)可知两渐开线齿轮的传动比等于两齿轮的基圆半径之比。渐开线齿轮加工制成后,基圆半径已经确定,即使两齿轮中心距有所变化,也不会改变其瞬时传动比,这种性质称为渐开线齿轮的中心距可分性。

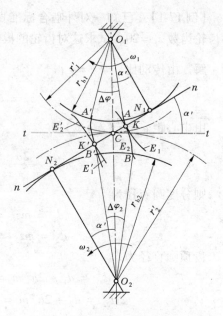

图 17-6 渐开线齿廓啮合

二、一对渐开线齿轮正确啮合的条件

一对齿轮能连续顺利地传动,需要各对轮齿依次正确啮合且互不干扰才行。如图 17-7 所示的一对渐开线齿轮啮合传动,B_1B_2 为啮合线的实际长度,若每对轮齿的基圆齿距都不相等,则必然会出现齿廓的局部重叠或过大侧隙,即发生卡死或冲击震动现象。因此,为保证两轮正确啮合,须使两齿轮的基圆齿距相等,即

$$p_{b1} = p_{b2} = B_1B_2$$

而由渐开线性质知

$$p_b = \pi m \cos\alpha$$

代入上式得

$$\pi m_1 \cos\alpha_1 = \pi m_2 \cos\alpha_2$$

由于模数 m 与压力角 α 都已标准化,要使上式满足,必须

$$\left. \begin{array}{l} m_1 = m_2 = m \\ \alpha_1 = \alpha_2 = \alpha \end{array} \right\} \tag{17-6}$$

即一对渐开线直齿圆柱齿轮正确啮合的条件是:两齿轮的模数和压力角应分别相等。

三、连续传动条件

如图 17-8 所示,要使齿轮连续传动,必须保证在前一对轮齿啮合点尚未移到 B_1 点脱离啮合前,第二对轮齿能及时到达 B_2 点进入啮合。显然两轮连续传动的条件为

$$B_2B_1 \geqslant p_b \tag{17-7}$$

通常,把实际啮合线长度与基圆齿距的比称为重合度,以 ε 表示,即

$$\varepsilon = \frac{B_2B_1}{p_b} \geqslant 1 \tag{17-8}$$

理论上,$\varepsilon = 1$ 就能保证连续传动,但由于齿轮的制造和安装误差以及传动中轮齿的变形等因素的影响,必须使 $\varepsilon > 1$。重合度的大小表明同时参与啮合的齿对数的多少,ε 越值大则传动越平稳,通常取 $\varepsilon \geqslant 1.1 \sim 1.4$。

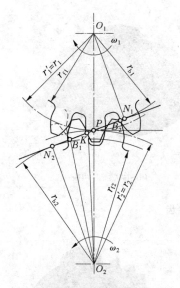

图 17-7　齿轮的啮合传动

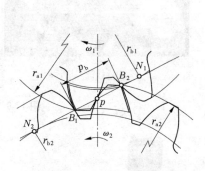

图 17-8　齿轮连续传动条件

第五节　渐开线齿轮的加工原理和根切现象

一、渐开线齿轮的加工方法

齿轮加工的方法很多,如铸造法、热轧法及切削法等,其中最常用的是切削加工法。齿轮切削方法按加工原理可分为仿形法和展成法两类。

(一)仿形法

仿形法是采用与齿间的齿廓曲线相同的成型刀具在铣床上直接切制齿轮齿形的方法,如图 17-9 所示。加工时,先切出 1 个齿槽,然后将轮坯转过 $360°/z$,再加工第 2 个齿槽,依次进行,直到加工出全部齿轮。常用的加工方法有用盘状铣刀加工(见图 17-9(a))和指状铣刀加工(见图 17-9(b))。

此方法加工简单,在普通铣床上便可进行,成本低,但生产率低,精度差,适用于修配和单件生产。

(二)展成法

展成法是利用齿轮的啮合原理切削轮齿齿廓。加工时,刀具和齿坯的运动相当于一对相互啮合的齿轮,将其中一个齿轮(或齿条)制成刀具,另一个则为齿轮坯,由机床保证它们按齿轮传动的要求运动。

展成法切齿常用的插齿和滚齿如图 17-10 所示。

(1)插齿:用齿轮插刀切制轮齿,如图 17-10(a)所示,在加工过程中,齿轮插刀与被加工齿轮按传动比转动,同时,刀具作上下往复运动进行切削,在运转过程中将轮齿逐渐切削出来。

(2)滚齿:加工时滚刀和齿坯按一定的转速绕自身的轴线转动,滚刀沿齿坯轴向进刀切出齿宽,如图 17-10(b)所示。

(a)盘状铣刀切齿

(b)指状铣刀切齿

图 17-9　仿形法加工轮齿

(a)齿轮插刀切制齿轮

(b)齿轮滚刀切制齿轮

图 17-10　展成法加工齿轮

　　用展成法加工齿轮时,不管被加工齿轮的齿数多少,只要刀具和被加工齿轮的模数和压力角相同,都可以用同一把刀具来加工,提高了生产效率,故展成法得到了广泛的应用。

二、根切现象及不发生根切现象的最小齿数

　　展成法加工标准齿轮时,如果被加工齿轮齿数太少,如图 17-11(a)所示,刀具的齿顶线与啮合线的交点 B_2 将会超过极限啮合点 N_1,这时刀具会把已加工好的齿根渐开线齿廓切去一部分,如图中阴影部分,这种现象称为根切。根切的轮齿如图 17-11(b)所示。根切使轮齿根部削弱,降低轮齿的抗弯强度,重合度减小,影响齿轮的传动平稳性,应设法避免。

　　产生根切的原因是刀具的顶部超过了啮合极限点 N_1,如图 17-12 所示,要使被加工齿轮不产生根切,刀具的齿顶线与啮合线的交点 B 不能超过 N_1 点,即 $h_a^* m \leqslant MN_1$,而

$$MN_1 = PN_1\sin\alpha = r\sin^2\alpha = \frac{mz}{2}\sin^2\alpha$$

整理得

$$z \geqslant \frac{2h_a^*}{\sin^2\alpha}$$

则不产生根切的最少齿数为

$$z_{min} = \frac{2h_a^*}{\sin^2\alpha} \tag{17-9}$$

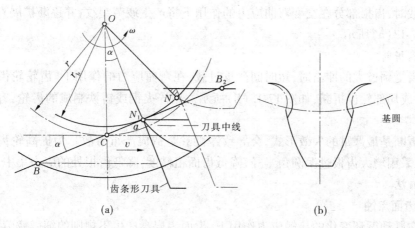

(a)　　　　　　　　　　(b)

图 17-11　齿轮的根切现象

当 $\alpha = 20°$、$h_a^* = 1$ 时，$z_{min} = 17$。

z_{min} 即为标准齿轮不发生根切的最少齿数，对于正常齿，$z_{min} = 17$，对于短齿，$z_{min} = 14$。

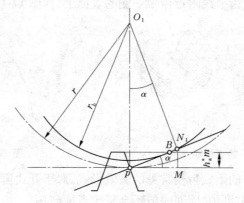

图 17-12　避免根切的条件

　　标准齿轮也存在一些缺点，z 不能少于 17 限制了齿轮结构尺寸不能太小；不易配凑中心距，只能按标准中心距安装，大、小齿轮齿根弯曲能力有差别，无法调整，为了改善齿轮的传动性能，可采用变位齿轮，详细内容可参考有关资料。

第六节　齿轮传动的失效形式和设计准则

一、齿轮传动的常见失效形式

　　齿轮传动是依靠轮齿的相互啮合来传递运动和动力的，由于轮齿的尺寸小，受载荷大，因此轮齿的失效是齿轮常见的主要失效部位。轮齿的失效形式主要有以下五种。

（一）轮齿折断

轮齿折断有疲劳折断和过载折断两种，如图 17-13 所示。

1. 疲劳折断

轮齿受载时，由于齿根部位受到的弯曲应力最大，且由于加工影响存在应力集中，当轮齿反复受载时,齿根部分在交变弯曲应力的作用下将产生疲劳裂纹,并逐渐扩展直至轮齿折断,如图 17-13(a)所示。

2. 过载折断

当轮齿受到过大的冲击时,短时间严重过载,在弯曲应力的作用下,齿轮轮齿出现突然折断,会造成局部轮齿折断,如图 17-13(b)所示。用淬火钢或铸铁制成的齿轮,容易发生这种折断。

轮齿折断是最严重的失效形式,会导致停机甚至造成严重事故。为提高轮齿抗疲劳折断能力,可采用增大齿根过渡圆角半径,降低齿面粗糙度,降低齿根处的应力集中,选择合理的参数等方法。

（二）齿面点蚀

轮齿在脉动循环变化的接触应力作用下,齿面表层会产生不规则的细微疲劳裂纹,随着应力循环次数的增加,润滑油侵入裂纹后在齿面啮合时产生挤压作用,导致裂纹逐渐扩展和增多,致使齿面表层的金属微粒剥落,形成齿面麻点(或麻坑),这种现象称为疲劳点蚀,齿面疲劳点蚀一般出现在轮齿节线附近齿根一侧的表面上,如图 17-14 所示。

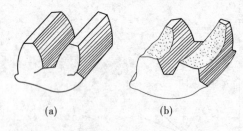

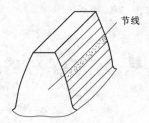

图 17-13　轮齿折断　　　　　　　　　　　图 17-14　齿面点蚀

齿面点蚀是润滑良好的闭式齿轮常见的失效形式,对于开式齿轮传动,由于齿面磨损较快,点蚀未形成之前就已被磨掉,因而一般不会发生点蚀破坏。

齿面疲劳点蚀严重时,齿廓失去准确形状,产生冲击和噪声。提高齿面疲劳点蚀的能力,可采取提高齿面硬度,降低表面粗糙度,使用高黏度的润滑油等措施。

（三）齿面磨损

因轮齿在啮合过程中存在相对滑动,当其工作面间进入灰尘、砂粒、金属屑等杂质时,将引起磨粒磨损,如图 17-15 所示。当齿面严重磨损后,渐开线齿廓被破坏,齿侧间隙加大,引起冲击和振动。严重时会因轮齿变薄,抗弯强度降低而折断。

齿面磨损是开式传动的主要失效形式。为防止磨损,可采用闭式传动,保持良好的润滑条件和维护,提高齿面硬度,减少齿面粗糙度及采用清洁的润滑油。

（四）齿面胶合

在高速重载的齿轮传动中,由于齿面滑动速度高,齿面间的高压、高温使润滑油被挤出,齿面油膜破裂,两金属表面啮合处摩擦面瞬时产生高热,局部温升过高,使齿面接触区熔化并黏结在一起。当齿面相互滑动时,将较软的金属表面沿滑动方向撕下一部分,形成沟纹,这种现象称为齿面胶合,如图 17-16 所示。

为提高抗齿面胶合能力,可减小模数,降低齿高;提高齿面硬度,降低表面粗糙度;限制油温,增加油的黏度等方法。

(五)塑性变形

若轮齿的材料较软,当其频繁启动和严重过载时,轮齿在摩擦力作用下,局部的金属发生塑性流动而出现塑性变形,如图 17-17 所示。

防止塑性变形的方法:提高齿面硬度,采用黏度较高的润滑油,避免频繁启动和过载等。

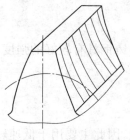 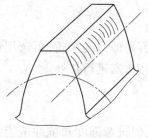 

图 17-15　齿面磨损　　　　图 17-16　齿面胶合　　　　图 17-17　塑性变形

二、齿轮传动的设计准则

齿轮传动的设计准则是依其失效形式确定的。目前,对于齿面磨损、胶合等尚无成熟的计算办法,在工程实际中通常只进行齿根弯曲疲劳强度和齿面接触疲劳强度的计算。其设计准则如下:

(1)对于闭式软齿面(≤350HBS)齿轮传动,齿面主要失效形式为齿面点蚀,也可能发生轮齿折断和其他失效形式,故按齿面接触疲劳强度设计,确定齿轮的主要参数和尺寸,然后按齿根弯曲疲劳强度进行校核。

(2)对于闭式硬齿面(>350HBS)齿轮传动,轮齿的主要失效形式是轮齿折断,也可能发生点蚀、胶合,故按齿根弯曲疲劳强度设计,确定模数和尺寸,然后按齿面接触疲劳强度进行校核。

(3)对于开式齿轮传动,主要失效形式是齿面磨损,因磨损导致的轮齿折断,目前只按齿根弯曲疲劳强度进行设计计算,确定齿轮的模数。采用适当降低许用应力的方法考虑磨损因素,再将模数增大 10% ~20%,而无需校核齿面接触疲劳强度。

第七节　齿轮常用材料及热处理

由齿轮的失效形式可知,选用齿轮材料及热处理工艺时,应使齿面具有足够的硬度和耐磨性、轮齿具有足够的抗弯曲强度及冲击韧性。对于高速齿轮,还应有较好的抗胶合能力,良好的工艺性和热处理性能。

常用的齿轮材料有锻钢、铸钢、铸铁或其他材料。

一、锻钢

碳素结构钢和合金结构钢是制造齿轮最常用的材料。齿轮毛坯经锻造后,钢的强度高,韧性好,并可用多种热处理方法改善其力学性能。因此,重要齿轮均采用锻钢。

(一)软齿面齿轮

这类齿轮的热处理方法是调质或正火。软齿面齿轮制造工艺简单,适用于中小功率、对尺寸和重量无严格要求的一般机械中。

(二)硬齿面齿轮

这类齿轮的热处理方法是表面淬火、渗碳淬火和氮化。小齿轮材料优于大齿轮,两齿轮的齿面硬度大致相同。一般,硬齿面齿轮传动适用于尺寸受结构限制的场合。

二、铸钢

对于直径较大或结构复杂不容易锻造的齿轮,可选用铸钢。铸钢具有较好的强度和耐磨性,由于在铸造时有较大的内应力,需进行热处理。

三、铸铁

铸铁中的石墨有自润滑作用,但抗弯强度和抗冲击能力较低,因此主要用于低速轻载、较大尺寸、开式的传动齿轮。

四、其他材料

其他材料有粉末冶金、铸青铜、尼龙和夹布胶木等非金属材料。

常用的齿轮材料、热处理及许用应力见表17-3。

表 17-3　常用的齿轮材料、热处理及许用应力

材料牌号	热处理	强度极限 σ_b(MPa)	齿面硬度	许用接触应力 $[\sigma_H]$(MPa)	许用弯曲应力 $[\sigma_F]$(MPa)
45	正火	580	169~217HBS	468~513	280~301
	调质	680	217~255HBS	513~545	301~315
	表面淬火		40~50HRC	972~1 053	427~504
20Cr	渗碳淬火	650	56~62HRC	1 350	645
40Cr	调质	700	241~286HBS	612~675	399~427
	表面淬火		48~55HRC	1 035~1 098	483~518
35SiMn	调质	750	217~269HBS	585~648	388~420
20CrMnTi	渗碳淬火	1 100	56~62HRC	1 350	645
ZG310-570	正火	580	163~197HBS	270~301	171~189
ZG340-640	正火	650	179~207HBS	288~306	182~196
	调质	700	241~269HBS	468~490	248~259
QT600-3	正火	600	190~270HBS	436~535	262~315
HT300		300	187~255HBS	290~347	80~105

注:$[\sigma_H]$和$[\sigma_F]$为轮齿单向受载的试验条件下得到的,若轮齿的工作条件为双向受载,则应将表中数值乘以0.7。

在选取齿轮材料和热处理工艺时,还应考虑对齿轮的材料搭配和轮齿硬度的组合。一对啮合传动的齿轮,由于小齿轮的齿数少,齿根较薄,受载次数多,故其轮齿的磨损大,疲劳

强度低。为使大小两齿轮工作寿命相当,小齿轮应比大齿轮选用较好一点的材料。在设计传递动力的齿轮时,常把小齿轮的齿面硬度选得比大齿轮高出 30~50HBS,甚至更多,传动比愈大,硬度的差值也应愈大。

第八节　圆柱齿轮传动精度简介

一、圆柱齿轮的精度等级及选择

(一)圆柱齿轮精度等级

渐开线圆柱齿轮的精度标准(GB/T 10095.1~2—2001)是我国颁布的最新推荐标准,等同于 ISO1328—1:1997 标准。与 GB 10095—88 标准相比,其具有如下区别:①精度等级增加,由原来 12 个等级增加到 13 个等级;②不规定公差组;③不规定公差组在图样上的标注方法;④强调客观评价和协商一致的原则。

在渐开线圆柱齿轮的精度标准(GB/T 10095.1~2—2001)中,对单个齿轮规定了 13 个精度等级,分别用阿拉伯数字 0,1,2,3,…,10,11,12 表示。其中,0 级是最高精度等级,精度按数字依次降低,12 级为最低。0~2 级精度的齿轮要求非常高,目前我国只有极少的单位能制造 2 级精度的齿轮,使用场合也很少,所以仍属于有待发展的精度等级;3~5 级精度称为高精度等级;6~9 级称为中等精度等级;10~12 级则称为低精度等级。机械制造及设备中一般常用 5~9 级。

(二)精度等级的选择

齿轮精度等级的选择必须根据齿轮的用途、使用条件、传递功率、圆周速度以及综合考虑其他技术条件、经济指标等确定。精度等级选择时一般有计算法和经验法(表格法)两种方法。目前,企业界主要采用的是表格法。齿轮传动常用精度等级及其应用范围如表 17-4 所示。

表 17-4　齿轮传动常用精度等级及其应用范围

精度等级	圆周速度(m/s)		应用范围
	直齿圆柱齿轮	斜齿圆柱齿轮	
6	≤15	≤30	在高速、平稳及无噪声下工作的齿轮,精密仪器、仪表、飞机、汽车、机床中的重要齿轮
7	≤10	≤20	一般机械中的重要齿轮,标准系列减速器中的齿轮,读数设备中的齿轮,飞机、汽车、机床中的齿轮
8	≤5	≤9	一般机械制造业中不要求特别精密的齿轮,飞机、汽车中不重要的齿轮,除分度机构外的机床用齿轮,农业机械中重要齿轮,一般减速器的齿轮
9	≤3	≤6	工作要求不高的低速传动齿轮,如农业机械、手动机械的齿轮

二、齿轮副侧隙

前述标准中心距的计算是在无侧隙啮合条件下,实际上,一对装配好的齿轮副,在静态可测量条件下必须要有一定的侧隙,以考虑齿轮副受热的膨胀和润滑的方便。

所谓侧隙,是指两个相配齿轮的工作齿面相接触时,在两个非工作齿面间所形成的间隙。侧隙是通过选择适当的中心距偏差和齿厚极限偏差(或公法线长度极限偏差)予以保证的。

第九节　渐开线标准直齿圆柱齿轮传动的强度计算

一、轮齿受力分析与计算载荷

(一)轮齿的受力

轮齿的受力不仅是齿轮强度计算的依据,也是轴和轴承设计计算的基础。如图 17-18 所示为一对正确啮合的标准直齿圆柱齿轮的受力情况。1 为主动齿轮,若忽略齿面间的摩擦力,将齿面上的沿齿宽方向分布的载荷简化为齿宽中点处的集中力,轮齿间的总作用力 F_n 沿着轮齿啮合点的公法线方向作用,F_n 称为法向力。将 F_n 分解为互相垂直的两个分力:圆周力 F_t 和径向力 F_r。

$$\left.\begin{aligned} F_t &= \frac{2T_1}{d_1} \\ F_r &= F_t \tan\alpha \\ F_n &= \frac{F_t}{\cos\alpha} = \frac{2T_1}{d_1\cos\alpha} \end{aligned}\right\} \tag{17-10}$$

式中　d_1——主动轮的分度圆直径,mm;

$\quad\quad\alpha$——分度圆上的压力角;

$\quad\quad T_1$——作用在主动轮上的转矩,N·mm。

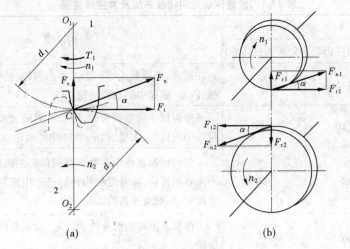

图 17-18　直齿圆柱齿轮受力分析

若小齿轮传递的功率为 P_1(kW)、转速为 n_1(r/min),则转矩为

$$T_1 = 9.55 \times 10^6 \times \frac{P_1}{n_1} \tag{17-11}$$

作用在主动轮和从动轮上的各对力为作用力和反作用力的关系,如图 17-18(b)所示,即

$$F_{n1} = -F_{n2} \qquad F_{t1} = -F_{t2} \qquad F_{r1} = -F_{r2}$$

各力方向的判定:圆周力的方向在主动轮上与圆周速度方向相反,在从动轮上与圆周速度方向相同;径向力的方向分别指向各轮的轮心。

(二)轮齿的计算载荷

上述轮齿上的法向力 F_n 是齿轮在理想的平稳工作条件下所承受的名义载荷,实际上由于制造、安装误差,受载后轴、轴承、轮齿的变形以及在传动中工作载荷和速度的变化等,使轮齿上所受的实际载荷大于名义载荷。因此,计算齿轮强度时,考虑这些附加载荷的影响,通常按计算载荷 F_{nc} 计算。

$$F_{nc} = KF_n = \frac{2KT_1}{d_1 \cos\alpha}$$

式中　K——载荷系数,可由表 17-5 所示选取。

表 17-5　载荷系数 K

原动机工作情况	载荷特性		
	比较平稳	中等冲击	较大冲击
工作平稳(如电动机、汽轮机等)	1~1.2	1.2~1.6	1.6~1.8
均匀、轻微冲击(如多缸内燃机)	1.2~1.6	1.6~1.8	1.8~2.1
中等冲击(如单缸内燃机)	1.6~1.8	1.8~2.0	2.0~2.4

注:当载荷平稳、齿宽系数小、轴的刚性大、齿轮精度较高、齿轮在两轴承间对称布置时,取小值;反之,取大值。

二、齿面接触疲劳强度计算

轮齿的齿面点蚀是因为接触应力过大而引起的,两齿轮啮合时,疲劳点蚀一般发生在节线附近,因此应使齿面接触处所产生的最大接触应力小于齿轮的许用接触应力,即

$$\sigma_H \leqslant [\sigma_H]$$

经推导整理简化可得渐开线标准直齿圆柱齿轮传动的齿面接触疲劳强度计算公式为:

校核公式　　　　　$$\sigma_H = 3.52 Z_E \sqrt{\frac{KT_1}{bd_1^2} \cdot \frac{u \pm 1}{u}} \leqslant [\sigma_H] \qquad (17\text{-}12)$$

设计公式　　　　　$$d_1 \geqslant \sqrt[3]{\frac{KT_1}{\psi_d} \cdot \frac{u \pm 1}{u} \left(\frac{3.52 Z_E}{[\sigma_H]}\right)^2} \qquad (17\text{-}13)$$

对于一对钢制齿轮: $Z_E = 189.8$,则

$$\sigma_H = 668 \sqrt{\frac{KT_1}{bd_1^2} \cdot \frac{u \pm 1}{u}} \leqslant [\sigma_H] \qquad (17\text{-}14)$$

$$d_1 \geqslant 76.430 \sqrt[3]{\frac{KT_1}{\psi_d [\sigma_H]^2} \cdot \frac{u \pm 1}{u}} \qquad (17\text{-}15)$$

式中　σ_H——齿面工作时产生的最大接触应力,MPa;

　　　Z_E——材料的弹性系数,查表 17-6 选取;

K——载荷系数,查表17-5选取;

T_1——小齿轮传动的转矩,N·mm;

b——轮齿的工作宽度,mm;

d_1——小齿轮的分度圆直径,mm;

$\pm$——" + "用于外啮合," - "用于内啮合;

u——齿数比,即大齿轮与小齿轮的齿数之比,$u = \dfrac{z_2}{z_1}$;

ψ_d——齿宽系数,$\psi_d = b/d_1$;

$[\sigma_H]$——齿轮材料的接触疲劳许用应力,MPa,查表17-3。

表 17-6　材料的弹性系数 Z_E

两齿轮材料	两齿轮均为钢	钢与铸铁	两齿轮均为铸铁
Z_E	189.8	165.4	144

应用式(17-14)、式(17-15)时应注意以下几点:

(1)相互啮合的一对齿轮其齿面接触应力相同,即 $\sigma_{H1} = \sigma_{H2}$。

(2)相互啮合的一对齿轮接触疲劳许用应力一般不同,进行强度计算时应选用较小值。

(3)齿轮的齿面接触疲劳强度取决于小齿轮直径 d 或中心距 a 的大小。

三、齿根弯曲疲劳强度计算

齿轮受载时,轮齿齿根受弯曲应力最大,为了防止轮齿根部的疲劳折断,在进行齿轮设计时,必须计算齿根弯曲疲劳强度。为简化计算并考虑安全性,假定载荷作用于齿顶,且全部载荷由一对轮齿承受,此时齿根部分产生的弯曲应力最大。

经推导可得轮齿齿根弯曲疲劳强度的计算公式为:

校核公式
$$\sigma_F = \frac{2KT_1}{bm^2 z_1} Y_F Y_S \leqslant [\sigma_F] \qquad\qquad (17\text{-}16)$$

设计公式
$$m \geqslant \sqrt[3]{\frac{2KT_1 \, Y_F Y_S}{\psi_d z_1^2 [\sigma_F]}} \qquad\qquad (17\text{-}17)$$

式中　K、T_1、b 符号意义同前;

σ_F——齿根危险截面的最大弯曲应力,MPa;

z_1——主动轮齿数;

Y_F——齿形系数,取决于轮齿形状,查表17-7选取;

Y_S——应力修正系数,查表17-7选取;

$[\sigma_F]$——齿轮材料的许用弯曲应力,查表17-3选取。

表 17-7　标准外齿轮的齿形系数 Y_F 和应力修正系数 Y_S

z	17	18	19	20	22	25	28	30	35	40	45	50	60	80	100
Y_F	2.97	2.91	2.85	2.81	2.75	2.65	2.58	2.54	2.47	2.41	2.37	2.35	2.288	2.25	2.18
Y_S	1.53	1.54	1.55	1.56	1.58	1.59	1.61	1.63	1.65	1.67	1.69	1.71	1.734	1.77	1.80

应注意的是,通常两个相啮合齿轮的齿数是不相等的,因此 Y_F 和 Y_S 都不相等,而且两轮材料的弯曲疲劳许用应力也不一定相等。因此,在进行强度校核时,必须分别校核两齿轮的齿根弯曲强度,应将两齿轮的 $\dfrac{Y_F Y_S}{[\sigma_F]}$ 值进行比较,只需将其中较大者代入设计公式。

四、齿轮传动主要参数的选择

(一)齿数

对于闭式齿轮传动,常取 $z_1 \geq 20 \sim 40$。闭式软齿面齿轮载荷变动不大时,宜取较大值,以使传动平稳;反之,宜取较小值,以增加模数 m,保证齿根有足够的抗弯曲能力。对于高速传动,应使 $z_1 \geq 25 \sim 27$。

对于开式齿轮传动,因传动的尺寸主要取决于轮齿的弯曲疲劳强度,故需用较少的齿数获得较大的模数,一般取 $z_1 = 17 \sim 20$。

(二)模数 m

m 应圆整,对于传递动力的闭式齿轮传动,应使圆整后的 $m \geq 2$ mm;对于开式齿轮传动,应使圆整后的 m 值大于初算值的 $10\% \sim 20\%$,并使 $m \approx 0.02a$,a 为齿轮传动的中心距。

(三)齿宽系数 ψ_d 和齿宽 b

增大齿宽可使齿轮的径向尺寸缩小,但齿宽越大,载荷沿齿宽分布越不均匀。动力传动齿轮 $\psi_d = 0.4 \sim 1.4$,常用范围为 $\psi_d = 0.8 \sim 1.2$。ψ_d 的选择可参见表 17-8。

表 17-8　齿宽系数 ψ_d

齿轮相对于轴承的位置	齿面硬度	
	软齿面($\leq$350HBS)	硬齿面($>$350HBS)
对称布置	0.8 ~ 1.4	0.4 ~ 0.9
不对称布置	0.6 ~ 1.2	0.3 ~ 0.6
悬臂布置	0.3 ~ 0.4	0.2 ~ 0.25

圆柱齿轮的计算齿宽 $b_2 = \psi_d d_1$,$b_1 = b_2 + (5 \sim 10)$ mm,一般小齿轮齿宽略宽于大齿轮。

(四)齿数比 u

齿数比 u 不宜过大,以免因大齿轮的直径大而使整个齿轮传动尺寸过大。通常,直齿圆柱齿轮取 $u \leq 5$,斜齿圆柱齿轮取 $u \leq 7$。

五、齿轮传动的设计计算步骤

(1)选择齿轮材料、热处理及许用应力。通过分析齿轮的工作条件,选择材料牌号与热处理的方法,齿轮材料的许用应力如表 17-3 所示。

(2)根据设计准则,设计计算分度圆直径或模数。

(3)确定主要几何尺寸,按表 17-2 所列公式计算。

(4)根据设计准则校核接触强度或弯曲强度。

(5)确定传动的精度等级,尽量选择较低的精度等级,减少加工难度,降低成本。

(6)确定齿轮结构形式。

(7)绘制齿轮工作图。

【例17-2】 设计铣床中的一对标准直齿圆柱齿轮传动。已知:传递功率 $P = 7.5$ kW、小齿轮转速 $n_1 = 1\,450$ r/min、传动比 $i = 2.08$,小齿轮相对轴承为不对称布置,两班制,每年工作 300 d,使用期限为 5 年。

解 (1)选择齿轮材料及精度等级。

考虑此对齿轮传递的功率不大,故大、小齿轮都选用软齿面。小齿轮选用 40Cr,调质,齿面硬度为 240~260HBS;大齿轮选用 45 钢,调质,齿面硬度为 220HBS(见表 17-3)。因是机床用齿轮,由表 17-4 选 7 级精度,要求齿面粗糙度 $R_a \leqslant 1.6 \sim 3.2$ μm。

确定有关参数如下:

①齿数 z 和齿宽系数 ψ_d。

取小齿轮齿数 $z_1 = 30$,则大齿轮齿数 $z_2 = iz_1 = 2.08 \times 30 = 62.4$,圆整 $z_2 = 62$。

实际传动比为

$$i' = \frac{z_2}{z_1} = \frac{62}{30} = 2.067$$

由表 17-8,取 $\psi_d = 0.9$(因不对称布置及软齿面)。

②转矩 T_1。

$$T_1 = 9.55 \times 10^6 \frac{P}{n_1} = 9.55 \times 10^6 \times \frac{7.5}{1\,450} = 4.94 \times 10^4 (\text{N} \cdot \text{mm})$$

③载荷系数 K。

由表 17-5,取 $K = 1.35$。

④许用接触应力 $[\sigma_H]$。

查表 17-3 得许用接触应力 $[\sigma_H]_1 = 650$ MPa,$[\sigma_H]_2 = 520$ MPa。

(2)按齿面接触疲劳强度设计。

因两齿轮均为钢制齿轮,所以由式(17-15)得

$$d_1 \geqslant 76.43 \sqrt[3]{\frac{KT_1}{\psi_d [\sigma_H]^2} \cdot \frac{u \pm 1}{u}}$$

$$d_1 \geqslant 76.43 \sqrt[3]{\frac{KT_1(u+1)}{\psi_d u [\sigma_H]^2}} = 76.43 \sqrt[3]{\frac{1.35 \times 4.94 \times 10^4 \times (2.076 + 1)}{0.9 \times 2.076 \times 520^2}} = 56.59 (\text{mm})$$

计算模数,有

$$m = \frac{d_1}{z_1} = \frac{56.59}{30} = 1.88 (\text{mm})$$

由表 17-1 取标准模数 $m = 2$ mm。

(3)校核齿根弯曲疲劳强度。

确定有关参数和系数:

①分度圆直径。

$$d_1 = mz_1 = 2 \times 30 = 60 (\text{mm})$$

$$d_2 = mz_2 = 2 \times 62 = 124 (\text{mm})$$

②齿宽。

$$b = \psi_d d_1 = 0.9 \times 60 = 54(\text{mm})$$

取 $b_2 = 55$ mm, $b_1 = 60$ mm。

③齿形系数 Y_F 和应力修正系数 Y_S。

根据齿数 $z_1 = 30$, $z_2 = 62$, 由表17-7查得 $Y_{F1} = 2.54$, $Y_{S1} = 1.63$, $Y_{F2} = 2.288$, $Y_{S2} = 1.734$。

④许用弯曲应力 $[\sigma_F]$。

查表17-3得, $[\sigma_F]_1 = 410$ MPa, $[\sigma_F]_2 = 305$ MPa。

将各参数代入式(17-16),得

$$\sigma_{F1} = \frac{2KT_1}{bm^2 z_1} Y_{F1} Y_{S1} = \frac{2 \times 1.35 \times 4.94 \times 10^4}{55 \times 2^2 \times 30} \times 2.54 \times 1.63$$

$$= 83.67(\text{MPa}) < [\sigma_F]_1$$

$$\sigma_{F2} = \frac{2KT_1}{bm^2 z_2} Y_{F2} Y_{S2} = \frac{2 \times 1.35 \times 4.94 \times 10^4}{55 \times 2^2 \times 62} \times 2.288 \times 1.734$$

$$= 38.80(\text{MPa}) < [\sigma_F]_2$$

故轮齿齿根弯曲疲劳强度足够。

(4)计算齿根传动的中心距 a。

$$a = \frac{m}{2}(z_1 + z_2) = \frac{2}{2} \times (30 + 62) = 92(\text{mm})$$

(5)计算齿轮的圆周速度 v。

$$v = \frac{\pi d_1 n_1}{60 \times 1\,000} = \frac{3.14 \times 60 \times 1\,450}{60 \times 1\,000} = 4.55(\text{m/s})$$

(6)计算齿轮的几何尺寸并绘制齿轮零件工作图(略)。

第十节　斜齿圆柱齿轮传动

一、齿廓曲面的形成与其啮合特性

(一)齿廓曲面的形成

根据渐开线的形成过程,可推理出直齿圆柱齿轮的轮齿渐开线曲面是平面 S 沿基圆柱作纯滚动时,其上与基圆柱母线 AA 平行的直线 KK 在空间走过的轨迹,该曲面即为直齿圆柱齿轮的齿廓曲面,如图17-19(a)所示。

斜齿圆柱齿轮的齿廓曲线是当发生面在基圆上作纯滚动时,与轴线倾斜一角度 β_b 的接触线 KK 在空间形成的曲面,如图17-19(b)所示。

(二)斜齿圆柱齿轮传动的啮合特性

直齿圆柱齿轮传动时,齿面接线与齿轮轴线平行,轮齿沿整个齿宽同时进入啮合和退出啮合,易引起冲击、振动和噪声,不适用于高速、重载传动,如图17-19(a)所示。斜齿圆柱齿轮啮合时,齿面接触线与齿轮轴线相倾斜,齿廓是逐渐进入啮合和逐渐退出啮合的。啮合线的长度由零逐渐增加,又逐渐缩短,直至脱离接触。因此,传动平稳性好,重合度大,噪声和冲击小,承载能力强,适用于高速和大功率场合,如图17-19(b)所示。

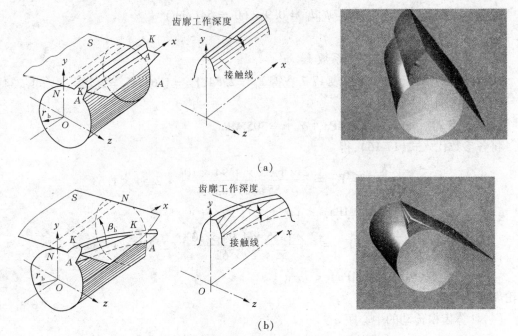

(a)

(b)

图 17-19　圆柱齿轮齿廓面的形成及齿面接触线

二、斜齿圆柱齿轮参数与几何尺寸计算

斜齿圆柱齿轮的端面(垂直于齿轮轴线的平面)和法面(垂直于齿廓螺旋线的平面)内有不同的参数。由于端面齿廓是渐开线,所以有关的尺寸应在端平面内计算。但用展成法加工时,斜齿轮的法面齿形与刀具相同,且啮合时的作用力也在法向平面内,故斜齿轮的法面参数为标准值。

(一)螺旋角 β

如图 17-20(a)所示,斜齿轮按其齿廓渐开螺旋面的旋向,可以分为右旋和左旋两种。齿轮的螺旋方向可根据右手定则判断:自然伸开右手,手心对着自己,使四指的方向与齿轮的轴线方向一致,若齿向与右手拇指方向一致,则该齿轮为右旋;反之,为左旋,如图 17-20(b)所示。

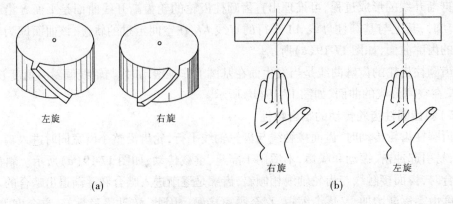

左旋　　　右旋　　　　　　　　右旋　　　　左旋

(a)　　　　　　　　　　　　(b)

图 17-20　斜齿轮的旋向

斜齿轮的齿廓曲面与分度圆柱面相交为一螺旋线,该螺旋线上的切线与齿轮轴线的夹角 β 称为斜齿轮的螺旋角,一般 $\beta = 8° \sim 20°$,如图 17-21 所示。

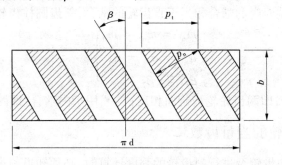

图 17-21　法面模数和端面模数间的关系

(二)模数

如图 17-21 所示为斜齿轮分度圆柱面的展开图,法面齿距 p_n 与端面齿距 p_t 的几何关系为

$$p_n = p_t\cos\beta \tag{17-18}$$

因 $p = \pi m$,故 m_n 和 m_t 的关系为

$$m_n = m_t\cos\beta \tag{17-19}$$

(三)压力角

α_n 和 α_t 的关系为

$$\tan\alpha_n = \tan\alpha_t\cos\beta \tag{17-20}$$

(四)齿顶高系数和顶隙系数

斜齿轮的法面齿顶高系数和法面顶隙系数与端面齿顶高系数和顶隙系数的换算公式为

$$h_{at}^* = h_{an}^*\cos\beta \tag{17-21}$$

$$c_t^* = c_n^*\cos\beta \tag{17-22}$$

(五)几何尺寸计算

标准斜齿圆柱齿轮的几何计算公式如表 17-9 所示。

表 17-9　标准斜齿圆柱齿轮几何尺寸计算公式

名称	代号	计算公式
法面齿距	p_n	$p_n = p_t\cos\beta$
齿顶高	h_a	$h_a = h_{an}^* m_n$
齿根高	h_f	$h_f = (h_{an}^* + c_n^*)m_n$
齿高	h	$h = (2h_{an}^* + c_n^*)m_n$
分度圆直径	d	$d = m_t z = \dfrac{m_n z}{\cos\beta}$
齿顶圆直径	d_a	$d_a = d + 2h_a = m_n\left(\dfrac{z}{\cos\beta} + 2h_{an}^*\right)$
齿根圆直径	d_f	$d_f = d - 2h_f = m_n\left(\dfrac{z}{\cos\beta} - 2h_{an}^* - 2c_n^*\right)$
标准中心距	a	$a = \dfrac{d_2 + d_1}{2} = \dfrac{m_n(z_2 + z_1)}{2\cos\beta}$

三、斜齿圆柱齿轮传动的正确啮合条件

斜齿圆柱齿轮在端面内的啮合相当于直齿轮的啮合,斜齿圆柱齿轮的正确啮合条件为

$$\left.\begin{array}{l} m_{n1} = m_{n2} = m_n \\ \alpha_{n1} = \alpha_{n2} = \alpha_n \\ \beta_1 = \pm\beta_2 \end{array}\right\} \tag{17-23}$$

式中:"−"用于外啮合,即两齿轮轮齿旋向相反;"+"用于内啮合,即两齿轮轮齿旋向相同。

四、斜齿圆柱齿轮的当量齿数

在用仿形法加工斜齿轮及进行斜齿轮的强度计算时,必须知道斜齿轮法面上的齿形,因此引入当量齿轮这个概念。当量齿轮是一个假想的直齿圆柱齿轮,其端面齿形与斜齿轮法向齿形相当。但要精确地求出法面齿形比较困难,因此通常采用近似方法,即当量齿数法对其研究。

当量齿数的计算公式为(推导从略)

$$z_v = \frac{z}{\cos^3\beta}$$

五、斜齿圆柱齿轮传动的强度计算

(一)斜齿圆柱齿轮传动的受力分析

如图 17-22 所示,忽略齿面间的摩擦力,作用在轮齿上法向力 F_n 可分解为以下三个互相垂直的分力:

圆周力
$$F_t = \frac{2T_1}{d_1} \tag{17-24}$$

径向力
$$F_r = \frac{F_t\tan\alpha_n}{\cos\beta} \tag{17-25}$$

轴向力
$$F_a = F_t\tan\beta \tag{17-26}$$

式中 T_1——作用在小齿轮上的转矩,N·mm;

d_1——小齿轮分度圆直径,mm。

各力的方向:

(1)圆周力和径向力方向的判定方法与直齿圆柱齿轮相同。

(2)主动轮上的轴向力方向根据左、右手定则判定,即左旋用左手,右旋用右手,并半握拳,如图 17-23 所示,使弯曲的四指与齿轮的转向一致,则拇指的指向即为轴向力的方向。从动轮上的轴向力与主动轮方向相反。

(二)强度计算

与直齿圆柱齿轮相比,斜齿圆柱齿轮齿面接触线倾斜,重合度增大。这些都有利于提高接触疲劳强度和弯曲疲劳强度。斜齿圆柱齿轮一般采用以下公式进行强度计算。

1. 齿面接触疲劳强度

校核公式
$$\sigma_H = 3.17Z_E\sqrt{\frac{KT_1}{bd_1^2}\frac{u\pm1}{u}} \leqslant [\sigma_H] \tag{17-27}$$

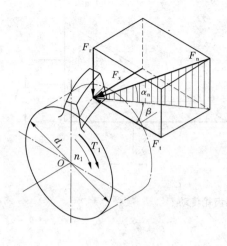

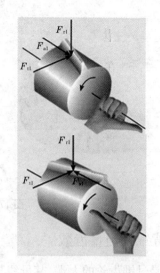

图 17-22　斜齿圆柱齿轮受力分析　　　　　图 17-23　斜齿圆柱齿轮受力方向判断

设计公式

$$d_1 \leqslant \sqrt[3]{\left(\frac{3.17 Z_E}{[\sigma_H]}\right)^2 \frac{KT_1 u \pm 1}{\psi_d u}} \qquad (17\text{-}28)$$

2. 齿根弯曲疲劳强度

校核公式

$$\sigma_F = \frac{1.6 KT_1 \cos\beta}{b\, m_n^2 z_1} Y_F Y_S \leqslant [\sigma_F] \qquad (17\text{-}29)$$

设计公式

$$m_n \geqslant \sqrt[3]{\frac{1.6 KT_1 \cos^2\beta\, Y_F Y_S}{\psi_d z_1^2}\frac{Y_F Y_S}{[\sigma_F]}} \qquad (17\text{-}30)$$

斜齿圆柱齿轮传动的参数选择原则与直齿轮传动基本上相同。齿形系数 Y_F、应力修正系数 Y_S 应根据斜齿轮的当量齿数 z_v 由表 17-7 选取。

斜齿圆柱齿轮的设计方法和参数选择与直齿圆柱齿轮相同。

第十一节　直齿圆锥齿轮传动

一、圆锥齿轮的应用与特点

圆锥齿轮传动用于两相交轴间的运动和动力的传递。圆锥齿轮的轮齿是分布在一个截锥体上的。圆锥齿轮的轮齿分为直齿、斜齿和曲齿三种类型。其中,直齿圆锥齿轮设计、制造简单,应用最广;而曲齿圆锥齿轮则传动平稳、承载能力强。本节只讨论两轴交角 $\Sigma = 90°$ 的标准直齿圆锥齿轮传动,如图 17-24 所示。

圆锥齿轮有分度圆锥、齿顶圆锥、齿根圆锥和基圆锥。它们的锥底圆分别称为分度圆、齿顶圆、齿根圆和基圆。

分度圆锥母线长度称为锥距,用 R 表示。

分度圆锥母线与轴线间的夹角称为分度圆锥角,用 δ 表示。

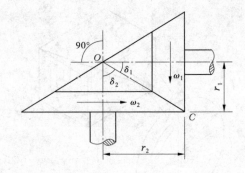

图 17-24　直齿圆锥齿轮传动

二、背锥和当量齿数

背锥是过锥齿轮的大端,其母线与圆锥齿轮分度圆锥母线垂直的圆锥。将两圆锥齿轮大端球面渐开线齿廓向两背锥上投影,得到近似渐开线齿廓。再将两背锥展成两扇形齿轮,假想把扇形齿轮补足成一个完整的圆柱齿轮。该假想圆柱齿轮称为圆锥齿轮的当量齿轮,其齿数称为圆锥齿轮的当量齿数,用 z_v 表示。

$$z_v = \frac{z}{\cos\delta} \tag{17-31}$$

三、直齿圆锥齿轮传动的几何尺寸计算

为便于测量和计算,圆锥齿轮的参数和尺寸均以大端为标准值,如图 17-25 所示。即规定锥齿轮的大端模数 m 为标准值,压力角 $\alpha = 20°$,齿顶高系数 $h_a^* = 1$,顶隙系数 $c^* = 0.2$。主要参数和几何尺寸计算如表 17-10 所示。

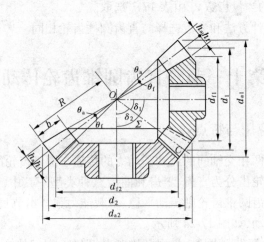

图 17-25　圆锥齿轮的参数及尺寸

四、直齿圆锥齿轮的正确啮合条件

一对标准直齿圆锥齿轮的正确啮合条件为:两轮的大端模数和压力角分别相等,即

$$m_1 = m_2 = m \\ \alpha_1 = \alpha_2 = \alpha \Bigg\} \qquad (17\text{-}32)$$

表 17-10　标准直齿圆锥齿轮传动($\Sigma = 90°$)的主要几何尺寸计算公式

名称	符号	计算公式
分度圆锥角	δ	$\delta_1 = \operatorname{arccot}\dfrac{z_2}{z_1},\delta_2 = 90° - \delta_1$
分度圆直径	d	$d_1 = mz_1,d_2 = mz_2$
齿顶高	h_a	$h_{a1} = h_{a2} = h_a^* m$
齿根高	h_f	$h_{f1} = h_{f2} = (h_a^* + c^*)m$
齿顶圆直径	d_a	$d_{a1} = d_1 + 2h_a\cos\delta_1,d_{a2} = d_2 + 2h_a\cos\delta_2$
齿根圆直径	d_f	$d_{f1} = d_1 - 2h_f\cos\delta_1,d_{f2} = d_2 - 2h_f\cos\delta_2$
锥距	R	$R = \dfrac{1}{2}\sqrt{d_1^2 + d_2^2}$
齿宽	b	$b = \psi_R R,\psi_R \approx 0.25 \sim 0.3$
齿顶角	θ_a	$\theta_{a1} = \theta_{a2} = \arctan\dfrac{h_a}{R}$
齿根角	θ_f	$\theta_{f1} = \theta_{f2} = \arctan\dfrac{h_f}{R}$

五、直齿圆锥齿轮传动的强度计算

(一)受力分析

如图 17-26 所示,为方便设计计算,忽略摩擦力的影响,假设轮齿间的作用力近似地作用于齿宽节线的中点处。轮齿间的法向作用力 F_n 可分解成三个互相垂直的分力:圆周力 F_t、径向力 F_r 及轴向力 F_a。根据图示可推出小齿轮上各分力大小为

$$F_{t1} = \frac{2T_1}{d_{m1}} \qquad (17\text{-}33)$$

$$F_{r1} = F'\cos\delta = F_{t1}\tan\alpha\cos\delta \qquad (17\text{-}34)$$

$$F_{a1} = F'\sin\delta = F_{t1}\tan\alpha\sin\delta \qquad (17\text{-}35)$$

式中　T_1——小齿轮传递的转矩;

　　　d_{m1}——主动小齿轮齿宽中点处分度圆直径,$d_{m1} = d_1(1 - 0.5\psi_R)$,齿宽系数 ψ_R 一般取 $0.25 \sim 0.3$。

受力方向判别:圆周力的方向在主动轮上与其转动方向相反,在从动轮上与其转动方向相同;径向力方向分别指向各自的轮心;轴向力方向沿着各自轴线方向并指向轮齿的大端。

注意:主动轮上的轴向力与从动轮上的径向力大小相等,方向相反;而主动轮上的径向力与从动轮上的轴向力大小相等,方向相反。即

$$F_{t1} = -F_{t2} \\ F_{r1} = -F_{a2} \\ F_{a1} = -F_{r2} \Bigg\} \qquad (17\text{-}36)$$

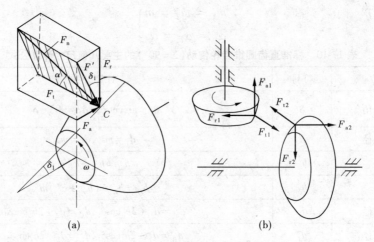

图 17-26　圆锥齿轮的受力分析

(二)强度计算

直齿圆锥齿轮强度的计算可按齿宽中点处一对当量直齿圆柱齿轮传动作近似计算。

1. 齿面接触疲劳强度

校核公式
$$\sigma_H = \frac{4.98Z_E}{1-0.5\psi_R}\sqrt{\frac{KT_1}{\psi_R d_1^3 u}} \leqslant [\sigma_H] \tag{17-37}$$

设计公式
$$d_1 \geqslant \sqrt[3]{\left(\frac{4.98Z_E}{(1-0.5\psi_R)[\sigma_H]}\right)^2 \frac{KT_1}{\psi_R u}} \tag{17-38}$$

2. 齿根弯曲疲劳强度

校核公式
$$\sigma_F = \frac{4KT_1 Y_F Y_S}{\psi_R(1-0.5\psi_R)^2 z_1^2 m^3 \sqrt{u^2+1}} \leqslant [\sigma_F] \tag{17-39}$$

设计公式
$$m \geqslant \sqrt[3]{\frac{4KT_1 Y_F Y_S}{\psi_R(1-0.5\psi_R)^2 z_1^2 [\sigma_F] \sqrt{u^2+1}}} \tag{17-40}$$

式中　各符号的意义与直齿圆柱齿轮相同。

第十二节　齿轮的结构特点及设计

齿轮的结构设计通常是先根据齿轮直径的大小选定合适的结构形式,然后根据推荐的经验公式和数据进行结构设计。齿轮常用的结构形式有以下几种。

一、齿轮轴

如图 17-27 所示,对于直径较小的齿轮,当齿轮的齿顶圆直径 d_a 小于轴孔直径的 2 倍时,应将齿轮与轴做成一个整体,称为齿轮轴。齿轮轴省去了齿轮与轴之间的连接结构和连接零件,降低了制造费用,但对维修不利,因为轮齿或轴的其他部位损伤、磨损会使整个齿轮轴报废。因此,在材料最薄处厚度 $\delta > 2.5$ mm 不宜采用齿轮轴结构。

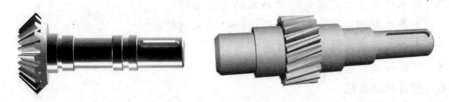

图 17-27　齿轮轴

二、实体式圆柱齿轮

如图 17-28 所示,当齿轮的齿顶圆直径 $d_a \leqslant 200$ mm 时可做成实体式结构,这种结构形式的齿轮常用锻钢制造。

三、腹板式圆柱齿轮

当齿轮的齿顶圆直径 $d_a = 200 \sim 500$ mm 时,一般用锻造方法做成腹板式结构,如图 17-29所示。腹板上常开 4 ~ 6 个孔,以减轻重量和加工方便。

图 17-28　实体式圆柱齿轮

图 17-29　腹板式圆柱齿轮

四、轮辐式圆柱齿轮

如图 17-30 所示,当齿轮的齿顶圆直径 $d_a > 500$ mm 时,采用铸铁或铸钢材料,制成轮辐式结构。

图 17-30　铸造轮辐式圆柱齿轮

思考题与习题

17-1　齿轮传动有哪些主要类型?

17-2 齿廓啮合基本定律与定传动比的关系如何？

17-3 渐开线有哪些性质？渐开线齿轮传动有何特性？

17-4 直齿圆柱齿轮的基本参数有哪些？

17-5 何谓模数？它的物理意义是什么？

17-6 何谓标准齿轮？

17-7 直齿圆柱齿轮的正确啮合条件是什么？连续传动的条件是什么？

17-8 轮齿的切削加工有哪两种？其加工原理各是什么？

17-9 斜齿轮有哪些基本参数？为什么规定其法面模数和压力角为标准值？

17-10 斜齿轮的正确啮合条件是什么？

17-11 何谓斜齿轮的当量齿数？计算当量齿数的目的是什么？

17-12 轮齿常见的失效有哪几种？原因是什么？

17-13 齿轮的设计准则是什么？

17-14 有一标准渐开线直齿圆柱齿轮，已知：$m=4$，齿顶圆直径 $d_a=88$ mm，试求：

（1）齿数 z 为多少？

（2）分度圆直径 d 为多少？

（3）齿高 h 为多少？

（4）基圆直径 d_b 为多少？

17-15 某渐开线直齿圆柱齿轮的齿数 $z=24$，齿顶圆直径 $d_a=204.80$ mm，基圆齿距 $p_b=23.617$ mm，分度圆压力角 $\alpha=20°$。试求该齿轮的模数 m、压力角 α、齿高系数 h_a^*、顶隙系数 c^* 和齿根圆直径 d_f。

17-16 有一对标准斜齿圆柱齿轮传动，已知 $z_1=24$，$z_2=38$，中心距 $a=185$ mm，小齿轮齿顶圆直径 $d_{a1}=147.674$ mm，正常齿制。试求该对齿轮的法面模数、端面模数、端面压力角和螺旋角。

17-17 有一对轴交角为 $90°$ 的直齿圆锥齿轮传动，已知 $z_1=21$，$z_2=47$，大端 $m=5$ mm，$\Sigma=20°$。试求这对齿轮的基本尺寸。

17-18 设计一个由电动机驱动的闭式斜齿圆柱齿轮传动。已知：$P_1=22$ kW，$n_1=730$ r/min，传动比 $i=4.5$，齿轮精度等级为 8 级，齿轮在轴上对轴承作不对称布置，单轴的刚性较大，载荷平稳，单向转动，两班制工作，工作寿命为 20 年。

17-19 设计机床中的一对标准直齿圆柱齿轮传动。已知：传动功率 $P=7.5$ kW，齿轮转速 $n_1=1\ 450$ r/min，传动比 $i=2.08$，小齿轮相对轴承为不对称布置，两班制，每年工作 300 d，使用期限为 5 年。

17-20 如图 17-31 所示为斜齿轮传动机构，应如何合理选择 Ⅱ 轴上的斜齿轮螺旋线的旋向，使 Ⅱ 轴所受的轴向力最小？并分别画出轮 1 主动时各轮分力的方向。

17-21 如图 17-32 所示的圆锥斜齿轮减速器中，已知：$P=17$ kW，$n_1=720$ r/min，圆锥齿轮 $m=5$ mm，$z_1=25$，$z_2=60$，齿宽 $b=50$ mm。斜齿圆柱齿轮 $m_n=6$ mm，齿数 $z_3=21$，$z_4=84$，锥齿轮的传动效率 $\eta_1=0.96$，斜齿轮传动效率 $\eta_2=0.98$，滚动轴承效率 $\eta_3=0.99$。试求：

（1）标出各齿轮的转向；

（2）计算各轴的转矩；

（3）斜齿轮分度圆的螺旋角 β 旋向、大小如何才能使大锥齿轮和小锥齿轮轴力抵消？

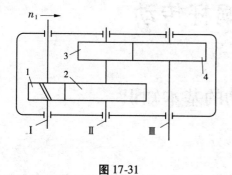

图 17-31   图 17-32

第十八章　蜗杆传动

第一节　蜗杆传动的基本知识

一、蜗杆传动的类型和特点

蜗杆传动由蜗杆和蜗轮组成,如图18-1所示。一般蜗杆为主动件,用于传递交错轴间的运动和动力,通常两轴交角 Σ 为90°。蜗杆类似于螺杆,有左旋和右旋之分;蜗轮可以看成是一个具有凹形轮缘的斜齿轮,其齿面与蜗杆齿面共轭。

图18-1　圆柱蜗杆传动

(一)蜗杆传动的类型

蜗杆传动的类型如图18-2所示。蜗杆传动按蜗杆形式分为圆柱蜗杆传动(见图18-2(a))、圆弧面蜗杆传动(见图18-2(b))、锥面蜗杆传动(见图18-2(c))。其中,圆柱蜗杆传动又可分为阿基米德蜗杆传动和渐开线蜗杆传动。

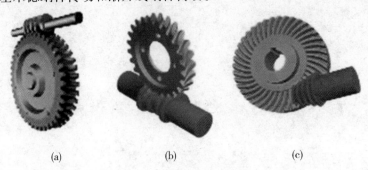

(a)　　　　　　　　(b)　　　　　　　　(c)

图18-2　蜗杆传动的类型

(二)蜗杆传动的特点

与齿轮传动相比,蜗杆传动的优点是:

(1)结构紧凑,传动比大。单级传动比一般为 $i = 8 \sim 100$,在分度机构中传动比 i 可达1 000。

（2）工作平稳，噪声低。由于蜗杆上的齿是连续不断的螺旋齿，蜗轮轮齿和蜗杆是逐步进入啮合和逐步退出啮合的，同时啮合的齿数多，所以工作平稳，噪声低。

（3）可以实现自锁。当蜗杆的螺旋升角小于啮合面的当量摩擦角时，蜗杆具有自锁性，可用于某些手动的简单起重设备中，可防止起吊的重物因自重而下坠。

蜗杆传动的缺点是：

（1）蜗杆传动效率较低，一般效率为 $70\% \sim 80\%$，由于蜗轮和蜗杆在啮合处有较大的相对滑动，发热量大，摩擦和磨损较严重，因此蜗轮齿圈部分常用减摩性能和耐磨性较好的有色金属（如青铜）制造，成本较高。

（2）传动功率较小，通常不超过 50 kW。

二、蜗杆传动的基本参数与几何尺寸计算

（一）蜗杆的头数 z_1、蜗轮齿数 z_2 及传动比 i

较少的蜗杆头数（如单头蜗杆）可以实现较大的传动比，但传动效率较低；蜗杆头数越多，传动效率越高，但蜗杆头数过多时不易加工。通常，蜗杆头数取为 1、2、4、6。

通常情况下，取蜗轮齿数 $z_2 = 28 \sim 80$。若 $z_2 < 28$，会使传动的平稳性降低，且易产生根切；若 z_2 过大，蜗轮直径增大，与之相应蜗杆的长度增加，刚度减小，从而影响啮合的精度。

蜗杆传动的传动比 i 等于蜗杆与蜗轮的转速之比，即

$$i = \frac{n_1}{n_2} = \frac{z_2}{z_1} \tag{18-1}$$

式中 n_1、n_2——蜗杆、蜗轮的转速，r/min；

z_1、z_2——蜗杆头数和蜗轮齿数，可根据传动比 i 按表 18-1 所示选取。

表 18-1 蜗杆头数 z_1、蜗轮齿数 z_2 推荐值

传动比 $i = z_2/z_1$	$7 \sim 13$	$14 \sim 27$	$28 \sim 40$	>40
蜗杆头数 z_1	4	2	2、1	1
蜗轮齿数 z_2	$28 \sim 52$	$28 \sim 54$	$28 \sim 80$	>40

（二）蜗杆升角 λ

如图 18-3 所示，将蜗杆分度圆柱展开，其螺旋线与端面的夹角即为蜗杆分度圆柱上的螺旋线升角 λ，或称蜗杆的导程角。p_{a1} 为蜗杆的轴向齿距，d_1 为分度圆直径，m_{a1} 为轴向模数，$z_1 p_{a1}$ 为蜗杆的导程。由图可得蜗杆分度圆柱上螺旋线升角 λ 与导程的关系为

$$\tan\lambda = z_1 p_{a1}/\pi d_1 = z_1 m_{a1}/d_1 \tag{18-2}$$

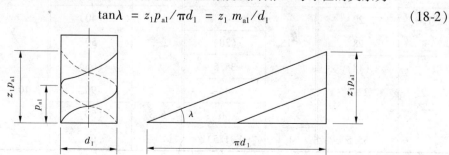

图 18-3 蜗杆分度圆柱展开图

通常,蜗杆螺旋线的升角 $\lambda = 3.5° \sim 27°$,升角小时传动效率低,但可实现自锁($\lambda = 3.5° \sim 4.5°$);升角大时传动效率高,但蜗杆加工困难。

(三)模数 m 和压力角 α

通过蜗杆轴线并垂直于蜗轮轴线的平面称为中间平面,如图18-4所示,规定中间平面上的参数为标准值。由于在中间平面上蜗杆与蜗轮的啮合相当于齿条与齿轮的啮合,因此蜗杆传动的正确啮合条件是:蜗杆轴向模数和轴向压力角应分别等于蜗轮端面模数和端面压力角,蜗杆的螺旋线升角 λ 必须与蜗轮的螺旋角 β 相等,且旋向相同,即

$$\left. \begin{array}{l} m_{a1} = m_{t2} = m \\ \alpha_{a1} = \alpha_{t2} = \alpha \\ \lambda = \beta \end{array} \right\} \tag{18-3}$$

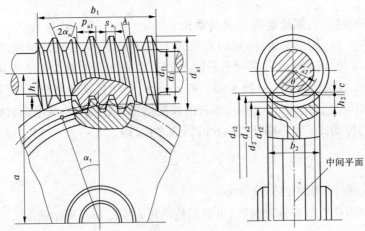

图 18-4　蜗杆传动的主要参数和几何尺寸

标准模数值如表18-2所示。

表 18-2　蜗杆主要参数($\Sigma = 90°$)(GB 10085)

模数 m (mm)	分度圆直径 d_1 (mm)	模数 m (mm)	分度圆直径 d_1 (mm)	模数 m (mm)	分度圆直径 d_1 (mm)	模数 m (mm)	分度圆直径 d_1 (mm)
1	18		(22.4)	4	40	6.33	80
1.25	20	2.5	28		(50)		(112)
	22.4		(35.5)		71	8	(63)
1.6	20		45	5	(40)		80
	28	3.15	(28)		50		(100)
	(18)		35.5		(63)		140
2	22.4		45		90	10	(71)
	(28)		56	6.3	(50)		90
	35.5	4	(31.5)		63		(112)
							160

注:括号中的数字尽可能不采用。

（四）蜗杆分度圆直径 d_1 和蜗杆直径系数 q

由于蜗轮是用与蜗杆尺寸相同的蜗轮滚刀配对加工而成的，为了限制滚刀的数目，国家标准对每一标准模数，规定了一定数目的蜗杆分度圆直径 d_1，参考表 18-2 所列。蜗杆分度圆直径 d_1 与模数 m 的比值称为蜗杆直径系数，用 q 表示，即

$$q = \frac{d_1}{m} \tag{18-4}$$

由式（18-4）可知，当模数一定时，q 值增大则蜗杆直径 d_1 增大，蜗杆的刚度提高。因此，对于小模数蜗杆一般规定了较大的 q 值，以使蜗杆有足够的刚度。

（五）标准圆柱蜗杆传动的几何尺寸计算

标准圆柱蜗杆传动的几何尺寸计算公式如表 18-3 所示。

表 18-3　标准圆柱蜗杆传动的几何尺寸计算

名称	计算公式	
	蜗杆	蜗轮
分度圆直径	$d_1 = mq$	$d_2 = mz_2$
齿根高	$h_{f1} = 1.2m$	$h_{f2} = 1.2m$
齿顶高	$h_{a1} = m$	$h_{a2} = m$
齿顶圆直径	$d_{a1} = m(z_1 + 2)$	$d_{a2} = m(z_2 + 2)$
齿根圆直径	$d_{f1} = m(z_1 - 2.4)$	$d_{f2} = m(z_2 - 2.4)$
顶隙	$c = 0.2m$	
蜗杆轴向齿距 蜗轮端面齿距	$p_{a1} = p_{t2} = \pi m$	
蜗杆分度圆柱的导程角	$\lambda = \arctan z_1 / q$	
蜗轮分度圆上轮齿的螺旋角		$\beta = \lambda$
中心距	$a = 0.5m(q + z_2)$	

第二节　蜗杆传动的失效形式及等级选择

一、蜗杆传动的失效

（一）齿面间相对滑动速度 v_s

蜗杆传动即使在节点 C 处啮合，齿面间也存在较大的相对滑动，滑动速度 v_s 沿蜗杆螺旋线的切线方向。如图 18-5 所示，v_1 和 v_2 分别为蜗杆和蜗轮的圆周速度，v_1 与 v_2 相互垂直，因此

$$v_s = \frac{v_1}{\cos\lambda} = \sqrt{v_1^2 + v_2^2} \tag{18-5}$$

由于齿廓间较大的相对滑动产生热量，因此它对传动在啮合处的润滑情况及胶合、磨损等都有较大影响。

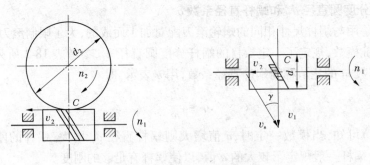

图 18-5　蜗杆传动的滑动速度

(二)蜗杆传动的失效形式

蜗杆传动的主要失效形式是蜗轮齿面产生胶合、点蚀及磨损等。当润滑条件差及散热不良时,闭式传动极易出现胶合。在开式传动以及润滑油不清洁的闭式传动中,轮齿磨损的速度很快。

二、蜗杆传动的材料和等级选择

(一)材料

根据传动的失效特点,制造蜗杆的组合材料首先应具有良好减摩性、耐磨性和抗胶合能力,并具有足够的强度。蜗杆一般用碳钢或合金钢制造,一般与青铜材料的蜗轮匹配。蜗杆、蜗轮常用的配对材料见表 18-4。

表 18-4　蜗杆、蜗轮常用的配对材料

相对滑动速度 v_s(m/s)	蜗轮材料	蜗杆材料
≤25	ZCuSn10P1	20CrMnTi,渗碳淬火,56~62HRC
		20Cr,渗碳淬火,56~62HRC
≤12	ZCuSn5Pb5Zn5	45,高频淬火,40~50HRC
		40Cr,50~55HRC
≤10	ZCuAl9Fe4Ni4Mn2	45,高频淬火,40~50HRC
	ZCuAl10Fe3	40Cr,50~55HRC
≤2	HT150	45,调质,220~250HBS
	HT200	

(二)等级选择

按国家标准规定蜗杆传动的精度分为 12 个精度等级,第 1 级精度最高,第 12 级精度最低,一般选用 6~9 级。选用时如表 18-5 所示。

表 18-5　蜗杆传动的精度等级和应用

精度等级	滑动速度 v_s(m/s)	应用
6	>10	速度较高的精密传动,中等精密的机床分度机构,发动机调速器的传动
7	≤10	速度较高的中等功率传动,中等精度的工业运输机的传动
8	≤5	速度较低或短时间工作的动力传动,或一般不太重要的传动
9	≤2	不重要的低速传动或手动

第三节　蜗杆传动的强度

一、蜗杆传动的受力分析

蜗轮的旋转方向需要根据蜗杆的螺旋方向（蜗杆的螺旋方向判别与斜齿轮的旋向判别方法相同）和旋转方向用左、右手定则判定,方法如下(见图18-6)：左旋伸左手,右旋伸右手,并半握拳,使弯曲的四指与蜗杆的旋转方向一致,则大拇指沿蜗杆轴线所指的反方向就是蜗轮上节点处的旋转方向。

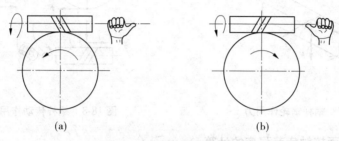

(a)　　　　　　　　　　　　(b)

图18-6　蜗轮旋转方向的判定

蜗杆传动轮齿上的作用力和斜齿轮相似,为简化计算,通常不计齿间的摩擦力。如图18-7所示,作用在齿面上的法向力 F_n 可分解为三个相互垂直的分力：圆周力 F_t、轴向力 F_a 和径向力 F_r。

$$F_{t1} = - F_{a2} = \frac{2T_1}{d_1} \tag{18-6}$$

$$F_{t2} = - F_{a1} = - \frac{2T_2}{d_2} \tag{18-7}$$

$$F_{r2} = - F_{r1} = - F_{t2}\tan\alpha \tag{18-8}$$

式中　T_1、T_2——作用在蜗杆和蜗轮上的转矩,N·mm,$T_2 = T_1 i\eta$,η 为蜗杆传动的效率;

d_1、d_2——蜗杆和蜗轮的分度圆直径,mm;

α——中间平面分度圆上的压力角,$\alpha = 20°$。

以蜗杆为主动件时,各力方向的判定：

(1)蜗杆圆周力方向与它的旋转方向相反,蜗轮圆周力方向与它的旋转方向相同。

(2)径向力的方向分别指向各自的轮心。

(3)蜗杆上轴向力 F_{a1} 的方向可用主动轮左、右手螺定则判定,即右旋蜗杆伸右手(左旋伸左手),四指顺着蜗杆转动方向弯曲,则大拇指所指方向即为轴向力 F_{a1} 的方向,如图18-8所示。根据 F_{a1} 的方向可判定其反作用力蜗轮圆周力 F_{t2} 的方向,从而也可判定蜗轮的转向(其转向与圆周力 F_{t2} 方向一致)。

二、蜗杆传动的强度计算

由于蜗杆传动的失效通常发生在蜗轮轮齿上,因此蜗杆传动的强度计算通常对蜗轮进行。其计算准则是：对于闭式蜗杆传动,通常按齿面接触疲劳强度来设计,并校核齿根弯曲疲劳强度,对连续工作的闭式蜗杆传动还必须作热平衡计算,以免发生胶合失效;对于开式蜗杆传动,按齿根弯曲疲劳强度进行设计。

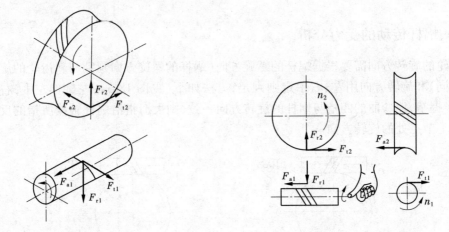

图 18-7　蜗杆蜗轮作用力　　　　图 18-8　蜗杆传动作用力方向

(一)蜗轮齿面接触疲劳强度的计算

蜗轮齿面接触疲劳强度的计算可参照斜齿轮的计算方法进行。蜗轮齿面接触疲劳强度校核公式为

$$\sigma_H = 480\sqrt{\frac{KT_2}{d_1 d_2^2}} = 480\sqrt{\frac{KT_2}{m^2 d_1 z_2^2}} \leqslant [\sigma_H] \tag{18-9}$$

设计公式为

$$m^2 d_1 \geqslant KT_2\left(\frac{480}{z_2[\sigma_H]}\right)^2 \tag{18-10}$$

式中　K——载荷系数,一般 $K = 1 \sim 1.4$,当载荷平稳,蜗轮圆周速度 $v_2 \leqslant 3$ m/s,7 级以上精度取小值,否则取大值;

　　　T_2——蜗轮转矩,N·mm;

　　　$[\sigma_H]$——许用接触应力,MPa,如表 18-6、表 18-7 所示。

表 18-6　锡青铜蜗轮的许用应力

蜗轮材料	铸造方法	滑动速度 (m/s)	$[\sigma_H]$(MPa)		$[\sigma_F]$(MPa)	
			蜗杆齿面硬度		受载状况	
			≤350HBS	>45HRC	单侧	双侧
ZCuSn10P1	砂磨	≤12	180	200	51	32
(铸锡磷青铜)	金属磨	≤25	200	220	70	40
ZCuSn5Pb5Zn5	砂磨	≤10	110	125	33	24
(铸锡铅锌青铜)	金属磨	≤12	135	150	40	29

表 18-7　铝铁青铜及铸铁蜗轮的许用应力

蜗轮材料	蜗杆材料	$[\sigma_H]$（MPa）							铸造方法	$[\sigma_F]$（MPa）	
		滑动速度 v_s（m/s）								受载状况	
		0.5	1	2	3	4	6	8		单侧	双侧
ZCuAl10Fe3	淬火钢	250	230	210	180	160	120	90		82	64
（青铜铸铁）HT150	渗碳钢	130	115	90					砂磨	40 ~ 48	25 ~ 30
HT200 HT150	调质钢	110	90	70						40 ~ 48	35

（二）蜗轮齿根弯曲疲劳强度的计算

通常，按斜齿轮的计算方法进行近似计算。蜗轮齿根弯曲强度的校核公式为

$$\sigma_F = \frac{2KT_2}{d_1 d_2 \, m\cos\lambda} \cdot Y_{F2} \leqslant [\sigma_F] \tag{18-11}$$

设计公式为

$$m^2 d_1 \geqslant \frac{2KT_2}{z_2 [\sigma_F] \cdot \cos\lambda} \cdot Y_{F2} \tag{18-12}$$

式中　Y_{F2}——蜗轮的齿形系数；

$[\sigma_F]$——蜗轮材料的许用弯曲应力，MPa，如表 18-6、表 18-7 所示。

三、蜗杆传动的效率

蜗杆传动的效率由轮齿啮合效率、轴承摩擦损耗效率及箱体零件搅油损耗效率三部分组成，由于后两项对总效率的影响较小，因此主要考虑轮齿啮合效率。

闭式蜗杆传动的总效率可用下式计算

$$\eta = (0.95 \sim 0.97) \frac{\tan\lambda}{\tan(\lambda + \varphi_v)} \tag{18-13}$$

式中　λ——蜗杆的导程角；

φ_v——当量摩擦角，与蜗杆传动的材料、表面硬度和滑动速度有关，对于在油池中工作的钢制蜗杆和铜制蜗轮，一般 $\varphi_v = 2°17'30'' \sim 2°52'$，对于开式传动的铸铁蜗轮，一般 $\varphi_v = 5°42'30'' \sim 6°50'30''$。

由式（18-13）可知，蜗杆传动的效率主要与蜗杆导程角 λ 有关。在 λ 值的一定范围内，效率 η 随 λ 值的增大而增大。多头蜗杆的 λ 角较大，故在传递较大动力时，为提高效率，多采用多头蜗杆。若要求自锁，则一般采用单头蜗杆。

在进行设计时，蜗杆传动效率 η 可按 z_1 估计取值，如表 18-8 所示。

表 18-8　蜗杆传动的效率估算值

蜗杆头数 z_1	1	2	4 或 6	自锁时
蜗杆传动效率 η	0.65 ~ 0.75	0.75 ~ 0.82	0.82 ~ 0.92	<0.5

【例 18-1】 如图 18-9 所示,蜗杆传动以蜗杆为主动件。试在图中标出蜗杆及蜗轮的转向、轮齿的螺旋方向、蜗杆及蜗轮所受各分力的方向。

解 （1）先判断蜗杆的螺旋方向。

（2）根据左、右手法则判断蜗轮的转向。

（3）根据各力的判断法则确定蜗杆蜗轮所受各分力的方向。

蜗杆及蜗轮的转向、轮齿的螺旋线方向、蜗杆及蜗轮所受各分力的方向均标注在图 18-10 中。

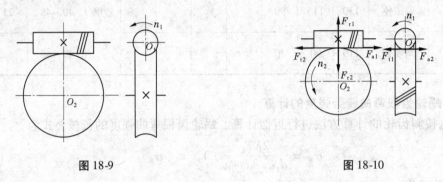

图 18-9　　　　　　　　　　　　　　　　图 18-10

第四节　蜗杆和蜗轮的结构

一、蜗杆的结构

由于蜗杆螺旋部分的直径较小,因此蜗杆通常和轴制成一体称为蜗杆轴。常用车削加工（见图 18-11(a)）或铣削加工（见图 18-11(b)）,车制蜗杆时,为了便于车螺旋部分时退刀,留有退刀槽而使轴径小于根圆直径,削弱了蜗杆的刚度。铣制蜗杆时,在轴上直接铣出螺旋部分,刚性较好。

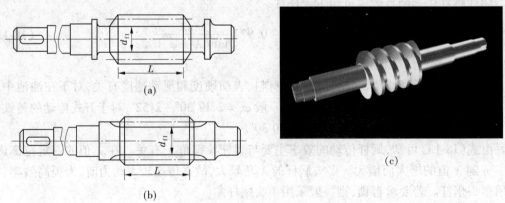

图 18-11　蜗杆结构

二、蜗轮的结构

对于尺寸较小的蜗轮,可采用整体式结构（见图 18-12(a)）;对于尺寸较大的蜗轮,为了节约贵重金属,采用青铜齿圈和铸铁轮芯的组合结构。齿圈与轮芯连接方式有三种:如图 18-12(b)所示为压配式(用过盈配合将齿圈装在铸铁的轮芯上,为了增加连接的可靠性,常在结合缝处拧上螺钉),如图 18-12(c)所示为螺栓连接式,如图 18-12(d)所示为组合浇铸式(直接将青铜齿圈浇铸在铸铁轮芯上)。

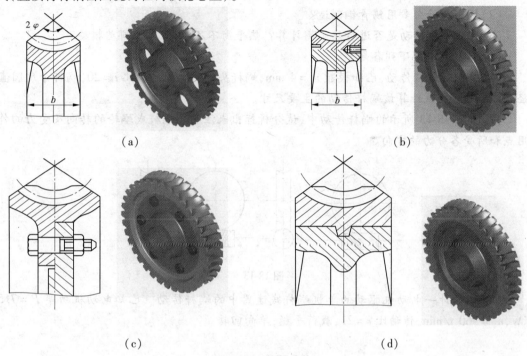

(a)　　　　　　　　　　　　　　(b)

(c)　　　　　　　　　　　　　　(d)

图 18-12　蜗轮结构

思考题与习题

18-1　选择题(将正确的答案的字母序号填在括号里)。

(1)蜗杆头数(　　　),则传动效率高。

　A. 多　　　　　　B. 少　　　　　　C. 与头数无关

(2)在蜗杆传动中,蜗杆的(　　　)模数和蜗轮的端面模数应相等,并为标准值。

　A. 轴面　　　　　B. 法面　　　　　C. 端面　　　　　　D. 以上均不对

(3)当传动的功率较大,为提高效率,蜗杆的头数可以取(　　　)。

　A. $z = 1$　　　　　B. $z = 2 \sim 3$　　　　　C. $z = 4$

(4)蜗杆传动(　　　)自锁作用。

　A. 具有　　　　　B. 不具有　　　　C. 有时有　　　　　D. 以上均不是

(5)蜗杆传动与齿轮传动相比,效率(　　　)。

　A. 高　　　　　　B. 低　　　　　　C. 相等　　　　　　D. 以上均不是

18-2　判断题(在你认为正确的地方画√,错误的地方画×)。

(1)蜗杆传动一般用于传递大功率、大传动比。(　　　)

(2)蜗杆传动通常用于减速装置。(　　　)

(3)蜗杆的传动效率与其头数无关。(　　)

(4)蜗杆的导程角λ越大,传动效率越高。(　　)

18-3　回答下列问题。

(1)蜗杆传动为什么多用于减速传动?

(2)蜗轮为什么多用锡青铜制造?

(3)闭式蜗杆传动是否进行热平衡计算?热平衡不足时,可采用哪些措施?

18-4　按要求解下列各题。

(1)一圆柱蜗杆传动,已知模数 $m=4$ mm,蜗杆头数 $z_1=2$,传动比 $i=20$,蜗杆分度圆直径 $d_1=48$ mm。试计算该蜗杆传动的主要尺寸。

(2)如图 18-13 所示的蜗杆传动中,试分析标出未注明的蜗杆或蜗轮的转向及受力的作用点和所受各分力的方向。

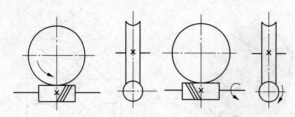

图 18-13

(3)试设计一电动机驱动的单机蜗杆减速器中的蜗杆传动。已知电动机功率 $P=7.5$ kW,$n_1=960$ r/min,传动比 $i=21$,载荷平稳,单向回转。

第十九章　轮　系

第一节　轮系及其分类

在实际应用中,仅用一对齿轮往往不能满足要求,在许多情况下需采用多对齿轮组成的齿轮机构。通常是将若干个齿轮组合在一起用于传递运动和动力,这种由多个齿轮(包括蜗杆、蜗轮)组成的齿轮传动装置称为轮系。轮系的分类如表 19-1 所示。

表 19-1　轮系的分类

类型	定义
定轴轮系	在轮系运转时,所有齿轮的几何轴线均固定不动的轮系称为定轴轮系(见图 19-1)
周转轮系	在轮系运转时,至少有一个齿轮的几何轴线相对于机架的位置是变化的轮系称为周转轮系(见图 19-2)
复合轮系	同时含有定轴轮系和周转轮系的轮系

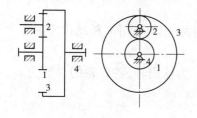

图 19-1　定轴轮系

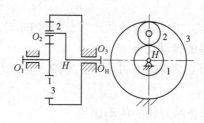

图 19-2　周转轮系

轮系的功用:用于相距较远的两轴之间的传动,实现变速和换向传动,获取大的传动比,实现分路传动,实现运动的合成和分解。

第二节　定轴轮系传动比的计算

定轴轮系根据轴线是否平行又可分为平面定轴轮系和空间定轴轮系。

(1)平面定轴轮系:由轴线相互平行的圆柱齿轮组成的定轴轮系,如图 19-3 所示。

(2)空间定轴轮系:包含有相交轴齿轮、交错轴齿轮等在内的定轴轮系。如图 19-4 所示手摇提升装置即为空间定轴轮系。

一、定轴轮系传动比计算

在轮系中,输入轴与输出轴(即主动轮 1 与从动轮 K)的转速之比称为轮系的传动比,用

i_{1K}表示,即

$$i_{1K} = \frac{n_1}{n_K}$$

式中 n_1、n_K——主、从动轮的转速,r/min。

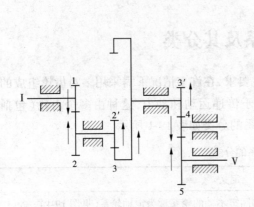

图 19-3 平面定轴轮系   图 19-4 手摇提升装置

(一)单级传动的传动比

一对相啮合齿轮的传动比为

$$i_{12} = \frac{n_1}{n_2} = \pm \frac{z_2}{z_1}$$

其中,外啮合时两轮方向相反,传动比为负值;内啮合时两轮转向相同,传动比为正值。

(二)平面定轴轮系的传动比

如图 19-3 所示的平面定轴轮系中,轴 I 为输入轴,轴 V 为输出轴,各齿轮的齿数为 z_1、z_2、$z_{2'}$、z_3、$z_{3'}$、z_4、z_5。

轮系中各对相互啮合的齿轮的传动比为

$$i_{12} = \frac{n_1}{n_2} = -\frac{z_2}{z_1}, i_{2'3} = \frac{n_{2'}}{n_3} = \frac{z_3}{z_{2'}}, i_{3'4} = \frac{n_{3'}}{n_4} = -\frac{z_4}{z_{3'}}, i_{45} = \frac{n_4}{n_5} = -\frac{z_5}{z_4}$$

公式两边相乘得

$$i_{15} = i_{12} \cdot i_{2'3} \cdot i_{3'4} \cdot i_{45} = \frac{n_1}{n_2} \cdot \frac{n_{2'}}{n_3} \cdot \frac{n_{3'}}{n_4} \cdot \frac{n_4}{n_5} = (-1)^3 \frac{z_2 z_3 z_4 z_5}{z_1 z_{2'} z_{3'} z_4}$$

其中,$n_2 = n_{2'}$、$n_3 = n_{3'}$,因此上式可简化为

$$i_{15} = \frac{n_1}{n_5} = (-1)^3 \frac{z_2 z_3 z_4 z_5}{z_1 z_{2'} z_{3'} z_4}$$

同理,轮系中若以 A 表示首齿轮,K 表示末齿轮,m 表示圆柱齿轮外啮合的对数,则定轴轮系传动比的计算式为

$$i_{AK} = \frac{n_A}{n_K} = (-1)^m \frac{\text{所有从动轮齿数的连乘积}}{\text{所有主动轮齿数的连乘积}} \qquad (19\text{-}1)$$

应该注意的是:

(1)首、末两齿轮转向用 $(-1)^m$ 来判别。当 i_{AK} 为负号时,说明首、末两齿轮转向相反;

当 i_{AK} 为正号时,说明首、末两齿轮转向相同。

(2)齿轮4同时与齿轮3′和5相啮合,它既是前一级的从动轮,又是后一级的主动轮,这种齿轮称为惰性齿轮或过桥齿轮,惰性齿轮的齿数不影响传动比大小,只改变轮系的从动轮转向。

(三)空间定轴轮系传动比的计算

当定轴轮系中有圆锥齿轮、蜗轮和蜗杆等机构时,其传动比大小可直接用式(19-1)来计算,但由于两轴线不平行的传动,不能用 $(-1)^m$ 来确定首末两齿轮转向,可以用画箭头的方法来判别各轮的转向,如图19-4所示。

二、定轴轮系中任意从动轮转速的计算

由式(19-1)可导出轮系中第 K 个齿轮的转速为

$$n_K = n_1 \cdot \frac{\text{所有主动轮齿数的连乘积}}{\text{所有从动轮齿数的连乘积}} \tag{19-2}$$

【例19-1】 一手摇提升装置如图19-4所示。其中各轮齿数为 $z_1 = 20$, $z_2 = 50$, $z_{2'} = 16$, $z_3 = 30$, $z_{3'} = 1$, $z_4 = 40$, $z_{4'} = 18$, $z_5 = 52$。试求传动比 i_{15},并指出当提升重物时手柄的转向。

解 轮系中有空间齿轮,故先计算齿轮系传动比的大小

$$i_{15} = \frac{z_2 z_3 z_4 z_5}{z_1 z_{2'} z_{3'} z_{4'}} = \frac{50 \times 30 \times 40 \times 52}{20 \times 16 \times 1 \times 18} = 541.67$$

当提升重物时,手柄的转向用画箭头的方法确定,如图19-4中箭头所示。

第三节 周转轮系传动比的计算

一、周转轮系的组成

如图19-5(a)所示,周转轮系由行星轮、太阳轮和行星架组成。

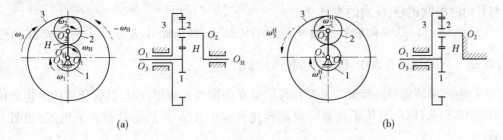

(a)   (b)

图19-5 周转轮系的转化

(1)行星轮:既自转又公转的齿轮2。

(2)太阳轮:与行星轮相啮合的且轴线固定的齿轮1、3。

(3)行星架:支承并带动行星轮转动的构件 H。

二、周转轮系传动比的计算

由于行星轮除绕本身轴线自转外,还随行星架绕固定轴线公转,因此不能用定轴轮系传动比计算公式来计算周转轮系的传动比。可采用转化机构法,即假设对整个周转轮系加上

一个与行星架大小相等、方向相反的附加转速 $-n_H$。根据相对运动原理，显然各构件的相对运动关系并不变，但此时 H 的转速变为 0，即相对静止，这样原来的周转轮系就转化为假想的定轴轮系。该假想的定轴轮系称为原周转轮系的转化机构，如图 19-5（b）所示。对于转化机构的传动比，则可按定轴轮系传动比的公式进行计算。而原来周转轮系的传动比即可通过转化机构间接求得。

转化前、后各构件的转速如表 19-2 所示。

表 19-2　转化前、后周转轮系中各构件的转速

构件	原轮系中的转速	转化后的转速
1	n_1	$n_1^H = n_1 - n_H$
2	n_2	$n_2^H = n_2 - n_H$
3	n_3	$n_3^H = n_3 - n_H$
H	n_H	$n_H^H = n_H - n_H = 0$

对于转化机构，传动比为

$$i_{13}^H = \frac{n_1^H}{n_3^H} = \frac{n_1 - n_H}{n_3 - n_H} = -\frac{z_3}{z_1}$$

式中的负号表示齿轮 1 和齿轮 3 在转化机构中的转向相反。

将上式推广到一般情况，可得

$$i_{AK}^H = (-1)^i \frac{\text{从齿轮 } A \text{ 到 } K \text{ 所有从动轮齿数的连乘积}}{\text{从齿轮 } A \text{ 到 } K \text{ 所有主动轮齿数的连乘积}} \tag{19-3}$$

在使用式（19-3）时应特别注意以下几个方面的问题：

（1）齿轮 A、K 和行星架 H 三个构件的轴线应互相平行或重合。

（2）将 n_A、n_K、n_H 的值代入式（19-3）计算时，必须带正号或负号。假定某一转向为正，则与其同向的取正号，反向的取负号。

（3）$i_{AK}^H \neq i_{AK}$。i_{AK}^H 是周转轮系转化机构的传动比，即齿轮 A、K 相对于行星架 H 的传动比，而 $i_{AK} = \dfrac{n_A}{n_K}$ 是周转轮系中 A、K 两齿轮的传动比。

（4）空间周转轮系的两齿轮 A、K 和行星架 H 的轴线互相重合时，其转化机构的传动比仍可用式（19-3）来计算，但其正负号应根据转化机构中 A、K 两齿轮的转向来确定，如图 19-6 所示。

【例 19-2】　如图 19-7 所示，已知其中各齿轮齿数为 $z_1 = 100$，$z_2 = 101$，$z_{2'} = 100$，$z_3 = 99$。试求传动比 i_{H1}。

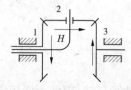

图 19-6　空间周转轮系

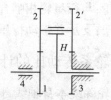

图 19-7　周转轮系

解 图 19-7 所示周转轮系中齿轮 1、3 为太阳轮,双联齿轮 22′ 为行星轮,H 为行星架。由式(19-3)得

$$i_{13}^H = \frac{n_1 - n_H}{n_3 - n_H} = \frac{n_1 - n_H}{0 - n_H} = 1 - \frac{n_1}{n_H} = 1 - i_{1H} = (-1)^2 \frac{z_2 z_3}{z_1 z_{2'}}$$

即

$$i_{1H} = 1 - (-1)^2 \frac{z_2 z_3}{z_1 z_{2'}} = 1 - \frac{101 \times 99}{100 \times 100} = \frac{1}{10\,000}$$

所以

$$i_{H1} = \frac{1}{i_{1H}} = 10\,000$$

即当系杆 H 转 10 000 r 时,齿轮 1 才转 1 r,且两构件转向相同。本例也说明,周转轮系用少数几个齿轮就能获得很大的传动比。

若将 z_3 由 99 改为 100,则

$$i_{H1} = \frac{n_H}{n_1} = -100$$

若将 z_2 由 101 改为 100,则

$$i_{H1} - \frac{n_H}{n_1} = 100$$

由此结果可见,同一种结构形式的周转轮系,由于某一齿轮的齿数略有变化(本例中仅差一个齿),其传动比则会发生巨大变化,同时转向也会改变。

第四节　复合轮系传动比的计算

若轮系中既包含定轴轮系,又包含周转轮系,或者包含几个周转轮系,则称为复合轮系,如图 19-8 所示。

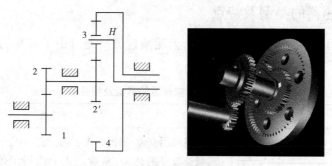

图 19-8　复合轮系

计算复合轮系的传动比时,应将复合轮系中的定轴轮系和周转轮系分开,分别列出它们的传动比计算公式,最后联立求解。

计算复合轮系的步骤是:

(1)先找出行星轮与行星架,再找出与行星轮相啮合的太阳轮。行星轮、太阳轮、行星架构成一个周转轮系,找出所有的周转轮系后,剩下的即为定轴轮系。

(2)分别列出定轴轮系部分和周转轮系部分的传动比公式,并代入已知数据。

(3)找出定轴轮系部分与周转轮系部分之间的运动关系,并联立求解即可求出混合轮

系中两轮之间的传动比。

【例19-3】 如图19-9所示为电动卷扬机减速系统，已知各齿轮齿数为 $z_1 = 24$，$z_2 = 52$，$z_{2'} = 21$，$z_3 = 78$，$z_{3'} = 18$，$z_4 = 30$，$z_5 = 78$。求传动比 i_{1H}。

解 该混合轮系中，齿轮1、2、2′、3和转臂 H 组成一个周转轮系；齿轮3′、4、5组成定轴轮系，且 $n_H = n_5$，$n_3 = n_{3'}$。

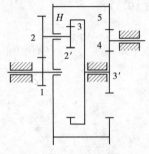

图19-9 电动卷扬机减速系统

在定轴轮系中，有

$$i_{3'5} = \frac{n_{3'}}{n_5} = \frac{-z_5}{z_{3'}} = -\frac{78}{18} \qquad (a)$$

在周转轮系中，有

$$i_{13}^H = \frac{n_1 - n_H}{n_3 - n_H} = -\frac{z_2 z_3}{z_1 z_{2'}} = -\frac{52 \times 78}{24 \times 21} \qquad (b)$$

联立方程式(a)、式(b)和 $n_3 = n_{3'}$，$n_H = n_5$ 得

$$i_{1H} = \frac{n_1}{n_H} = 43.9$$

i_{1H} 为正值，说明齿轮1与构件 H 转向相同。

第五节 减速器简介

在机械传动中，为了降低转速并相应地增大转矩，常在原动机与工作机之间安装具有固定传动比的独立部件，它通常是由封闭在箱体内的齿轮系统组成的，这种独立传动的部件称为减速器。在个别机械中，也有用做增加转速的装置，称为增速器。

一、常用减速器的类型及特点

减速器广泛用于各行业的机械传动中，齿轮减速器又是其中最常见的一种类型。常用减速器的类型及特性如表19-3所示。

表19-3 常用减速器的类型及特性

名称	简图	特性
一级圆柱齿轮减速器		轮齿可用直齿、斜齿或人字齿。直齿用于较低速($v \leqslant 8$ m/s)或载荷较轻的传动，斜齿或人字齿用于较高速($v = 25 \sim 50$ m/s)或载荷较重的传动。箱体常用铸铁铸造，轴承常用滚动轴承。传动比范围：直齿 $i \leqslant 4$，斜齿 $i \leqslant 6$
两级展开式圆柱齿轮减速器		高速级常用斜齿，低速级可用直齿或斜齿。由于相对于轴承不对称布置，要求轴具有较大的刚度。高速级齿轮在远离转矩输入端，以减少因弯曲变形所引起的载荷沿齿宽分布不均的现象。常用于载荷较平稳的场合，应用广泛。传动比范围：$i = 8 \sim 40$

名称	简图	特性
两级同轴式圆柱齿轮减速器		箱体长度较短,轴向尺寸及重量较大,中间轴较长,刚度差,轴承润滑困难。当两个大齿轮浸油深度大致相同时,高速级齿轮的承载能力难以充分利用。仅有一个输入轴和输出轴,传动布置受到限制。传动比范围:$i = 8 \sim 40$
一级锥齿轮减速器		用于输入轴和输出轴的轴线垂直相交的传动,有卧式和立式两种。轮齿加工较复杂,可用直齿、斜齿或曲齿。传动比范围:直齿 $i \leqslant 3$,斜齿 $i \leqslant 5$
两级圆锥-圆柱齿轮减速器		用于输入轴和输出轴的轴线垂直相交且传动比较大的传动。锥齿轮布置在高速级,以减少锥齿轮的尺寸,便于加工。传动比范围:$i = 8 \sim 25$
一级蜗杆减速器	 (a)蜗杆下置式 (b)蜗杆上置式	传动比大,结构紧凑,但传动效率低,用于中小功率、输入轴和输出轴的轴线垂直交错传动。蜗杆下置式的润滑条件较好,应优先选用。当蜗杆圆周速度 $v > 4 \sim 5$ m/s 时,应采用上置式,此时蜗杆轴承润滑条件较差。动力传动时传动比范围:$i = 10 \sim 40$
NGW 型单级行星齿轮减速器		比普通圆柱齿轮减速器尺寸小,重量轻,但制造精度要求高,结构复杂,用于要求结构紧凑的动力传动。传动比范围:$i = 3 \sim 12$

二、齿轮减速器的标准化及选用

由于齿轮减速器在机械设备上的广泛应用,减速器已实现标准化和系列化,并由专业厂家进行生产。我国已制定出减速器的标准系列有:渐开线齿轮减速器(JB/T 8853—1999)、圆弧圆柱齿轮减速器(JB 1130—1975)、圆柱蜗杆减速器(重型机械标准)和 NGW 型行星齿轮减速器等。在标准系列减速器中,规定了主要的尺寸、参数值(a、i、z、m、β 等)和适用条件。使用时,优先选用合适的标准减速器。若需要自行设计,应参考上述标准。

（一）常用标准减速器

各种标准减速器的系列较多,其类型、规格、尺寸参数、代号、适用范围及安装尺寸等可查有关手册和产品目录。本书中只简单介绍最常用的几种标准减速器。

1. 渐开线圆柱齿轮减速器(JB/T 8853—1999)

渐开线圆柱齿轮减速器分单级(ZDY)、两级(ZLY)和三级(ZSY)。它们的特点是:制造安装简单,功率和速度范围大,适用于承受重载或连续工作的机器。其适用条件为:齿轮圆周速度不大于 18 m/s,高速轴转速不大于 1 500 r/min,工作温度为 −40 ~ +45 ℃,可用于正反向运转。

2. 普通圆柱蜗杆减速器(JB/T 7935—1999)

这类减速器分蜗杆上置式(WS)和蜗杆下置式(WD)。它们的特点是:传动比大,结构紧凑,工作平稳,噪声小且具有自锁性,常用于起重、机床分度及传动比大的机械传动中。但由于蜗杆与蜗轮啮合处相对滑动较大,发热量大,效率低等不足,故只适用于中小功率和不连续工作的场合。其适用条件为:啮合处滑动速度不大于 7.5 m/s,蜗杆转速不大于 1 500 r/min,工作温度为 −40 ~ +40 ℃。

（二）标准减速器的选择

选择标准减速器时,一般的已知条件是:输入轴传动功率 P_1 或输出转矩 T、高速轴和低速轴转速、载荷特性、使用寿命、装配形式及工作环境等。各种标准减速器都按型号列出有承载能力表,可按工作要求选用。一般选用步骤如下:

(1)根据工作要求确定标准减速器的类型;

(2)根据转速求传动比,选用该类型中不同级数的减速器;

(3)由输入功率 P_1(或输出转矩 T)、载荷特性、输入轴转速和总传动比等条件,在减速器承载能力表中,查得所需减速器的型号及参数、尺寸。

三、齿轮减速器结构

下面以单级圆柱齿轮减速器为例,介绍减速器的基本组成和结构设计时应注意的问题。单级圆柱齿轮减速器主要由传动零件(齿轮)、轴系零件(轴、轴承)、连接零件(螺栓、螺钉、定位销)、箱体及附属零件(通气器、起盖螺钉、吊环螺钉、油标、油塞等)组成。

(1)箱体。箱体由箱盖和箱座组成,多采用灰铸铁(HT200、HT150)铸造而成。箱体本身应有足够的刚度,以免在载荷作用下产生过大的变形,而引起齿轮沿齿宽载荷分布不均匀。因此,在箱体外侧轴承座处添加加强筋,以提高其刚性,同时可增大减速器的散热面积。为了保证齿轮轴线位置的正确,箱体上的轴承孔要求精度较高,一般对位于同一直线上的轴承座孔,应尽量设计成相同直径的通孔,以便一次镗削完成。为了便于安装,箱体通常做成剖分式结构,箱盖与箱座的剖分面应与齿轮轴线平面重合。

(2)剖分式减速器的箱盖与箱座采用螺栓连接。螺栓沿剖分面均匀分布,轴承旁的螺栓应尽量靠近轴承。为了保证箱盖与箱座准确定位,常采用两个位置相距尽可能远的圆锥销定位,以提高定位精度和方便安装。为了拆卸箱盖与箱座方便,在箱盖凸缘上设置有 1 ~ 2 个起盖螺钉。

(3)箱盖上的视孔是为检查齿轮啮合情况和向箱内注入润滑油而设置的,平时用盖封闭,视孔盖上安装一通气器,用以排出箱体内的热空气,避免破坏箱盖与箱座分箱面间的密封。

(4)箱座下部设有一放油孔,可放出箱内的污油,放油孔应位于油池的最低处,油池底部沿排油方向稍有斜度,平时放油孔用油塞堵住。为了随时检查箱内油面的高低,还设置有杆式油标。

(5)减速器应有良好的润滑和密封。有关这方面的知识参看第九章。

在实际使用中,减速器的类型很多,结构上差异也很大,设计时可参考有关减速器结构图册。

思考题与习题

19-1　如图 19-10 所示为滚齿机滚刀与工件间的传动简图,已知各齿轮的齿数 $z_1=35$,$z_2=10$,$z_3=30$,$z_4=70$,$z_5=40$,$z_6=90$,$z_7=1$,$z_8=84$。求毛坯回转一转时滚刀轴的转数。

19-2　某外圆磨床的进给机构如图 19-11 所示,已知各轮齿数 $z_1=28$,$z_2=56$,$z_3=38$,$z_4=57$,手轮与齿轮 1 相固连,横向丝杠与齿轮 4 相固连,其丝杠螺距为 3 mm。试求当手轮转动 1/100 r 时,砂轮架的横向进给量 S。

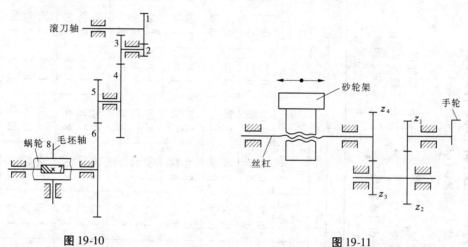

图 19-10　　　　　　　　　　　　　　图 19-11

19-3　如图 19-12 所示轮系中 $z_1=15$,$z_2=25$,$z_3=20$,$z_4=60$,$n_1=200$ r/min（顺时针）$n_4=50$ r/min（顺时针）。试求 H 的转速。

19-4　如图 19-13 所示轮系中,已知 $z_1=48$,$z_2=27$,$z_{2'}=45$,$z_3=102$,$z_4=120$,设输入转速 $n_1=3\,750$ r/min。求传动比 i_{14} 和 n_4。

19-5　如图 19-14 所示轮系中,各轮的齿数 $z_1=36$,$z_2=60$,$z_3=23$,$z_4=49$,$z_{4'}=69$,$z_5=30$,$z_6=131$,$z_7=94$,$z_8=36$,$z_9=167$。设输入转速 $n_1=3\,549$ r/min,试求行星架 H 的转速 n_H。

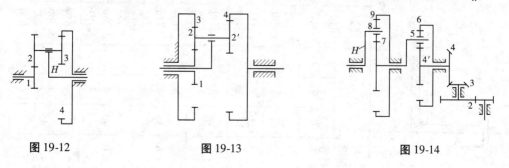

图 19-12　　　　　　　　图 19-13　　　　　　　　图 19-14

附录 型钢规格表

附表 1 热轧等边角钢（GB/T 9787—88）

符号意义：
b—边宽度；
d—边厚度；
r_1—边端内圆弧半径；
r—内圆弧半径；
I—惯性矩；
i—惯性半径；
z_0—重心距离；
W—截面系数；

参考数值

角钢号数	尺寸(mm) b	d	r	截面面积 (cm²)	理论质量 (kg/m)	外表面积 (m²/m)	$x-x$ I_x (cm⁴)	i_x (cm)	W_x (cm³)	x_0-x_0 I_{x_0} (cm⁴)	i_{x_0} (cm)	W_{x_0} (cm³)	y_0-y_0 I_{y_0} (cm⁴)	i_{y_0} (cm)	W_{y_0} (cm³)	x_1-x_1 I_{x_1} (cm⁴)	z_0 (cm)
2	20	3	3.5	1.132	0.889	0.078	0.40	0.59	0.29	0.63	0.75	0.45	0.17	0.39	0.20	0.81	0.60
		4		1.459	1.145	0.077	0.50	0.58	0.36	0.78	0.73	0.55	0.22	0.38	0.24	1.09	0.64
2.5	25	3	3.5	1.432	1.124	0.098	0.82	0.76	0.46	1.29	0.95	0.73	0.34	0.49	0.33	1.57	0.73
		4		1.859	1.459	0.097	1.03	0.74	0.59	1.62	0.93	0.92	0.43	0.48	0.40	2.11	0.76
3.0	30	3	4.5	1.749	1.373	0.117	1.46	0.91	0.68	2.31	1.15	1.09	0.61	0.59	0.51	2.71	0.85
		4		2.276	1.786	0.117	1.84	0.90	0.87	2.92	1.13	1.37	0.77	0.58	0.62	3.63	0.89
3.6	36	3	4.5	2.109	1.656	0.141	2.58	1.11	0.99	4.09	1.39	1.61	1.07	0.71	0.76	4.68	1.00
		4		2.756	2.163	0.141	3.29	1.09	1.28	5.22	1.38	2.05	1.37	0.70	0.93	6.25	1.04
		5		3.382	2.654	0.141	3.95	1.08	1.56	6.24	1.36	2.45	1.65	0.70	1.09	7.84	1.07
4.0	40	3	5	2.359	1.852	0.157	3.59	1.23	1.23	5.69	1.55	2.01	1.49	0.79	0.96	6.41	1.09
		4		3.086	2.422	0.157	4.60	1.22	1.60	7.29	1.54	2.58	1.91	0.79	1.19	8.56	1.13
		5		3.791	2.976	0.156	5.53	1.21	1.96	8.76	1.52	3.01	2.30	0.78	1.39	10.74	1.17
4.5	45	3	5	2.659	2.088	0.177	5.17	1.40	1.58	8.20	1.76	2.58	2.14	0.90	1.24	9.12	1.22
		4		3.486	2.736	0.177	6.65	1.38	2.05	10.56	1.74	3.32	2.75	0.89	1.54	12.18	1.26
		5		4.292	3.369	0.176	8.04	1.37	2.51	12.74	1.72	4.00	3.33	0.88	1.81	15.25	1.30
		6		5.076	3.985	0.176	9.33	1.36	2.95	14.76	1.70	4.64	3.89	0.88	2.06	18.36	1.33

续附表 1

参考数值

角钢号数	尺寸(mm)			截面面积 (cm²)	理论质量 (kg/m)	外表面积 (m²/m)	x—x			x₀—x₀			y₀—y₀			x₁—x₁	z₀ (cm)
	b	d	r				I_x (cm⁴)	i_x (cm)	W_x (cm³)	I_{x_0} (cm⁴)	i_{x_0} (cm)	W_{x_0} (cm³)	I_{y_0} (cm⁴)	i_{y_0} (cm)	W_{y_0} (cm³)	I_{x_1} (cm⁴)	
5	50	3	5.5	2.971	2.332	0.197	7.18	1.55	1.96	11.37	1.96	3.22	2.98	1.00	1.57	12.50	1.34
		4		3.897	3.059	0.197	9.26	1.54	2.56	14.70	1.94	4.16	3.82	0.99	1.96	16.69	1.38
		5		4.803	3.770	0.196	11.21	1.53	3.13	17.79	1.92	5.03	4.64	0.98	2.31	20.90	1.42
		6		5.688	4.465	0.196	13.05	1.52	3.68	20.68	1.91	5.85	5.42	0.98	2.63	25.14	1.46
5.6	56	3	6	3.343	2.624	0.221	10.19	1.75	2.48	16.14	2.20	4.08	4.24	1.13	2.02	17.56	1.48
		4		4.390	3.446	0.220	13.18	1.73	3.24	20.92	2.18	5.28	5.46	1.11	2.52	23.43	1.53
		5		5.415	4.251	0.220	16.02	1.72	3.97	25.42	2.17	6.42	6.61	1.10	2.98	29.33	1.57
		8		8.367	6.568	0.219	23.63	1.68	6.03	37.37	2.11	9.44	9.89	1.09	4.16	47.24	1.68
6.3	63	4	7	4.978	3.907	0.248	19.03	1.96	4.13	30.17	2.46	6.78	7.89	1.26	3.29	33.35	1.70
		5		6.143	4.822	0.248	23.17	1.94	5.08	36.77	2.45	8.25	9.57	1.25	3.90	41.73	1.74
		6		7.288	5.721	0.247	27.12	1.93	6.00	43.03	2.43	9.66	11.20	1.24	4.46	50.14	1.78
		8		9.515	7.469	0.247	34.46	1.90	7.75	54.56	2.40	12.25	14.33	1.23	5.47	67.11	1.85
		10		11.657	9.151	0.246	41.09	1.88	9.39	64.85	2.36	14.56	17.33	1.22	6.36	84.31	1.93
7	70	4	8	5.570	4.372	0.275	26.39	2.18	5.14	41.80	2.74	8.44	10.99	1.40	4.17	45.74	1.86
		5		6.875	5.397	0.275	32.21	2.16	6.32	51.08	2.73	10.32	13.34	1.39	4.95	57.21	1.91
		6		8.160	6.406	0.275	37.77	2.15	7.48	59.93	2.71	12.11	15.61	1.38	5.67	68.73	1.95
		7		9.424	7.398	0.275	43.09	2.14	8.59	68.35	2.69	13.81	17.82	1.38	6.34	80.29	1.99
		8		10.667	8.373	0.274	48.17	2.12	9.68	76.37	2.68	15.43	19.98	1.37	6.98	91.92	2.03
7.5	75	5	9	7.367	5.818	0.295	39.97	2.33	7.32	63.30	2.92	11.94	16.63	1.50	5.77	70.56	2.04
		6		8.797	6.905	0.294	46.95	2.31	8.64	74.38	2.90	14.02	19.51	1.49	6.67	84.55	2.07
		7		10.160	7.976	0.294	53.57	2.30	9.93	84.96	2.89	16.02	22.18	1.48	7.44	98.71	2.11
		8		11.503	9.030	0.294	59.96	2.28	11.20	95.07	2.88	17.93	24.86	1.47	8.19	112.97	2.15
		10		14.126	11.089	0.293	71.98	2.26	13.64	113.92	2.84	21.48	30.05	1.46	9.56	141.71	2.22

· 341 ·

续附表 1

角钢号数	尺寸(mm)			截面面积(cm²)	理论质量(kg/m)	外表面积(m²/m)	参考数值												
							x—x			x_0—x_0			y_0—y_0			x_1—x_1	z_0(cm)
	b	d	r				I_x(cm⁴)	i_x(cm)	W_x(cm³)	I_{x_0}(cm⁴)	i_{x_0}(cm)	W_{x_0}(cm³)	I_{y_0}(cm⁴)	i_{y_0}(cm)	W_{x_0}(cm³)	I_{x_1}(cm⁴)	
8	80	5	9	7.912	6.211	0.315	48.79	2.48	8.34	77.33	3.13	13.67	20.25	1.60	6.66	85.36	2.15
		6		9.397	7.376	0.314	57.35	2.47	9.87	90.98	3.11	16.08	23.72	1.59	7.65	102.50	2.19
		7		10.860	8.525	0.314	65.58	2.46	11.34	104.07	3.10	18.40	27.09	1.58	8.58	119.70	2.23
		8		12.303	9.658	0.314	73.49	2.44	12.83	116.60	3.08	20.61	30.39	1.57	9.46	136.97	2.27
		10		15.126	11.874	0.313	88.43	2.42	15.64	140.09	3.04	24.76	36.77	1.56	11.08	171.74	2.35
9	90	6	10	10.637	8.350	0.354	82.77	2.79	12.61	131.26	3.51	20.63	34.28	1.80	9.95	145.87	2.44
		7		12.301	9.656	0.354	94.83	2.78	14.54	150.47	3.50	23.64	39.18	1.78	11.19	170.30	2.48
		8		13.944	10.946	0.353	106.47	2.76	16.42	168.97	3.48	26.55	43.97	1.78	12.35	194.80	2.52
		10		17.167	13.476	0.353	128.58	2.74	20.07	203.90	3.45	32.04	53.26	1.76	14.52	244.07	2.59
		12		20.306	15.940	0.352	149.22	2.71	23.57	236.21	3.41	37.12	62.22	1.75	16.49	293.76	2.67
10	100	6	12	11.932	9.366	0.393	114.95	3.01	15.68	181.98	3.90	25.74	47.92	2.00	12.69	200.07	2.67
		7		13.796	10.830	0.393	131.86	3.09	18.10	208.97	3.89	29.55	54.74	1.99	14.26	233.54	2.71
		8		15.638	12.276	0.393	148.24	3.08	20.47	235.07	3.88	33.24	61.41	1.98	15.75	267.09	2.76
		10		19.261	15.120	0.392	179.51	3.05	25.06	284.68	3.84	40.26	74.35	1.96	18.54	334.48	2.84
		12		22.800	17.898	0.391	208.90	3.03	29.48	330.95	3.81	46.80	86.84	1.95	21.08	402.34	2.91
		14		26.256	20.611	0.391	236.53	3.00	33.73	374.06	3.77	52.90	99.00	1.94	23.44	470.75	2.99
		16		29.627	23.257	0.390	262.53	2.98	37.82	414.16	3.74	58.57	110.89	1.94	25.63	539.80	2.06
11	110	7	12	15.196	11.928	0.433	177.16	3.41	22.05	280.94	4.30	36.12	73.38	2.20	17.51	310.64	2.96
		8		17.238	13.532	0.433	199.46	3.40	24.95	316.49	4.28	40.69	82.42	2.19	19.39	355.20	3.01
		10		21.261	16.690	0.432	242.19	3.38	30.60	384.39	4.25	49.42	99.98	2.17	22.91	444.65	3.09
		12		25.200	19.782	0.431	282.55	3.35	36.05	448.17	4.22	57.62	116.93	2.15	26.15	534.60	3.16
		14		29.056	22.809	0.431	320.71	3.32	41.31	508.01	4.18	65.31	133.40	2.14	29.14	625.16	3.24

续附表1

参考数值

角钢号数	尺寸(mm)			截面面积 (cm²)	理论质量 (kg/m)	外表面积 (m²/m)	x—x			x₀—x₀			y₀—y₀			x₁—x₁	z₀ (cm)
	b	d	r				I_x (cm⁴)	i_x (cm)	W_x (cm³)	I_{x_0} (cm⁴)	i_{x_0} (cm)	W_{x_0} (cm³)	I_{y_0} (cm⁴)	i_{y_0} (cm)	W_{y_0} (cm³)	I_{x_1} (cm⁴)	
12.5	125	8		19.750	15.504	0.492	297.03	3.88	32.52	470.89	4.88	53.28	123.16	2.50	25.86	521.01	3.37
		10		24.373	19.133	0.491	361.67	3.85	39.97	573.89	4.85	64.93	149.46	2.48	30.62	651.93	3.45
		12		28.912	22.696	0.491	423.16	3.83	41.17	671.44	4.82	75.96	174.88	2.46	35.03	783.42	3.53
		14	14	33.367	26.193	0.490	481.65	3.80	54.16	763.73	4.78	86.41	199.57	2.45	39.13	915.61	3.61
14	140	10		27.373	21.488	0.551	514.65	4.34	50.58	817.27	5.46	82.56	212.04	2.78	39.20	915.11	3.82
		12		32.512	25.522	0.551	603.68	4.31	59.80	958.79	5.43	96.85	248.57	2.76	45.02	1 099.28	3.90
		14		37.567	29.490	0.550	688.81	4.28	68.75	1 093.56	5.40	110.47	284.06	2.75	50.45	1 284.22	3.98
		16		42.539	33.393	0.549	770.24	4.26	77.46	1 221.81	5.36	123.42	318.67	2.74	55.55	1 470.07	4.06
16	160	10		31.502	24.729	0.630	779.53	4.98	66.70	1 237.30	6.27	109.36	321.76	3.20	52.76	1 365.33	4.31
		12		37.441	29.391	0.630	916.58	4.95	78.98	1 455.68	6.24	128.67	377.49	3.18	60.74	1 639.57	4.39
		14	16	43.296	33.987	0.629	1 048.36	4.92	90.95	1 665.02	6.20	147.17	431.70	3.16	68.24	1 914.68	4.47
		16		49.067	38.518	0.629	1 175.08	4.89	102.63	1 865.57	6.17	164.89	484.59	3.14	75.31	2 190.82	4.55
18	180	12		42.241	33.159	0.710	1 321.35	5.59	100.82	2 100.10	7.05	165.00	542.61	3.58	78.41	2 332.80	4.89
		14		48.896	38.388	0.709	1 514.48	5.56	116.25	2 407.42	7.02	189.14	625.53	3.56	88.38	2 723.48	4.97
		16		55.467	43.542	0.709	1 700.99	5.54	131.13	2 703.37	6.98	212.40	698.60	3.55	97.83	3 115.29	5.05
		18		61.955	48.634	0.708	1 875.12	5.50	145.64	2 988.24	6.94	234.78	762.01	3.51	105.14	3 502.43	5.13
20	200	14		54.642	42.894	0.788	2 103.55	6.20	144.70	3 343.26	7.82	236.40	863.83	3.98	111.82	3 734.10	5.46
		16		62.013	48.680	0.788	2 366.64	6.18	163.65	3 760.89	7.79	265.93	971.41	3.96	123.96	4 270.39	5.54
		18	18	69.301	54.401	0.787	2 620.64	6.15	182.22	4 164.54	7.75	294.48	1 076.74	3.94	135.52	4 808.13	5.62
		20		76.505	60.056	0.787	2 867.30	6.12	200.42	4 554.55	7.72	322.06	1 180.04	3.93	146.55	5 347.51	5.69
		24		90.661	71.186	0.785	3 338.25	6.07	236.17	5 294.97	7.64	374.41	1 381.53	3.90	166.55	6 457.16	5.87

注：截面图中的 $r_1 = \dfrac{1}{3}d$ 及表中 r 值的数据用于孔型设计,不作交货条件。

附表 2　热轧不等边角钢 (GB/T 9788—88)

符号意义:

B——长边宽度;　　　　　　b——短边宽度;
d——边厚度;　　　　　　　r——内圆弧半径;
r_1——边端内圆弧半径;　　I——惯性矩;
i——惯性半径;　　　　　　W——截面系数;
x_0——重心距离;　　　　　y_0——重心距离

角钢号数	尺寸(mm)				截面面积 (cm²)	理论质量 (kg/m)	外表面积 (m²/m)	参考数值													
								x—x			y—y			x_1—x_1		y_1—y_1		u—u			
	B	b	d	r				I_x (cm⁴)	i_x (cm)	W_x (cm³)	I_y (cm⁴)	i_y (cm)	W_y (cm³)	I_{x1} (cm⁴)	y_0 (cm)	I_{y1} (cm⁴)	x_0 (cm)	I_u (cm⁴)	i_u (cm)	W_u (cm³)	$\tan\alpha$
2.5/1.6	25	16	3	3.5	1.162	0.912	0.080	0.70	0.78	0.43	0.22	0.44	0.19	1.56	0.86	0.43	0.42	0.14	0.34	0.16	0.392
			4		1.499	1.176	0.079	0.88	0.77	0.55	0.27	0.43	0.24	2.09	0.90	0.59	0.46	0.17	0.34	0.20	0.381
3.2/2	32	20	3	3.5	1.492	1.717	0.102	1.53	1.01	0.72	0.46	0.55	0.30	3.27	1.08	0.82	0.49	0.28	0.43	0.25	0.382
			4		1.939	1.522	0.101	1.93	1.00	0.93	0.57	0.54	0.39	4.37	1.12	1.12	0.53	0.35	0.42	0.32	0.374
4/2.5	40	25	3	4	1.890	1.484	0.127	3.08	1.28	1.15	0.93	0.70	0.49	6.39	1.32	1.59	0.59	0.56	0.54	0.40	0.386
			4		2.467	1.936	0.127	3.93	1.26	1.49	1.18	0.69	0.63	8.53	1.37	2.14	0.63	0.71	0.54	0.52	0.381
4.5/2.8	45	28	3	5	2.149	1.687	0.143	4.45	1.44	1.47	1.34	0.79	0.62	9.10	1.47	2.23	0.64	0.80	0.61	0.51	0.383
			4		2.806	2.203	0.143	5.69	1.42	1.91	1.70	0.78	0.80	12.13	1.51	3.00	0.68	1.02	0.60	0.66	0.380
5/3.2	50	32	3	5.5	2.431	1.908	0.161	6.24	1.60	1.84	2.02	0.91	0.82	12.49	1.60	3.31	0.73	1.20	0.70	0.68	0.404
			4		3.177	2.494	0.160	8.02	1.59	2.39	2.58	0.90	1.06	16.65	1.65	4.45	0.77	1.53	0.69	0.87	0.402
5.6/3.6	56	36	3	6	2.743	2.153	0.181	8.88	1.80	2.32	2.92	1.03	1.05	17.54	1.78	4.70	0.80	1.73	0.79	0.87	0.408
			4		3.590	2.818	0.180	11.45	1.79	3.03	3.76	1.02	1.37	23.39	1.82	6.33	0.85	2.23	0.79	1.13	0.408
			5		4.415	3.466	0.180	13.86	1.77	3.71	4.49	1.01	1.65	29.25	1.87	7.94	0.88	2.67	0.78	1.36	0.404
6.3/4	63	40	4	7	4.058	3.185	0.202	16.49	2.02	3.87	5.23	1.14	1.70	33.30	2.04	8.63	0.92	3.12	0.88	1.40	0.398
			5		4.993	3.920	0.202	20.02	2.00	4.74	6.31	1.12	2.71	41.63	2.08	10.86	0.95	3.76	0.87	1.71	0.396
			6		5.908	4.638	0.201	23.36	1.96	5.59	7.29	1.11	2.43	49.98	2.12	13.12	0.99	4.34	0.86	1.99	0.393
			7		6.802	5.339	0.201	26.53	1.98	6.40	8.24	1.10	2.78	58.07	2.15	15.47	1.03	4.97	0.86	2.29	0.389

续附表 2

角钢号数	尺寸 (mm)				截面面积 (cm²)	理论质量 (kg/m)	外表面积 (m²/m)	参考数值														
								$x-x$			$y-y$			x_1-x_1		y_1-y_1		$u-u$			$\tan\alpha$
	B	b	d	r				I_x (cm⁴)	i_x (cm)	W_x (cm³)	I_y (cm⁴)	i_y (cm)	W_y (cm³)	I_{x_1} (cm⁴)	y_0 (cm)	I_{y_1} (cm⁴)	x_0 (cm)	I_u (cm⁴)	i_u (cm)	W_u (cm³)	
7/4.5	70	45	4	7.5	4.547	3.570	0.226	23.17	2.26	4.86	7.55	1.29	2.17	45.92	2.24	12.26	1.02	4.40	0.98	1.77	0.410
			5		5.609	4.403	0.225	27.95	2.23	5.92	9.13	1.28	2.65	57.10	2.28	15.39	1.06	5.40	0.98	2.19	0.407
			6		6.647	5.218	0.225	32.54	2.21	6.95	10.62	1.26	3.12	68.35	2.32	18.58	1.09	6.35	0.98	2.59	0.404
			7		7.657	6.011	0.225	37.22	2.20	8.03	12.01	1.25	3.57	79.99	2.36	21.84	1.13	7.16	0.97	2.94	0.402
(7.5/5)	75	50	5	8	6.125	4.808	0.245	34.86	2.39	6.83	12.61	1.44	3.30	70.00	2.40	21.04	1.17	7.41	1.10	2.74	0.435
			6		7.260	5.699	0.245	41.12	2.38	8.12	14.70	1.42	3.88	84.30	2.44	25.37	1.21	8.54	1.08	3.19	0.435
			8		9.467	7.431	0.244	52.39	2.35	10.52	18.53	1.40	4.99	112.50	2.52	34.23	1.29	10.87	1.07	4.10	0.429
			10		11.590	9.098	0.244	62.71	2.33	12.79	21.96	1.38	6.04	140.80	2.60	43.43	1.36	13.10	1.06	4.99	0.423
8/5	80	50	5	8	6.375	5.005	0.255	41.96	2.56	7.78	12.82	1.42	3.32	85.21	2.60	21.06	1.14	7.66	1.10	2.74	0.388
			6		7.560	5.935	0.255	49.49	2.56	9.25	14.95	1.41	3.91	102.53	2.65	25.41	1.18	8.85	1.08	3.20	0.387
			7		8.724	6.484	0.255	56.16	2.54	10.58	16.96	1.39	4.48	119.33	2.69	29.82	1.21	10.18	1.08	3.70	0.384
			8		9.867	7.745	0.254	62.83	2.52	11.92	18.85	1.38	5.03	136.41	2.73	34.32	1.25	11.38	1.07	4.16	0.381
9/5.6	90	56	5	9	7.121	5.661	0.287	60.45	2.90	9.92	18.32	1.59	4.21	121.32	2.91	29.53	1.25	10.98	1.23	3.49	0.385
			6		8.557	6.717	0.286	71.03	2.88	11.74	21.42	1.58	4.96	145.59	2.95	35.58	1.29	12.90	1.23	4.18	0.384
			7		9.880	7.756	0.286	81.01	2.86	13.49	24.36	1.57	5.70	169.66	3.00	41.71	1.33	14.67	1.22	4.72	0.382
			8		11.183	8.779	0.286	91.03	2.85	15.27	27.15	1.56	6.41	194.17	3.04	47.93	1.36	16.34	1.21	5.29	0.380
10/6.3	100	63	6	10	9.617	7.550	0.320	99.06	3.21	14.64	30.94	1.79	6.35	199.71	3.24	50.50	1.43	18.42	1.38	5.25	0.394
			7		11.111	8.722	0.320	113.45	3.29	16.88	35.26	1.78	7.29	233.00	3.28	59.14	1.47	21.00	1.38	6.02	0.393
			8		12.584	9.878	0.319	127.37	3.18	19.08	39.39	1.77	8.21	266.32	3.32	67.88	1.50	23.50	1.37	6.78	0.391
			10		15.467	12.142	0.319	153.81	3.15	23.32	47.12	1.74	9.98	333.06	3.40	85.73	1.58	28.33	1.35	8.24	0.387
10/8	100	80	6	10	10.637	8.350	0.354	107.04	3.17	15.19	61.24	2.40	10.16	199.83	2.95	102.68	1.97	31.65	1.72	8.37	0.627
			7		12.301	9.656	0.354	122.73	3.16	17.52	70.08	2.39	11.71	233.20	3.00	119.98	2.01	36.17	1.72	9.60	0.626
			8		13.944	10.946	0.353	137.92	3.14	19.81	78.58	2.37	13.21	266.61	3.04	137.37	2.05	40.58	1.71	10.80	0.625
			10		17.167	13.476	0.353	166.87	3.12	24.24	94.65	2.35	16.12	333.63	3.12	172.48	2.13	49.10	1.69	13.12	0.622

续附表 2

角钢号数	尺寸(mm) B	b	d	r	截面面积 (cm²)	理论质量 (kg/m)	外表面积 (m²/m)	x—x I_x (cm⁴)	i_x (cm)	W_x (cm³)	y—y I_y (cm⁴)	i_y (cm)	W_y (cm³)	$x_1—x_1$ I_{x_1} (cm⁴)	y_0 (cm)	$y_1—y_1$ I_{y_1} (cm⁴)	x_0 (cm)	u—u I_u (cm⁴)	i_u (cm)	W_u (cm³)	tanα
11/7	110	70	6	10	10.637	8.350	0.354	133.37	3.54	17.85	42.92	2.01	7.90	265.78	3.53	69.08	1.57	25.36	1.54	6.53	0.403
			7		12.301	9.656	0.354	153.00	3.53	20.60	49.01	2.00	9.09	310.07	3.57	80.82	1.61	28.95	1.53	7.50	0.402
			8		13.944	10.946	0.353	172.04	3.51	23.30	54.87	1.98	10.25	354.39	3.62	92.70	1.65	32.45	1.53	8.45	0.401
			10		17.167	13.476	0.353	208.39	3.48	28.54	65.88	1.96	12.48	443.13	3.70	116.83	1.72	39.20	1.51	10.29	0.397
12.5/8	125	80	7	11	14.096	11.066	0.403	227.98	4.02	26.86	74.42	2.30	12.01	454.99	4.01	120.32	1.80	43.81	1.76	9.92	0.408
			8		15.989	12.551	0.403	256.77	4.01	30.41	83.49	2.28	13.56	519.99	4.06	137.85	1.84	49.15	1.75	11.18	0.407
			10		19.712	15.474	0.402	312.04	3.98	37.33	100.67	2.26	16.56	650.09	4.14	173.40	1.92	59.45	1.74	13.64	0.404
			12		23.351	18.330	0.402	364.41	3.95	44.01	116.67	2.24	19.43	780.39	4.22	209.67	2.00	69.35	1.72	16.01	0.400
14/9	140	90	8	12	18.038	14.160	0.453	365.64	4.50	38.48	120.69	2.59	17.34	730.53	4.50	195.79	2.04	70.83	1.98	14.31	0.411
			10		22.261	17.475	0.452	445.50	4.47	47.31	146.03	2.56	21.22	913.20	4.58	245.92	2.12	85.82	1.96	17.48	0.409
			12		26.400	20.724	0.451	512.59	4.44	55.87	169.79	2.54	24.95	1 096.09	4.66	296.89	2.19	100.21	1.95	20.54	0.406
			14		30.456	23.908	0.451	594.10	4.42	64.18	192.10	2.51	28.54	1 279.26	4.74	348.82	2.27	114.13	1.94	23.52	0.403
16/10	160	100	10	13	25.315	19.872	0.512	668.69	5.14	62.13	205.03	2.85	26.56	1 362.89	5.24	336.59	2.28	121.74	2.19	21.92	0.390
			12		30.054	23.592	0.511	784.91	5.11	73.49	239.06	2.82	31.28	1 635.56	5.32	405.94	2.36	142.33	2.17	25.79	0.388
			14		34.709	27.247	0.510	896.30	5.08	84.56	271.20	2.80	35.83	1 908.50	5.40	476.42	2.43	162.23	2.16	29.56	0.385
			16		39.281	30.835	0.510	1 003.04	5.05	95.33	301.60	2.77	40.24	2 181.79	5.48	548.22	2.51	182.57	2.16	33.44	0.382
18/11	180	110	10	14	28.373	22.273	0.571	956.25	5.80	78.96	278.11	3.13	32.49	1 940.40	5.89	447.22	2.44	166.50	2.42	26.88	0.376
			12		33.712	26.464	0.571	1 124.72	5.78	93.53	325.03	3.10	38.32	2 328.38	5.98	538.94	2.52	194.87	2.40	31.66	0.374
			14		38.967	30.589	0.570	1 286.91	5.75	107.76	369.55	3.08	43.97	2 716.60	6.06	631.95	2.59	222.30	2.39	36.32	0.372
			16		44.139	34.649	0.569	1 443.06	5.72	121.64	411.85	3.06	49.44	3 105.15	6.14	726.46	2.67	248.94	2.38	40.87	0.369
20/12.5	200	125	12	14	37.912	29.761	0.641	1 570.90	6.44	116.73	483.16	3.57	49.99	3 193.85	6.54	787.74	2.83	285.79	2.74	41.23	0.392
			14		43.867	34.436	0.640	1 800.97	6.41	134.65	550.83	3.54	57.44	3 726.17	6.62	922.47	2.91	326.58	2.73	47.34	0.390
			16		49.739	39.045	0.639	2 023.35	6.38	152.18	615.44	3.52	64.69	4 258.86	6.70	1 058.86	2.99	366.21	2.71	53.32	0.388
			18		55.526	43.588	0.639	2 238.30	6.35	169.33	677.19	3.49	71.74	4 792.00	6.78	1 197.13	3.06	404.83	2.70	59.18	0.385

参考数值

注:1. 括号内型号不推荐使用。

2. 截面图中的 $r_1=1/3d$ 及表中 r 数据用于孔型设计,不作交货条件。

附表3 热轧工字钢(GB/T 706—38)

符号意义:

h——高度;
b——腿宽度;
d——腰厚度;
t——平均腿宽度;
r——内圆弧半径;
r_1——腿端圆弧半径;
I——惯性矩;
W——截面系数;
i——惯性半径;
S——半截面的静矩。

型号	尺寸(mm)						截面面积 (cm²)	理论质量 (kg/m)	参考数值						
									x—x				y—y		
	h	b	d	t	r	r_1			I_x (cm⁴)	W_x (cm³)	i_x (cm)	$I_x : S_x$ (cm)	I_y (cm⁴)	W_y (cm³)	i_y (cm)
10	100	68	4.5	7.6	6.5	3.3	14.3	11.2	245.0	49	4.14	8.59	33	9.72	1.52
12.6	126	74	5	8.4	7	3.5	18.1	14.2	488.43	77.529	5.195	10.85	46.906	12.677	1.609
14	140	80	5.5	9.1	7.5	3.8	21.5	16.9	712	102	5.76	12	64.4	16.1	1.73
16	160	88	6	9.9	8	4	26.1	20.5	1 130	141	6.58	13.8	93.1	21.2	1.89
18	180	94	6.5	10.7	8.5	4.3	30.6	24.1	1 660	185	7.36	15.4	122	26	2
20a	200	100	7	11.4	9	4.5	35.5	27.9	2 370	237	8.15	17.2	158	31.5	2.12
20b	200	102	9	11.4	9	4.5	39.5	31.1	2 500	250	7.96	16.9	169	33.1	2.06
22a	220	110	7.5	12.3	9.5	4.8	42	33	3 400	309	8.99	18.9	225	40.9	2.31
22b	220	112	9.5	12.3	9.5	4.8	46.4	36.4	3 570	325	8.78	18.7	239	42.7	2.27
25a	250	116	8	13	10	5	48.5	38.1	5 023.54	401.88	10.18	21.58	280.046	43.283	2.403
25b	250	118	10	13	10	5	53.5	42	5 283.96	422.72	9.938	21.27	309.297	52.423	2.404
28a	280	122	8.5	13.7	10.5	5.3	55.45	43.4	7 114.14	508.15	11.32	24.62	345.051	56.565	2.495
28b	280	124	10.5	13.7	10.5	5.3	61.05	47.9	7 480	534.29	11.08	24.24	379.496	61.209	2.493
32a	320	130	9.5	15	11.5	5.8	67.05	52.7	11 075.5	692.2	12.84	27.46	459.93	70.758	2.619
32b	320	132	11.5	15	11.5	5.8	73.45	57.7	11 621.4	726.33	12.58	27.09	501.53	75.989	2.614
32c	320	134	13.5	15	11.5	5.8	79.95	62.8	12 167.5	760.47	12.34	26.77	543.81	81.166	2.608

续附表 3

型号	尺寸 (mm)						截面面积 (cm²)	理论质量 (kg/m)	参考数值						
									x—x				y—y		
	h	b	d	t	r	r₁			I_x (cm⁴)	W_x (cm³)	i_x (cm)	$I_x:S_x$ (cm)	I_y (cm⁴)	W_y (cm³)	i_y (cm)
36a	360	136	10	15.8	12	6	76.3	59.9	15 760	875	14.4	30.7	552	81.2	2.69
36b	360	138	12	15.8	12	6	83.5	65.6	16 530	919	14.1	30.3	582	84.3	2.64
36c	360	140	14	15.8	12	6	90.7	71.2	17 310	962	13.8	29.9	612	87.4	2.6
40a	400	142	10.5	16.5	12.5	6.3	86.1	67.6	21 720	1 090	15.9	34.1	660	93.2	2.77
40b	400	144	12.5	16.5	12.5	6.3	94.1	73.8	22 780	1 140	15.6	33.6	692	96.2	2.71
40c	400	146	14.5	16.5	12.5	6.3	102	80.1	23 850	1 190	15.2	33.2	727	99.6	2.65
45a	450	150	11.5	18	13.5	6.8	102	80.4	32 240	1 430	17.7	38.6	855	114	2.89
45b	450	152	13.5	18	13.5	6.8	111	87.4	33 760	1 500	17.4	38	894	118	2.84
45c	450	154	15.5	18	13.5	6.8	120	94.5	35 280	1 570	17.1	37.6	938	122	2.79
50a	500	158	12	20	14	7	119	93.6	46 470	1 860	19.7	42.8	1 120	142	3.07
50b	500	160	14	20	14	7	129	101	48 560	1 940	19.4	42.4	1 170	146	3.01
50c	500	162	16	20	14	7	139	109	50 640	2 080	19	41.8	1 220	151	2.96
56a	560	166	12.5	21	14.5	7.3	135.25	106.2	65 585.6	2 343.31	22.02	47.73	1 370.16	165.08	3.182
56b	560	168	14.5	21	14.5	7.3	146.45	115	68 512.5	2 446.69	21.63	47.17	1 486.75	174.25	3.162
56c	560	170	16.5	21	14.5	7.3	157.85	123.9	71 439.4	2 551.41	21.27	46.66	1 558.39	183.34	3.158
63a	630	176	13	22	15	7.5	154.9	121.6	93 916.2	2 981.47	24.62	54.17	1 700.55	193.24	3.314
63b	630	178	15	22	15	7.5	167.5	131.5	98 083.6	3 163.38	24.20	53.51	1 812.07	203.60	3.289
63c	630	180	17	22	15	7.5	180.1	141	102 251.1	3 298.42	23.82	52.92	1 924.91	213.88	3.268

注：截面图和表中标注"r"、"r₁"的弧半径 r、r₁ 的数据用于孔型设计，不作交货条件。

参 考 文 献

[1] 齿轮手册编委会. 齿轮手册[M]. 2 版. 北京:机械工业出版社,2002.

[2] 成大先. 机械设计手册[M]. 北京:化学工业出版社,2004.

[3] 徐灏. 机械设计手册[M]. 2 版. 北京:机械工业出版社,2003.

[4] 张民安. 圆柱齿轮精度[M]. 北京:中国标准出版社,2002.

[5] 石固欧. 机械设计基础[M]. 北京:高等教育出版社,2003.

[6] 陈立德. 机械设计基础[M]. 北京:高等教育出版社,2004.

[7] 刘美玲,雷振德. 机械设计基础[M]. 北京:科学出版社,2005.

[8] 吴建蓉. 工程力学与机械设计基础[M]. 北京:电子工业出版社,2003.

[9] 黄晓荣,沈冰,张汝琦. 机械设计基础[M]. 北京:中国电力出版社,2006.

[10] 刘美玲,雷振德. 机械设计基础[M]. 北京:科学出版社,2005.

[11] 杨可桢,程光蕴. 机械设计基础[M]. 4 版. 北京:高等教育出版社,2004.

[12] 张定华. 工程力学[M]. 北京:高等教育出版社,2000.

[13] 沈养中. 工程力学[M]. 北京:高等教育出版社,2003.

[14] 朱东华,樊智敏. 机械设计基础[M]. 北京:机械工业出版社,2003.

[15] 岳优兰,马文琐. 新编机械设计基础[M]. 开封:河南大学出版社,2003.

[16] 陈立德. 机器设计[M]. 上海:上海交通大学出版社,2000.

[17] 吴宗泽. 机械零件设计手册[M]. 北京:机械工业出版社,2004.

[18] 张绍甫,吴善元. 机械设计基础[M]. 北京:高等教育出版社,2004.